지능형 로봇 플랫폼
제어 및 활용

남상엽 · 정완균 · 서일홍 · 홍성호 공저

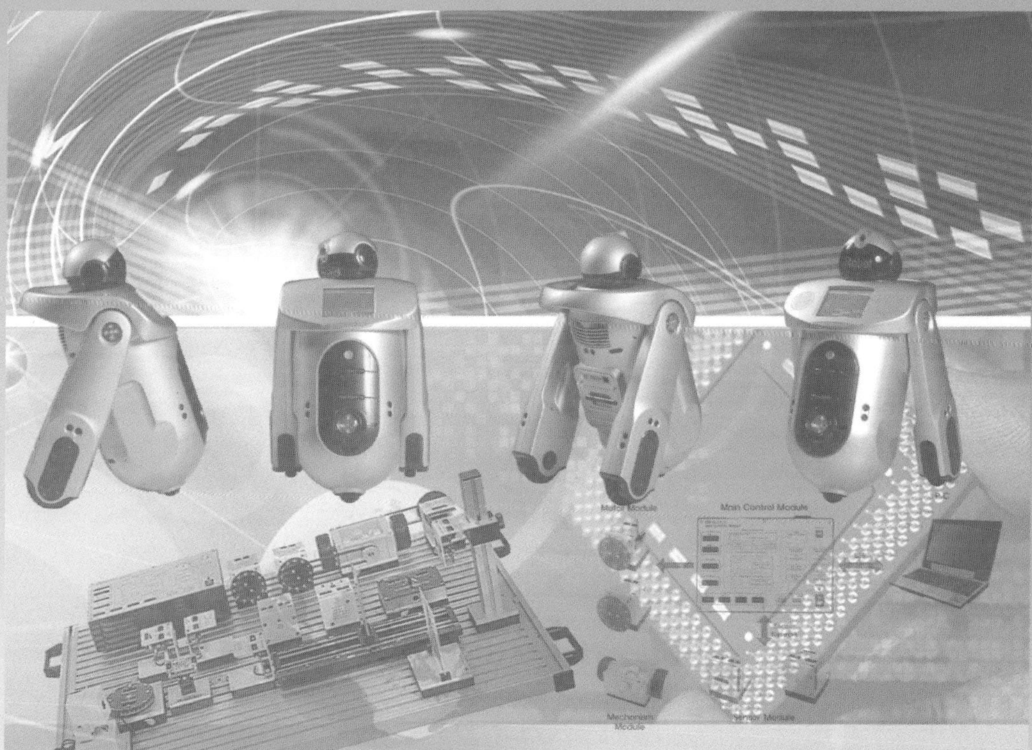

도서출판 상 학 당

머리말

유비쿼터스의 로봇시대에 맞추어 지능형 로봇에 적용될 기초 융합 로봇제어 기술력이 기초과학 분야에서 응용기술까지 미래 핵심 기술로 떠오르고 있다.

로봇기술(RT : Robot Technology)은 차세대를 이끌어갈 산업으로 각광받고 있는 IT, BT, NT 산업과 함께 정부의 정책적 지원이 교육부, 정보통신부 및 산업자원부에서 활발하게 이루어지고 있다. 로봇산업은 기술의 정도에 따라 고부가가치화가 가능한 기술집약적 산업으로서 다가올 유비쿼터스 사회에 적합한 컨버전스 형태의 융합형 종합기술이라 할 수 있다.

로봇은 전기, 전자, 기계, 자동화, 전산 등의 복합기술이 총 망라된 첨단기술의 산물이지만, 특히 지능형 로봇은 인공지능과 신경회로망, 퍼지이론, 음성과 화상인식기술, 마이크로프로세서와 모터의 제어, 센서 사용 등 다양한 기술이 접목되는 첨단 기술체이며, 인간이 로봇에게 명령을 내리거나 로봇으로부터 인간이 정보를 전달받기 위하여 명령을 전달하기 위한 각종 입력기구와 로봇을 연결하고, 로봇이 작업하는 환경의 여러 가지 정보(즉, 오감을 느끼는 시각, 촉각, 역각, 위치감, 청각 등)를 인간에게 전달시키게 된다.

그러므로 로봇기술의 기반이 물리학, 화학 등 기초과학 분야에서 기계공학, 전자공학, 정보통신공학, 소재공학 등의 응용학문까지 범위가 다양한 복합기술이기 때문에 산학연 및 정부가 체계적이고 전략적으로 육성해나가야 하는 산업이라 할 수 있다. 이에 따라 우리나라 정부에서도 21세기 유망 지식기반산업의 하나로 로봇산업을 선정하여 이를 중점 육성하고 있는 실정이다.

이러한 유비쿼터스의 로봇시대에 맞추어 적용될 요소의 기초 로봇제어 프로그래밍 기술이 필요해짐에 따라 ED7270을 이용한《지능형 로봇 플랫폼 제어 및 활용》을 구성하여 발간하게 되었다.

이 교재에서는 비주얼 C++를 처음 접하는 사람이라도 쉽게 따라할 수 있도록 단계별로 그림과 함께 각 실습에서 사용하는 함수들에 대한 사용 방법과 코드들을 나타내었다. 함수들과 프로그램 흐름에 대한 간략한 설명, 그리고 각 함수들이 쓰이는 목적, 용도 등을 생각하며 순서에 맞게 따라 하면 각 장별로 실습목적에 부합하는 프로그램 작성과 함께, 지능형 로봇 플랫폼의 제어가 쉽게 다가올 것이다. 각 실습에서 작성된 프로그램들은 프로그램 언어에 대하여 문외한, 혹은 입문자를 기준으로 작성하였으므로, 어느 정도 숙달된 사람들에 있어서는 너무 쉽게 보일 수도 있으나, 그런 만큼 다른 각도에서의 프로그래밍을 통하여 지능형 로봇을 더욱 능숙하게 제어하길 바란다.

이 교재는 시중에 나와 있는 프로그램 언어에 대한 전문적인 해설이나 설명을 하는 교재가 아닌, 지능형 로봇 응용 시스템의 제어를 위한 비주얼 C++프로그래밍 기법을 되도록이면 쉽게 접근하고 사용할 수 있도록 하는 목적으로 작성된 교재이므로, 보다 깊은 이해와 응용을 하고자 한다면 프로그램 언어에 대한 별도의 공부가 필요할 것이다. 특히 새로운 시대의 변화에 발맞추어 이론만 구현되던 기초 로봇제어를 지능형 로봇제어 프로그램을 통하여 로봇이론과 제어실습을 동시에 구현할 수 있다.

이 교재는 지능형 로봇의 기초가 되는 제어소자와 제어프로그램의 기초이론에 근거를 둔 응용회로를 공부하고 실험을 통해 이론을 증명하는 형태로 구성되어 있다. 단지 일반 로봇구조의 책처럼 깊이 있는 내용보다는 쉽게 이해할 수 있도록 구성하였으므로, 좀더 깊이 있고 보다 전문적인 내용은 이 교재를 통하여 개념을 이해하고 추가적인 참고서적을 통하여 학습하는 것이 효과적일 것이다.

이 교재는 ED-7270 지능형 로봇 플랫폼과 병행하여 컴퓨터, 전자, 제어, 통신분야의 관련 학생 및 초보개발자를 대상으로 한 기초 로봇제어에 대한 기본학습 및 실습을 위한 교재로, 처음 기초 로봇제어 및 로봇구조의 응용을 접하는 학생에게 쉽고 빠르게 접근할 수 있도록 초점을 맞추었으므로, 기초 지능형 로봇 및 제어이론의 작동원리에 대한 이해와 비주얼 C++프로그래밍 감각을 키우는 데 부족함이 없을 것이라 생각된다.

이 책의 주요 구성은 다음과 같다.

제 I 부는 로봇 시스템의 개념과 구조로서 1장은 로봇의 개념, 2장은 로봇의 구조를 서술하였고, 제 II 부는 지능형 로봇 플랫폼의 구성으로서 3장은 지능형 로봇 플랫폼의 개요 및 구조, 4장은 지능형 로봇 플랫폼의 S/W환경 설정, 제 III 부는 지능형 로봇 플랫폼의 제어로서 5장은 지능형 로봇 플랫폼의 구동제어, 6장은 지능형 로봇 플랫폼의 센서제어, 7장은 지능형 로봇 플랫폼의 영상처리 제어, 제 IV 부는 지능형 로봇 플랫폼의 제어 활용으로서 8장은 지능형 로봇 플랫폼의 제어 활용(1),

9장은 지능형 로봇 플랫폼의 활용(2), 제V부는 지능형 로봇 플랫폼의 제어 응용 실습으로서 10장은 비주얼 C++를 이용한 제어 프로그래밍, 11장은 비주얼 C++을 이용한 구동 프로그래밍, 12장은 비주얼 C++를 이용한 센서제어 프로그래밍(1), 13장은 비주얼 C++를 이용한 센서제어 프로그래밍(2), 14장은 영상 처리 프로그래밍, 제VI부는 지능형 로봇 플랫폼의 활용 실습으로서 15장은 지능형 로봇 플랫폼의 활용 실습(1), 16장은 지능형 로봇 플랫폼의 활용 실습(2), 17장은 지능형 로봇 플랫폼의 활용 실습(3)으로 구성되어 있다.

끝으로 이 책을 집필하는 데 많은 도움을 주신 (주)ED의 박용후 사장님, 김창일 상무님 그리고 기술연구소의 김석중 본부장님, 제조본부의 이수근 본부장님, 지능형 로봇팀의 박진영 과장님, 김동호 과장님, 공찬희님, 이용호 주임님, 김영준 주임님, 문병권님, 마케팅의 양영규 팀장님, 이관희 팀장님, 권순갑 팀장님, 김성태 차장님, 이학용 과장님, 곽석민 과장님, 박명호 과장님, 백승명 대리님, 김선홍 대리님, 고객지원팀의 이억환 부장님 등 관계자 여러분과 도서출판 상학당의 관계자 여러분에게 감사의 마음을 전한다.

어떤 일이든 첫발을 내딛고 개척하는 것이 가장 힘든 일일 것이나 그 어려움을 극복하고 얻는 것이 무엇보다 값진 결실이 될 것이다. 아직은 열악하고 힘든 개발환경이지만 이 책이 보다 많은 지능형 로봇 관련 인력 양성에 힘이 되어주길 바란다.

저 자 씀

차 례

제Ⅰ부 로봇 시스템의 개념과 구조

1장 로봇의 개념

2장 로봇 구조

제Ⅱ부 지능형 로봇 플랫폼의 구성

3장 지능형 로봇 플랫폼의 개요 및 구조

7장 지능형 로봇 플랫폼의 영상처리 제어

제Ⅳ부 지능형 로봇 플랫폼의 제어 활용

8장 지능형 로봇 플랫폼의 제어 활용(1)

9장 지능형 로봇 플랫폼의 제어 활용(2)

제Ⅴ부 지능형 로봇 플랫폼의 제어 응용실습

10장 비주얼 C++를 이용한 제어 프로그래밍

11장 비주얼 C++를 이용한 구동 프로그래밍

12장 비주얼 C++를 이용한 센서제어 프로그래밍(1)

제Ⅵ부 지능형 로봇 플랫폼의 활용실습

제 I 부

로봇 시스템의 개념과 구조

로봇의 개념 1장

지능형 로봇의 개념이 적용된 기술에 대하여 학습하여야 지능형 로봇 시스템 구조를 이해할 수 있다. 이 장에서는 지능형 로봇의 전반적인 개념을 익히는 것을 목표로 한다.

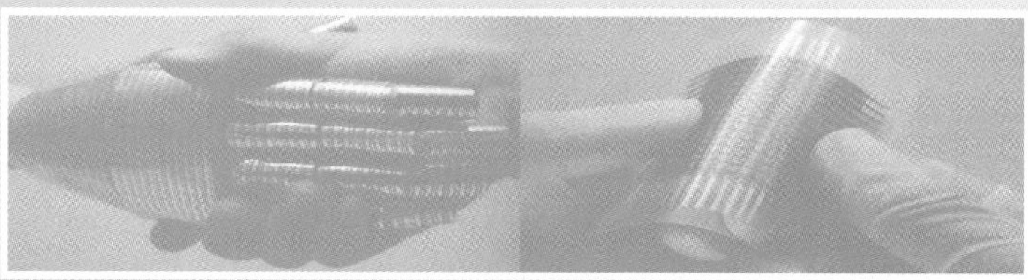

1-1 로봇의 정의

움직이는 것에 흥미를 갖는 것은 인간의 본성으로서, 움직이는 로봇에게 많은 사람들이 매력을 느끼는 것은 이해할 수 있다. 그러나 로봇의 동작원리를 배우고 그것을 설계·유지관리를 하려면 광범위한 공학 분야의 지식과 경험이 필요하다. 따라서 로봇이란 어떠한 것이고 어떻게 구성되어 있는지 고찰하고, 로봇공학에 관련된 요소기술에 대하여 살펴보고, 이어서 로봇의 동작원리를 인간과 동작을 비교해 본다.

'로봇(Robot)'이라는 말은 1920년 체코슬로바키아의 극작가 칼렐 차펙(Karel Capek)이 발표한 희곡 '로섬의 만능로봇 R.U.R(Rossum's Universal Robots)'에서 처음 등장하였다.

차펙은 이 희곡 속에서 기술의 발달과 인간 사회와의 관계에 대하여 아주 비관적인 견해를 상징적으로 표현하였다.

로보틱스라는 용어는 1942년 3월에 첫 출판된 Isaac Asimov의 공상과학 소설에서 새로 만들어졌다. 여기서 Asimov는 로봇의 부정적인 면만 가지고 있는 것이 아니라 인간을 돕기 위한 긍정적인 측면도 함께 가지고 있다고 묘사하였다. 또한 Asimov는 그의 소설에서 다음과 같은 로봇 특성의 기본적인 3가지 법칙을 설정하였다.

① 로봇은 인간을 해할 수 없으며, 자신이 행동을 하지 않음으로써 인간이 해를 입도록 방치해서는 안 된다.
② 로봇은 첫 번째 법칙에 어긋나는 명령을 제외하고 인간이 내리는 모든 명령에 복종해야 한다.
③ 로봇은 첫 번째와 두 번째 법칙에 어긋나지 않는 한도 안에서 자신의 존재를 보호해야 한다.

현재까지 로봇에 대한 정의는 로봇의 관련 단체들 사이에서 많이 제안되어 왔다. 하지만 같은 업종에 종사하는 엔지니어별로 혹은 로봇 제작사별로 로봇에 대한 정의를 달리하고 있는 실정이다.

오늘날 인간과 산업용 로봇들의 유사함은 매우 적다. 즉 산업용 로봇들은 인간과 유사한 외형을 가지고 있지도 않고, 인간과 유사한 행동을 하지도 않는다. 대신

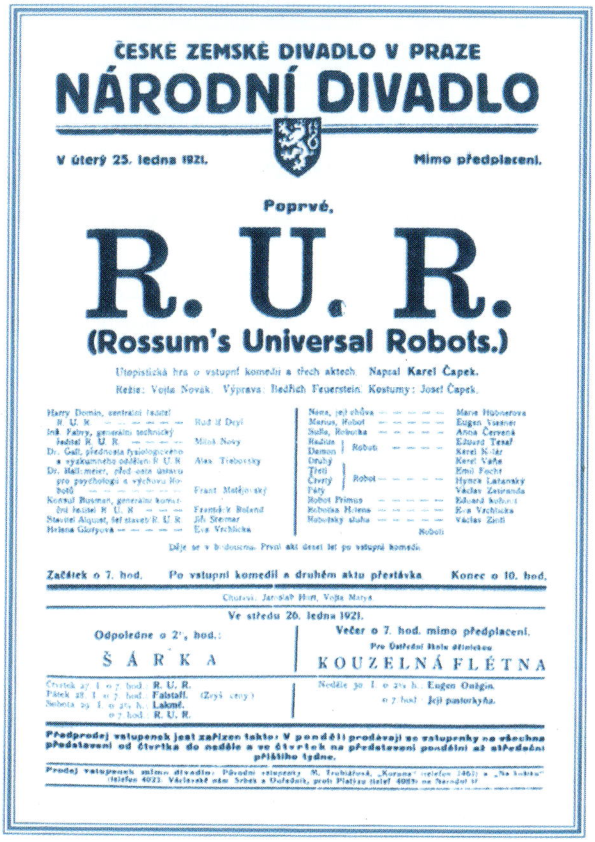

그림 1-1 R.U.R(Rossum's Universal Robots) 포스터

에 로봇은 하나 또는 여러 개의 팔들로 구성된 형상을 이루며, 거의 항상 고정된 위치에서 작업을 한다.

미래의 로봇들은 더욱 많은 감각능력과 높은 지능과 높은 수준의 서비스 기술을 가지게 될 것이지만 인간과 비교하면 이동성의 정도는 제한될 것이다. 그러나 점점 더 인간과 유사한 능력을 가진 로봇이 개발되는 추세로 가고 있다는 것을 부인할 수는 없다.

최근 인공지능(Artificial intelligence)과 지각능력(Sensory perception) 등의 관련 분야가 빠르게 발전하고 있어서 산업용 로봇의 적용범위를 크게 넓혀줄 지능적인 로봇의 사용이 본격화되는 시기가 멀지 않았다.

1-2 로봇의 탄생

초창기의 단순히 인간과 인간의 움직임을 모방하는 기계들을 제외시키고 최근에 로봇의 역사만 살펴보면 왕성한 인간의 상상력과 그 당시의 공업상황, 사회적 이슈, 수치적 컴퓨터에 의한 기계의 제어분야의 발전, 우주 탐사분야와의 밀접한 관계를 알 수 있다. 칼렐 차펙의 저서인 Rossum's Universal Robots에서부터 시작하여 Flash Gordon, Metropolis, Lost In Space, The Day The Earth stood still, I Robot 등의 영화까지 살펴보면 R2D2, C3PO, 로보캅, I Robot 등에 등장하는 로봇과 같은 기계가 인간의 작업을 수행하는 단계까지 와 있다. 다음은 산업발전 및 사회적 흐름에 따라 로봇의 발전 방향에 대하여 요약한 로봇(Intelligence Robot)의 역사이다.

1) 창세기～1800년대의 로봇

인류역사의 태동과 함께 진화해온 로봇은 '신에 의해 창조된 인간', 아담과 이브에서 그 근원을 찾을 수 있다.

초혼적 곡선을 거쳐 SF문화의 태동과 함께 본격적으로 전개된 로봇의 진보는 레오나르도 다빈치의 '인체 황금 분할도'를 통해 비로소 개념적 정립이 전개되며, 인간의 모습을 닮은 최초의 동화 로봇 '피노키오'의 탄생으로 이어진다.

그 후 중세가 되고 나서도 많은 사람들이 건물의 문을 열든가, 악기를 연주하는 자동인형을 만들었다. 이들 자동인형은 장식용이었거나 또 사람들을 놀라게 하거

그림 1-2 창세기～1800년대의 로봇 유형

나 또는 신과 결부시켜 지배자의 권위를 과시하는데 이용되었고, 한편으로 기계기술자들의 장난이기도 하였다.

2) 1900년～1930년대의 로봇

1900년 '오즈의 마법사'에 나오는 최초의 양철 로봇 '틴맨(Tin Man)'은 인텔리젠트 로봇의 본격적인 성장을 주도하기 시작한다. 독일, 미국을 중심으로 발전하기 시작한 로봇 문화는 최초의 SF영화 '달나라 여행A', '로섬의 만능 로봇' 등 다양한 문화를 자양분으로 '슈퍼맨'이라는 미국의 시대적 영웅을 탄생시킨다.

그림 1-3 1900년～1930년대의 로봇 유형

3) 1940년～1960년의 로봇

1940년대 세계를 경악하게 만든 2차 대전은 세계 로봇 산업의 새로운 패러다임(Paradigm)을 보였다. 일본이 패전국의 열등감을 치유하고, 로봇산업의 강국으로 세계시장을 석권하는데 결정적인 역할을 한 '아톰(Atom)'을 창조해낸 것도 바로 이 시기이다.

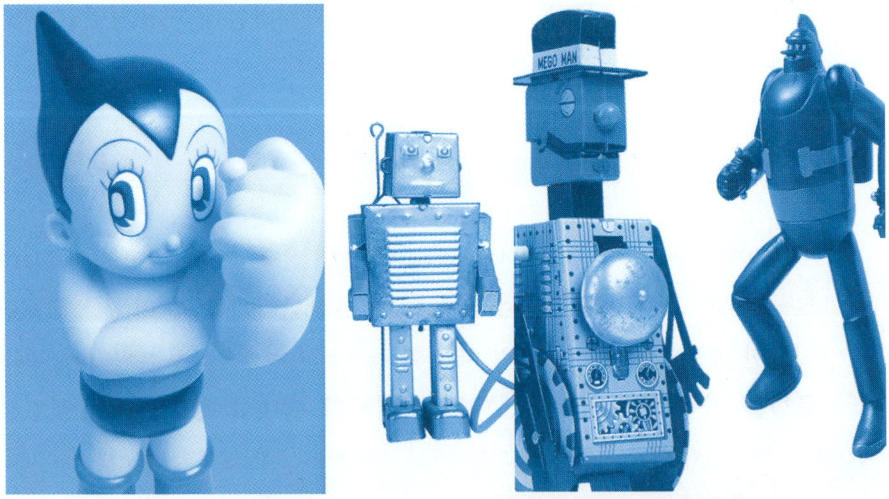

그림 1-4 1940년~1960년대의 로봇 유형

4) 1970년～1980년대의 로봇

일본의 마징가 Z가 히트하던 1970년대에 들어서서 로봇 연구개발의 황금기로 본격적으로 연구가 시작되었다. 이 세대의 로봇은 미리 결정된 범위나 궤적을 따라서 작업대상물을 이동시키거나 용접이나 도장을 반복하는 정도였다.

이때에 사용한 제어는 기구의 위치 제어를 주제로 한 것으로 로봇은 자동적이지 못한 수준이었다. 그러나 자동차 등의 대량생산 공장에 작업라인의 생산성과 신뢰성의 향상에 커다란 역할을 하였지만 실질적인 보급은 1980년대 전후에 절정에 달했다.

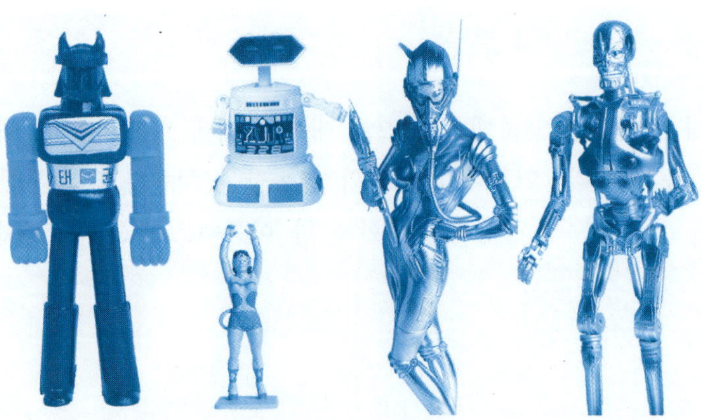

그림 1-5 1970년~1980년대의 로봇 유형

5) 1990년～현재의 로봇

이제 로봇의 진화는 인간을 닮은 첨단 지능로봇의 등장으로 발빠른 행보를 거듭하고 있다. 영화 '터미네이터'와 '스타워즈'를 통해 만난 첨단 로봇이 어느새 우리생활에 가까이 다가왔다. 특히 일본은 엔터테인먼트 분야의 장난감 로봇과 휴머노이드 로봇 분야인 2족 보행 로봇에서 상당한 기술력 인정을 받았으며, 일부 상품의 경우에 연구 수준에 이어서 시장화에 성공을 거두고 있다.

1999년에 처음 출시된 소니의 강아지 로봇인 AIBO를 비롯하여 혼다의 아시모가 본격적인 로봇시대를 열고 있다. 국내에서는 국내 벤처기업에서 가정용 청소로봇과 공공도우미 로봇의 상품화가 진행되고 있으며, 청소로봇의 경우에는 현재 일반인이 직접 구매할 수 있는 1가구 1대 로봇의 시대를 열고 있다.

그림 1-6 1990년~현재의 로봇 유형

1-3 로봇의 역사

1) 피노키오의 변화

1881년에 출간된 이태리 작가 카를로 콜로다가 탄생시킨 '피노키오'는 인간을 닮은 최초의 동화 로봇이자 목각인형이다. 1세기가 지나도록 전세계 어린이들에게 변함없는 사랑을 받고 있는 피노키오는 진화를 거듭하여 21세기 첨단 로봇 '피노(PINO)'로 재탄생되었다.

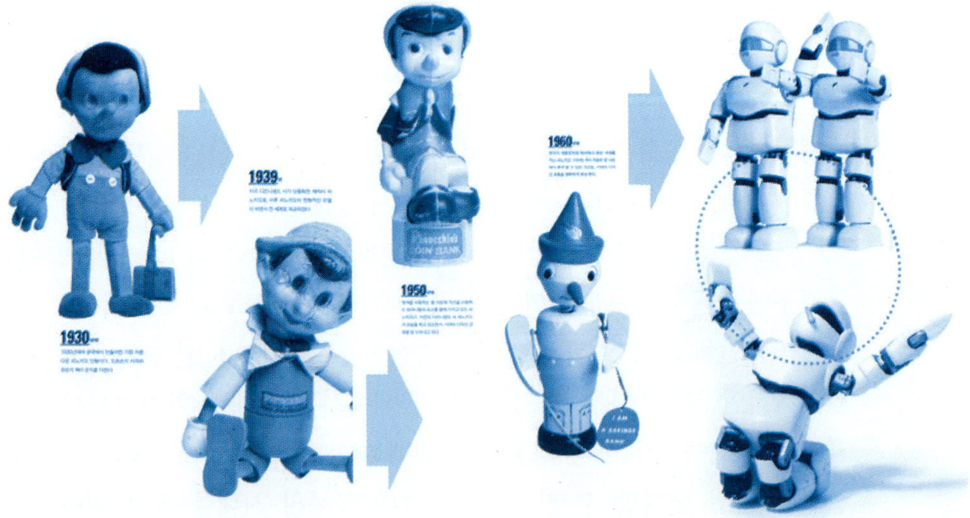

그림 1-7 **피노키오의 변화 유형**

2) 아톰의 변화

전쟁의 상처를 치유하기 위해 데스카 오사무에 의해 탄생한 국민적 캐릭터 '아톰'은 다양한 진화를 거듭해왔다. 마치 슈퍼맨과 미키마우스를 합성한 듯한 형상으로 1980년대에는 절정기를 보여준다. 그러다가 검은색과 흰색으로 채색되어 장기불황을 반영하듯 휴면기에 들어가더니 최근에 다시 모습을 보여주고 있다.

그림 1-8 **아톰의 변화 유형**

3) 모바일 로봇의 변화

1980년대는 인간의 생명체와 유사한 안드로이드 로봇의 출현과 함께 로봇 캐릭터 산업 또한 절정기를 가진다. 1982년 영화 'ET'는 엄청난 파장을 몰고 온다. 그 후 1984년 '터미네이터', 1987년의 '로보캅' 등이 사이버 로봇의 상징이 되었다. 그리고 SF의 대명사인 '스타워즈'는 모든 로봇의 교과서가 되었다.

그림 1-9 모바일 로봇의 변화 유형

4) 휴머노이드 로봇의 변화

세계최초 인간형(휴머노이드) 로봇 '아시모'는 일본의 혼다가 2000년 11월 세계 최초로 걸어다니는 '자율 2족 보행' 로봇으로 만들면서 세계의 주목을 받았으며, 2004년 12월엔 걷는 것은 물론 시속 6km로 달릴 수 있는 기능까지 갖춘 차세대 아시모가 선을 보였다. 차세대 아시모는 음성인식 기능과 함께 물 컵을 집거나 전기 스위치 작동, 문을 열고 닫는 동작 등 30여 가지 몸동작 기능까지 갖췄다.

이후 한국과학기술원(KAIST)에서는 아시모보다 세밀한 동작이 가능한 휴보를 개발하였으며, 휴보 2세를 개발을 하고 있다.

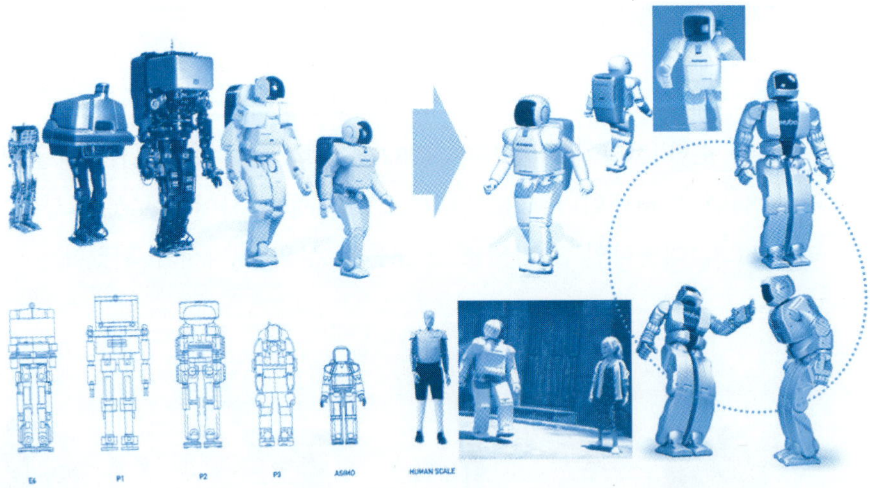

그림 1-10 휴머노이드 로봇의 변화 유형

1-4 로봇의 분류

〈표 1-1〉 로봇의 분류

산업용 로봇		인간공존형 로봇	
제조업용 로봇	현장 로봇	개인용 로봇	공공용 로봇
제조라인에서 단순 작업	의료용 군사용 농업용 건설용 우주용 원자력용 수중용	청소용 교육용 장남감용 헬스 로봇	안내용 경비용

1) 개인용 로봇

개인용 로봇은 개인생활의 본질적인 운동성을 보조하며, 지능을 갖는 인간공존 형태인 지원 로봇이다. 가정 자동화(Home Automation)를 지원하는 가정용, 고령자와 신체장애자 등에 대한 생활지원용, 오락용(Entertainment) 등으로 분류할 수 있다. 기술개발의 최종목적은 인간의 삶의 질향상, 노령화 사회의 실질적인 최종목적인 로봇으로 분류할 수 있다.

그림 1-11 개인용 로봇

개인용 로봇의 한 분야인 오락용 로봇은 2002년부터 2005년까지 비디오 게임에서 로봇 게임으로 시장이 형성되었으며, 주류는 현재 대중화되어 가고 있는 로봇 축구를 중심으로 이루어질 것이다. 휴머노이드 로봇의 발전과 더불어 로봇 경기는 점점 인간의 스포츠 등의 경기형태와 닮아갈 것으로 보이고, 2010년 이후에는 인간과 로봇의 스포츠 경기형태가 거의 닮게 되고, 또한 사용자는 자신의 로봇을 훈련시키고 함께 연습하여 호흡을 맞추어 경기에 임하게 되는 로봇이다.

〈표 1-2〉 개인용 로봇 분류

로 봇	기 능
가사 로봇	가정에서 조리, 세탁, 청소 등의 일을 수행하여 가사노동의 부담을 줄여줌
생활 도우미 로봇	병원, 요양소 등에서 재활훈련을 돕거나 일상생활을 해나가는데 불편이 없도록 도와줌
애완용 로봇	인간의 감정적 동반자의 역할을 하며 여가 선용에 도움을 줌
서빙 로봇	음식점 등 대형 서비스 업체에서 효율적인 서빙 작업을 수행함
교육용 로봇	학교, 가정에서 다양한 도구를 이용해 교육에 효과적이며 친근한 수단으로 이용
퍼포먼스 로봇	테마파크나 기업체의 홍보 등에 사용되어 다양한 볼거리를 제공함
경기용 로봇	대중매체를 통해 로봇간의 흥미로운 경기를 보여주거나 가정에서 인간의 스포츠 활동에 동반자가 됨

2) 공공용 로봇

감응장치가 개량되면서 금융기관의 현금수송이나 주택 경비에 로봇을 활용하는 기술이 잇따라 개발되고 있다. 경비용 로봇인 경우 범죄율 증가로 중저가형 원격 정비에 대한 수용가 증가되고, 또한 공공기관이나 박물관에서 방문객을 대상으로 안내를 담당하는 로봇의 등장하고 있다. 자유로운 이동성과 지능을 가진 로봇을 만들기 위해 많은 기술이 필요하지만, 현재 개발된 안내 로봇들은 방문객들에게 큰 호응을 얻고 있으며 계속적인 로봇이 등장할 것이다.

그림 1-12 **공공용 로봇**

3) 현장 로봇

국민에게 선진화된 의료복지를 제공하기 위하여 기존의 로봇 기술을 활용하여 일상생활에서 국민의 건강을 실시간 관리하고 건강에 문제가 있을 때 보다 정확한 진단을 내릴 수 있도록 도와주고 환자를 보살피는 범주의 로봇 시스템을 말한다. 의료복지 로봇 시스템은 국민의 삶의 질을 향상시키고 일반인들이 건강한 삶을 영유하고 21세기를 더 살기 좋은 사회로 만들어 나갈 것이다.

4) 수술 로봇 시스템(Robot and Medicine)

실제 수술에서 의사를 도와 보다 나은 수술을 수행하도록 도와주는 시스템으로서, 일차적으로 현재 인턴과 같은 보조 인력이 수행하는 보조 수술 로봇에서부터 가공 정밀도를 향상시키거나 어려운 수술을 용이하게, 만들어 주면서 직접 수술에 사용되는 특수목적 수술 로봇 시스템의 개발과, 비슷한 유형의 다양한 수술을 집도할 때 사용할 수 있는 지능적이면서도 유연성이 좋은 다목적 수술 로봇 시스템을 말한다.

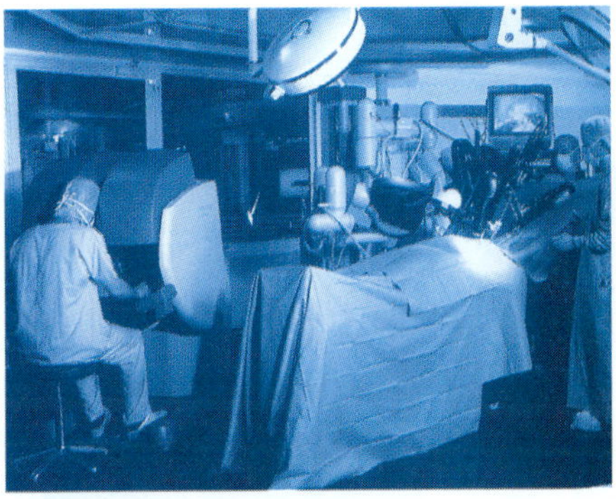

그림 1-13 외과 수술용 로봇 시스템

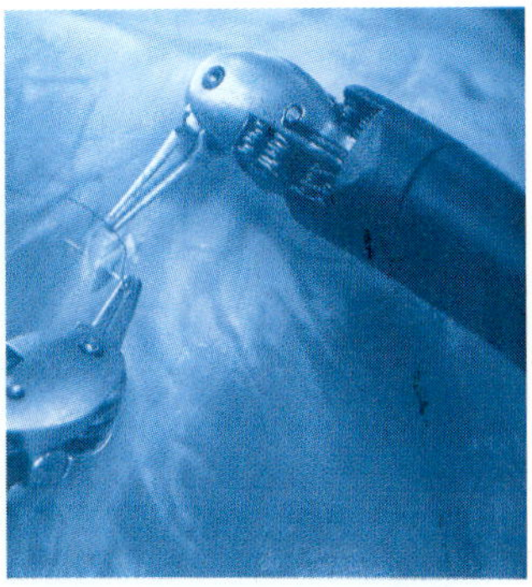

그림 1-14 보조 수술 로봇

5) 재활 로봇 시스템(Medical care Robots)

노인과 장애인의 재활치료와 일상생활을 도와주는 로봇 시스템으로서, 단순한 신체를 지지해 주는 역할을 벗어나 중증 환자나 노인의 신체 움직임을 향상시키고

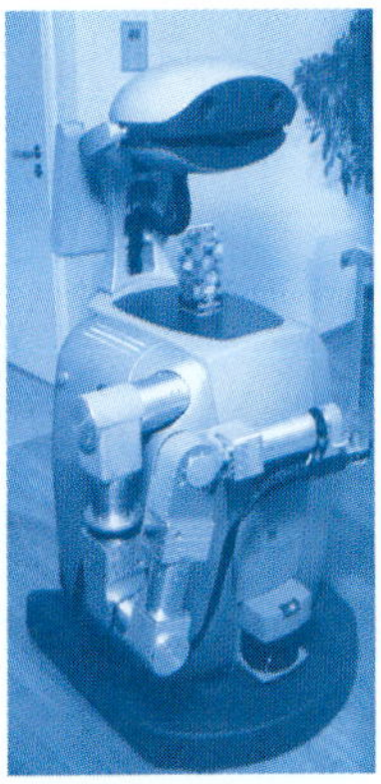

그림 1-15 환자 도우미 로봇

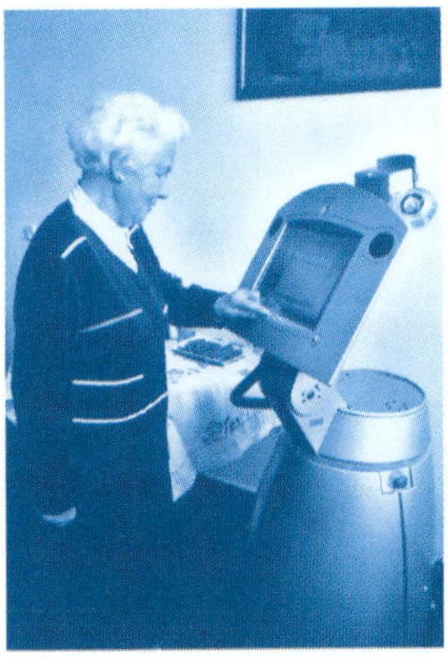

그림 1-16 환자상태 및 독립적인 생활지원 로봇

빠른 시일 내에 회복하도록 중요 기능을 수행하고 장애인의 장애를 극복하여 독립적인 생활을 가능하게 할 수 있는 기능이다.

6) 농업 · 건설용 로봇

생물 산업, 건설시공에서의 로봇기술 연구개발의 목표는 작업생산성, 작업쾌적성, 안정성, 환경보존성 향상을 목표로 한 인간, 컴퓨터, 기계의 복합시스템(로봇 시스템), 비구조적 영역작업과 가변적 작업공정의 생력화와 환경변화에 대한 적응, 유해, 위험 작업 대처 시스템 로봇이다.

그림 1-17 원격 트랙터 로봇

그림 1-18 멜론 수집 로봇

7) 군사용 로봇(Military Robot)

현재 주목받고 있는 분야의 하나로서, 첨단 군사용 로봇 시스템이다. 1차 세계대전 때에는 탱크와 비행기가 출현해서 전쟁의 개념을 새로이 했고, 2차 세계대전 때에는 전쟁에 레이더와 핵폭탄 등이 첨단 과학기술이 이용되었다. 이는 다가올 미

그림 1-19 무인 폭격기

그림 1-20 무인정찰기

래의 첨단 군사시스템 분야에 최신 기술이 더욱 이용될 것이라고 한다.

그림 1-21 무인감시로봇

1-5 로봇의 기술

로봇의 기술에 대하여 논하기 전에 우선 지능형 로봇에 대한 정의에 대하여 알아보자. 지능형 로봇에 대한 정의는 각 기관 및 국가마다 다르며 공통적으로 사용되는 의미는 다음과 같다.

1) 지능형 로봇(Intelligent Robot)

목적이 정확하게 주어지면 그것을 달성하기 위하여 필요로 하는 작업, 조작 및 그 실행순서를 자체의 정보에 따라 도출하고, 그것에 따라서 작업을 하여 목적을 달성하는 로봇이다.

위와 같은 정의가 지능형 로봇의 가장 기본적인 행동에 대한 정의로 해석을 할 수 있으며, 지능형 로봇에 대한 기술적인 행동에 대한 정의는 지능로봇이란 시각, 청각, 촉각, 후각, 미각 등 오감 센서를 장착한 로봇을 의미한다. 여기서 지능이란 AI(Artificial Intelligence)와는 다른 것이다. 예를 들면, 비전(vision)센서가 장착되어 있는 지능로봇은 센서를 통해 물체를 확인하고 따라 가거나 피할 수 있다. 마찬가지로 후각센서가 장착되어 있는 지능로봇은 향을 맡고 따라 갈 수 있다. 즉, 센서와 센서를 이용할 수 있는 소프트웨어의 결합적 의미라고 하겠다.

따라서 지능로봇은 짜인 프로그램대로 움직이는 것이 아니라 로봇 스스로 행동을 한다는 의미로 정의를 내릴 수 있으며, 다음 표는 지능형 로봇의 기술을 인간의 오감과 행동에 대하여 분류한 것이다.

〈표 1-3〉 로봇의 기술에 따른 분류

인간의 행동에 따른 분류	지능형 로봇 기술에 따른 분류
운 동	이 동
	조 작
	촉각 디바이스
감 각	촉 감
	시 각
	음 성
	후 각
제 어	학습 및 인지
	자율제어
	기반기술
기 타	동력/전원

2) 운 동

(1) 이동성(Mobility)

로봇이 가정이나 실내에 적용되어 다양한 서비스 작업을 수행하기 위해서는 우수한 주행 성능이 요구된다. 특히 가정은 구조적으로 복잡하고 장애물이 산재해 있으며 장애물이 이동하는 환경으로, 이러한 지역에서 로봇이 자율주행을 하기 위해서는 전 방향 주행이 가능한 이동 메커니즘 구조를 가진 로봇이 존재를 하며, 문턱이나 계단의 오르내림을 위해서는 크로라식, 특수차륜식, 보행식 등 방식이 요구된다.

(2) 계단이동

건물같이 계단이 많은 환경을 극복하기 위해서 계단의 한계를 극복하는 기능을 갖는 것이 필요하다. 현 개발현황으로는 탱크형태의 크로라식이 가장 일반적으로 사용되고 있고, 평지주행성이 우수한 특수 차륜식에 대한 개발이 추진 중에 있다.

그림 1-22 크로라식 구동 형식

그림 1-23 특수한 차륜식 계단 승월 로봇

(3) 2족 보행

인간 걸음을 100% 흉내낼 수 있는 2족 보행은 평면, 계단 모두에서 사용이 가능하다. 더 좋은 것이 인간이 사는 환경의 대부분에서 적응이 가능해질 것이지만 어려운 기술적인 문제가 많이 있다.

사용할 수 있는 고출력 모터, 고배율 소형 감속기를 가지고 있어야 하는 기술적인 문제가 존재한다. 이러한 문제를 해결하기 위해 기초적인 2족 보행 로봇의 개발을 시작으로 현재는 보행속도 6km의 정도의 2족 보행 로봇이 등장하였으며 머지않아 사람과 거의 유사한 로봇이 개발될 것이다.

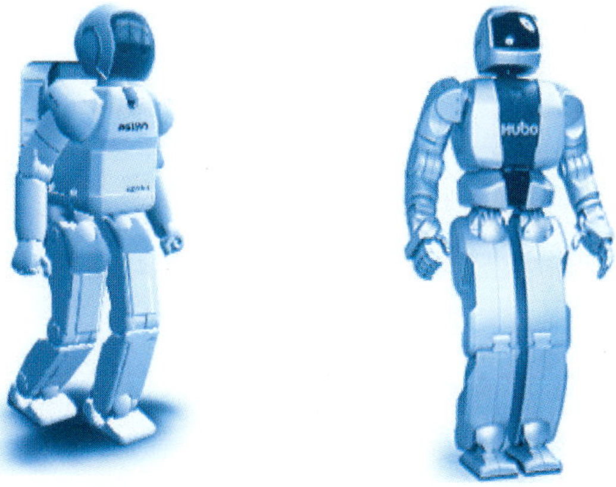

그림 1-24 2족 보행 로봇

3) 조 작

로봇의 조작(Manipulation)에 대한 기술개발은 로봇에서 가장 중요한 부분으로 로봇 구동에 있어서 중요한 역할을 한다. 아래는 조작에 대한 현재 기술개발 현황 및 기술개발 과제에 대하여 설명하여 본다.

(1) 모듈화

로봇의 모듈은 팔(ARM)을 링크와 관절모듈로 나누어 주어진 작업에 적합형태로 쉽게 조립될 수 있는 시스템을 의미한다. 제조하는 입장에서도 모듈만 제조하면 되므로 쉬워지고, 작업에 따른 변신이 가능하고 또 하나의 축이 잘못되면 그것만 바꾸어 주면 되는 장점을 가지는 반면 아직 가격적인 면에서 불리하다는 단점이 있다. 이러한 단점을 보안하기 위해 많은 연구·개발이 진행이 되고 있다. 우선 적응(Orientating)부를 하나의 모듈화하며, 위치(Positioning)부를 1축과 2/3축의 2 모듈로 개발하여 저렴한 모듈로 개발하는 것을 목표로 한다.

(2) 경량화

경량화는 인간환경에서의 적응력을 높이는 데 매우 중요한 기술이다. 팔이 경량화되고 또 슬림화되면 이들을 이동시키는 이동로봇에게는 부하가 작아지므로 에너지 문제, 하중문제 등을 해결해주는 매우 중요하다.

(3) 스마트 팔

로봇의 팔에 다양한 센서들이 결합되어 있어 보다 지능적으로 작업을 할 수 있도록 만들어진 팔을 총칭하여 스마트 팔(Smart ARM)이라고 정의할 수 있다. 피부 센서들이 있어 로봇의 외부와의 접촉여부를 알 수 있으며, 또 더 나아가 장애물과 얼마나 떨어져 있는지 또한 알 수 있게 될 것이다. 그리고 동작(Actuation)에서 개선도 많이 이루어져 거의 인간의 동작과 유사한 모습을 보이고 크기도 사람과 팔과 비슷하게 된다.

4) 촉각 디바이스(Haptic device)

햅틱 인터페이스의 넓은 의미로는 가상환경과 촉각적 상호작용을 하는 시스템 전체를 일컫기도 하지만 좁은 영역의 의미로 사람에게 촉감을 전달하기 위한 물리적 장치(device)를 말하며, 통상적으로 촉각 디바이스(햅틱 디바이스, Haptic device)라고 하기도 한다. 원격지에서 로봇을 제어하는 방법으로 촉각 인터페이스를 이용하여 제어를 하게 되며, 주로 정밀도를 요구하는 작업에서 주로 사용된다.

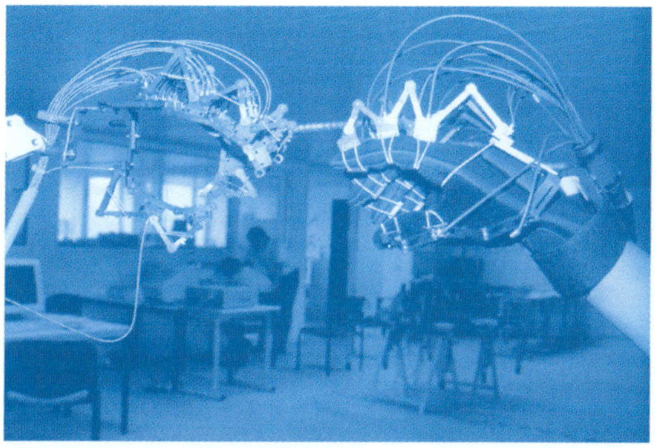

그림 1-25 손의 촉각 디바이스

5) 감 각

(1) 소형 힘(Force)/토크센싱(Torque Sensing) 시스템

로봇의 팔과 관절에는 상호 작용하는 힘과 관련한 것으로 로봇이 접촉하는 대상물체에 대해서 사람이 가지고 있는 근감각과 같은 감으로 인식하게 하고, 이같이 인식된 감을 이용하여 사람의 근감각과 같은 감으로 적절하게 반응을 할 수 있어야 하며, 주변 환경 및 대상 물체와 접촉할 때 로봇에게 인간과 유사하게 인식하고 동작하게 하는 기능을 부여하여 로봇을 이용하거나 상대하는 사람들에게 좀 더 친근감을 느끼게 할 수 있어야 한다.

이를 위해서는 아래와 같은 세부 기술이 필요하다.

① 힘 · 토크 센싱 및 재생 기술
② 대상물을 잡고 있는 압력 감지 기술
③ 대상물의 미끄럼 정도를 느끼게 해주는 전단력 감지 기술

(2) 인공피부센서 시스템

로봇이 상호작용을 하고 있는 물체 또는 주변 환경과의 접촉유무뿐만 아니라 접촉력, 접촉 부위에서의 미끄러지는 정보, 접촉 부위의 표면 조도, 접촉 부위의 물성 등의 복합적인 힘의 성분을 분해 또는 합성할 수 있는 기능을 부여하여 로봇의 안정성 향상과 보다 인간 친화적인 수단을 제공하여야 한다.

이를 위해서는 아래와 같은 세부 기술이 필요하다.

- 마이크로 어레이 고분자 힘 센서 기술
- 전 방향 힘 고성능 감지 및 실시간 신호처리 기술
- 착용 가능한(Wearable) 고분자 감압 천(sheet) 기술

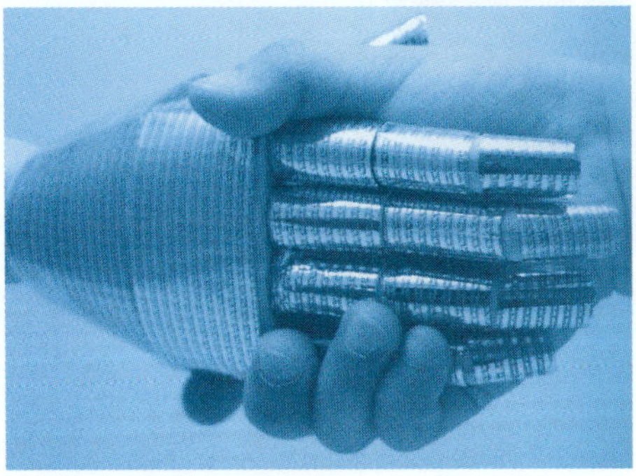

그림 1-26 인공 피부 손

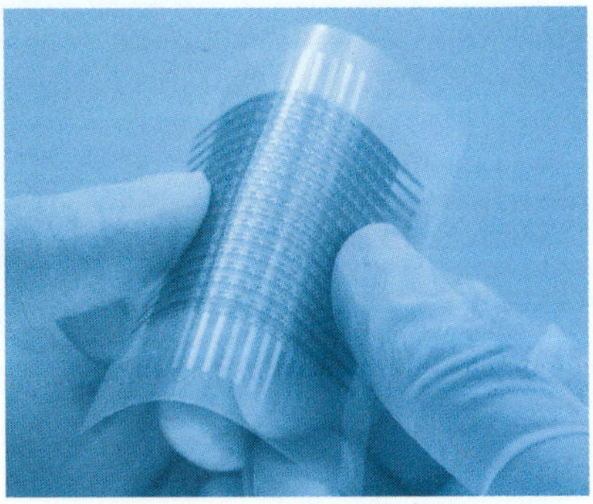

그림 1-27 인공 피부 센서

6) 시 각

(1) 실시간 스테레오 시각 시스템

로봇이 물체 또는 주변 환경에 대한 영상정보를 실시간으로 획득하여 작업환경에 대한 정보를 보다 정확하게 판단할 수 있는 수단을 제공하는 시스템이다.

이를 위해서는 아래와 같은 세부 기술이 필요하다.

① 소형 양안식 또는 다안식 입체카메라 시스템
② 입체카메라의 줌, 초점 주시각 및 자동감지 기술
③ 입체영상신호 무선화를 위한 부호화/복원 기술

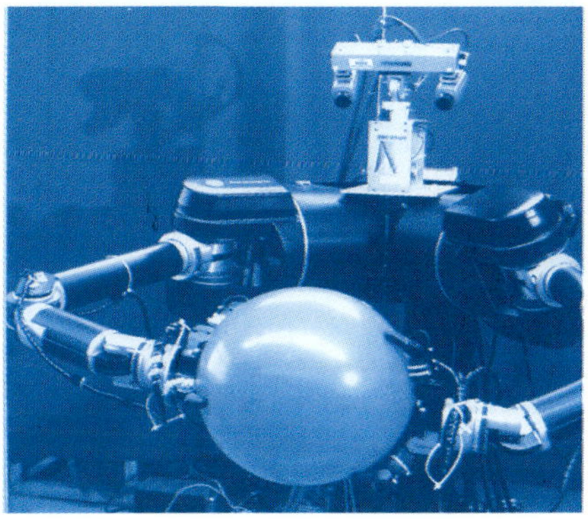

그림 1-28 실시간 스테레오 로봇

(2) 스마트 스테레오 시각 시스템

인간의 시각과 유사한 기능을 로봇에게 부여하기 위한 것으로 로봇이 주변 환경 및 대상 물체 사이의 3차원 정보를 측정하여 측정된 정보를 이용하여 주변 환경 및 대상 물체를 검출・인식・재상・추적하는 기술이며, 주변 환경 및 대상 물체의 3차원 형상을 사람과 같이 실시간으로 인식할 수 있게 하여, 로봇이 스스로 판단하여 주어진 임무를 수행할 수 있는 기능을 제공하여야 한다.

이를 위해서는 아래와 같은 세부 기술이 필요하다.

① 물체간 삼차원 형상정보 실시간 획득 기술
② 입체영상정보를 이용한 형상인식 및 추적 기술
③ 3차원 형상 복원 및 학습 기술

(3) 열화상 인식 시스템

화재현상 또는 심야에 주변의 열 분포를 인식하여 열 함유 물체를 인식하고 위치를 추적하는 기술을 말한다.

이를 위해서는 아래와 같은 세부 기술이 필요하다.

① 소형・경량・고분해능의 적외선 카메라 시스템 기술
② 적외선을 이용한 물체 감지 기술

그림 1-29 열화상 카메라

7) 음 성

(1) 음성명령언어 인식 기술

로봇이 명령어(Keyword)만을 인식하거나, 명령어 전후에 임의의 음성이 발성되어도 명령어만을 추출하여 인식하거나, 또는 정형화된 문장 형태로 발음된 음성을 인식하여 명령을 수행하는 기술을 말한다.

이를 위해서는 아래와 같은 세부 기술이 필요하다.

① 고립음성 인식 기술
② 연속음성 인식 기술
③ 음성명령(Keyword) 차례

(2) 감정대화 인식 기술

로봇시스템에 효과적으로 적용하기 위하여 로봇에 응용되는 영역을 제한하여 기술을 개발하고, 이를 토대로 응용 영역을 확대하고 영역을 전환하는 기술을 말한다. 이를 위해서는 아래와 같은 세부 기술이 필요하다.

① 응용영역 제한 감정이해 대화인식 기술
② 감정이해 · 구현 인식 · 합성 기술

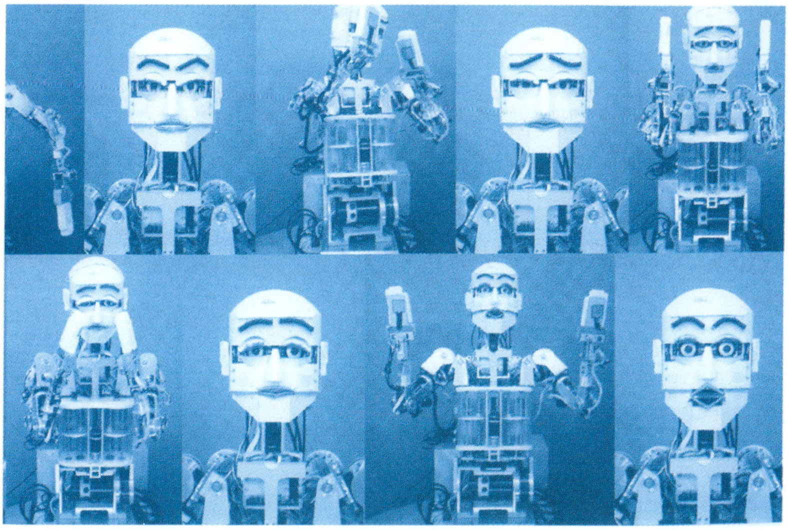

그림 1-30 음성인식에 따른 표정변화

8) 후 각

로봇이 활용되는 곳에서 유해가스 누출 등과 같은 생화화적 이상상태를 감지하고 위험사항을 인식하는 기술을 말한다.

이를 위해서는 아래와 같은 세부 기술이 필요하다.

① 가스 센서의 소형화 기술
② 다종 복합가스 인식용 센서 기술

9) 제 어

(1) 학습 및 인지

로봇에게 여러 번의 교육을 통해 물체나 행동을 학습시키며, 자율적 학습을 통하여 스스로 대상체를 인식하고 학습을 강화해 나가는 기술을 말한다. 학습에 이용되는 도구로는 비전(Vision), 센서(Sensor), 인코더(Encoder) 등으로부터의 정보를 종합하여 집안 등의 외부 환경을 3차원으로 인식 표시하여야 하며, 사람의 표정 등을 인식하여 그에 대한 로봇의 반응을 표현하여야 한다.

(2) 자율 제어

로봇이 영상정보나 음성명령의 지시를 받고 외부 환경으로부터 이동계획을 세우고 장애물을 회피하여 이동하는 경우 문턱 등 집안 장애물에 의한 미끄러짐 등이 있어도 자기의 절대 위치를 인식할 수 있어야 하며, 로봇의 팔과 손을 가지고 작업하기 위해 여러 자유 도중 어느 것을 이용할지 최적화된 계획을 세워 제어를 하여야 한다.

10) 기 타

인간이 존재하기 위해서는 의·식·주를 해결하는데 이유가 있다. 로봇 또한 식에 대한 문제를 해결해야 하며, 이에 대한 방안이 배터리 기술개발이다. 배터리는 로봇에서 가장 중요한 기술로 어떠한 기능보다 초기에 배터리에 대한 설계가 이루어져야 한다. 우선 배터리인 경우에는 자동 충전 기능이 기본적으로 포함되어야 하며 이 기능을 구현하기 위해서는 위에 열거된 모든 기술이 바탕이 되어 비로소 자동충전에 대한 기능을 구현함으로써 지능형 로봇이 탄생될 수 있다.

2장 로봇 구조

로봇의 종류와 구조에 대하여 기본적인 지식, 제어방법 및 제어 구조에 대하여 학습하고 이 제어방법에 따른 제어장치의 종류와 특성에 대하여 이해한다. 또한 산업용 로봇과 지능형 로봇에 적용된 기술과 특징에 대하여 학습하는 데 목표를 두고 있다.

2-1 산업용 로봇의 구조

로봇의 모양, 구조, 구성 요소 등에 따라 그 형태는 여러 가지이며, 이러한 로봇의 사용 목적에 따라 산업용 및 가정용(서비스) 로봇으로 분류할 수 있다. 이 장에서는 산업용 및 가정용(서비스)의 예로 들어 로봇의 형태 및 구조를 알아본다.

산업용 로봇은 인간의 4D 직업(지루함(Dull), 더러운(Dirty), 위험한(Dangerous), 어려운(Difficult))이라고 불리는 일에서 인간을 해방시켜 주기 위하여 여러 가지 형태의 산업용 로봇이 일선 현장에서 사용되고 있다. 산업용 로봇의 경우에는 각 현장의 작업 조건에 따라 형태와 구조가 상이한 반면, 기초 로봇 기술은 모든 로봇이 동일하게 적용되고 있으며 로봇의 형태와 구조에 대하여 알아본다.

1) 픽 앤 플레이스 로봇

시작점과 끝점, 그리고 경로가 고정되어 있는 핸들링 공정에 적용되어 사용되는 로봇을 픽 앤 플레이스 로봇(Pick & Place Robot) 또는 시퀀스(Sequence)형 로봇이라고 한다. 그림 2-1과 같이 두 개의 자유도를 가지고 평면상에서 간단한 동작만이 요구되는 공정에 적용되며, 또 한 개의 자유도만 사용하여 한 방향으로만 움직이게 하며, 그리퍼(Gripper)를 한쪽 끝에 장착하여 다른 쪽은 로봇의 말단장치(End-effector)가 장착되어 깊숙한 곳의 물체를 잡는데 사용한다.

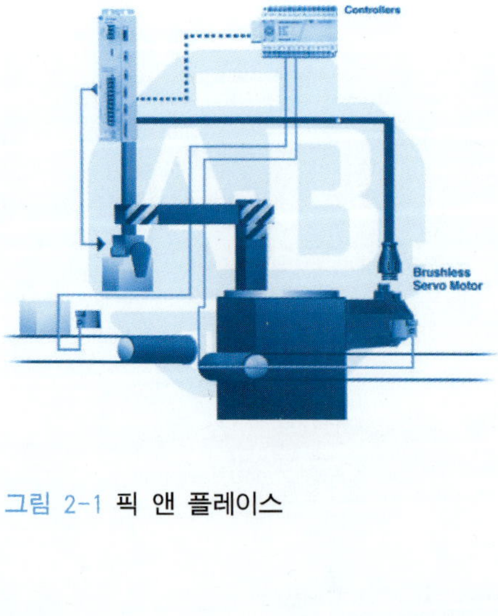

그림 2-1 픽 앤 플레이스

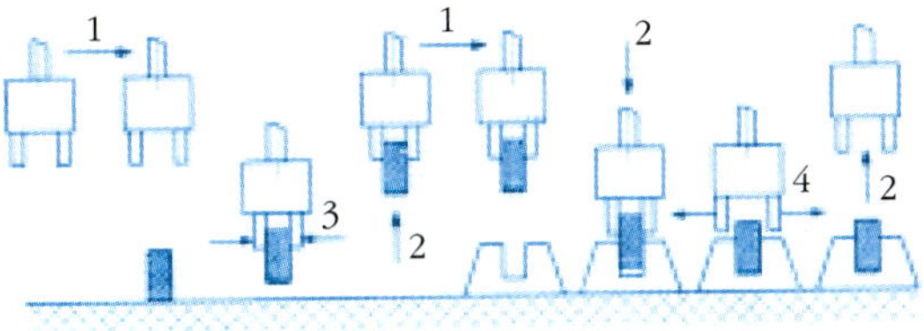

그림 2-2 **픽 앤 플레이스 운동방법**

픽 앤 플레이스 장치는 고정된 운동순서와 경로 혹은 운동각을 가지며, 이들을 변경하려고 하면 사용된 부품을 다른 것으로 바꾸거나 이들을 다시 조정하여야 한다. 픽 앤 플레이스 로봇의 기본운동은 픽업(Pick-up), 이송(Transfer), 정렬(Placing)의 운동형태를 나타내며 그림 2-2는 픽 앤 플레이스의 기본 운동형태이다.

2) 직교좌표 로봇

(1) 정 의

직교좌표 로봇은 직선축으로만 구성되어 있는 로봇이다. 그림 2-3과 같이 1번 축은 좌우운동(X축), 2번 축은 전후운동(Y축), 3번 축은 상하운동(Z축)을 나타내는데 사용된다. 이러한 구조는 각 축의 운동이 어떤 한 방향에 제한을 받으며, 다른 2개의 축과는 서로 독립적이다. 또한 잡은 물체의 방향을 바꿀 수 있도록 끝에 회전축(θ)을 붙여 4축으로 만든 직교좌표 로봇(Cartesian Coordinate Robot)도 있다.

직교좌표 공간(XYZ)에서 로봇의 작업공간은 정육면체이거나 직육면체이므로 로봇이 수행하는 어떠한 작업도 이러한 작업공간 내에 포함되는 운동이어야 한다. 또한 인간에게 가장 익숙한 좌표계가 90°씩 떨어져 이루는 직교좌표계이기 때문에

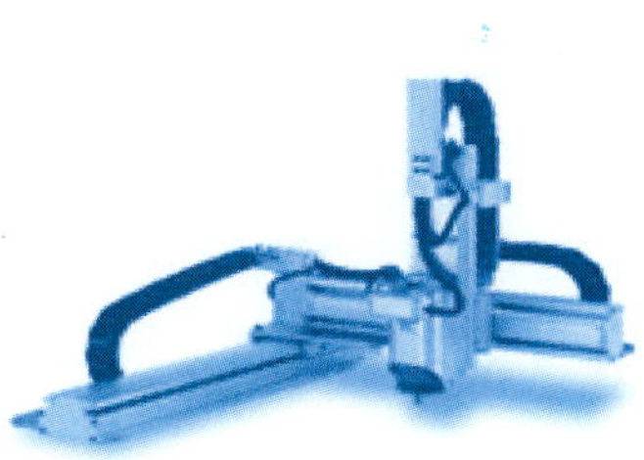

그림 2-3 **직교좌표 로봇**

일반 이용자가 쉽게 작업교시를 할 수 있도록 되어 있다.

직교좌표 로봇은 흔히 XYZ 로봇이라고 불리며, 로봇의 핵심 부품은 모터의 회전운동을 직선운동으로 바꾸는 동력전달 기구인 볼 스크루(Ball Screw)가 가장 많이 사용되고 있다. 또한 직교좌표의 특징으로 기본적으로 직선운동을 하기 때문에 각 운동방향으로 완전히 운동이 독립되어 있다는 것이다. 작업영역 모든 위치에서 기구학과 동역학이 변하지 않기 때문에 균일한 제어특성을 가지고 제어가 간단하다. 또 위치에 따른 반복 정밀도의 변화는 거의 무시할 수 있으며, 세 방향이 서로 독립적인 운동을 하기 때문에 한 축씩 모듈형으로 설계하는 것이 제어에 용이하다.

(2) 장 · 단점

① 장 점

- 직선이동에 대하여 제어가 간단하다.
- 높은 기계적 강성, 정확한 반복 정밀도 성능
- 권상하중(Weight-lifting) 능력이 작업공간 내의 다른 위치에서도 변경되지 않기 때문에 무거운 하중을 운반할 수 있다.
- X축에 따른 작업반경을 넓힐 수 있으므로 큰 작업영역에 용이하다.

② 단 점

- 한 번에 한 방향으로만 이동하는 한계가 있다.
- 작업공간 이외의 접근은 로봇지지 구조에 의해 손상을 받을 수 있다.
- 오버헤드(Overhead) 구동 메커니즘과 제어장치를 가진 몇 가지의 모델을 유지보수가 어렵다.

(3) 응용분야

① CNC 선반과 밀링 자동 장착
② 표면 마무리 가공작업
③ 오염 제거 로봇을 이용한 X-선 중성자 방사선 사진촬영
④ 픽 앤 플레이스 응용분야

3) 원통좌표 로봇

(1) 정 의

원통좌표 로봇(Cylindrical coordinate robot)은 2개의 직선운동과 1개의 회전운동의 구조를 가진다. 1개의 회전능력인 자유도와 2개의 직선운동 자유도를 가진 로봇은 가벼운 운동을 수행할 수 있다. 첫 번째 좌표는 상하 좌표축에 대한 베이스 회전각이며, 두 번째 좌표는 로봇이 위치할 수 있는 각도에서 반지름 방향인 Y축의 입출운동에 해당한다. 마지막 좌표는 상하방향인 Z축에 해당한다.

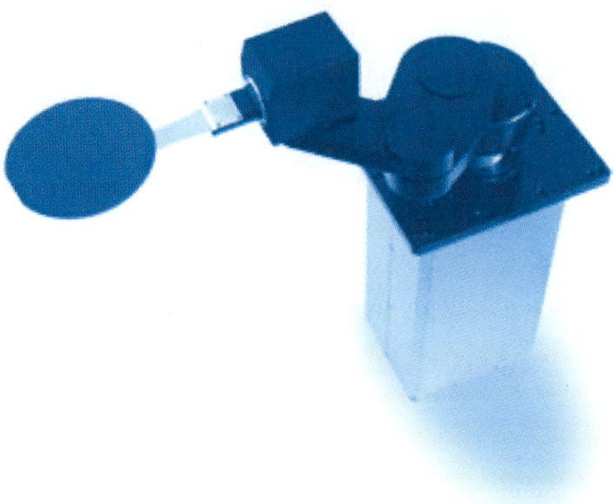

그림 2-4 웨이퍼 이송 로봇

그림 2-4는 원통좌표 로봇의 예로 반도체 웨이퍼 이송 로봇으로 웨이퍼를 정해진 구간으로 빠르게 정확하게 이송하는데 사용된다.

(2) 장 · 단점

① 장 점

- 넓은 수평 범위의 운동이 가능하며 원거리 범위 작업에 용이하다.
- 정확한 반복 정밀도 성능
- 수직구조는 측 공간을 유지한다.
- 1축의 회전축 자유도에 설계에 따라 큰 적재하중 능력을 가진다.

② 단 점

- 제어 시스템이 복잡하다.
- 회전축의 중력에 의한 관성을 이겨야 하므로 기계적인 강성은 직교좌표형 로봇의 강성보다 낮다.
- 오버헤드 구동 메커니즘과 제어장치를 가진 몇 가지의 모델을 유지보수가 어렵다.

(3) 응용분야

- 코팅, 조립 일반전인 물류이송
- 정밀도를 요구하는 반도체 웨이퍼 이송장치
- 정밀 부품의 장착과 탈착
- 가공물 주소, 성형사출

4) 수평다관절 로봇(Horizontal articulated robot)

(1) 정 의

일반적으로 1개의 선형(수직)운동이고 2개의 회전운동으로써 특정 위치좌표에 도달할 수 있다. SCARA(Selective Compliance Assembly Robot Arm)라 불리는 이 로봇은 수직요소인 베이스에 고정된 2개의 수평관절 세그먼트와 1개의 선형 수직 운동축을 갖고 있다. 첫 번째 회전운동은 수직축에 대한 어깨에 해당하며, 두 번째 회전운동은 수직축에 대한 발꿈치에 대당되며, 세 번째 선형운동은 수직으로, 상하

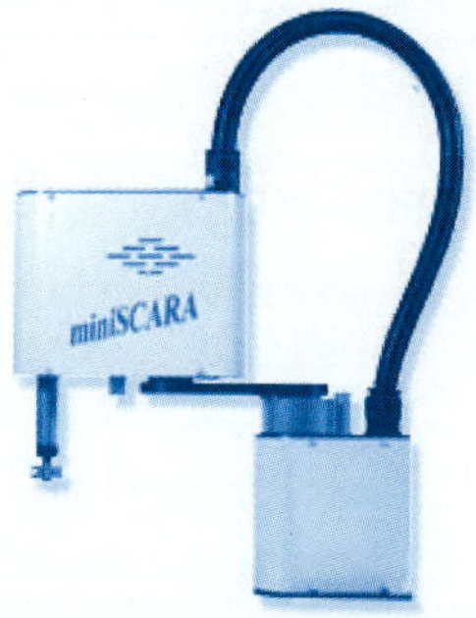

그림 2-5 SCARA 로봇

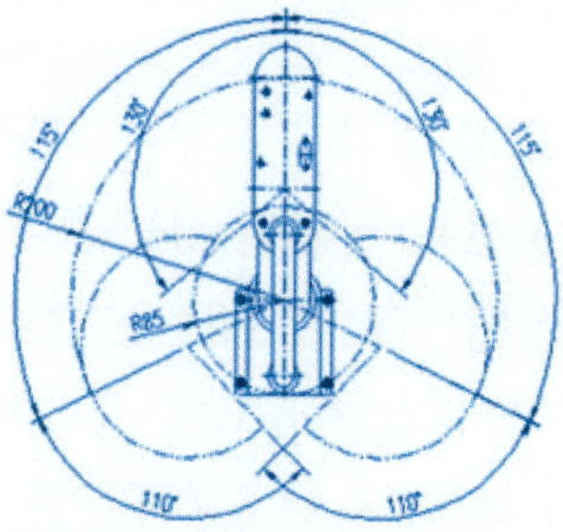

그림 2-6 SCARA 로봇 회전 반경

로 이동하는 Z축에 해당된다. 그림 2-5는 현재 시판되고 있는 SCARA 로봇이며, 그림 2-6은 SCARA 로봇의 운동반경을 나타낸다.

(2) 장 · 단점

① 장 점

- 최소의 설치 공간
- 직교형, 원통형보다 더욱 정밀하며, 큰 작업 영역을 갖는다.
- 유연성이 높다.

② 단 점

- 프로그래밍이 복작하기 때문에 매우 정교한 제어기가 필요하다.
- 2축 3축의 최대 범위에 접근할 때 안정성이 떨어진다.

(3) 응용분야

① 자동조립, 다이캐스팅 재료절단 · 절삭분야
② 반도체 부품검사 및 부품 작 · 탈작분야
③ 도장 및 접착제 도포 공정분야
④ 정밀 용접분야

5) 수직다관절 로봇(Vertical articulated robot)

(1) 정 의

불규칙하게 형성된 작업영역에서 작업을 수행하고 2개의 기본형상, 즉 수직과 수평형상을 갖는다. 수직관절 로봇은 공간상의 어떤 지점에도 도달할 수 있도록 3개의 회전운동을 한다. 이러한 디자인은 2개의 링크와 어깨와 팔꿈치로 구성된 인간의 팔과 유사하며, 그리고 Z축에 대하여 베이스를 회전시킴으로써 공간상의 원하는 지점에 손목을 위치시킬 수 있다.

첫 번째 회전은 베이스에 대한 회전, 두 번째 회전은 수평축의 어깨에 대한 회

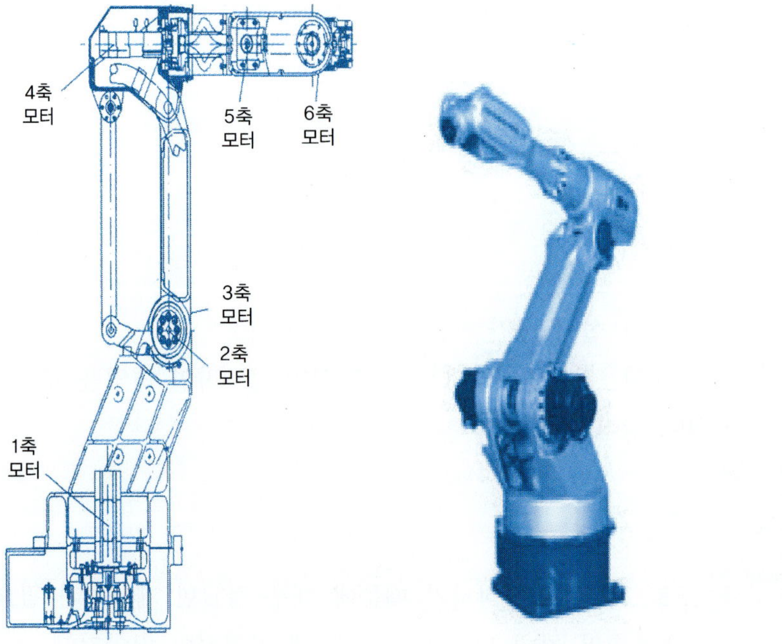

그림 2-7 **수직다관절 로봇**

전, 마지막 운동은 팔꿈치에 대한 회전이다. 그것은 수평축에 대한 회전하지만 이 수평축은 베이스와 어깨의 회전에 의하여 공간상의 어떠한 위치에도 존재할 수 있다.

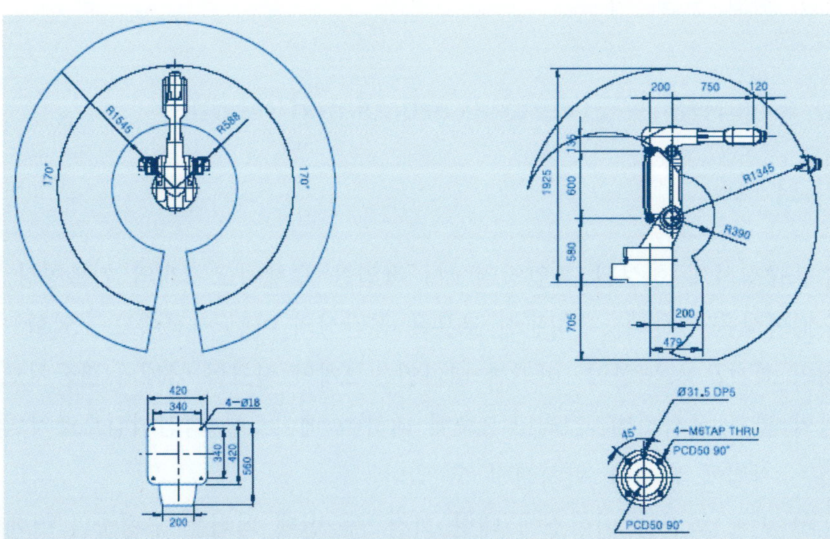

그림 2-8 **수직다관절 로봇 운동 반경**

작업영역은 로봇을 위에서 보았을 때 원형이고, 측면에서 보았을 때 관절의 운동 한계로 인하여 내부의 부채꼴 모양을 가진 형태를 한다. 이러한 로봇의 형태는 다양한 방향으로 빠른 속도로 이동할 수 있으며, 주어진 위치에 다양한 각도로 섭할 수 있다. 그러므로 이것은 도장과 용접에 매우 유용하게 응용된다.

(2) 장 · 단점

① 장 점

- 고속, 고성능, 높은 신뢰성을 갖는다.
- 넓은 작업 영역을 갖는다.
- 유지보수가 용이한 AC 서브 모터를 사용한다.

② 단 점

- 가반하중에 대응하는 최적의 개별 단위의 설계가 필요하다.
- 프로그래밍이 복잡하기 때문에 매우 정교한 제어기가 필요하다.

(3) 응용분야

- 자동조립 및 ARC 용접분야
- 이 적재 공정 등 정밀 및 무거운 하중 이송분야

2-2 지능형 로봇의 구조

21세기의 인간중심사회에서 돌파형 기술혁명결과를 융합한 새로운 시스템으로서 개인의 삶을 혁신적으로 변화시킬 도구는 인간과 같이 생활하며 인간의 기능을 대신하거나 오히려 인간기능을 능가하여 인간에게 새로운 삶을 누릴 수 있도록 하는 지능형 로봇시스템이라 할 수 있다.

인간기능을 갖는 지능형 로봇이란 인간과 상호작용하면서 현실공간을 공유하고 인간의 기능을 대신할 수 있는 여러 형태의 로봇 시스템으로서 인공지능기술, 뇌공학기술, 초소형 기계전자기술, 생체공학기술(BT) 및 나노기술(NT) 등 혁신적인 신

기술을 접목한 다양한 로봇이 있다. 본 장에서는 이러한 로봇에 대한 구성에 대하여 알아본다.

1) 공공안내 도우미 로봇

공공안내 도우미 로봇은 음성인식 가능 어휘수 및 영상인식 기술을 기반으로 방문객과의 다양한 상호작용을 통해 실제 사람이 수행하는 안내와 유사한 서비스를 제공하여 방문객의 호기심과 관심을 유도하여야 한다.

예를 들어, "화장실이 어디입니까" 라고 관람객이 물으면 팔의 자유도 및 UI(User Display)를 이용하여 화장실의 방향을 알려주는 안내 도우미와 똑같은 역할을 수행할 수 있다. 또한 관람객에게 실질적인 서비스를 제공하게 되는 여러 가지 서비스 및 안내 콘텐츠, 인식 서비스, 센서 네트워크를 통한 환경인식 등은 독립된 서버를 통해서 수행을 기본으로 하며, 이러한 동작을 하기 위해서는 기존의 독립적인 로봇과 구조는 동일하나, 관람객에 대한 안내 및 의사표현을 하기 위한 UI 및 사람의 팔과 같은 자유도가 필요하다.

(1) 시스템 구성

본 시스템의 구성은 정부에서 추진 중인 공공 도우미 로봇에 대한 시스템 구성으로 사용자들에게 호기심을 불러 일으키기 위한 디자인과 안내를 위한 유저 인터

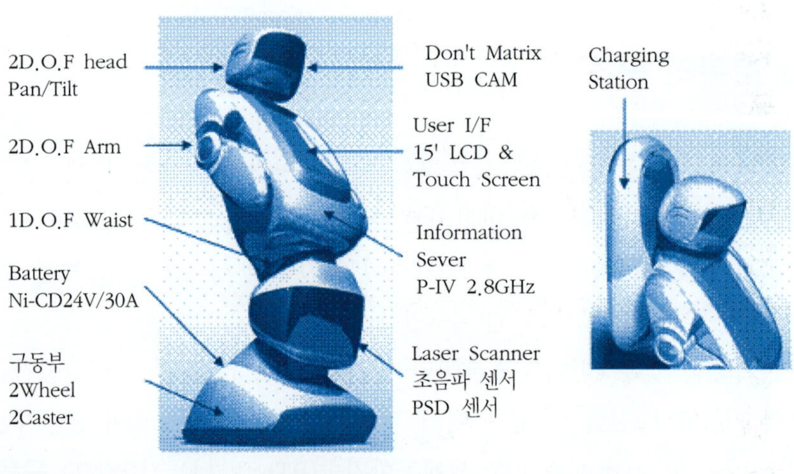

그림 2-9 공공 도우미 시스템 구조(로봇테크)

페이스(User Interface)로 구성되어 있다.

① 4 D.O.F 팔 : 사용자의 안내를 보다 효율적으로 안내하기 위한 2 자유도의 팔을 장착하고 있다.

② 2 D.O.F Pan/경사(Tilting) : 팔 이외의 보다 많은 동작 구현을 위한 Panning 및 Tilting 구조로 설계되어 있다.

③ 1 D.O.F 웨스트 : 보다 로봇의 유연성을 높여 사용자에 대한 안내를 효율적으로 대응하기 위한 허리 부분의 자유도 설계

④ 2 바퀴(Wheel) & 2 캐스터 : 자유로운 주행과 안정된 주행을 위한 2 바퀴(Wheel) & 2 다리바퀴(Caster) 설계

⑤ USB Camera : 원격 모니터링 및 감시, 제어를 위한 카메라 장착

⑥ 15" LCD & 터치스크린 : 로봇의 감정을 표현하고, 필요에 따라 고객들에게 필요한 전달사항을 공지해 줄 수 있도록 하였으며, 마이크 및 스피커를 통한 음성인식이나 합성을 통해서 사용자와의 상호작용이 가능하도록 설계

⑦ 레이저 센서 : 지능 주행을 하기 위한 환경인식용 메인 센서

⑧ 초음파 및 PSD 센서 : 전방 및 후방의 물체를 감지하거나, 낭떠러지를 감지하기 위한 센서 설계

⑨ 결합부분(Docking station) : 자율주행 중 배터리를 충전하기 위한 충전대 설계

이상이 공공안내 도우미 로봇에 대한 구조를 간략히 설명한 것이며, 세부 로봇 구조는 일반적인 지능형 로봇 구조와 동일한 구조를 가지고 있다.

(2) 주요 서비스

지능형 로봇은 로봇의 기본 3원칙에 편리함, 안정함, 즐거움의 3요소를 추가함으로써 인간과 공존하며, 인간에 대한 삶의 질의 향상시킬 수가 있다. 공공안내 도우미의 로봇의 주목적은 특정 공간에서 사용자에 대한 서비스를 주목적으로 하는 로봇이므로 다음과 같은 서비스에 대한 기본 기능을 포함하고 있다.

아래 기능에 대한 전반적인 기능은 독립적인 외부 서버에서 필요에 따라 네트워크를 이용하여 다운받아 사용하며, 로봇은 위 기능을 할 수 있는 기본 시스템으로 구성되어 있다.

구 분	기 능	내 용
안 내	안내 및 업무보조	업무 안내 및 전시내용 설명
	일반 정보 서비스	뉴스, 날씨, 교통정보, 여행정보 서비스
	안내주행	업무 안내 후 해당 위치 안내주행 서비스
	장애인 안내주행	물건 이송 및 해당 위치 안내주행 서비스
	입구 영접 및 환영	전시장 개소/패소 시간에 맞추어 고객 응대
	외국인 안내	영어 안내 콘텐츠 및 외국인 안내
보 안	보안녹화	모바일 DVR 개념의 상환 모니터링 감시
	원격 모니터링	로봇을 통한 원격 모니터링
오 락	건의사항 접수	업무 개선사항에 대한 건의사항 접수
	A.O.D/V.O.D	최신 히트곡, 뮤직 비디오 등이 로봇의 동작과 연동
	네트워크 프린터 서비스	나만의 포토 스티커 서비스
	교육 콘텐츠	동화, 동요 및 플래시 애니메이션 동작
	미니게임	미니게임, 게임 이벤트 발생 시 로봇의 동작 연동

2) 청소로봇

조립이나 동장, 용접 등 단순 반복작업이나 위험한 산업현장에 주로 쓰이던 로봇이 가정으로 몰려오고 있다. 최근 국내외에서 생산된 다양한 제품이 웰빙 바람을 타고 시장에 나오면서 청소용 로봇이 인기를 끌고 있다. 최근 가정용 서비스 로봇으로 청소용 로봇의 개발이 활성화되면서 로봇의 생활화가 성큼 다가서고 있다. 청소용 로봇이 인기를 끌 수밖에 없는 이유는 인건비의 절감과 편의성에 있다.

최첨단 진공청소기들이 수없이 나오지만 아직은 사람의 손에 의존하고 빗자루나 걸레를 이용하며, 진공청소기를 들고 청소작업에 나서야 한다. 청소로봇은 이러한 불만을 한꺼번에 없애줄 수 있다.

(1) 단순 동작형

충돌감지 센서에 의존하여 벽이나 장애물에 출동할 경우 이동경로를 변경하면서 청소를 수행하는 로봇으로 어느 방향으로 이동할지 예측이 불가능하기 때문에 방안에서 장시간동안 동작시키면 80~90% 청소가 가능하다.

그림 2-10 **아이클레보(유진로봇)**

그림 2-11 **룸바(아이로봇)**

단순한 충돌감지용 스위치나 충돌시 방향이 변하게 고안된 구르는 공형태로 모션을 제어한다. 부직포를 이용하므로 잔먼지나 머리카락 등을 정전기에 의해 부착되게 하는 방식으로 청소를 한다. 또한 충돌을 감지하기 위한 범퍼스위치나 적외선 센서로 벽을 검출하며, 회전브러시와 저출력의 흡입모터를 갖추고 있다.

청소 알고리즘으로는 나선형 청소, 랜덤 청소, 벽면 추종 등을 혼합해 사용한다.

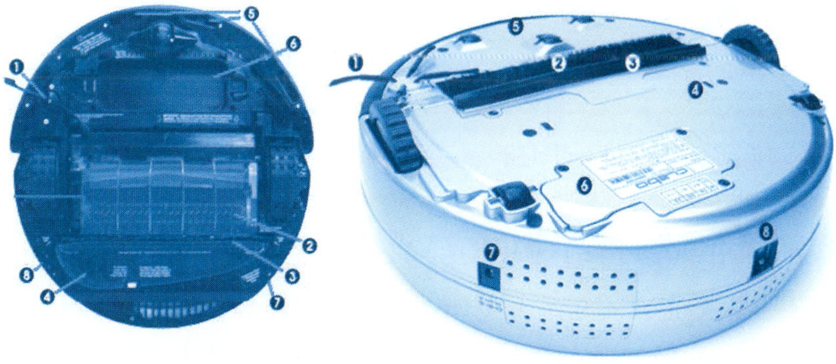

❶ 사이드브러시 ❷ 메인브러시 ❸ 미세먼지 흡입구 ❹ 먼지 배출구
❺ 바닥감지 센서 ❻ 배터리 장착부위 ❼ 배터리 충전 소켓 ❽ 전원 스위치

그림 2-12 **단순 동작형 하부 구조**

(2) 중기능형

청소시의 이동 알고리즘은 기본적으로 단순 동작형 이동방법과 동일하나, 자동충전이 가능하고, 청소효율을 높이기 위한 이동경로 제어가 포함되어 있으며, 방범

기능이 추가되어 있다.

그림 2-13 트릴로바이트(일렉트로닉스)

그림 2-14 로보킹 2(LG전자)

그림 2-15 하우젠(삼성전자)

청소흡입력이 기존의 핸드헬드 청소기 수준인 60W급을 최소한 유지하는 것에서 시작된다. 단순 동작형에 비해 초음파, 적외선, 충돌감지용 범퍼 등의 다양한 센서를 장착하고 있으며, 자동충전 기능을 갖고 있는 것이 자동청소 측면에서 가장 큰 특징이다. 장착된 센서를 통해 장애물을 감지하고 장애물에 대한 거리를 판별하여 대부분 충돌없이 이를 피해 청소를 하여야 한다. 청소방식으로는 랜덤방식을 주로 사용하여 청소하며 청소 중 배터리의 소모로 인한 충전은 자석감지용 홀센서와 적외선, 초음파 센서 등을 이용하여 자동으로 충전기를 찾아 도킹하는 알고리즘을 사용한다.

그림 2-16 **중기능형 하부 구조**

중기능형에서의 랜덤 청소방식은 우선적으로 공간의 사이즈를 측정하기 위해 벽면을 추종하면서 벽면 외각을 1회전한 후 일정각도를 가지고 장애물을 만날 때 까지 진행을 하다가 장애물을 만나면 다시 일정각도로 회전 후 다시 진행하는 청소모션을 취한다.

이 청소방식의 단점으로는 청소되지 않는 영역이 발생되며, 이에 자체 에너지에 대비하여 효율적인 청소가 되지 않으며 빈틈없이 전 지역을 청소하려면 좁은 지역이 아니고는 불가능하다.

(3) 고기능형

가장 큰 차이점을 청소효율에 두고 있다. 기능적으로는 약간의 차이가 있지만 청소를 위한 성능과 기능면에서는 큰 차이를 갖고 있다. 청소를 위한 성능과 효율

그림 2-17 **크루보, 오토로 청소방식**

적인 측면으로는 우선적으로 청소 알고리즘이 랜덤방식에서 벗어나 로봇 자신이 자기가 청소한 영역을 알아야 하고 중복 청소를 적게 해야 효율적인 청소가 가능하다. 이러한 방식을 매핑방식, 바둑판식, 오토맵방식이라고 한다.

그림 2-18 **크루보(삼성전자)**

그림 2-19 **오토로(한울로보틱스)**

3) 네트워크 정보 콘텐츠 로봇

현재 미국과 일본 등에서는 하루같이 새로운 기술과 시도로 우리를 깜짝 놀라게 하는 로봇 기술을 선보이고 있다. 감정을 갖는 코그로봇, 두 다리로 춤을 추고 점프까지 하는 소니의 큐리오, 로봇 네비게이션 기능을 갖춘 청소로봇까지 다양한 형태로 우리에게 한발 한발 다가오고 있다. 향후 10년 이내에 가정에서 한 대의 로봇을 쓰는 본격적인 로봇시대가 열릴 것이라고 예측을 하며, 이 로봇에는 지금의 컴퓨터가 음성인식기능과 이동기능을 갖추어 집을 돌아다니며 경비, 정보서비스, 가전제품제어, 간단한 심부름, 친구역할 등을 해주는 고지능 심부름 지능형 로봇이 될 수 있다.

(1) URC 정의(Ubiquitous Robotics Companion)

지능형 서비스 로봇은 인간과 상호작용을 통하여 인간의 명령 및 감정을 이해하고 반응하며, 정보통신기술을 바탕으로 인간에게 다양한 서비스를 제공하며, 외부 환경인식 정보의 획득, 지능적 판단, 자율적인 행동 등의 인공지능기술을 이용하여 인간을 지원하는 기술을 바탕으로 인간과 서로 상호작용하면서 가사지원 교육 엔터테인먼트, IT 등 다양한 형태의 서비스를 제공하는 인간 지향적인 로봇으로 정의할 수 있으며, "언제 어디서나 나에게 필요한 서비스를 제공하는 로봇"의 개념으로 정의한다. 또한 네트워크 정보 콘텐츠 로봇은 URC의 기본 개념에 보다 많은 콘텐츠를 네트워크를 이용하여 사용자에게 제공하는 로봇이다.

(2) 네트워크 기반 로봇의 분류

① 독립형 로봇

네트워크와는 전혀 무관하게 독립적으로 운영되는 특화된 기능을 내장한다. 로봇의 구동을 위한 제어 시스템, 다양한 센서 및 신호처리 시스템, 콘텐츠 제공을 위한 소프트웨어 및 중앙제어 시스템을 모두 탑재하고 있어 가격이 비싸고 기능이 제한적이다. 엔터테인먼트 로봇이나 퍼스널 로봇의 경우 기능과 동작특성의 개선이 매우 어렵기 때문에 높은 가격에도 불구하고 활용기간이 길지 않다.

② 소결합용(Loosely-coupled) 네트워크 기반 로봇

인터넷 접속을 통해 실행되는 소프트웨어를 다운로딩받거나 인터넷에서 필요한 정보를 제공받아 사용자에게 전달할 수 있는 형태의 네트워크 활용이 제한적인 로봇을 말한다.

원격지에서 핸드폰 혹은 PDA와 같은 이동통신 단말기를 통해 제어될 수 있고 제한된 정보를 이동통신 단말기에 제공할 수 있다. 이 경우에는 로봇 스스로가 인터넷을 통해 개선된 서비스 콘텐츠를 받아들여 스스로의 기능과 동작특성을 개선할 수 있고, 인터넷에서 사용자가 필요로 하는 정보를 수집하여 제공할 수 있다는 관점에서 한 단계 발전된 로봇이다. 이 로봇은 구동을 위한 제어 시스템, 다양한 센서 및 신호처리 시스템, 콘텐츠 제공을 위한 소프트웨어 및 중앙제어 시스템이 모두 탑재하고 있지만, 네트워크 활용을 통해 정보를 제공하거나 공유할 수 있다는 장점을 갖는다.

③ 밀결합용(Colsely-coupled) 네트워크 기반 로봇

로봇 자체에는 로봇 구동을 위한 제어기, 센서 인터페이스 및 무선통신 인터페이스만을 장착하고 대부분의 신호처리와 상위수준의 제어 및 인공지능기능을 네트워크에 연결된 다수의 컴퓨터를 활용하여 처리할 수 있는 로봇을 말한다. 이 로봇은 내부에 대용량 연산능력을 갖춘 컴퓨터가 필요 없어 로봇의 가격을 낮출 수 있고, 필요한 로봇 플랫폼을 활용하여 서로 다른 다양한 서비스를 제공할 수 있는 장점이 있다.

대용량의 센서 데이터들이 유·무선 통신망을 통해 전송되기 때문에 대용량 데이터의 실시간 전송을 위한 네트워크 기술, 환경변화에 대응할 수 있는 로봇 핵심 기술, 필요한 제어 및 인공지능 서비스를 제공할 수 있는 분산형 고성능 서버 시스템 기술이 필요하다.

이러한 로봇의 경우에는 저가격의 로봇을 구입하고 핸드폰에서와 같은 저렴한 콘텐츠 사용료만을 제공함으로써 유용한 서비스를 제공받을 수 있고 다양한 정보를 제공받을 수 있다.

④ 센서 네트워크 기반 로봇

환경 속에서 내장된 센서 네트워크를 활용할 수 있는 네트워크 기반 로봇이다. 네트워크의 이용이 활성화되면 생활공간 속에 설치된 센서 네트워크와 연계하여 로봇과 환경에 대한 정보를 추출, 활용할 수 있어 로봇이 제어 및 인공지능기능에 대한 신뢰성을 더욱 높일 수 있어 다양한 분야에 적용할 수 있다.

(3) 네트워크 기반 로봇 구조

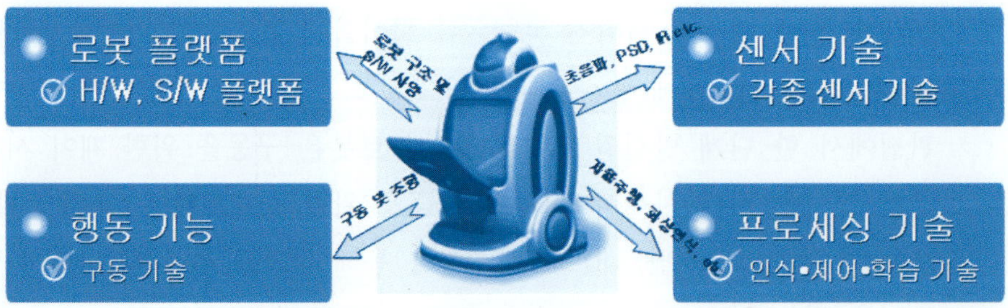

그림 2-20 지능형 로봇 기본 구조

네트워크 기반의 로봇은 기본적인 구조는 공공안내 도우미 로봇 및 청소로봇(고기능형)과 하드웨어는 유사하다. 단 사용자에게 보다 많은 서비스를 제공하기 위한 정보 네트워크 기능이 보강되어 있으며, 또한 내장된 하드웨어의 사양이 고 사양, 저가격으로 구성되어 있다.

① 임베디드 프로세서

로봇의 고속 연산처리를 위한 중앙 제어 시스템으로는 인텔 PAX27x와 모토로라의 ARM926EJ의 연산 제어장치를 사용한다. 이 외 다수의 중앙 제어 시스템이 출시되어 있으며 이러한 연산 제어장치를 사용하는 경우도 있다.

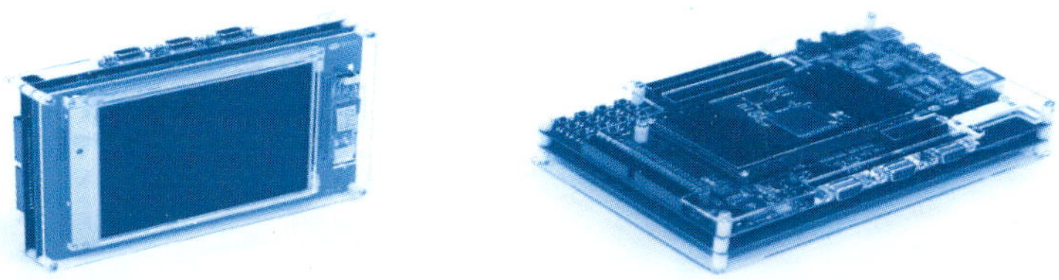

그림 2-21 XScale PAX27x

이 중앙 제어 시스템은 로봇의 동작 소요시간을 증대하기 위해 저전력 프로세서 및 무선 단말을 응용으로 하는 멀티미디어 처리가 기본으로 내장되어 있고, 로봇 내부 인터페이스 버스인 USB 1.1 or 2.0 호스트와 슬레이브를 기본으로 지원하고 있다. 고해상도 CMOS/CCD 비디오 센서 인터페이스와 LCD 컨트롤러를 추가적으로 부착하지 않도록 설계되어 있어 하드웨어에 대한 공간을 최소한으로 줄일 수 있다.

② 내장형 하드웨어

URC 로봇에 내장되는 하드웨어 모듈을 총칭하며 로봇의 전체 기능을 관리하며, 로봇 내부의 네트워크와 무선 LAN 기반의 외부 액세스 네트워크를 연동하는 유무선 네트워크 허브 기능을 갖는다.

로봇 내부의 주요 기능 모듈은 대용량의 데이터 이동이 필요한 음원추적 및 음성인식을 위한 오디오 인터페이스, 비전 인터페이스 그리고 수 ms이내의 실시간 응답시간을 요구하는 제어 통신망 기반의 센서 및 액추에이터(Actuator) 모듈로 구성된다.

4) 극한 작업 로봇

사람이 다가갈 수 없는 혹독한 환경에서 사람과 같은 고도의 작업을 하는 로봇을 극한 작업 로봇이라 한다. 극한 작업 로봇이 활동하는 주요 작업분야에는 원자력시설, 심해 등이다. 이러한 특수 환경에서 인간을 대신하여 작업하는 로봇 중 하나며, 최근에는 극한 작업 로봇 중 특히 부각되는 로봇은 지진 등으로 무너진 건물 잔해 속으로 들어가 생존자를 탐색하는 인명 구조용 로봇의 개발이 진행 중에 있다. 극한 작업 로봇의 경우에는 자율주행 기술, 환경인식 기술, 자기위치인식 기술, 실시간 통신 기술, 정밀센서 기술 및 고성능 배터리 기술 등이 복합적으로 적용된 로봇이다.

그림 2-22 생존자 탐색(MOIRA)

그림 2-23 생존자 탐색(SORYU)

그림 2-24 생존자 탐색(T52)

제 Ⅱ 부

지능형 로봇 플랫폼의 구성

지능형 로봇 플랫폼의 개요 및 구조 3장

지능형 로봇 플랫폼인(ED7270) 유로보(URobo)는 다양한 센서와 메커니즘을 적용한 지능형 로봇 플랫폼이다.

현존하는 지능형 로봇 플랫폼에서 가장 많이 사용하고 보편적인 센서와 메커니즘을 적용한 교육용 로봇이다. 이 URobo에는 초음파, 적외선 거리 감지, 초전 센서(인체감지) 등을 비롯한 다양한 센서가 부착되어 있어 사용자가 원하는 센서를 이용하여 로봇을 제어할 수 있게 구성되어 있다.

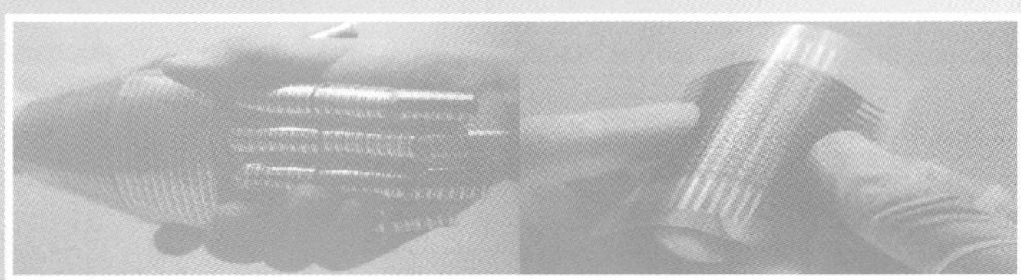

3-1 지능형 로봇 플랫폼의 개요

3-1-1 개 요

유로보(URobo)는 청소로봇 및 공공 도우미 로봇에 적용된 각종 센서 및 액츄레이터(Actuator)를 적용하고 있다. 센서와 액츄레이터(Actuator)의 기본 개념을 이해하고 이에 따른 운영 기술습득을 할 수 있다.

사용자가 대화형 응용 프로그램을 작성하여 로봇에 대한 이동 및 상태를 모니터링할 수 있으며, 이동 중 측정된 센서 데이터를 이용하여 쉽게 프로그램할 수 있으며, 현재 프로그램한 부분에 대하여 디버그(Debug) 정보를 확인할 수 있다.

본 지능형 로봇 플랫폼은 인간 친화형 디자인으로 설계되어 각종 대외적인 홍보 및 안내용으로 사용이 가능하며, 이에 따른 프로그램 또한 학생 스스로 개발할 수 있도록 순서도 기반의 대화형 응용 프로그램 및 비주얼(Visual) C++기반에서 개발이 가능하도록 라이브러리(Library)를 제공하여 보다 유연한 학습을 통하여 로봇에 대한 이해와 응용이 가능하도록 구성되어 있다.

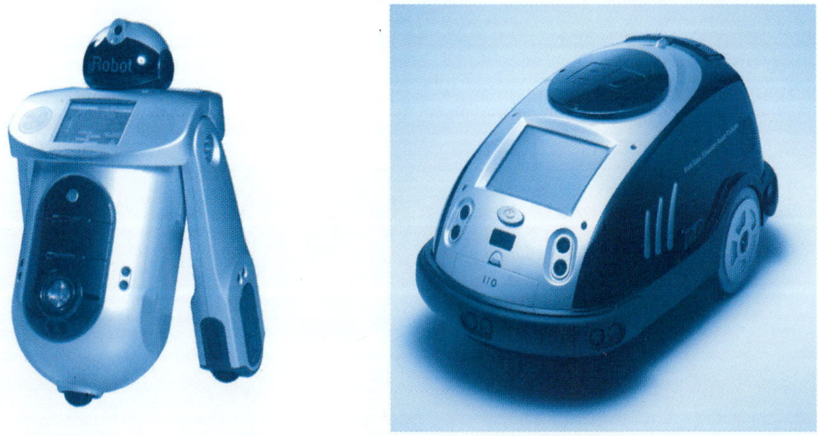

그림 3-1 지능형 로봇 플랫폼(ED 7270, ED7272)

3-1-2 지능형 로봇 플랫폼 제원

1) URobo 시스템 사양(ED7270)

기 능	항 목	사 양
시스템 부문	CPU	Intel Pentium 1GHz
	메모리	512MB
	USB	Four Downstream Port(내부)
	이더넷	10-Base-T(내부)
	무선	IEEE802.11b(USB)-내부
디스플레이 부문	TFT-LCD	256k color, 6-4 Inch Touch include
	Dot-Matrix	32*16 Dot(한글2자, 영문4자)
모션 부문	모터축	5 axis
	동작모드	closed loop
	Incremental encoder	512 pulse
메커니즘	2-Wheel Differential	
배터리	리튬(4S2P)	
유저 인터페이스	USB	USB 2.0 A-Type
	이더넷	10Base-T
	직렬통신	RS-232
센서 부문	울트라소닉	10cm to 4M
	음성 인식(선택사양)	Software Engine
	음성 스피치(선택사양)	Software voice Speech
	거리	8cm to 80cm
	습도	±0.2%RH
	온도	-55 to 150℃, ±0.5℃
	모션감지	119°× 38°, 5M Distance
	음성감지	4 direction detect
	광센서	580nm
제원	가로	420mm
	세로	200mm
	높이	700mm
	무게	21kg
	최고속도	15cm/sec
기타 장비	무선 액세스 포인트	IEEE802.11b 지원
	충전기	24V, 14A 정전압 충전기

모 듈	기 능	사 양	
응용 소프트웨어	제품명	IRES(Intelligent Robot Education Studio)Ver1.1	
	주요특징	순도기반 프로그램 작성	
		각 동작명령에 대한 실시간 모니터링 기능	
		네트워크를 이용한 영상처리결과 모니터링 기능	
	운영체제	한글윈도우 98/2000SP3/XP-SP2계열	
	권장사양	시스템 CPU	펜티움4 IV 2GB 이상
		RAM	512MB 이상
		하드디스크	200MB 이상의 하드공간

2) 모터 사양

구 분	장착 위치	기어				인코더 (Pulse)
		기어비	정격회전	정격 허용 토오크	최대허용 토오크	
기본	오른쪽 모터	1:131	2500	56kgf.cm	120kgf.cm	512
	왼쪽 모터	1:131	2500	56kgf.cm	120kgf.cm	512

3) 인코더(Encoder) 사양

- 공급 전원 : DC 5V, ±0.5
- 주파수 응답 : 0~100kHz
- 회전 속도 : 제한 없음
- 동작 온도 : −25℃~100℃
- 무게 : 0.1kg

3-2 지능형 로봇 플랫폼의 구조

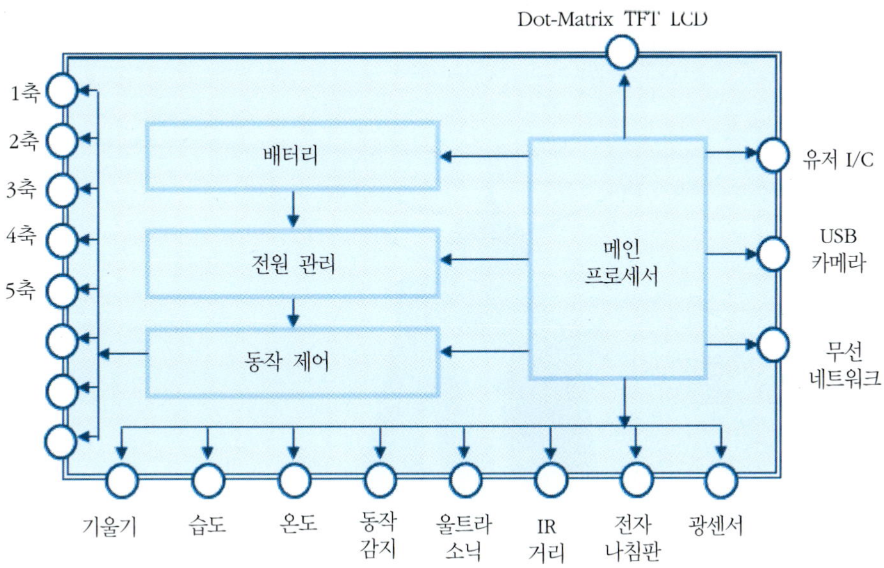

그림 3-2 지능형 로봇 플랫폼 블록도

3-2-1 특 징

① 유비쿼터스(Ubiquitous) 및 홈네트워크 기반 실험 실습이 가능

② 차세대 2차 전지(Lithium-Ion)를 적용한 배터리 소형화 및 사용시간 증가

③ 대화형 프로그램을 통한 다양한 콘텐츠 로봇 실습

④ 지능형 로봇에 대한 전반적인 이해와 단계별 실습이 가능

⑤ Pan/Tilt USB 카메라를 이용한 영상처리 학습 가능

⑥ ZigBee Coordinator를 통한 외부 센서 네트워크 제어 가능

⑦ u-Home Network를 제어를 통한 가전제품 연계 동작 가능

⑧ 무인 방범 기능을 활용한 Home Security 실습 가능

⑨ 인간과 교감할 수 있는 인간친화형 디자인

3-2-2 URobo의 기능

1) URobo의 구성

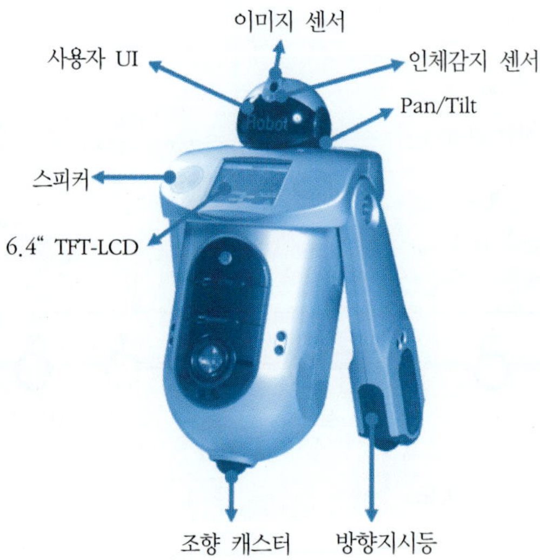

그림 3-3 URobo의 구성(1)

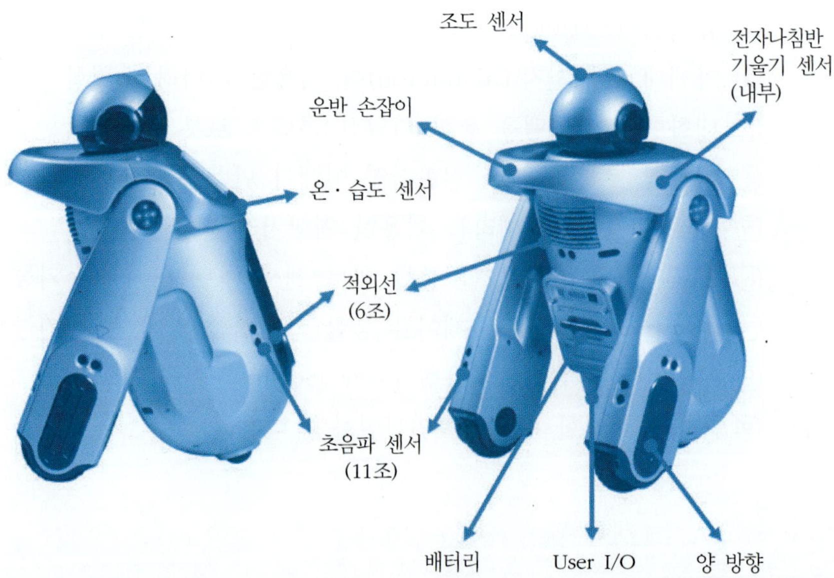

그림 3-4 URobo의 구성(2)

2) URobo의 기능

① 이미지 센서 : CCD 이미지 카메라를 통하여 로봇이 바라보는 영상을 확인할 수 있으며, 본 영상을 이용하여 이미지를 분석해 원하는 영상과 거리 및 각도를 확인할 수 있다.

② 인체감지 센서 : 보안에서 사용되는 센서로 사람의 열을 감지하여 가정에서 외부 침입자를 감지할 때 사용된다.

③ 사용자 UI(User Interface Display) : 로봇의 상태를 사용자에게 쉽게 확인시켜 주는 Dot-Matrix로 이모티콘 및 테스트를 출력할 수 있다.

④ Pan/Tilt : URobo의 머리를 위/아래, 좌/우 방향으로 이동할 수 있다.

⑤ 스피커 : 내부 스테레오 음악/음성을 출력할 수 있다.

⑥ 6.4인치 TFT-LCD : 터치 스크린을 포함하고 있어 사용자가 쉽게 로봇의 응용 프로그램을 조작할 수 있다.

⑦ 방향지시등 : 로봇의 진행방향을 LED 표시기를 통하여 사용자에게 확인시켜 줄 수 있다.

⑧ 조향 캐스터 : 로봇의 진행방향을 원활하게 하는 구동기이다.

⑨ 조도 센서 : URobo의 머리 부분에 부착되어 현재 조도의 양을 측정할 수 있다.

⑩ 전자나침반 : URobo 내부에 부착되어 있으며, 현재의 방위각 측정할 수 있다.

⑪ 기울기 센서 : URobo 내부에 부착되어 있으며, 로봇의 기울기 정도를 측정할 수 있다.

⑫ 운반 손잡이 : URobo를 이동할 때 사용하며, 반듯이 이동시에는 로봇의 전원이 OFF된 상태에서 이동하여야 한다.

⑬ 온/습도 센서 : URobo 근처에 있는 온도 및 습도를 측정할 수 있다.

⑭ 적외선 센서 : URobo 이동시 장애물을 감지하기 위한 센서로 적외선을 이용하여 거리를 측정한다.

⑮ 초음파 센서 : URobo 이동시 장애물을 감지하기 위한 센서로 초음파를 이용하여 거리를 측정한다.

⑯ 배터리 : URobo의 전체 시스템을 동작하기 위한 배터리로 착/부착이 가능하며, 별도의 충전이 가능하다.

⑰ User I/O : URobo를 제어하기 위하여 USB, LAN, RS-232, 충전 포트가 준비되어 있다.

⑱ 적외선 센서 : URobo 이동시 장애물을 감지하기 위한 센서로 적외선을 이용

하여 거리를 측정한다.

⑲ 양방향 : URobo 구동 메커니즘으로 차동방식을 사용한다.

3-2-3 URobo 센서의 구성

1) 센서 구성

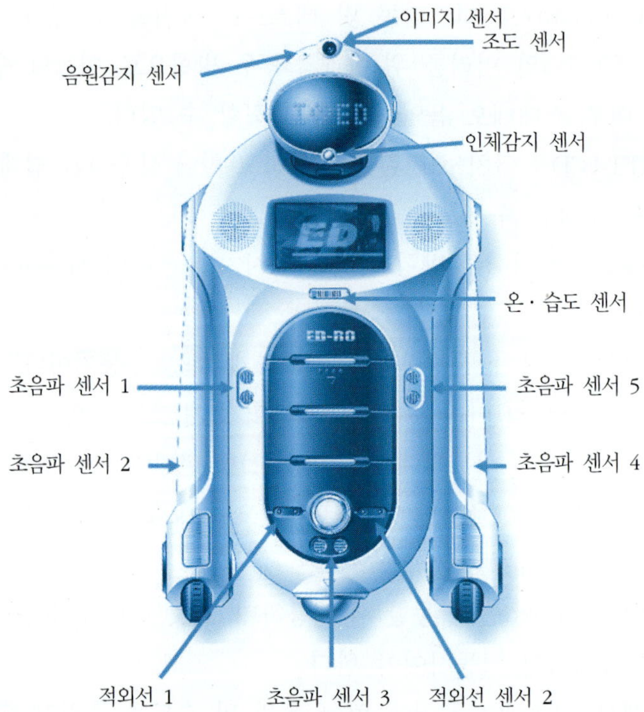

그림 3-5 URobo의 정면 센서 구성

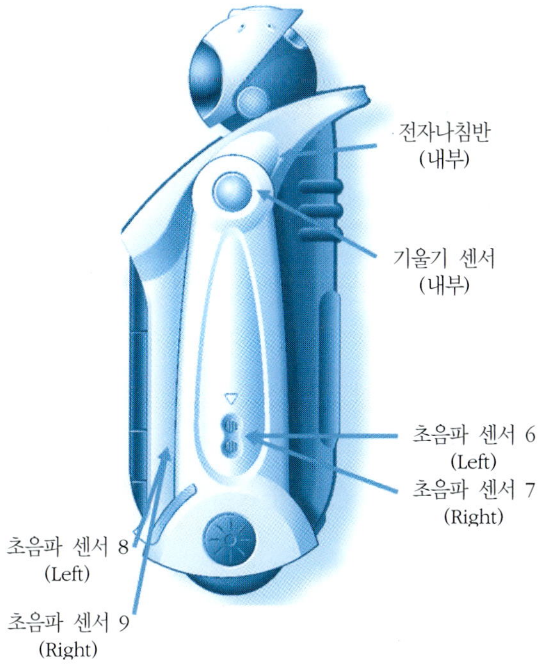

그림 3-6 URobo의 측면 센서 구성

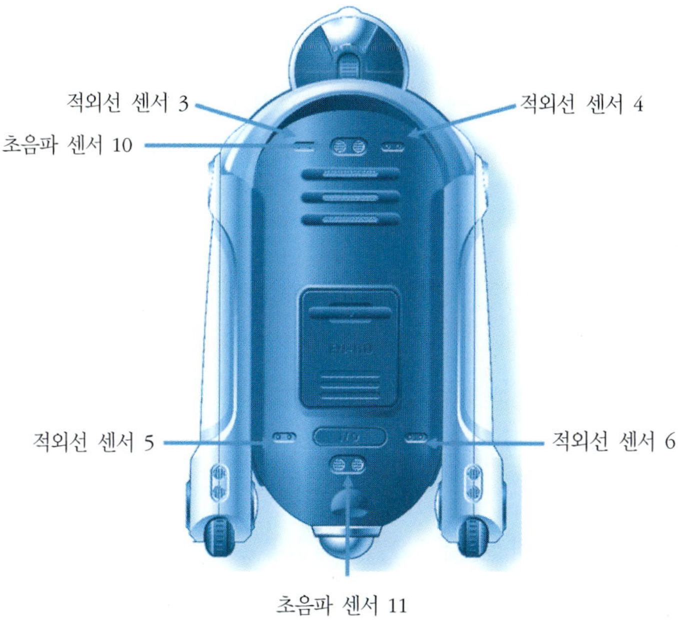

그림 3-7 URobo의 후면 센서 구성

2) URobo 센서의 기능

① 초음파 센서 : URobo에 부착된 초음파 센서는 11조의 초음파 센서가 부착되어 있으며, 정면 3조, 양측면 각 3조, 후면 2조로 구성되어 있다.

② 적외선 거리 감지 센서 : URobo에 부착된 적외선 거리 감지 센서는 정면 2조 및 후면 4조로 구성되어 있다.

③ 기울기 센서 : URobo 내부에 부착되어 있으며, 로봇의 기울기 정도의 데이터를 취득할 수 있다.

④ 전자나침반 : URobo 내부에 부착되어 있으며, 로봇의 진행방향을 알 수 있다.

⑤ 인체감지 센서 : URobo의 머리 부분에 부착되어 있어 사람의 미세한 움직임에도 반응할 수 있다.

⑥ 조도 센서 : URobo의 머리 부분에 부착되어 있으며, 로봇 주변의 밝기의 데이터를 취득할 수 있다.

⑦ 음원 위치 센서 : URobo의 머리 부분에 부착되어 있으며, 4방향(정면, 후면, 좌측, 우측)에 대하여 데이터를 취득할 수 있다.

⑧ 이미지 센서 : URobo의 머리 부분에 부착되어 로봇 정면에 이미지를 확인할 수 있다.

⑨ 온도/습도 센서 : URobo의 정면 중앙 위치에 부착되어 로봇 주변의 온도 및 습도의 데이터를 취득할 수 있다.

3-2-4 URobo 유저 I/O의 구성

유저 I/O는 사용자가 로봇을 사용하면서 로봇에 외부 I/O 부착 및 데이터에 대한 입/출력 단자로 USB, LAN, RS-232 포트와 충전할 수 있는 포트로 구성되어 있다.

URobo 뒷면에는 사용자 유저 I/O가 아래와 같이 부착되어 있다.

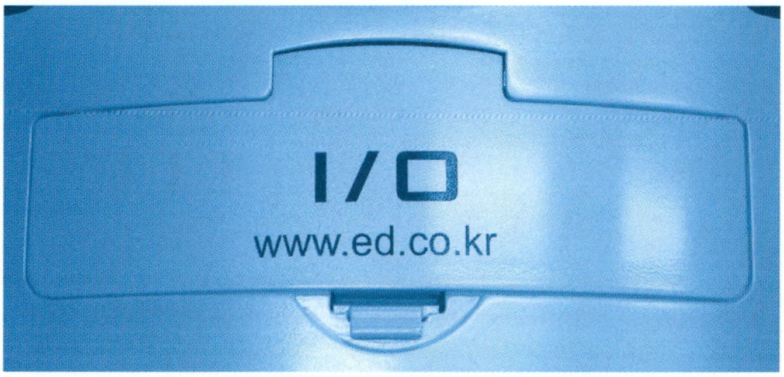

그림 3-8 유저 I/O

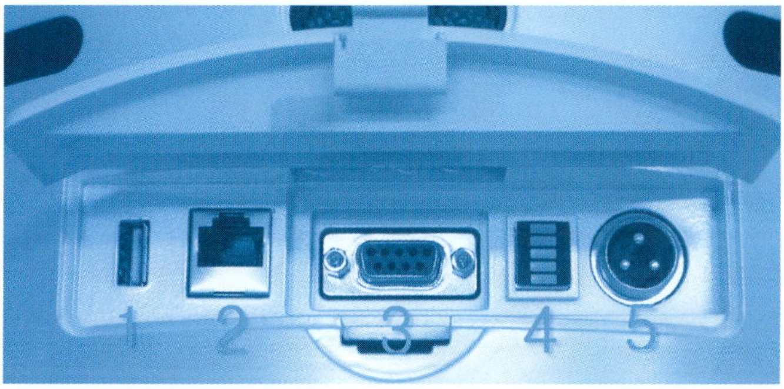

그림 3-9 유저 I/O 포트

① USB 포트 : USB 1.1 및 2.0 제공

② 이더넷(Ethernet) 포트 : 10 Base-T

③ RS-232 : URobo COM1과 연결되어 있음

④ 배터리 잔량 체크 : URobo에서는 배터리 자체에서 확인이 가능하므로 본 I/O 에서는 디스플레이되지 않음

⑤ 충전(Charging) 포트 : 외부 충전기를 연결(DC 25.5~26.5V)

3-2-5 URobo 충전기의 구조

URobo에 적용된 배터리는 스마트 배터리를 적용하고 있어 배터리의 리튬이온(Lithium-Ion) 셀을 보호하며, 과충전 및 과방전에 대한 보호회로가 내장되어 있다. 이러한 배터리의 충전 시스템은 URobo 내부에 충전 제어 시스템이 부착되어 있으며, 사용자는 본 로봇과 함께 제공되는 충전기(SMPS)를 URobo 뒷면에 부착되어

있는 유저 I/O를 통하여 충전하면 된다.

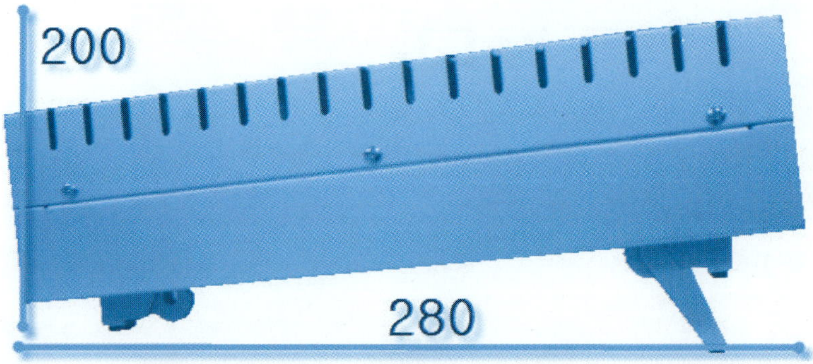

그림 3-10 충전기 제원(측면)

그림 3-11 충전기 제원(후면)

① 제원 : 280(D) × 200(H) × 70(L)

② 정격전압 : DC 26.1V

③ 정격용량 : MAX 5A

④ 동작온도 범위 : −20~60℃

⑤ 보관온도 : 0~40℃

⑥ 충전전압 : 26V DC, +/− 0.5V DC

⑦ 충전기 각부 명칭

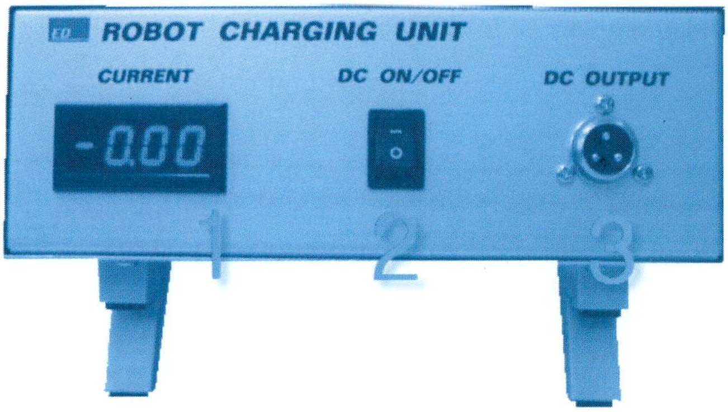

그림 3-12 **충전기 정면**

1. 소비 전류 : 현재 배터리에 충전이 되고 있는 충전전류를 표시하여 주며, 충전이 완료되는 상태는 "0"으로 표시가 되는 경우는 충전이 완료된 것이다. 또한 최대 충전전류는 최대 4A이며, 완전 방전 후 충전을 하는 경우 배터리의 상태에 따라 약 2~3시간이 소요된다.
2. 메인 스위치 : 충전기의 전원을 공급하는 스위치
3. DC 출력 : 충전기에서 전원이 출력되는 포트이다.

1) URobo

① 사용 후 배터리 방전을 위해 반드시 전원 스위치를 OFF를 하여야 한다.

② 초기 사용의 경우에는 배터리의 충전상태를 확인 후 60~70%인 경우에는 충전 후 사용하여야 한다.

③ 배터리의 잔량이 30% 이하의 경우에는 외부 전원 및 충전 후 사용하여야 배터리의 손상을 방지할 수 있다.

④ TFT-LCD에는 터치 스크린이 부착되어 있으므로 무리한 힘을 주어 사용하지 않는다.

⑤ 유저 베이스 부분에 최대 Payload는 10kg이므로 이상의 부하를 받지 않도록 한다.

⑥ 전면부의 투명창의 경우 내부의 카메라가 외부를 관찰하므로 투명창에 스크래치(Scratch)가 발생하지 않도록 주의하여 사용한다.

⑦ 시스템이 로딩되기 위해서 약 2~3분 정도의 시간이 필요하다.

⑧ 플랫폼의 경우에는 무선으로 제어가 가능하므로 반드시 액세스포인트(Access Point)가 필요하다.

⑨ 무선 신호가 약하거나, 무선 사용량이 많은 경우 로봇에 대한 제어명령에 대한 지연이 발생하므로 무선 환경은 최적화 후 사용하여야 한다.

⑩ 시스템의 IP의 경우에는 공장에서 출시시 임의적으로 설정되어 있기 때문에 사용자가 반듯이 재설정하여 사용하여야 한다.

⑪ 외부의 강한 충격시 내부 시스템의 손상이 있으므로 이동시에는 로봇 손잡이를 이용하여 안전하게 이동을 한다.

⑫ 난간 및 계단에서 실험/실습을 하는 경우에는 1명 이상 로봇의 상태를 관찰하고 있어야 한다.

⑬ 초음파 센서 주변에 이물질이 발생하지 않도록 사용 전·후 체크를 하여야 한다.

⑭ 높이 20mm 이상의 둔 턱 및 장애물을 이동하는 경우 로봇 하부에 손상이 발생하므로 20mm 이상의 둔 턱 및 장애물에 대하여 실험/실습을 자재한다.

⑮ 외부 전원 케이블(충전케이블)과 연결시 커넥터 방향을 확인 후 연결한다.

⑯ 실험 환경 중 바닥이 카페트(Carpet)의 경우에는 마찰면적이 증가하므로 배터리의 소모가 빨리 발생할 수 있다.

2) 충전기

① 배터리 충전 완료시에는 충전장치를 OFF를 하여야 한다.

② 배터리 충전과 로봇을 동시에 사용을 하는 경우 배터리 충전시간이 증가된다.

③ 배터리 충전시 항시 충전 완료를 확인하여야 하며, 실험/실습이 완료된 경우에도 주기적으로 확인 후 전원을 반드시 OFF하여야 한다.

④ 배터리 충전장치는 배터리 충전용으로 설계되어 있으므로 다른 용도로 사용시 안정상에 문제가 발생을 한다.

⑤ 충전 완료 후에는 배터리 충전 케이블을 별도로 분리하여 보관 장소에 보관한다.

3) IRES 프로그램

① 사용 전 플랫폼(Platform)의 IP를 프로그램에 입력하여야 한다.

② 소프트웨어 다운로드 시간이 오래 걸리는 경우 네트워크 속도 지연이 발생하는 경우로 프로그램 다운현상이 아니므로 네트워크 상태를 체크한다.

③ 여러 사람이 로봇에 다운로드하는 경우 최종으로 다운로드된 프로그램이 실행되므로 실행 전 다운로드 파일을 확인한다.

④ 로봇의 속도(Speed)를 최고로 설정 후 프로그램하는 경우 네트워크 상황에 사용자의 정지명령으로 지연이 발생할 수 있으므로 네트워크 상황을 체크 후 속도를 조절하여 사용하여야 한다.

⑤ 로봇의 주 운영 시스템이 윈도우 XP로 구성되어 있으므로 보안이 필요한 경우에는 별도의 프로그램을 설치 후 사용하여야 한다.

지능형 로봇 플랫폼의 S/W 환경설정 4장

지능형 로봇을 제어 또는 프로그램하기 위해서는 C, C++, Basic의 고급언어를 사용하여 프로그램한다. 본 지능형 로봇 플랫폼 장비에서는 이러한 고급 언어에 익숙지 않은 학생을 대상으로 지능형 로봇에 대한 전반적인 이해와 요소 기술에 대한 실습이 가능하도록 대화형 언어 프로그램을 제공하며, 본 대화형 언어 프로그램의 경우에는 순서도의 개념만을 가지고 로봇을 제어할 수 있는 프로그램이며, 본 장에서는 대화형 언어 프로그램에 대한 사용법을 확인하는 것을 목표로 한다.

4-1 지능형 로봇 플랫폼의 H/W 환경설정

4-1-1 디바이스 드라이브 설치

URobo 하드웨어는 USB 2.0 인터페이스 방식으로 제어를 하며, 모든 제어기는 하드웨어를 아래와 같이 디바이스 드라이버를 설치하여야 한다.

URobo 제품 출하 시에는 아래 부분에 대한 디바이스 드라이버가 설치된 상태로 납품이 되며, 사용 도중 드라이버 설치를 요구하는 경우 아래와 같이 디바이스 드라이버를 설치하면 된다.

1) USB 모션 제어기 장치 드라이버 설치

① 전원 스위치를 켠 후 USB 케이블로 PC와 연결한다.

② PC는 "ED Motion Control Device"라는 하드웨어를 발견한다.

③ "목록 또는 특정 위치에서 설치(고급)(S)를 선택한다.

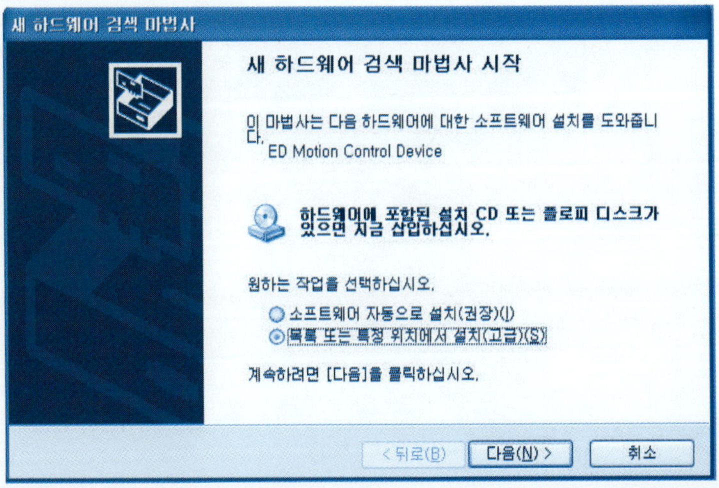

④ "Motion Control Device" USB 드라이버 폴더를 지정해준다.

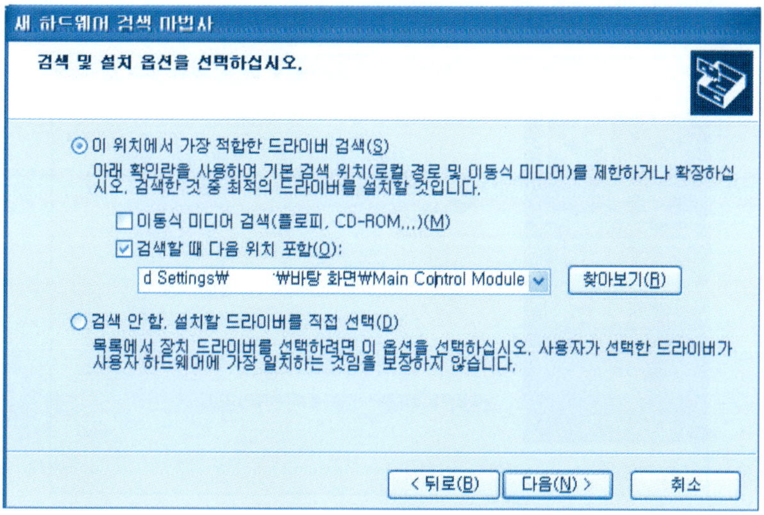

※ C₩Program Files₩ED.co.kr₩ED_IRES₩Driver₩ED-4509

⑤ "ED Intelligent Robot Motion Control Device"가 선택되고, '계속'을 클릭한다.

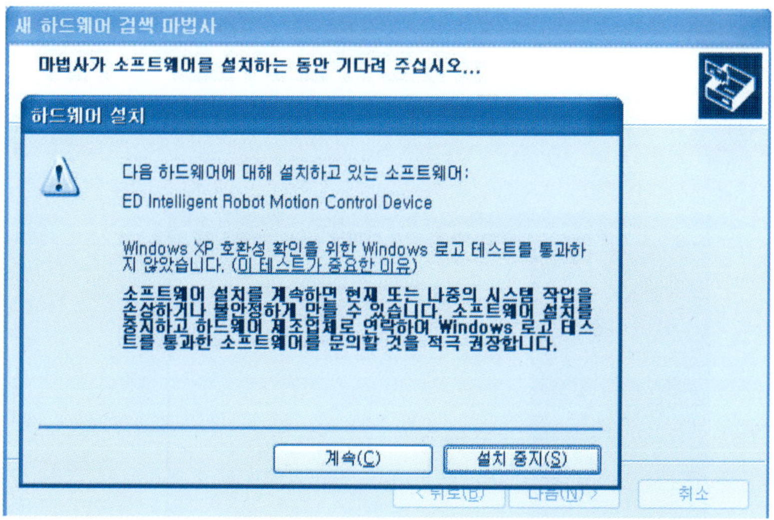

⑥ 다음과 같은 메시지가 출력되면 모션 컨트롤러 부분의 USB드라이버 설치는 완료된다.

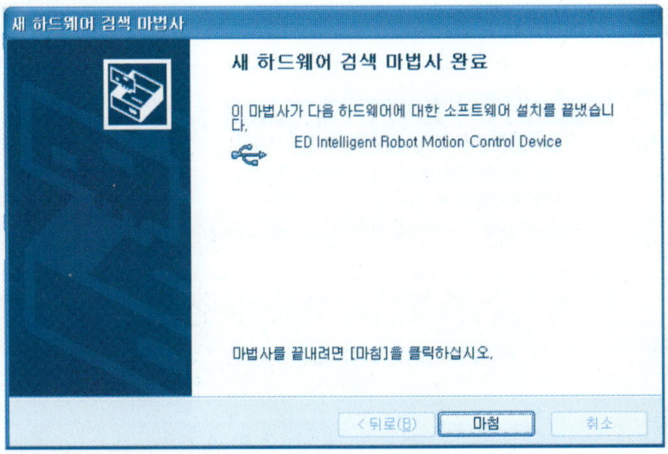

2) USB 카메라 장치 드라이버 설치

※ 주의사항으로는 카메라와 관련된 드라이버를 설치 후 PC와 카메라를 연결한다.

① 설치 CD에서 "m2driver.exe" 파일을 실행시킨다.

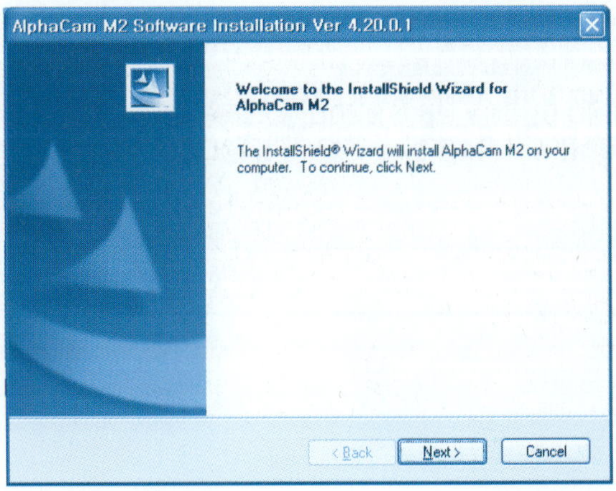

② 전체 설치를 선택하고 "Next"를 클릭한다.

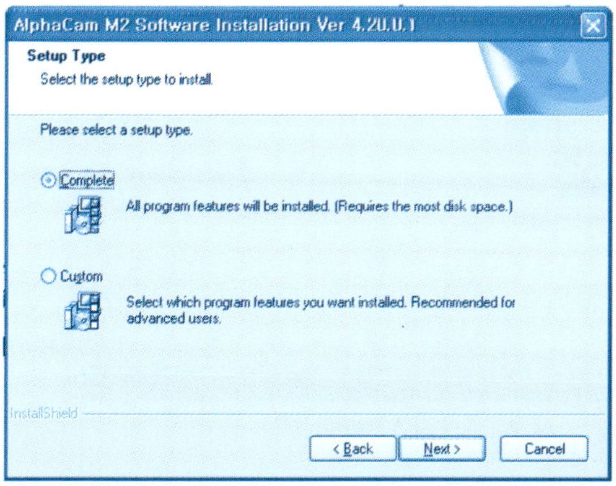

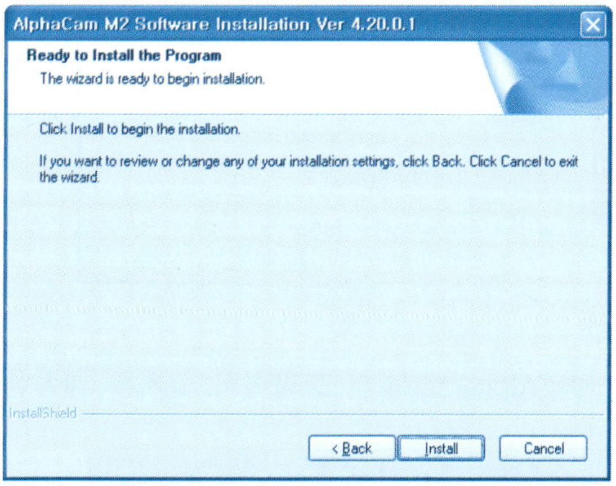

③ USB 드라이버를 하드디스크에 복사를 시작한다.

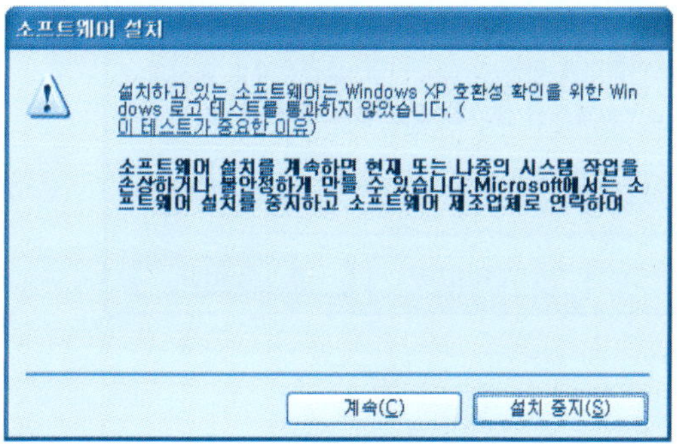

제 4 장

④ USB 카메라를 USB 포트에 연결한다. 전원이 켜있다면 PC는 "Alpha Cam"이라는 하드웨어 발견을 한다.

⑤ "소프트웨어 자동으로 설치(권장)"을 선택하고 "다음"을 클릭한다.

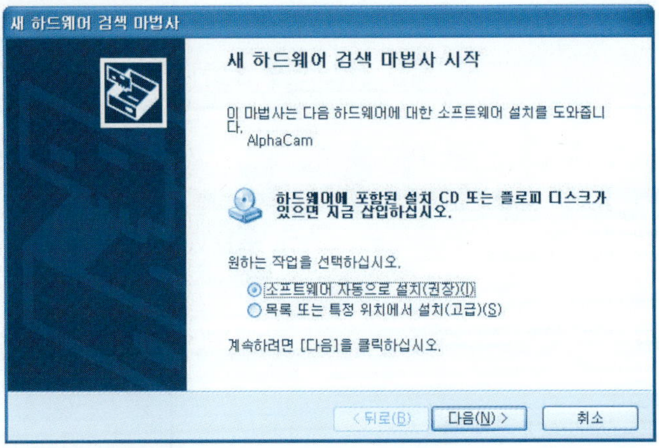

⑥ 하드웨어 검색 후 "Alpha Cam"의 드라이버 설치를 계속한다.

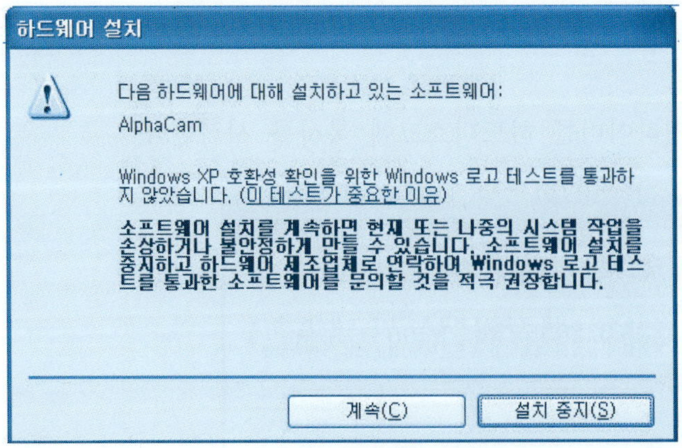

⑦ USB 카메라의 USB 드라이버 설치가 완료된다.

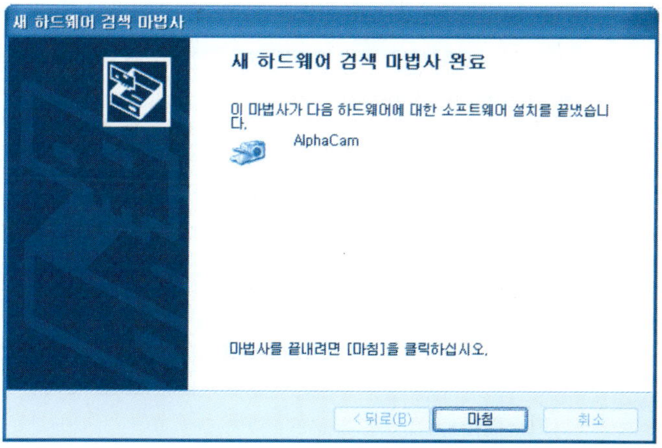

3) 프로그램 설치

지능형 로봇 실험실습 장치를 구동하기 위해서는 대화형 응용 프로그램(Intelligent Robot Education Studio)을 아래와 같이 설치하여야 한다.

① 설치 CD에서 "Setup.exe" 파일을 실행시킨다.

② "다음"을 선택하여 프로그램 설치를 진행한다.

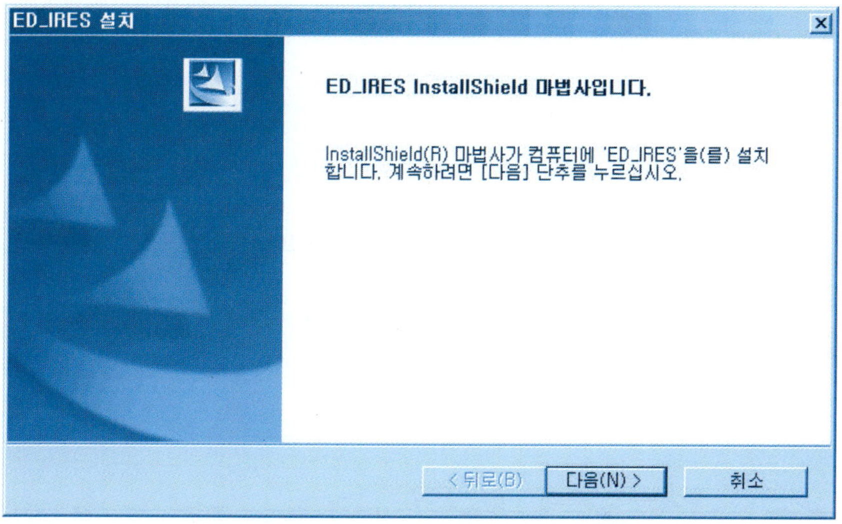

③ 프로그램의 약관을 필히 필독 후 "사용권 계약의 조항에 동의합니다."를 선택 후 "다음"을 진행한다.

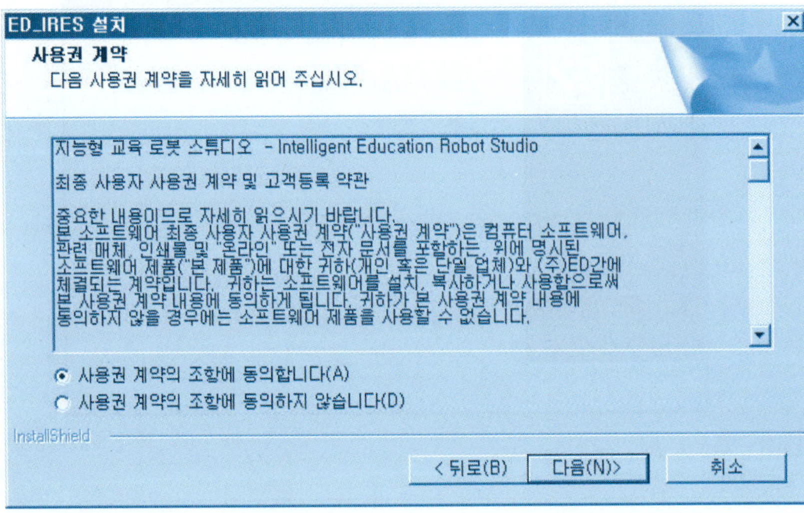

④ 사용하고자 하는 사용자 및 학교명을 입력 후 "다음"을 진행한다.

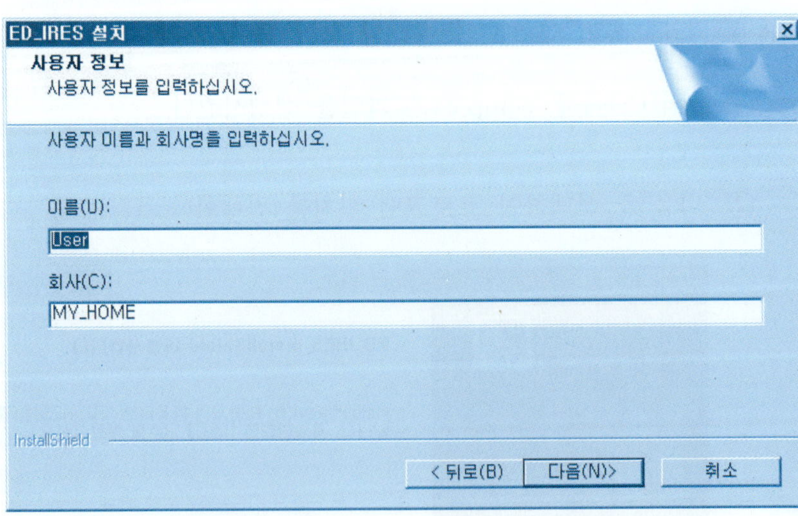

⑤ 사용하고자 하는 제품명을 아래와 같이 선택 후 "다음"을 선택한다.

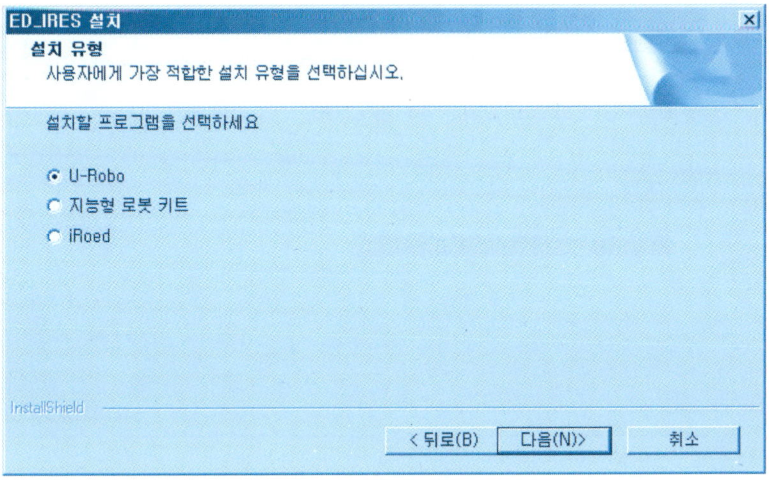

※ U-Robo를 선택 후 "다음"을 클릭한다.

⑥ 프로그램 설치 전에 과정이 완료되면 "다음"을 진행한다.

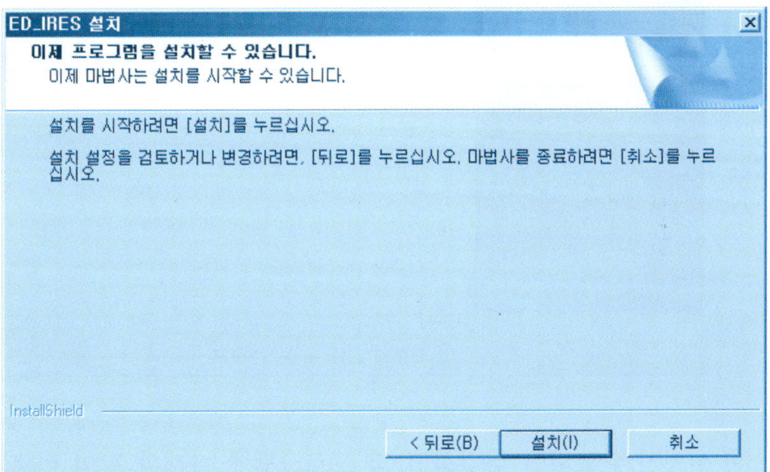

⑦ 프로그램이 내 컴퓨터 C:₩에 설치된다.

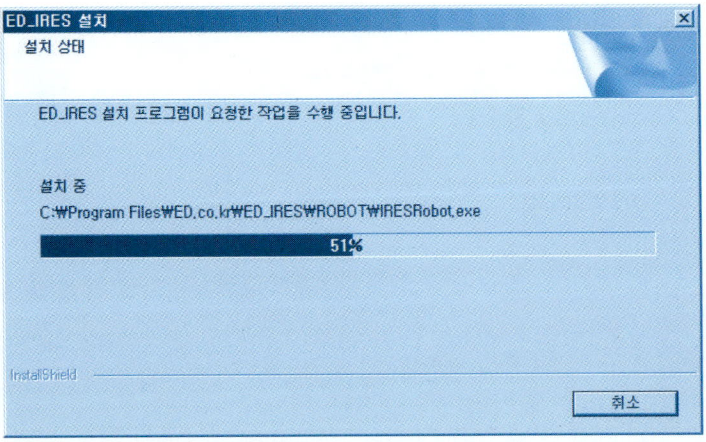

⑧ 모든 프로그램 및 설정 과정이 완료되면 아래와 같이 프로그램 설치가 완료된다.

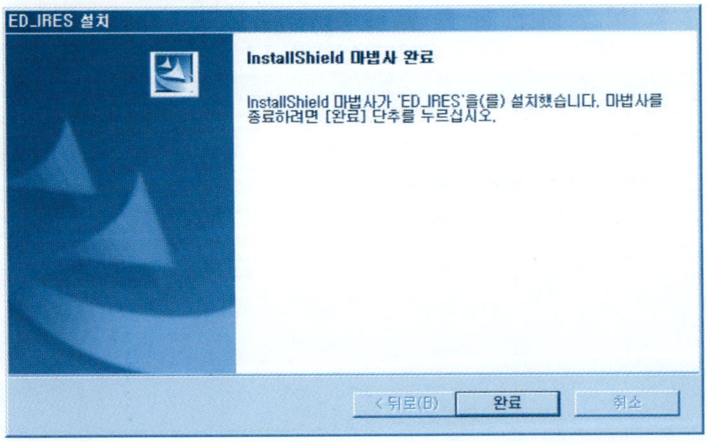

⑨ 설치가 완료되면 바탕화면 및 프로그램에 아래와 같이 바로가기 및 프로그램이 등록된다.

4) 프로그램 삭제

① 설치 CD에서 "Setup.exe" 파일을 실행 및 프로그램 추가/제거에서 다음과 같이 선택한다.

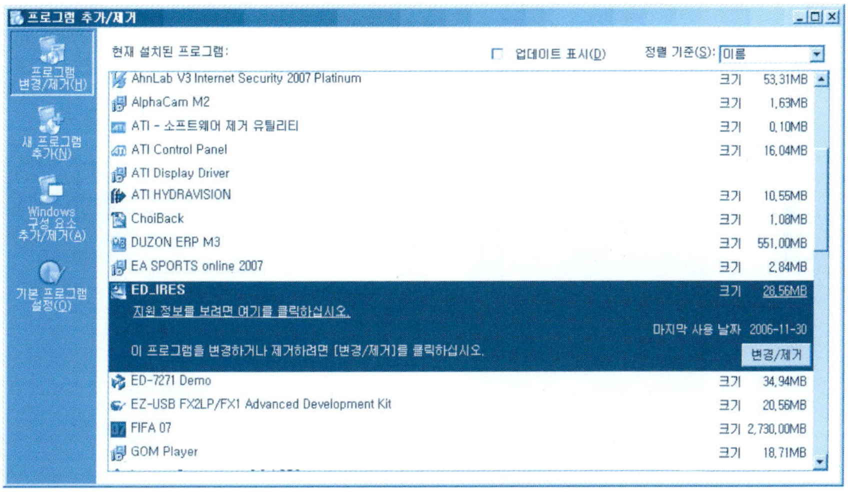

② 아래와 같이 프로그램 "제거"를 선택 후 "다음"을 진행한다.

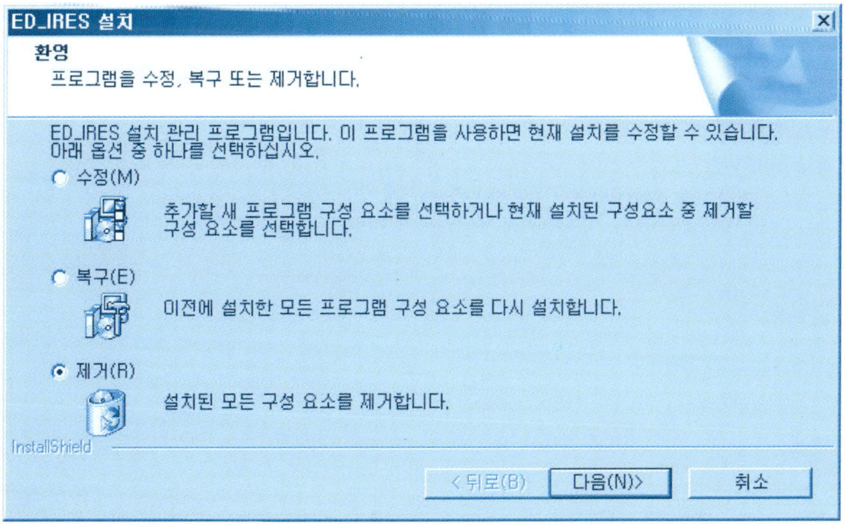

③ 프로그램 삭제시 모든 구성 요소를 삭제하여야 한다.

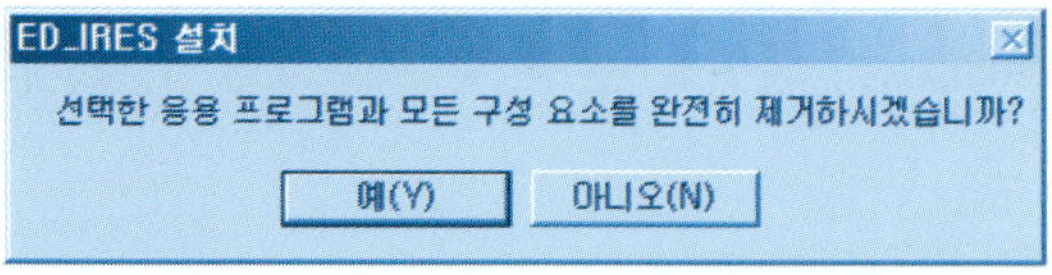

④ 모든 프로그램 파일 및 구성요소가 삭제되면 아래와 같이 프로그램이 내 컴퓨터에서 삭제된다.

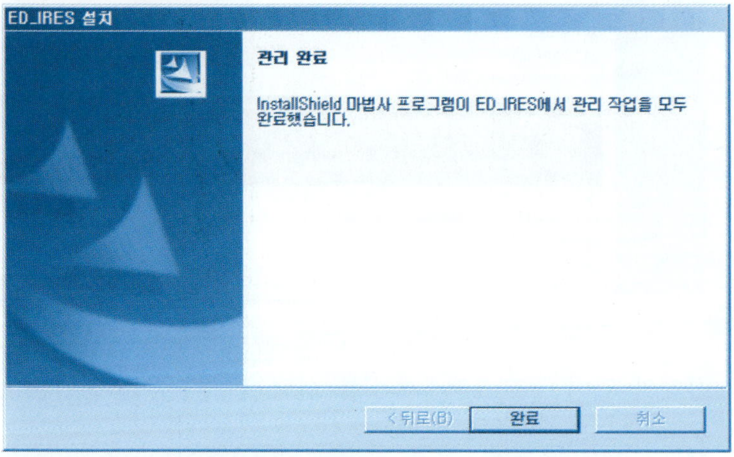

4-2 지능형 로봇 플랫폼의 네트워크 환경설정

1) 구 성

현재 URobo(유로보)의 네트워크 구성은 액세스 포인트(Access Point)를 사용하여 연결하며 권장하는 방식은 로컬 방식으로 연결하는 것이다. 다음의 그림처럼 컴퓨터와 로봇과의 연결은 무선 54M 802.11g USB 방식의 무선 랜을 통해서 로봇과 연결이 이루어진다. 통신 방식은 TCP/IP를 이용하여 IRES로 로봇을 통제하는 방식이다.

제 4 장

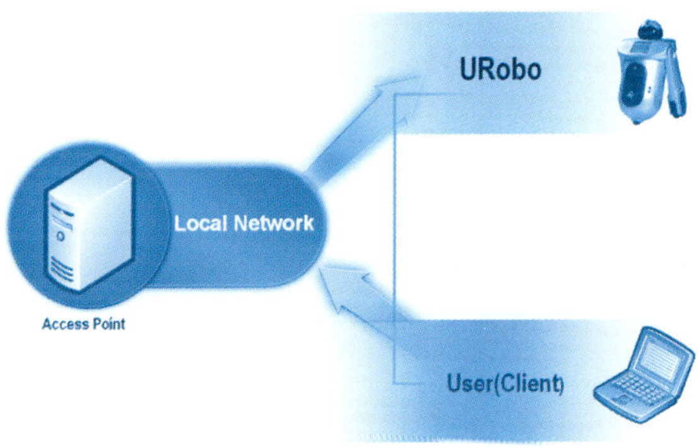

그림 4-1 **네트워크 구성도**

2) 환경설정

(1) IP 설정법

로봇과 사용자 컴퓨터간의 통신을 하려면 IP와 게이트웨이(Gateway)의 설정이 필요하다. 사용자가 사용하는 로봇과의 IP설정을 로컬(local)로 맞추어서 사용해야 한다.

기본적으로 액세스 포인트(Access Point) SSID의 이름은 URobo-1로 설정되어 있고 로봇과 사용자 컴퓨터는 이 액세스 포인트를 통해 연결이 이루어져야 한다.

① 단 로봇이 여러 대일 경우 SSID의 URobo-n 개수만큼 증가한다.

② 액세스 포인트에는 고정 IP가 할당되는 경우가 있으므로 전산실에 문의 후 사용하여야 한다.

③ 로봇 IP를 설정하기 위해서는 고정 IP를 할당하여야 하므로 해당 실습장소의 전산실에 문의하여야 한다.

(2) 로봇 IP 및 게이트웨이 설정

① 아래 그림처럼 무선 네트워크 연결의 속성으로 들어간다.

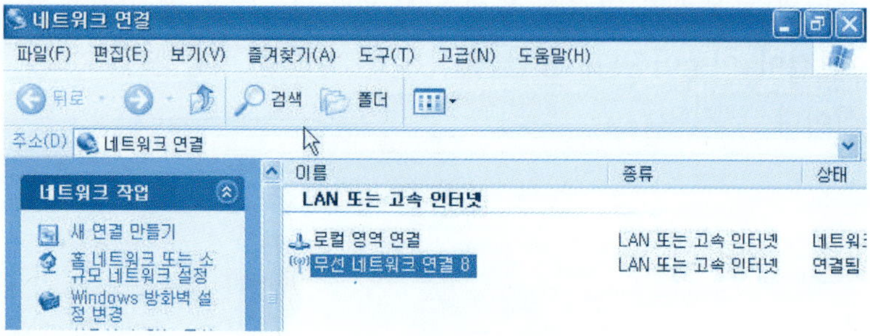

② 인터넷 프로토콜의 속성을 선택한다.

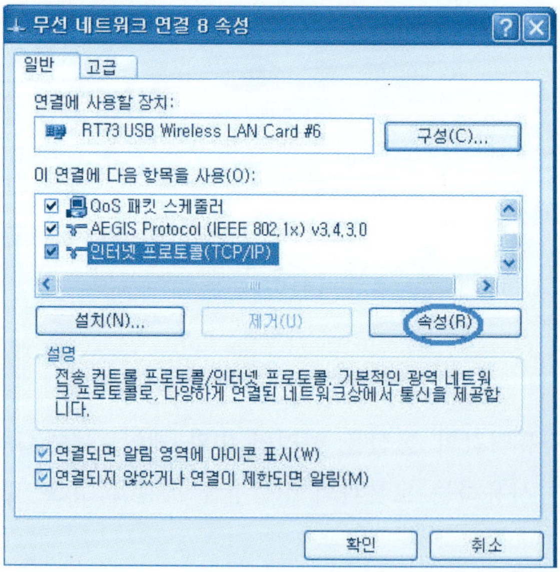

③ 아래의 그림의 체크된 부분의 IP는 로봇과 사용자간의 통신을 로컬로 할 수 있게 IP주소를 192.168.1.XXX로 맞추어서 설정한다. 로봇의 IP는 개인 PC와 충돌이 일어나지 않는 번호를 사용한다.

네트워크 구성에 따라 IP 주소체계는 달라질 수 있다.

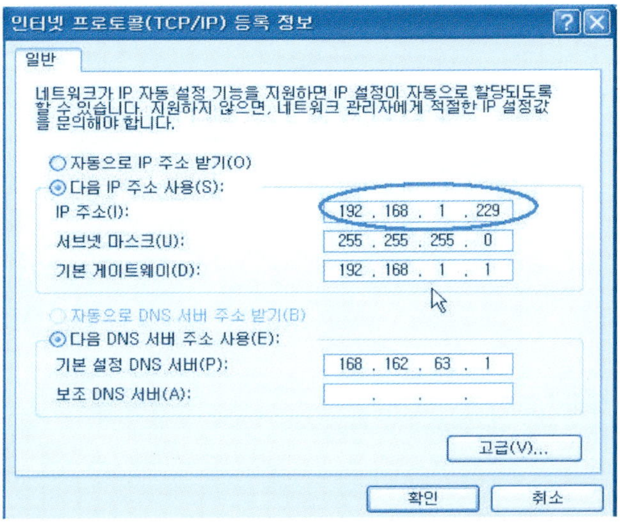

④ 아래의 그림 링크시스 유틸리티를 열어서 URobo가 AP에 네트워크 이름 URobo에 연결이 되었는지 확인한다.

본 URobo 구매시에는 기본적으로 링크시스에서 판매하고 있는 액세스 포인트(Access Point)가 제공되고 있으며 아래 그림의 경우에는 링크시스의 유틸리티 아이콘이다.

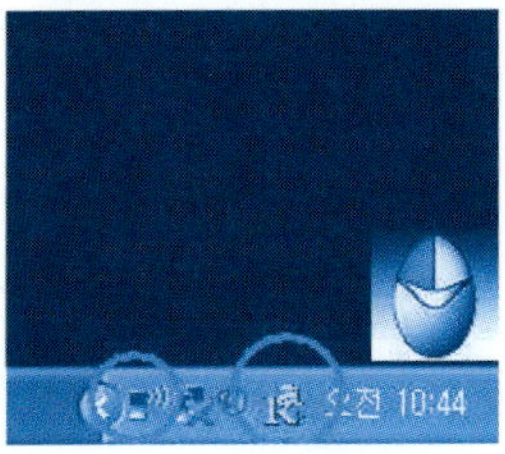

⑤ profile 탭을 선택하면 URobo로 초록색 체크가 선택되어 있을 것이다. 차후 SSID가 ED_ROBOT으로 접속을 하기 위해서는 "ADD" 버튼 클릭과 "Activate" 버튼을 선택하여 첫 번째로 SSID를 "ED_ROBOT"를 검색할 수 있도록 지정한다.

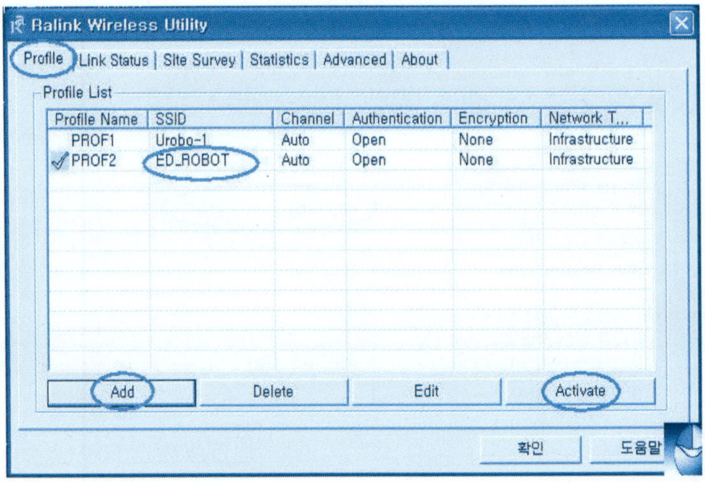

⑥ 접속이 성공적으로 되었다면 아래의 그림처럼 나타날 것이다.

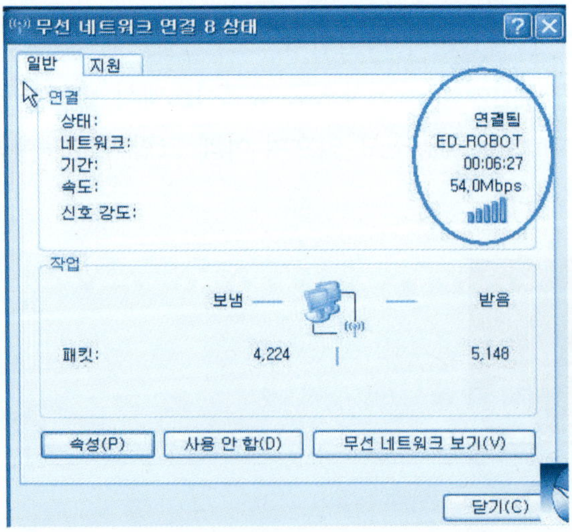

⑦ 만약 접속이 잘 안된다면 직접적으로 연결을 시도해본다. 아래의 그림의 Site Survey 탭을 클릭해서 해당하는 AP를 선택한다.

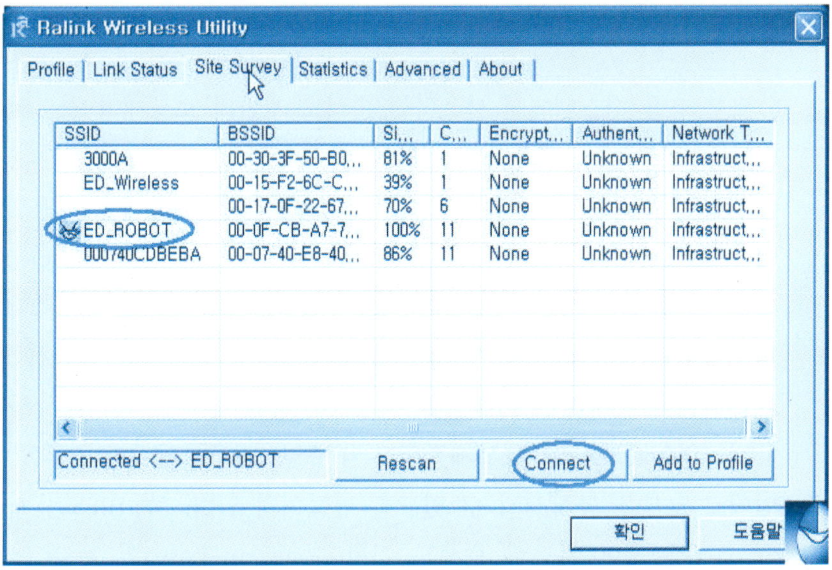

(3) 사용자 PC IP 설정

① 사용자 PC의 IP설정은 로봇의 IP와 같은 게이트웨이를 써야 한다.

② 192.168.1.XXX로 설정해야 로봇과 연결이 가능하다.

③ 기본적으로 사용자 IP의 경우에는 실습장소의 전산실에서 관리하므로 실습장소의 전산실에서 문의바란다.

4-3 지능형 로봇 플랫폼의 제어 S/W

4-3-1 개 요

로봇 응용 시스템에서 사용하는 순서도 기반의 로봇제어 소프트웨어는 Intelligent Robot Education Studio의 앞글자를 따서 "IRES"라고 명한다. IRES는 URobo (ED7270)뿐만 아니라 로봇(ED7271, 7272)의 두 제품에도 사용할 수 있는 로봇제어 프로그램이다.

현재 지능형 로봇 시스템의의 로봇제품(ED7270[URobo], 7271, 7272[iRoed])는 비주얼 C++에서 사용할 수 있는 로봇제어 라이브러리를 제공하는데 이 제어 라이브러리를 사용하려면 비주얼 C++언어를 충분히 다룰 수 있는 사용자이어야 한다.

지능형(Intelligent) 로봇제품군은 비주얼 C++의 언어와 순서도 기반 프로그래밍 언어로 로봇을 동작시킬 수 있도록 만들어져 있다. 즉, IRES는 비주얼 C++를 대신해 로봇을 제어 가능한 순서도 기반(Flowchart base)의 프로그래밍 언어이다.

프로그래밍 언어에 익숙하지 못한 초보자들에게 또는 로봇을 간단히 테스트 제어하고 싶은 사용자를 위해 만들어져 있어 그 사용 방법이 간단명료하다.

4-3-2 IRES의 구성

로봇 응용 시스템에서 사용하는 순서도 기반(Flowchart Base)의 로봇제어 소프트웨어, "IRES"는 IRES Execute와 IRES User의 두 개의 프로그램을 통틀어 말한다.

1) IRES Execute

로봇 실행기는 사용자가 프로그램한 정보를 로봇에게 전달하여 로봇을 동작할 수 있는 프로그램이다.

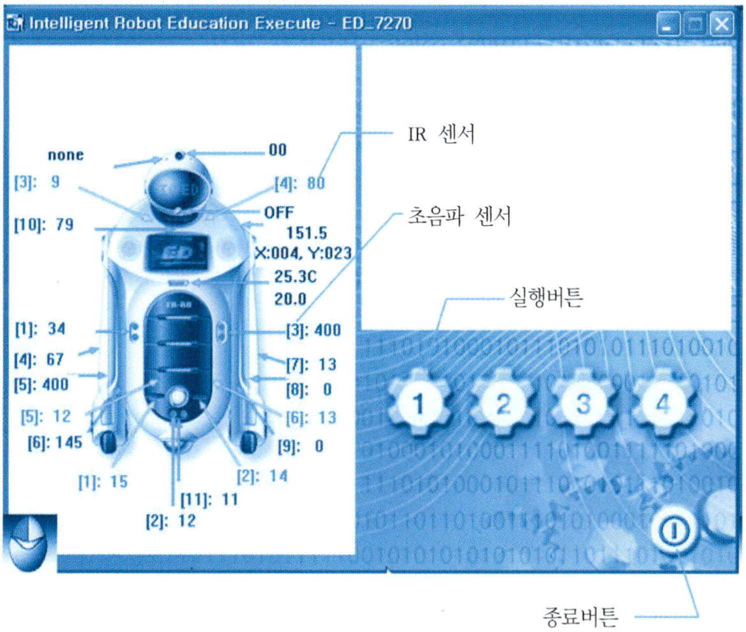

그림 4-2 **로봇 실행기**

① 실행버튼(Execute Button) : 사용자가 작성한 프로그램을 실행하는 버튼이다. 단일 프로그램으로 4명의 프로그램을 저장할 수 있으며 각각의 버튼에 사용자기 프로그램한 내용이 지장된다. 프로그램을 다운로드했을 경우 실행기 버튼의 색이 붉은 색으로 바뀐다. 사용자가 프로그램을 다운로드한 후 사용자가 버튼을 클릭하면 로봇이 동작하고 다시 클릭하면 정지하는 방식으로 이루어져 있다.

② 종료버튼((Close Button) : 로봇 실행기를 종료하는 버튼이다.

③ 센서 모니터링(Sensor Monitoring) : 지능형 로봇 실험실습 장치에 장착된 센서 데이터가 표시된다.

④ IR 센서(Sensor) : 초음파 센서와 구별되게 적색으로 표시한다.

⑤ 초음파 센서(Ultra Sonic Sensor) : 파란색으로 초음파 센서의 값을 표시한다.

초음파 및 적외선 거리 감지 센서를 제외한 센서는 검정색으로 표기한다.

2) IRES 유저

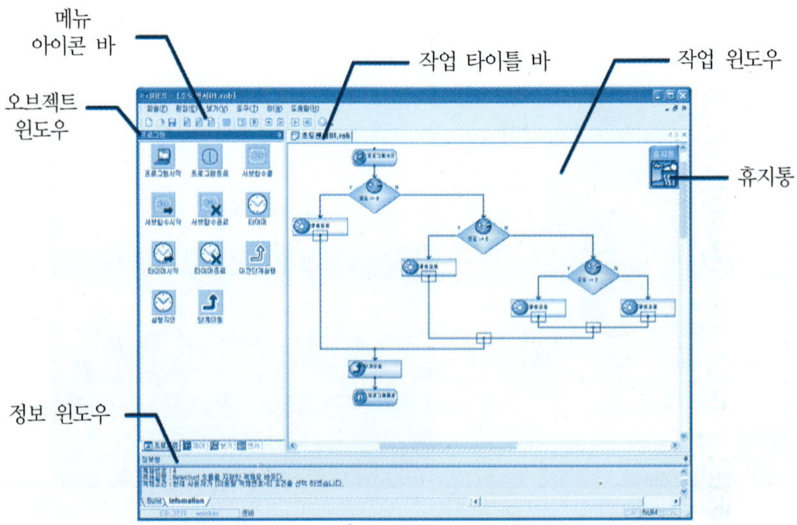

그림 4-3 **로봇 프로그램**

① 메뉴 아이콘 바(Menu Icon Bar) : IRES의 전반전인 기능을 수행할 수 있는 메뉴 바

② 오브젝트 윈도우(Object window) : 작성할 프로그램의 객체들이 모여 있는 곳이다. 여기의 객체들을 "Work Window"에 끌어다 놓음으로써 프로그램을 작성할 수 있다.

③ 작업 타이틀 바(Work Title Bar) : 지금 작성하고 있는 프로그램의 이름을 나타낸다.

④ 작업 윈도우(Work Window) : 프로그램을 작성하는 공간이다.

⑤ 휴지통(Trash Can) : 객체들을 "Work Window"에서 이곳으로 끌어다 놓으면 삭제할 수 있다.

⑥ 정보 윈도우(Information Window) : 객체를 클릭하면 객체에 대한 상세 정보를 표시하고, 컴파일시(Compile) 에러나 경고를 나타낸다.

3) 프로그램 아이콘

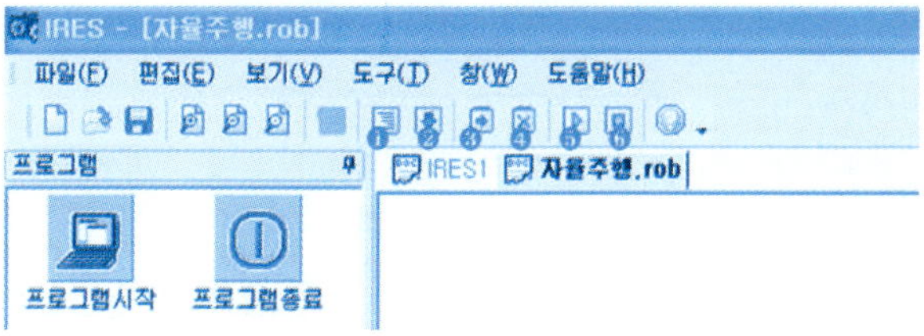

그림 4-4 **프로그램** 아이콘

① 컴파일 버튼(Compile Button) : 사용자가 프로그램 한 내용을 컴파일하는 버튼

② 다운로드 버튼(Download Button) : 프로그램을 로봇에게 전송하는 프로그램

③ 디버그실행 버튼(Debug execute Button) : 사용자가 프로그램한 내용을 화면상에서 실행되는 흐름을 보면서 로봇을 실행하는 버튼(로봇과 통신하면서 프로그램을 실행하기 때문에 로봇을 제어하는게 약간 느리다)

④ 디버그 정지 버튼(Debug Stop Button) : 로봇을 디버그용으로 실행했을 때 정지하는 버튼

⑤ 실행 버튼(Execute Button) : 로봇에게 프로그램한 내용을 실행하는 버튼

⑥ 정지버튼(Stop Button) : 로봇 정지 버튼

4-3-3 IRES 메뉴

1) 메뉴 구성

일반적인 윈도우즈 프로그램과 거의 비슷한 형태의 구성을 취하고 있으며, 사용자 프로그램을 주로 하는데 메뉴를 단순하게 구성하여 프로그램을 쉽게 작성할 수 있게 구성되어 있다.

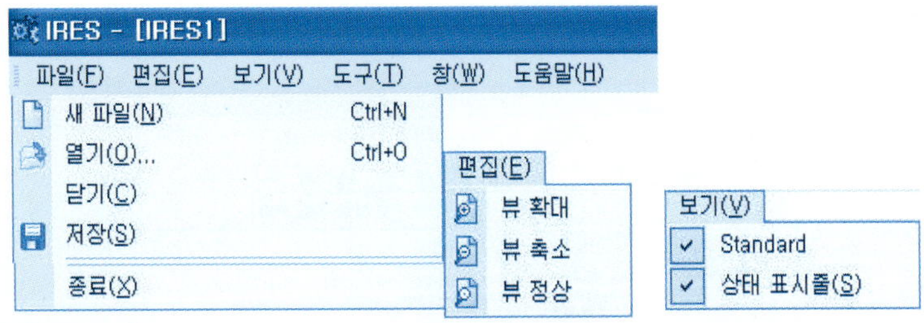

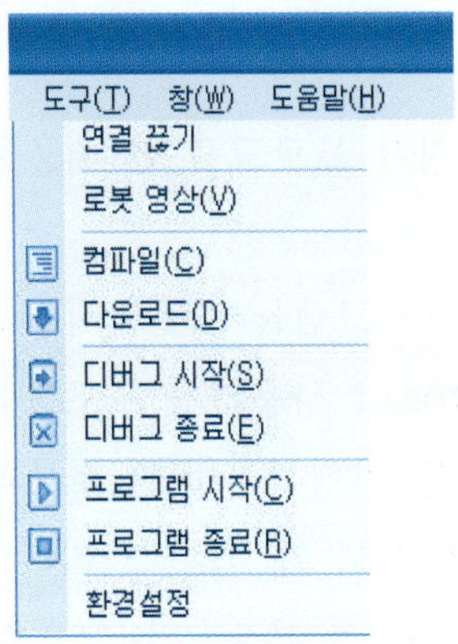

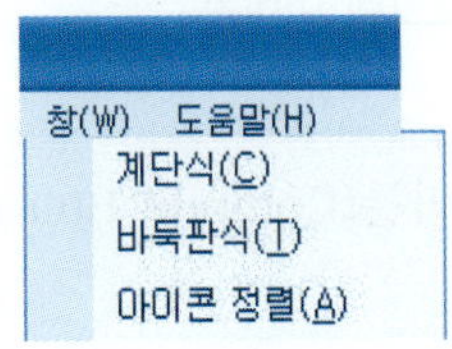

2) 아이콘 설명

① 새 파일 : 프로그램을 새로 작성할 작업창을 생성한다.

② 파일 열기 : 이전에 작성했던 프로그램을 읽어온다. 이때의 확장자는 rob의 형태를 가진다.

③ 파일 저장 : 프로그램을 작성하고 파일로 작업내용을 저장할 수 있다(파일명.rob).

④ 줌 인(Zoom In) : 작업창의 객체를 확대해서 볼 수 있다.

⑤ 줌 아웃(Zoom Out) : 작업창의 전체 객체를 볼 수 있어 프로그램의 양이 많아졌을 때 사용하면 편리하다.

⑥ 줌 디폴트(Zoom default) : 초기 화면 형태의 사이즈로 되돌린다.
⑦ 메인 함수로 이동 : 초기에 메인 함수의 작업창으로 이동한다. 메인 함수의 작업창에서 서브함수를 포함시킬 수 있는데 서브함수 내용을 작성하고 메인 함수로 되돌아올 때 사용한다.
⑧ 컴파일 : 프로그램을 컴파일한다.
⑨ 다운로딩 : 프로그램 다운로딩한다.
⑩ 프로그램 디버깅 시작 : 컴파일 및 다운로딩 후 프로그램 실행을 하는데 어떤 절차로 프로그램이 동작하는지 눈으로 확인할 수 있다.
⑪ 프로그램 디버깅 종료 : 프로그램 종료
⑫ 프로그램 시작
⑬ 프로그램 종료
⑭ IRES 정보

4-3-4 IRES의 컴포넌트

로봇을 제어할 수 있도록 각 제어 부분을 도시화하여 컴포넌트(Component) 형태로 IRES 프로그램에서 프로그래밍할 수 있다. 다음은 IRES에서 제공되는 컴포넌트에 대하여 특징 및 기능에 대하여 설명을 한다.

1) 특 징

프로그램 왼쪽 부분에서는 여러 컴포넌트들이 있는데 여기 컴포넌트들만 있으면 로봇 혹은 로봇 응용시스템을 원활하게 제어할 수 있다. 컴포넌트 아이콘과 함께 있는 다이얼로그는 각 컴포넌트에 해당하는 환경설정에 대한 내용이다. 환경설정을 하는 방법은 컴포넌트를 작업윈도우에 컴포넌트를 옮겨놓고 해당 컴포넌트에서 더블클릭이나 오른쪽 클릭 후 환경설정을 클릭해주면 환경설정 다이얼로그를 활성화할 수 있다.

※ 주의사항

환경설정이 있는 객체는 필히 환경설정을 해야 컴파일할 때 에러가 발생하지 않는다. 환경설정은 버튼을 두 번 더블클릭하거나 마우스 오른쪽 버튼을 눌러서 환경설정을 할 수 있다.

2) 설 명

(1) 프로그램 컴포넌트

① 프로그램 시작

메인 함수의 시작을 의미한다. 모든 프로그램 작성시 꼭 들어가야 하는 객체이다. IRES에서 "프로그램 시작 객체"가 없다면 프로그램 컴파일할 때 에러 메시지를 띄운다.

- 아이콘 : 

- 환경설정

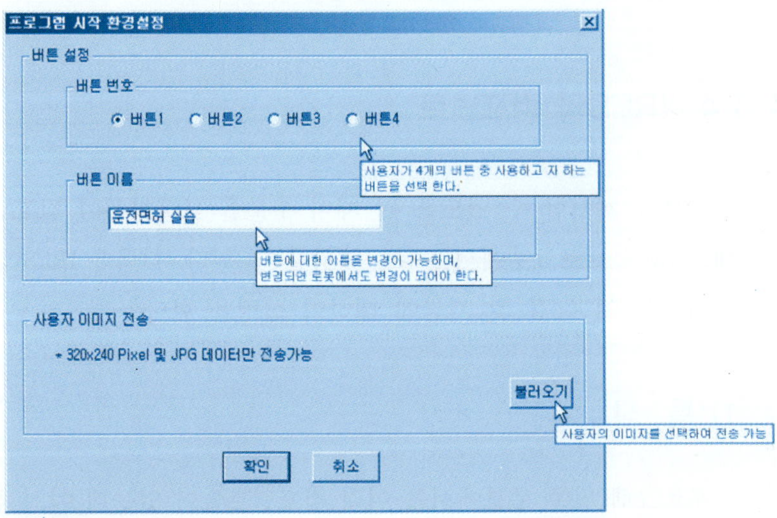

그림 4-5 **프로그램 시작**

- 버튼설정 : IRES Execute의 실행버튼과 연결 설정하는 부분이다. 버튼1로 체크하고 다운로딩하고 IRES Execute 의 첫 번째 실행버튼을 클릭하면 프로그램이 시작된다.
- 버튼이름 : 실행버튼의 이름을 생성한다. 각각의 버튼마다 버튼의 이름을 부여할 수 있다(한글 16까지 가능하다).
- 불러오기 : 사용자가 필요한 이미지를 로봇쪽에 전송할 수 있다.
(단 이미지의 크기는 320 * 240의 jpg 파일만 가능하다)

② 프로그램 종료

이 객체 역시 "프로그램시작" 객체와 마찬가지로 모든 프로그램내 포함되어야 할 객체이고 없으면 컴파일 때 에러메시지를 띄운다. 메인 함수의 종료를 나타낸다.

- 아이콘 : 

③ 서브함수 콜

서브함수를 사용할 때 이 객체 하위에 프로그램을 작성할 수 있다. 이 객체를 작업창에 드래그하여 놓고 더블클릭 또는 오른쪽 마우스를 클릭함으로써 서브함수 내에 들어가 프로그램 작성이 가능하다.

서브함수 콜 기능을 사용하는 것은 횟수에 상관없이 사용할 수 있다. 서브함수 콜 안에는 서브함수 시작과 서브함수 종료 버튼이 반드시 포함되어야 사용이 가능하다.

- 아이콘 : 

- 환경설정 :

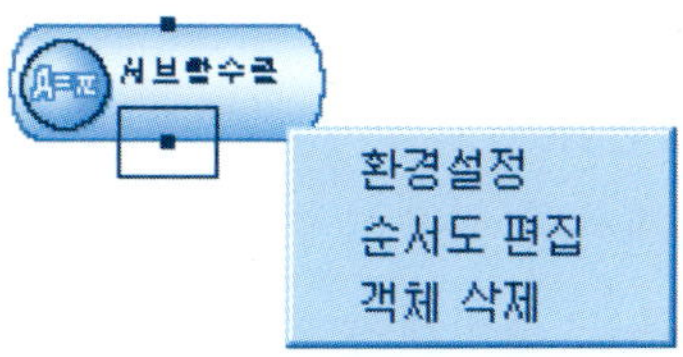

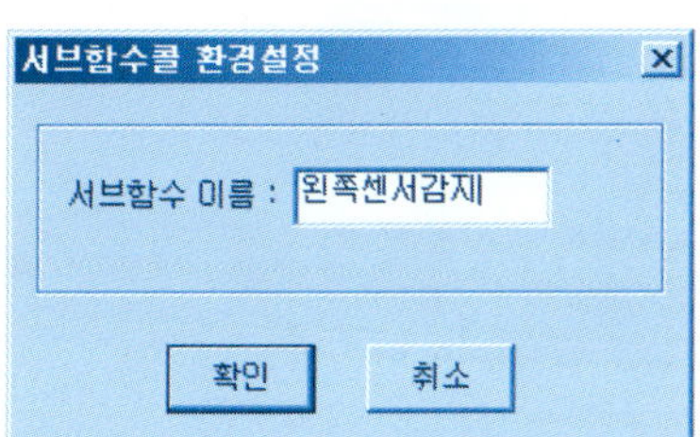

- 서브함수 이름은 최대 6글자까지 입력이 가능하다.

④ 서브함수 시작

"프로그램 시작" 객체와 같은 개념으로 서브함수 내에서 프로그램 시작 위치를 가리킨다.

- 아이콘 : 

⑤ 서브함수 종료

서브함수 함수 종료를 의미한다. 서브함수 내에서 이 객체가 없으면 컴파일 때 에러메시지를 띄운다.

- 아이콘 : 

⑥ 타이머

타이머 함수. 프로그램 작성할 때는 "서브함수 콜" 객체와 비슷한 개념이다. 더블클릭하고 객체 안으로 들어가 별도의 프로그램작성이 가능하다. 하지만 다른 점은 "서브함수 콜"은 메인프로그램과 서브함수로 이어서 순차적으로 동작하는데 반하여 타이머는 그 순차적인 동작과 관계없이 별도의 프로그램 시작과 종료를 일정주기의 설정 값에 의해 반복 실행한다.

타이머 함수를 사용하는 최대 4개까지 사용이 가능하며, 타이머 함수 안에는 반드시 타이머시작 버튼과 종료 버튼을 생성해야 컴파일시 오류가 없다.

- 아이콘 : 

- 환경설정

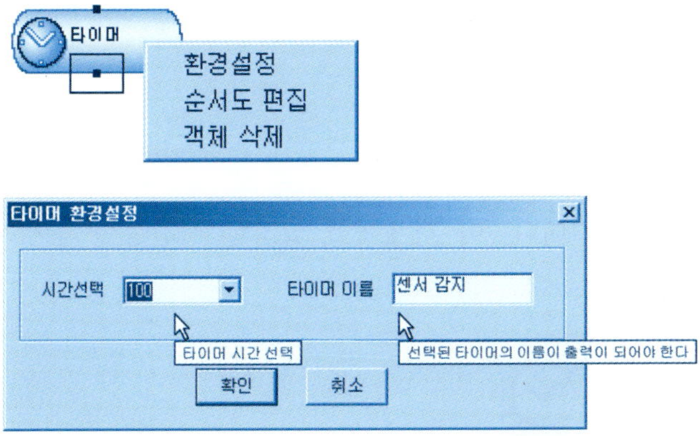

- 시간선택 : 사용자는 타이머의 시간을 선택할 수 있으며, 타이머는 최대 4개까지 생성할 수 있다.
- 타이머 이름은 최대 6글자까지 입력이 가능하다.

⑦ 타이머 시작

타이머 함수 내에서 함수의 시작을 나타내는 객체이다.

- 아이콘 : 

⑧ 타이머 종료

타이머 함수 내에서 함수의 종료를 나타내는 객체이다.

- 아이콘 : 

⑨ 이전단계 실행

바로 위의 객체를 반복 실행하는 작업을 수행한다.

- 아이콘 : 

⑩ 실행지연

딜레이 함수 루틴이다. 이 객체에서 설정한 시간동안 잠시 대기하고 다음 객체를 실행한다.

- 아이콘 : 

- 환경설정

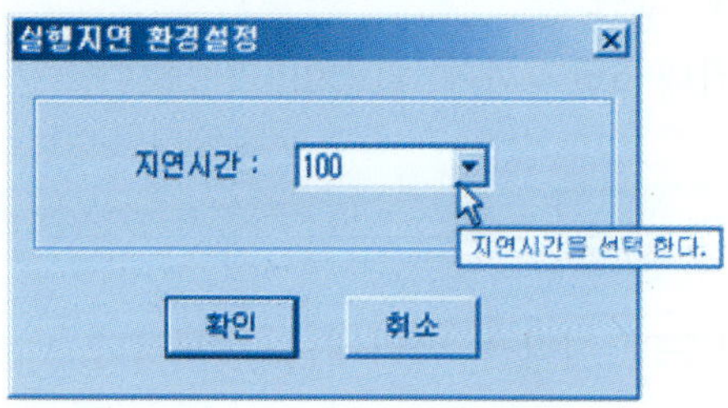

- 지연시간 : 바로 위의 객체를 실행하고 그 다음 루프 실행 간의 시간 간격을 말한다. 100은 100msec마다 반복 실행 설정을 말한다.

⑪ 단계이동

반복할 구간을 설정하면 그 구간의 객체들을 반복 실행한다.

- 아이콘 : 

- 환경설정

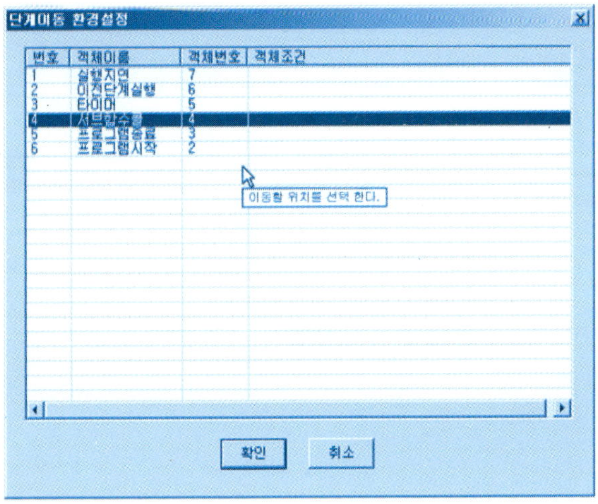

- 현재 작업윈도우에 있는 객체들을 표시하고 있다. 목록 중 객체를 선택하면 단계이동 객체를 실행할 때 선택한 객체로 점프를 하게 된다. 이 객체를 이용해서 무한 반복이나 조건 실행 등 다양한 프로그램 루프를 작성할 수 있다.

(2) 분기 컴포넌트

분기 객체는 IF 제어문의 순서도 모양인 마름모 형태이며, 객체를 더블클릭해 각각의 객체속성에 맞게 환경설정 다이얼로그에 조건 설정을 해주면 된다.

① 조도 센서

조도 센서 모듈의 데이터 값을 읽고 데이터에 대한 조건을 부여하고 조건에 따라 분기할 수 있는 역할을 한다.

- 아이콘 : 

제4장

- 환경설정

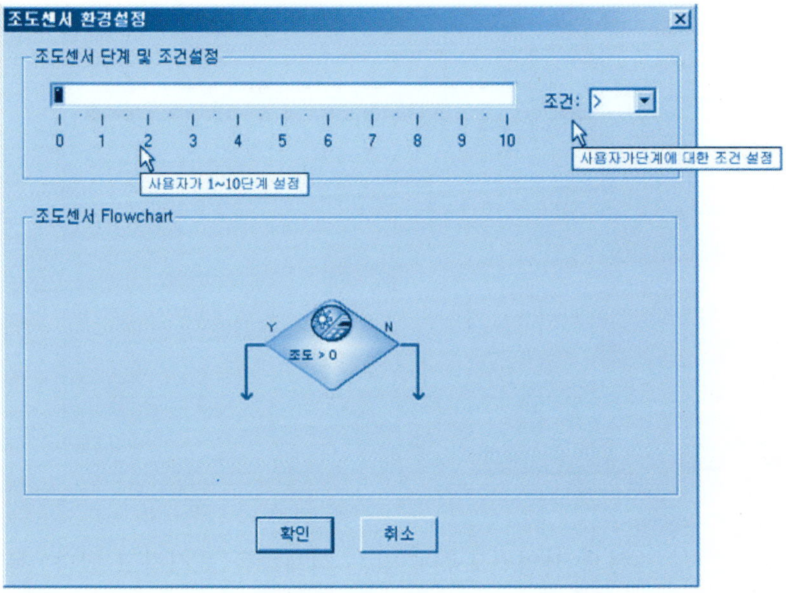

- 원하는 조도 값(Level0~Level10)과 조건(==, !=, 〉, 〈, =, 〈=, 〉=)을 설정하면 간단히 조건문을 구성할 수 있다.

② 음원감지 센서

음원감지 센서 모듈의 데이터 값을 읽고 데이터에 대한 조건을 부여하고 조건에 따라 분기할 수 있는 역할을 한다.

- 아이콘 : 

- 환경설정

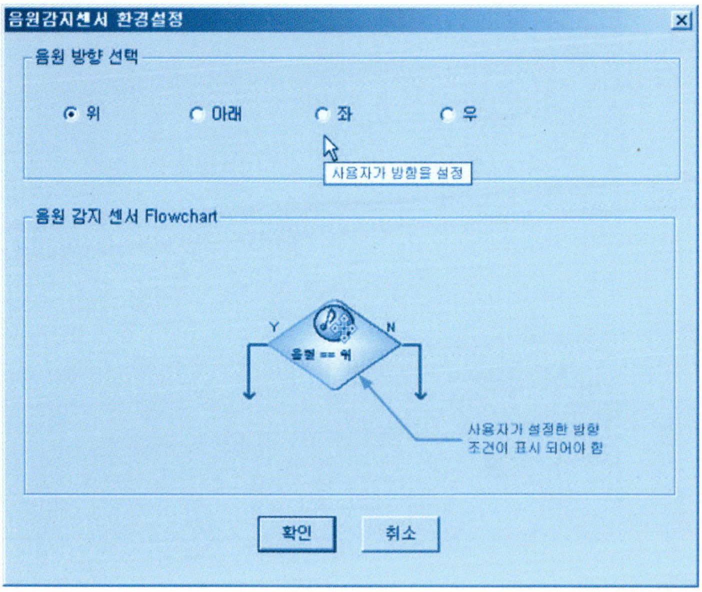

- 위, 아래, 좌, 우 중에 하나를 선택하고 확인을 클릭하면 음원감지 모듈의 4방향 중에 한 방향을 선택한 조건문이 완성된다.

③ 영상 센서

영상 카메라의 값을 읽고 조건을 생성하고 조건에 대한 분기를 할 수 있다. 환경 설정에 따라 영상 패널에 종류와 카메라로부터 패널까지 거리를 판단할 수 있다.

- 아이콘 : 

- 환경설정

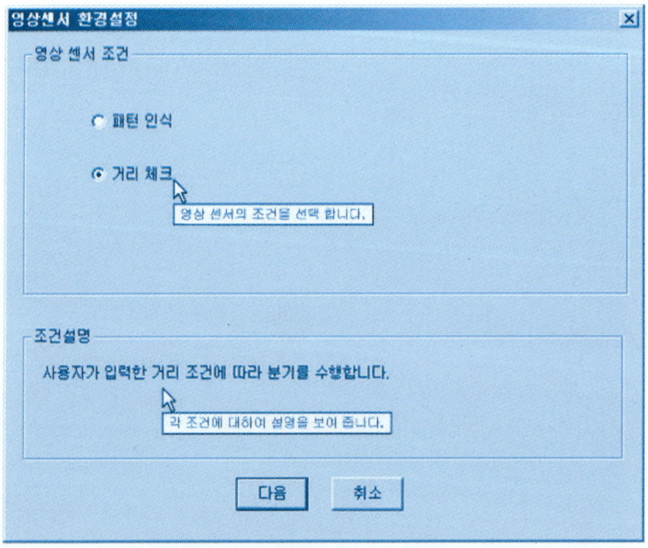

- 영상 센서 객체는 2가지 환경설정을 제공한다. 인식 패널과 카메라 사이의 거리를 조건으로 생성할 수 있고, 패널의 인식여부만을 가지고 분기조건을 생성한다.

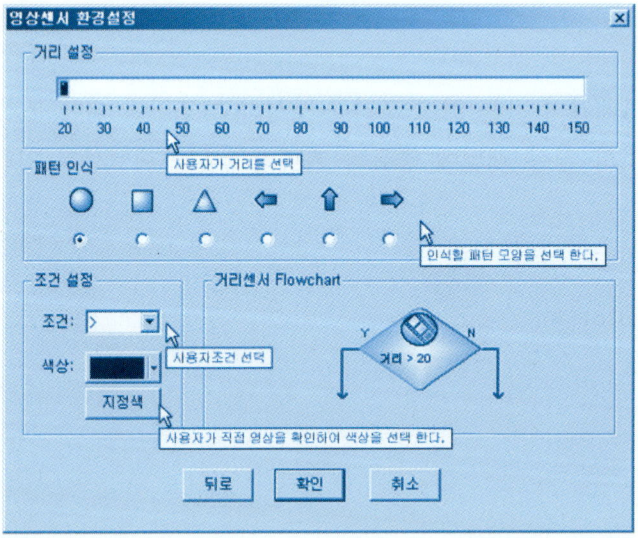

- 거리 체크 : 이 기능은 사용자가 지정한 패턴의 색과 모양과 거리가 같아야 동작하는 기능이다. 로봇이 영상만을 가지고 거리를 체크할 수 있다.

- 사용방법은 패널과 측정하고자 하는 거리를 선택하고 조건을 선택한다. 지정색 버튼을 눌려서 비교하고자 하는 패널의 색을 선택하거나 화면상의 패널 위치의 그림에 마우스를 드래그하여 색을 직접 선택한다.

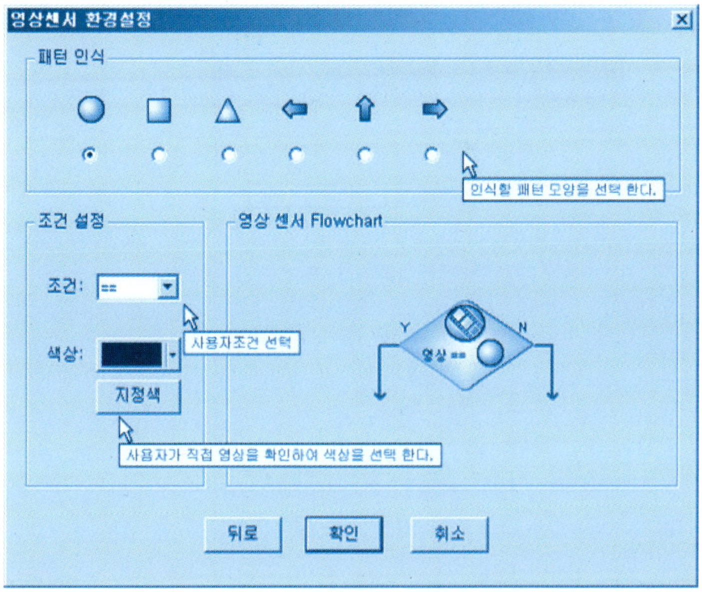

- 패턴인식 : 패턴인식은 화면상에 색상과 물체의 모양이 같은 경우를 인식하여 로봇에게 알려주는 기능이다. 화면상에 1개만 인식할 수 있으며 주변의 비슷한 색이 많으면 인식 결과가 현저하게 떨어지거나 실패할 수 있다.
- 사용방법은 비교하고자 하는 패널의 모양을 선택 후 조건 설정한 다음 지정색 버튼을 눌려서 패널의 색을 선택한다. 지정색 버튼을 눌렸을 경우 화면상에 로봇의 카메라에 비쳐지는 장면이 비쳐지는데 로봇의 정면에 패널을 위치한 후 화면상에 마우스로 패널의 색부분을 드래그하여 색을 선택한다.

④ 인체감지 센서

인체감지 센서 모듈을 위한 객체이며 인체감지의 조건부여 및 조건에 따른 분기를 할 수 있다.

- 아이콘 : 

- 환경설정

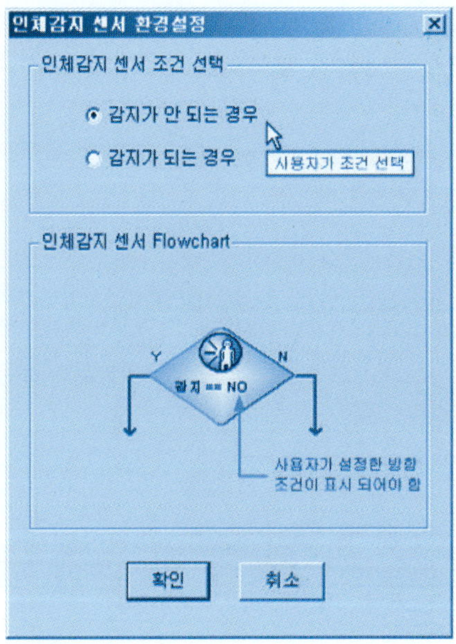

- 인체감지 센서 모듈의 조건은 감지가 되는 경우와 안 되는 경우 두 가지의 선택만을 할 수 있다. 이렇게 분기 조건을 만들어 분기문을 구성할 수 있다.
- 인체감지 센서는 로봇이 동작을 멈추고 있을 시에만 정확하게 움직이는 물체를 감지할 수 있다. 로봇이 동작을 하고 있을 경우 인식하는 확률이 낮기 때문에 로봇이 정지하고 있을 시에만 사용 가능하다.

⑤ 초음파 센서

초음파 센서 모듈의 거리 값을 읽고 거리에 대한 조건을 생성하며 조건에 대한 분기를 할 수 있다. 반드시 해당하는 조건을 선택해야지 컴파일시 오류가 없다.

- 아이콘 : 

- 환경설정

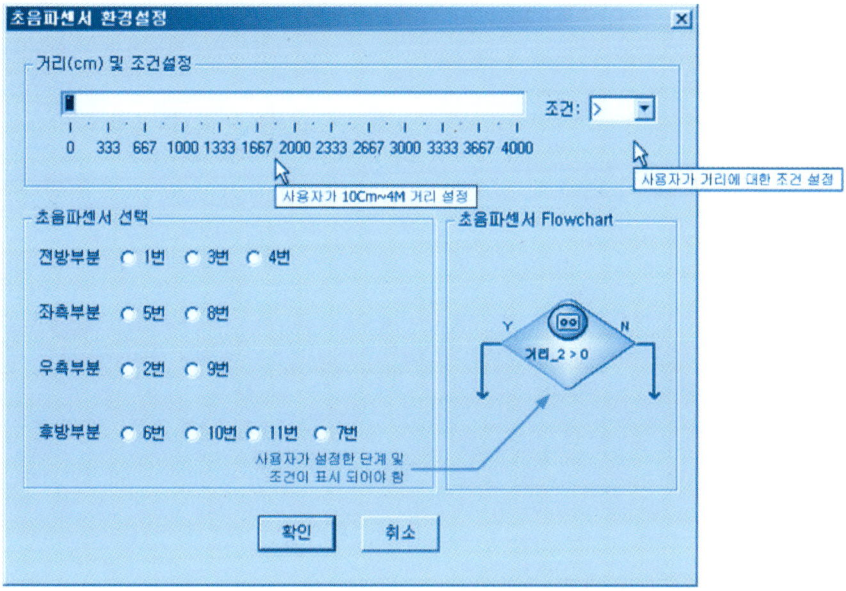

- 거리 값과 조건을 선택해 분기 조건을 선택하면 거리를 측정할 수 있다.
- 초음파 센서 선택부분은 사용자가 사용하고자 하는 부분의 센서를 선택할 수 있다.
- 초음파 센서는 10mm~4000mm까지 범위를 측정할 수 있다. 이 조건을 사용자가 여러 환경 조건을 고려하여 거리 조건 설정을 해야 한다.

⑥ 적외선 거리 센서

적외선 거리 센서 모듈의 거리 값을 읽고 거리에 대한 조건을 생성하며 조건에 대한 분기를 할 수 있다. 반드시 해당하는 조건을 선택해야 컴파일시 오류가 없다.

- 아이콘 : 

- 환경설정

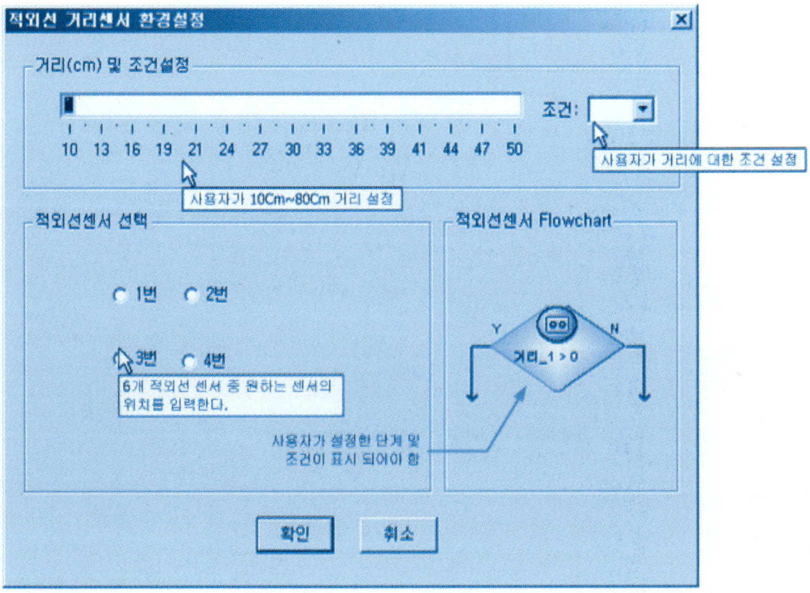

- 거리 값과 조건을 선택하면 분기 조건을 생성한다.
- 적외선 센서는 100mm~800mm까지 범위를 측정할 수 있다. 이 조건의 범위 내에서 사용자가 선택해 사용한다.

⑦ 기울기 센서

X, Y 양축의 기울기 값을 가지고 조건을 생성하고 조건에 대한 분기를 할 수 있다.

일부 제품에서는 이 기능을 사용할 수 없다.

- 아이콘 : 

- 환경설정

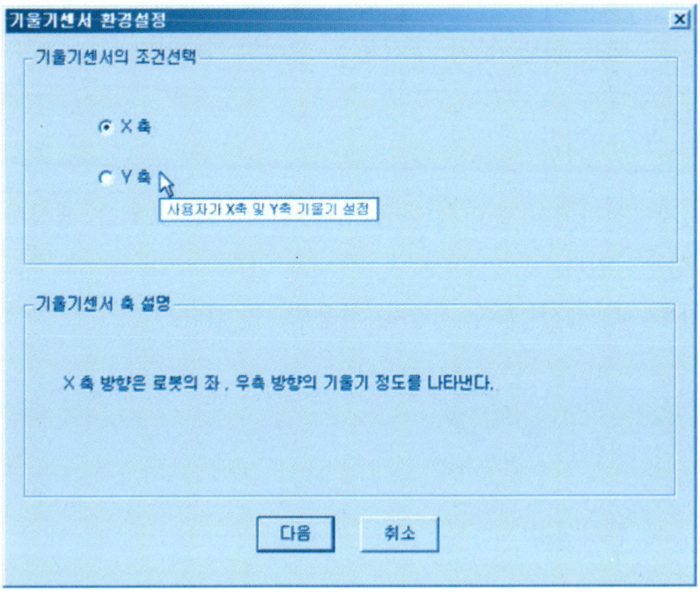

- Y축 방향 : 로봇의 정면을 기준으로 로봇이 앞과 뒤쪽을 나타낸다.
- X축 방향 : 로봇의 정면을 기준으로 좌, 우측의 기울기를 나타낸다.

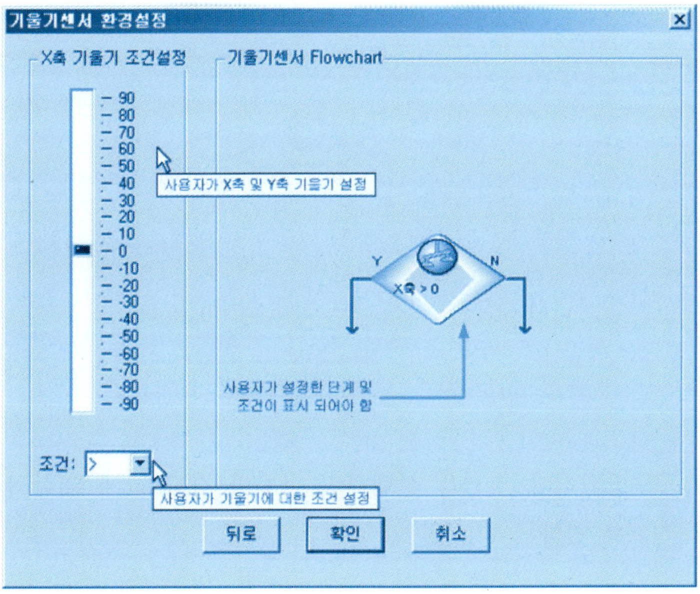

- 기울기 센서 모듈이 2축의 기울기를 측정하기 때문에 프로그램의 기울기 센서 객체 역시 2가지 조건을 설정하게 된다. 2축의 기울기 값과 조건선택을 하면 분기 조건문을 생성할 수 있다.

⑧ 전자나침반

전자나침반에서 출력 값을 읽고 각도에 대한 조건을 생성하면 조건에 대한 분기를 할 수 있다.

일부 제품에서는 이 기능을 사용할 수 없다.

- 아이콘 : 

- 환경설정

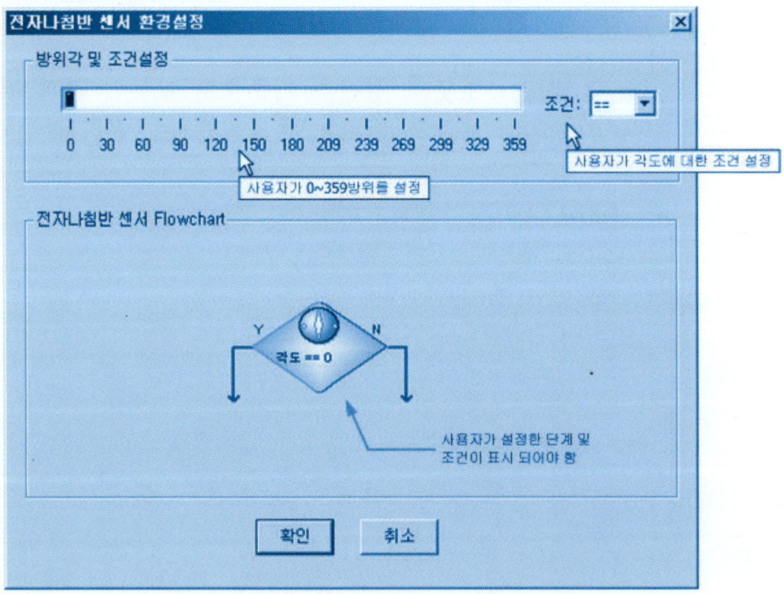

- 방위각과 조건을 선택하면 나침반 각도 값에 대한 분기 조건문을 생성할 수 있다.

⑨ 음성인식(옵션)

음성인식은 반드시 라이센스(License)가 등록되어야 사용할 수 있는 기능이다.

라이센스 등록 방법은 제공되는 음성인식 CD나 지능형 로봇 플랫폼 제조사에 문의한다. 음성인식을 사용하기 위해서는 제공되는 음성처리(Voice Process) 프로그램을 실행 후 사용하어야만 사용이 가능하다.

- 아이콘 : 

- 환경설정

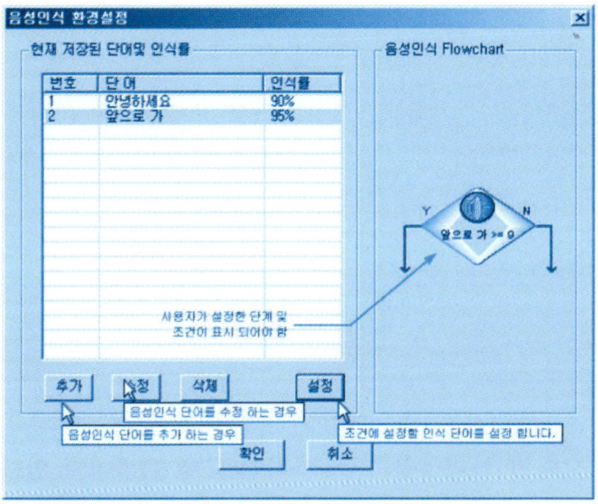

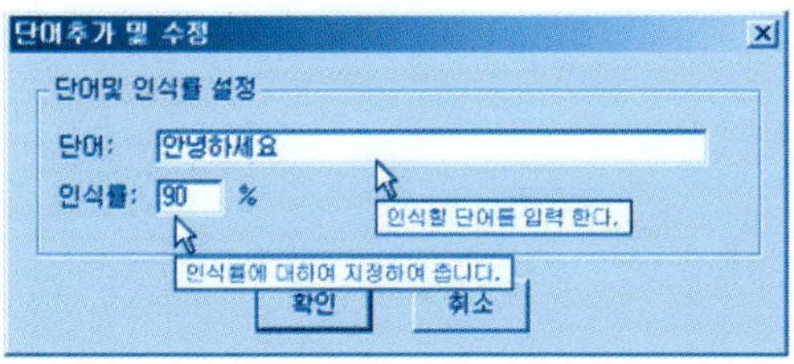

- "추가"를 클릭 후 단어를 등록 그리고 단어를 선택하고 "설정"을 클릭하면 그 단에 대한 분기 조건문을 생성한다.

(3) 제어 컴포넌트

① DC 모터 제어

DC 모터의 회전 방향, 속도, 이동 거리를 제어할 수 있다.

- 아이콘 : 

- 환경설정

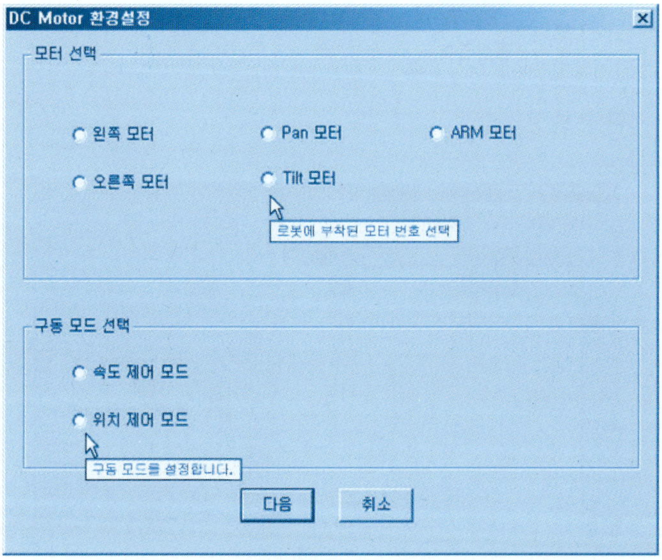

- DC 모터의 환경설정은 두 가지 모드로 이루어져 있다. 상단의 다이얼로그는 속도제어 모드, 하단의 다이얼로그는 위치제어 모드이다.

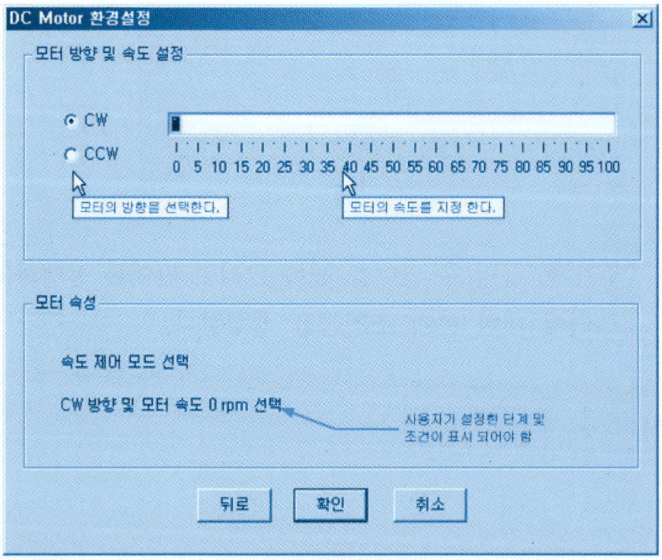

- 속도제어 모드 : 속도 값을 선택해주면 그 속도로 모터는 회전을 한다.

  - CW : 모터가 회전하는 방향이 시계방향
  - CCW : 모터가 회전하는 방향이 시계반대 방향

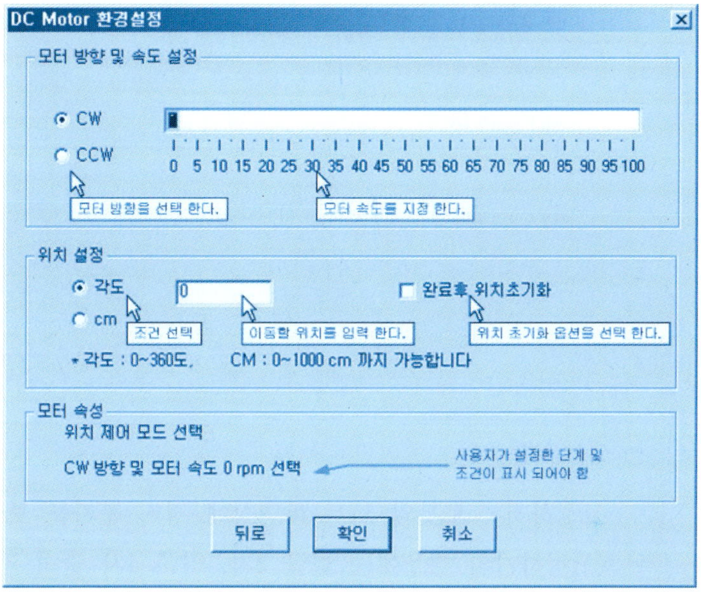

- 위치제어 모드 : 현재 위치를 기준으로 속도와 목표거리 혹은 목표 각도를 정해주면 그 정해진 값만큼만 회전을 하고 "완료 후 위치초기화"를 선택하면 기준 위치를 초기화한다.

  - cm : 모터가 몇 cm만큼만 이동하는 값 설정
  - 각도 : 모터의 회전 방향만큼의 회전각도 값 설정

② 도트 매트릭스(Dot-Matrix)

이 객체가 실행되면 URobo 머리 부분에 문자 또는 글씨가 출력이 된다.

- 아이콘 : 

- 환경설정

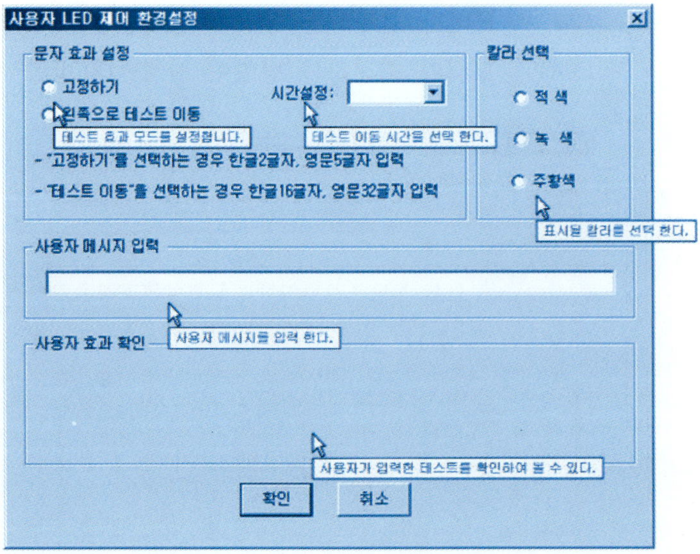

- 고정하기 : 로봇의 도트 화면상에 정지 문자를 보여주는 설정 (고정하기의 경우에는 한글 2자, 영문 4자 출력 가능)
- 왼쪽으로 테스트 이동 : 화면상에 문자가 시간 설정의 값에 따라 왼쪽으로 이동하는 설정
- 컬러 선택 : 사용자가 로봇에 표현하고자 하는 색을 선택

③ LED

로봇의 LED를 제어하는 버튼이다. 왼쪽 , 오른쪽을 개별적으로 조정할 수 있다.

- 아이콘 : 

- 환경설정

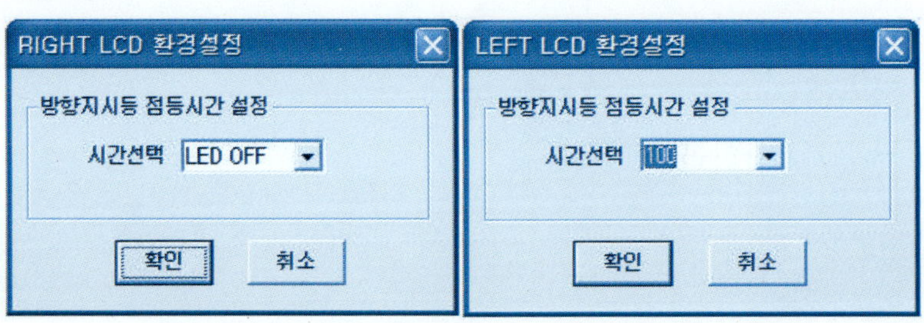

- 시간선택 : LED의 점등 시간을 선택하거나 끌 수 있다.

④ 음성합성(옵션)

이 객체가 실행되면 입력된 텍스트를 읽어 준다.

음성인식은 반드시 라이센스가 등록되어야 사용할 수 있는 기능이다. 라이센스 등록 방법은 제공되는 음성인식 CD나 고객지원센터에 문의한다. 음성인식을 사용하기 위해서는 제공되는 음성처리(Voice Process) 프로그램을 실행 후 사용하여야만 사용이 가능하다.

- 아이콘 : 

- 환경설정

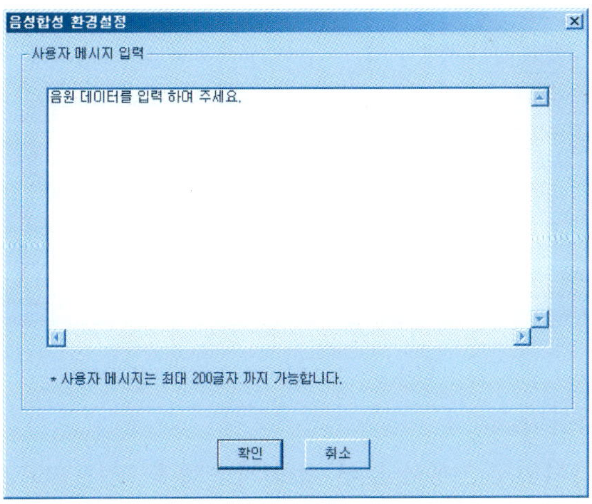

- 사용자가 음성합성을 하고자 하는 단어 또는 문자를 EDIT 창에 입력 후 "확인" 버튼을 클릭하면, 입력된 테스트를 한국어로 합성하여 준다.

4-3-5 IRES 프로그램 작성 방법

1) 프로그램 작업 준비

① IRES Execute(IRESRobot.exe)를 실행한다.

② 앞에서 언급한대로 IRES는 프로그램을 작성하는 응용 프로그램이고 IRES Execute는 작성한 프로그램을 실행해주는 응용 프로그램이다. 서로 연결되어야 디버깅 및 실행이 가능하다.

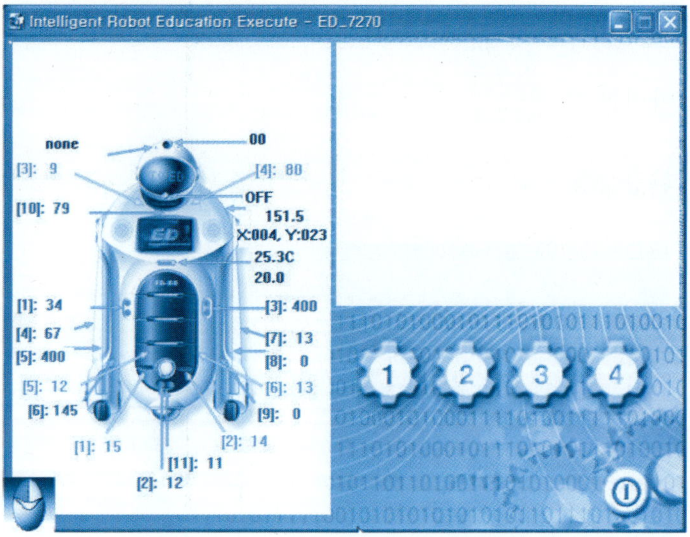

③ IRES를 실행한다.

④ 제품 선택 다이얼로그에서 로봇 응용시스템에 맞는 ED7270을 선택하고 확인을 클릭하면 IRES의 프로그램이 실행된다. 이렇게 함으로써 프로그램 작성할 준비 작업은 끝이다.

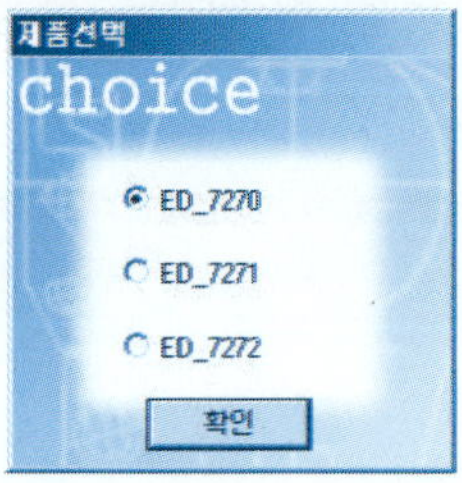

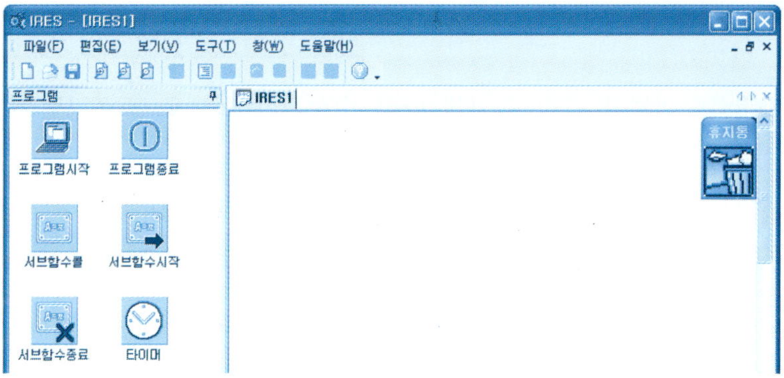

2) 객체 삽입

프로그램을 작성하기 위한 최소한의 작업으로 좌측의 객체윈도우에서 우측의 작업윈도우로 객체를 옮겨 놓음으로써 프로그램 작성이 시작된다.

객체윈도우에서 원하는 객체를 한번 클릭 후 우측의 작업윈도우에서 다시 한 번 클릭하면 작업윈도우에 객체가 하나 추가되는 것을 볼 수 있다.

여기서는 객체윈도우에서 작업윈도우까지 드래그하는 경향이 있는 드래그가 아니라 객체윈도우에서 클릭, 작업윈도우에서 클릭이다.

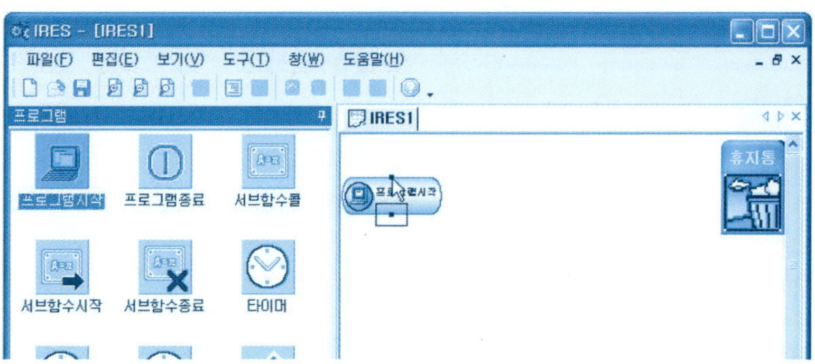

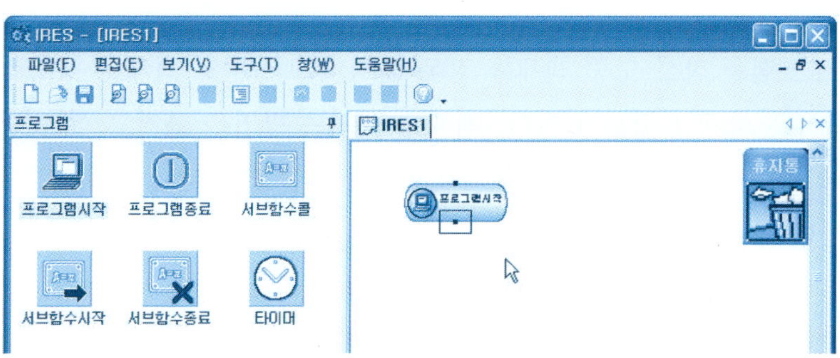

3) 객체 연결

IRES는 객체의 연결 순서에 따라 순서도 형식으로 프로그램을 작성하여 동작시키는 어플리케이션 소프트웨어이다.

순서도 형식으로 연결하기 위해선 아래의 객체를 이동하여 위의 객체의 네모 박스에 마우스 커서를 놓고 클릭해주면 연결선이 생성되어 두 객체가 연결되는 것을 볼 수 있다.

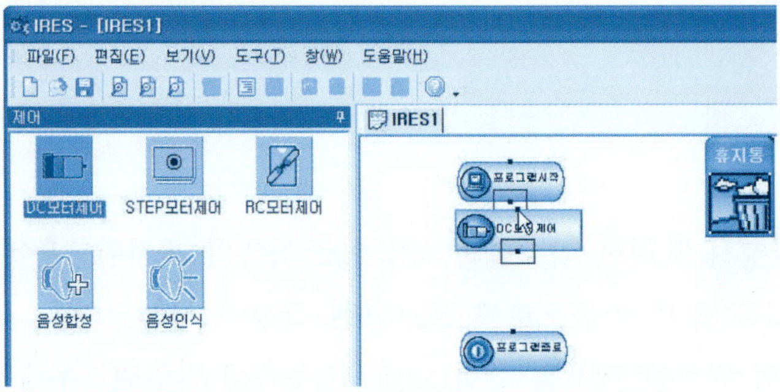

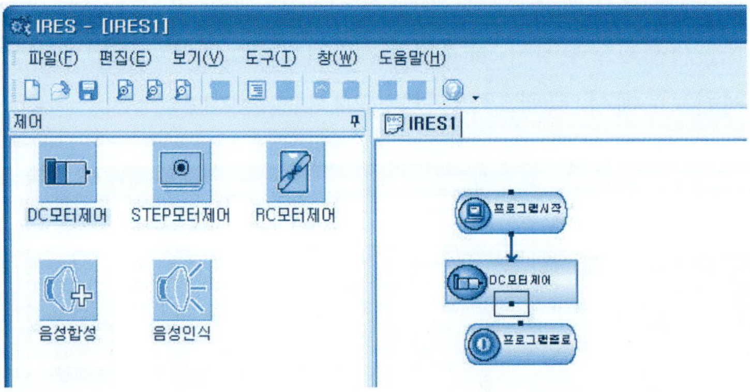

4) 객체 분리

프로그램을 작성 도중 객체를 잘못 옮기거나 실수로 객체를 생성했을 때 객체를 이동 혹은 삭제할 필요가 있다. 객체를 옮기는 방법은 옮기고 싶은 객체를 영역 선택하는 방법처럼 드래그하여 선택해주면 객체는 연결선이 사라지면서 마우스 커서와 함께 움직인다.

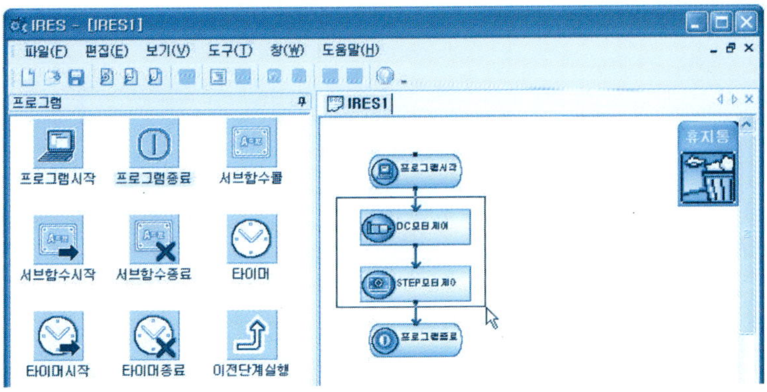

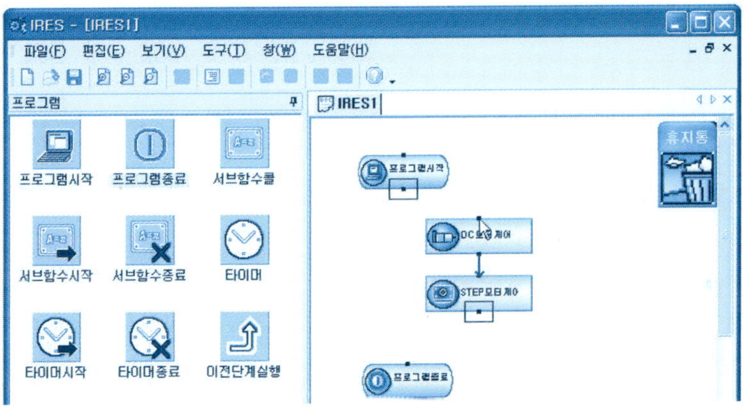

5) 객체 삭제

객체를 삭제하는 방법은 드래그하여 객체분리 이후 작업창 우측위의 "휴지통" 영역에서 클릭하면 객체는 사라진다.

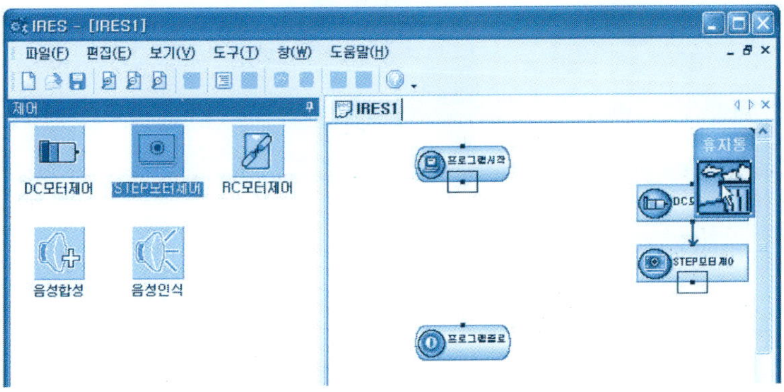

다음과 같이 객체가 삭제된 것을 확인할 수 있다.

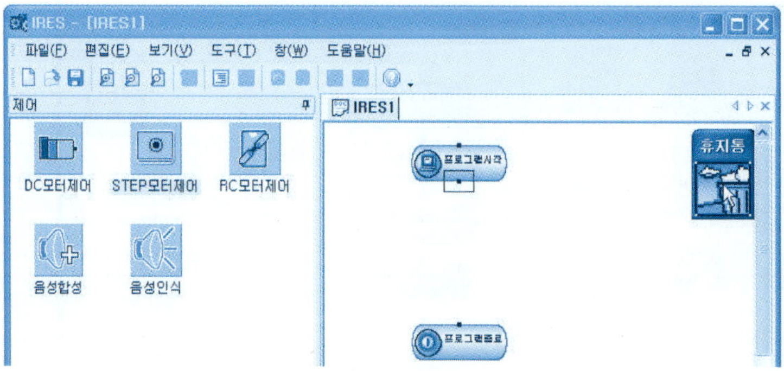

6) 샘플 프로그램 작성

앞에서 설명했던 과정을 복습하는 의미로 프로그램의 작성과정을 한번만 따라 해보겠다. 본 샘플 프로그램을 작성을 통하여 대화형 언어 프로그램(IRES)의 사용법을 쉽게 사용할 수 있을 것이다.

샘플 프로그램은 로봇을 기준으로 하여 전진하는 것을 작성해 볼 것이다.

① IRES Execute를 실행한다.

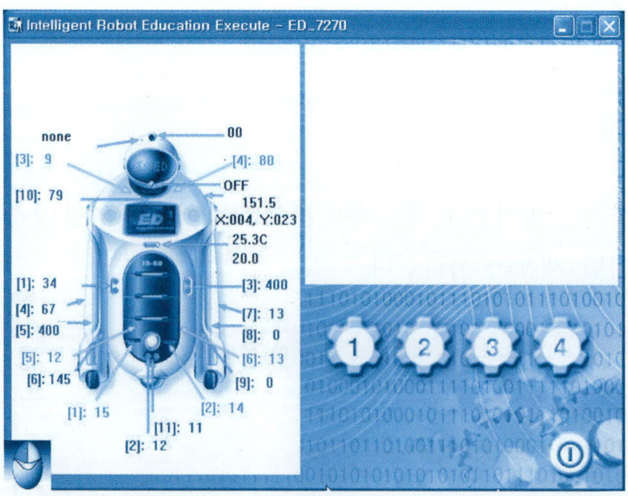

② IRES를 실행하면 제품 선택 다이얼로그가 나온다. 해당 제품을 선택(ED_7270) 한다.

IRES의 초기화면을 볼 수 있다.

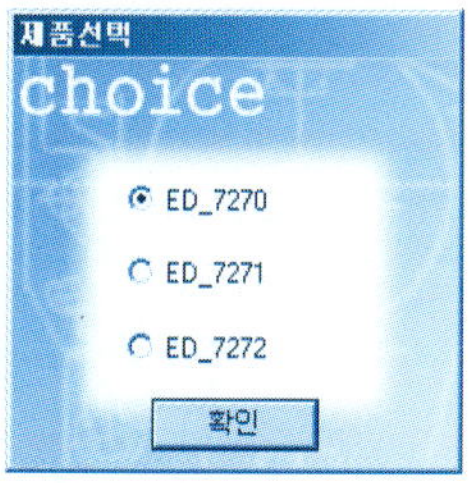

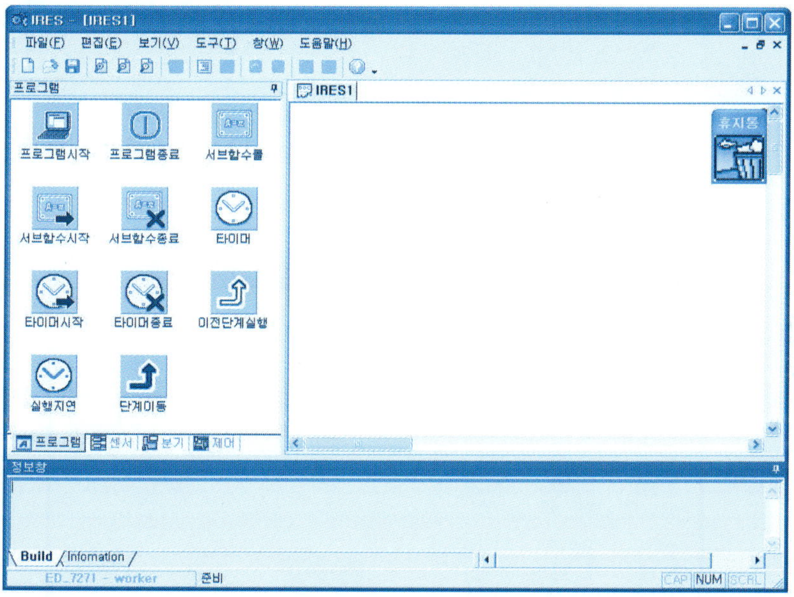

③ IRES(로봇 프로그램)과 IRES Excute(로봇 실행기)를 연결한다.

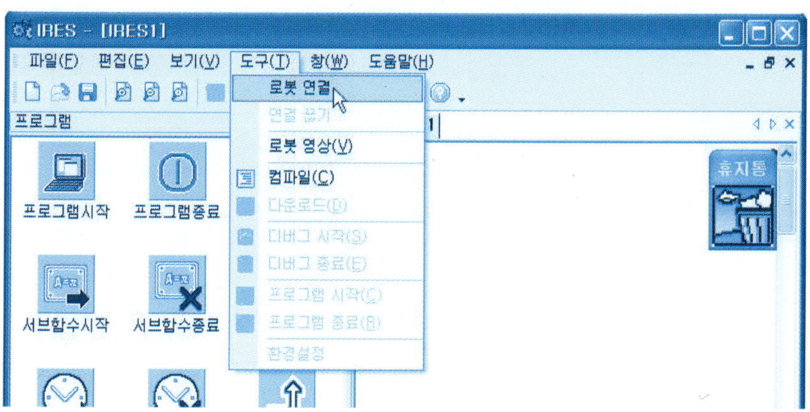

로봇연결 후에는 다음과 같이 아이콘이 활성화되는 것을 확인할 수 있다. 이렇게 아이콘이 활성화되어야 작성한 프로그램을 다운로딩 및 실행을 할 수 있다.

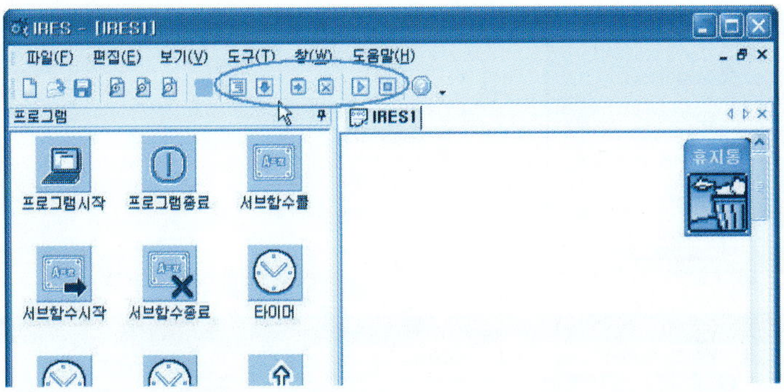

④ 프로그램 객체들을 작업창에 옮겨 놓는다. 가장 먼저 "프로그램 시작" 객체와 "프로그램 종료" 객체를 작업창에 옮겨 놓는다.

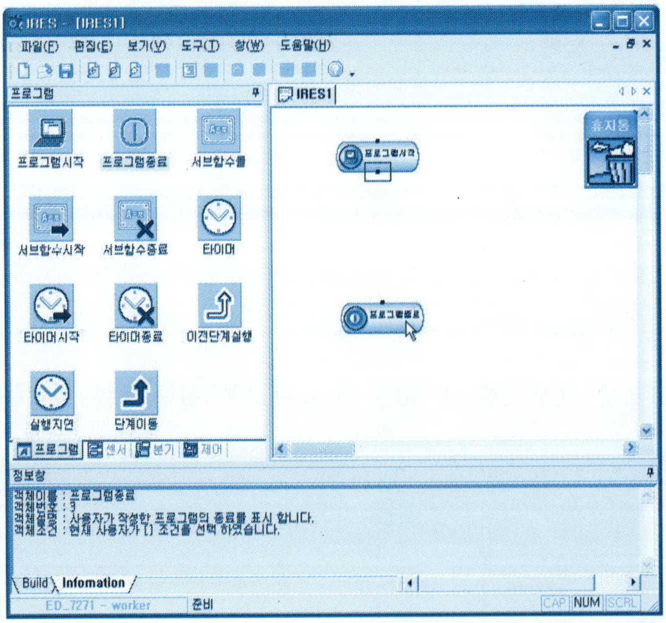

⑤ "프로그램 시작"을 더블클릭해서 환경설정한다.

버튼번호를 선택하고 버튼 이름을 넣어준다. 여기서는 "테스트"라고 넣자. 마지막으로 확인을 클릭해 다시 원래 IRES의 화면으로 돌아온다.

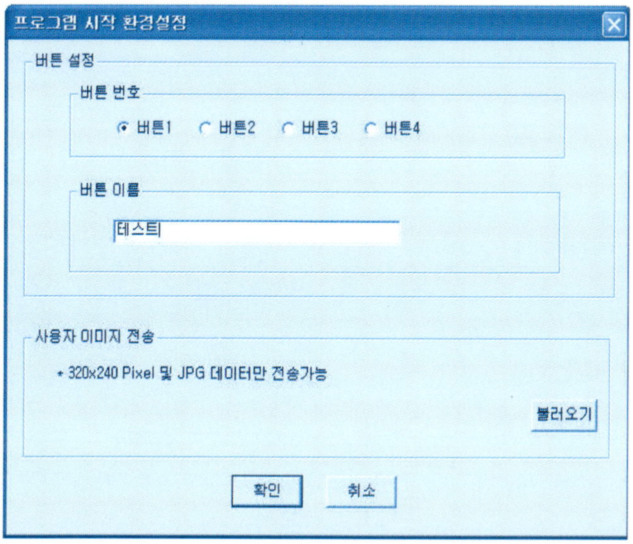

여기서 버튼1이라 하는 것은 로봇 실행기의 첫 번째 버튼을 의미한다. 프로그램을 작성 후 컴파일 및 프로그램 다운로딩이 끝나면 프로그램을 실행할 때 IRES Execute에서 실행 버튼을 눌러 프로그램을 동작시킬 수 있다.

⑥ 제어 객체윈도우에서 "DC 모터 제어" 객체를 끌어 놓는다.

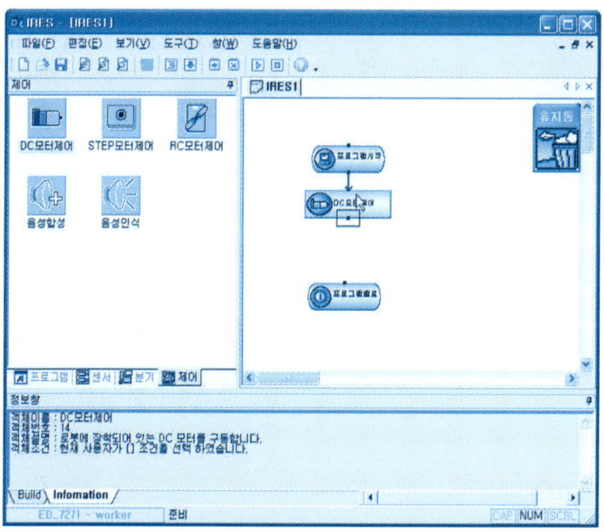

⑦ DC 모터 제어 환경설정을 한다.

1번 모터, 속도제어, 방향은 CW, 속도는 50rpm으로 설정한다.

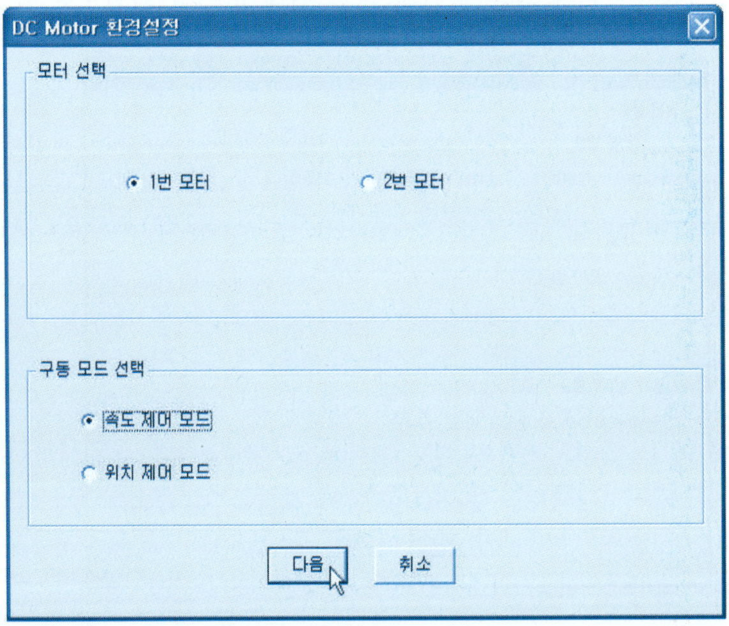

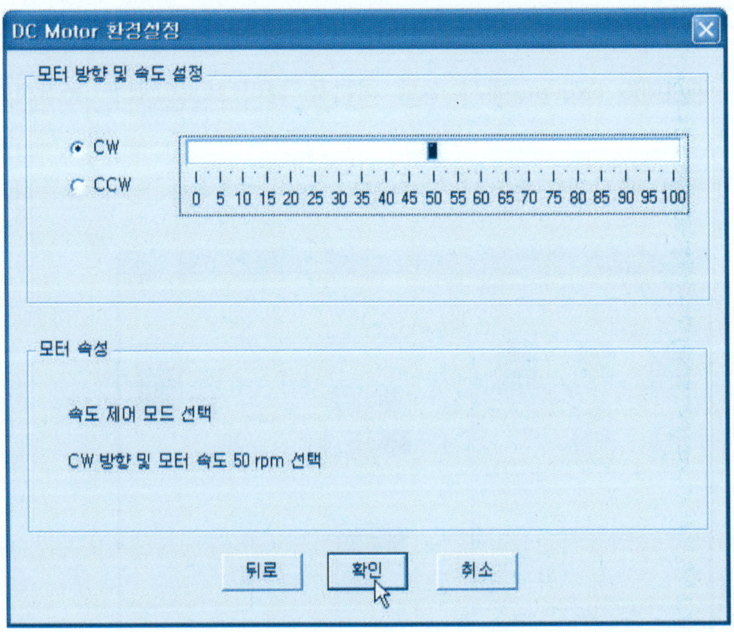

⑧ "단계이동" 객체를 옮겨 놓고 환경설정을 한다.

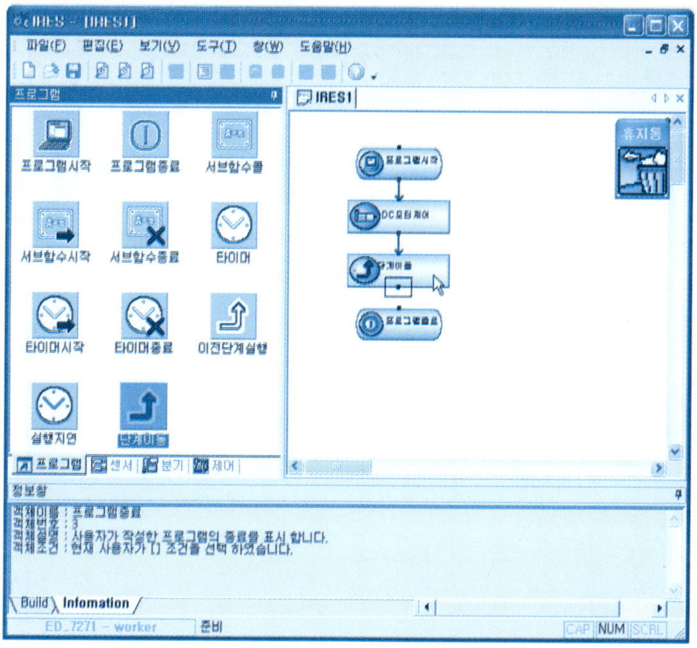

환경설정은 "프로그램 시작"을 선택한다. 이렇게 선택을 하면 "단계이동" 객체를 실행하면 디시 "프로그램 시작" 객체로 되돌아가 무한 루프 동자을 한다.

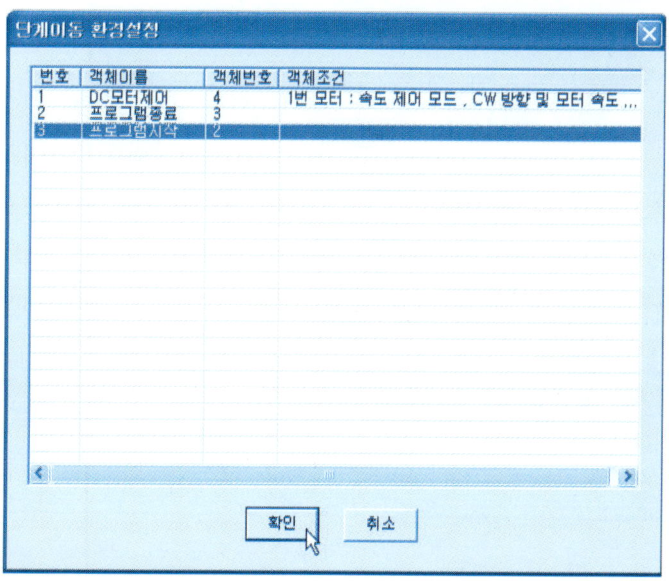

⑨ "프로그램 종료" 객체를 연결한다.

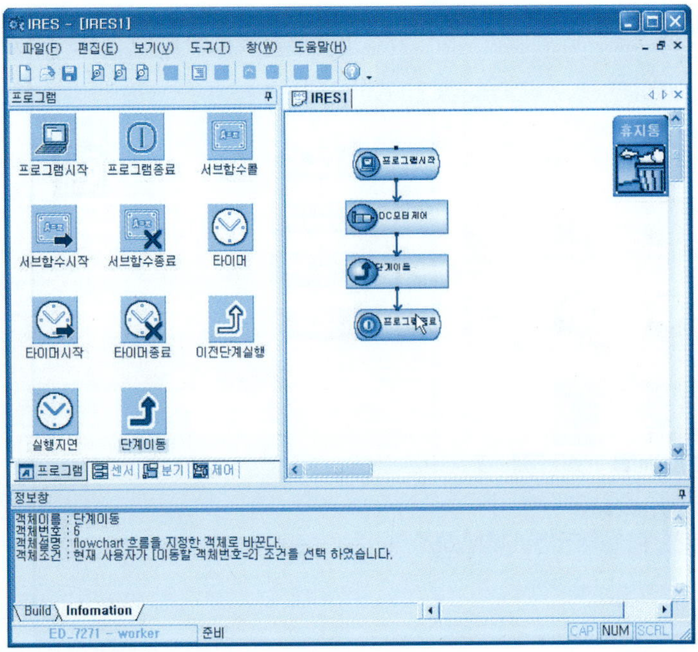

⑩ 컴파일한다.

컴파일하면 정보 창에 "Building end : 4 Object, 0 error(s), 0 Warning(s)"라고 표시되며 에러 없이 올바르게 컴파일된 것을 알 수 있다.

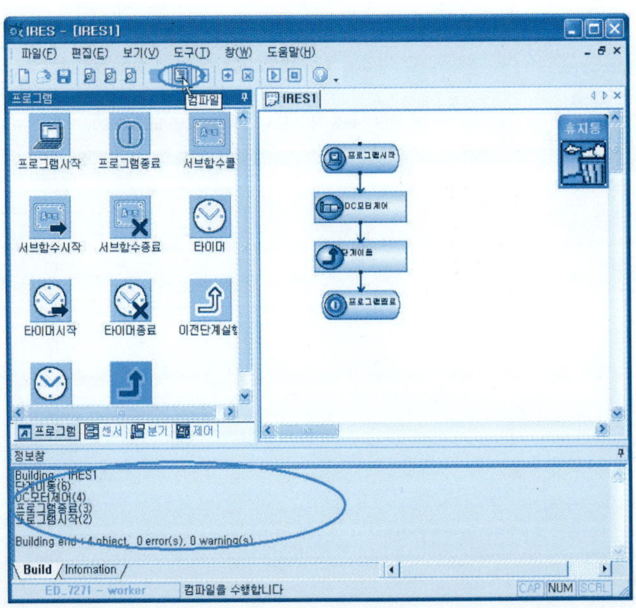

⑪ 다운로딩한다.

다운로딩하면 "전송이 완료되었습니다."라는 창이 뜬다.

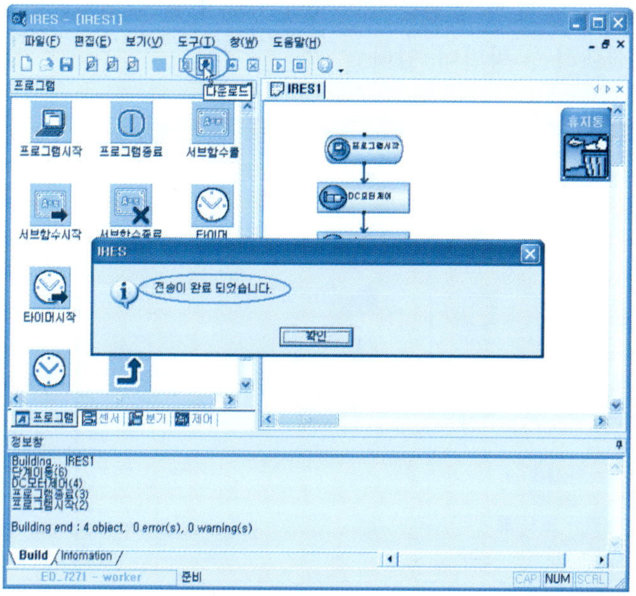

⑫ 디버그 시작을 눌러 프로그램을 동작시켜 본다. 프로그램이 시작되었다는 창을 띄운 것이다.

디버그 시작은 현재 어떤 객체를 실행하고 있는지 실행되는 객체에 음양표시로 표시하고 그 객체를 실행하고 있다는 것을 눈으로 보여준다.

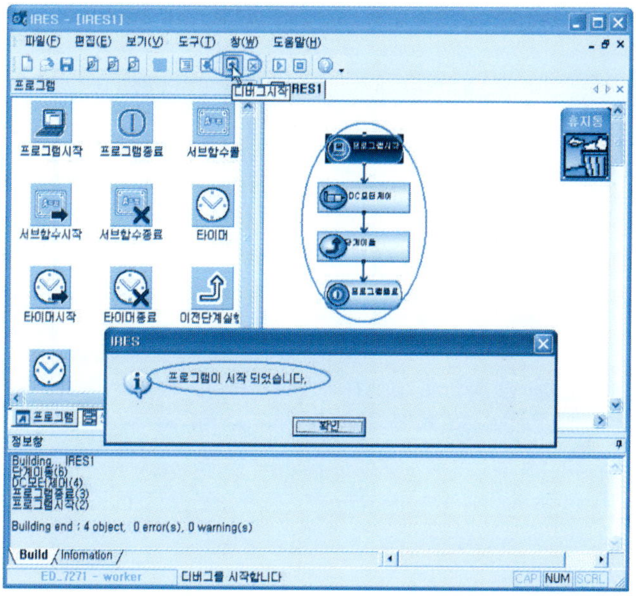

프로그램을 시작하는 방법은 총 3가지이다. IRES(로봇 프로그램)에서는 위에서 실행했던 "디버그 시작"과 다음의 "프로그램 시작"이 있다. 나머지 한 가지 방법은 앞에서 설명했던 IRES Execute(로봇 실행기)에서 직접 버튼을 클릭하여 실행하는 방법이 있다.

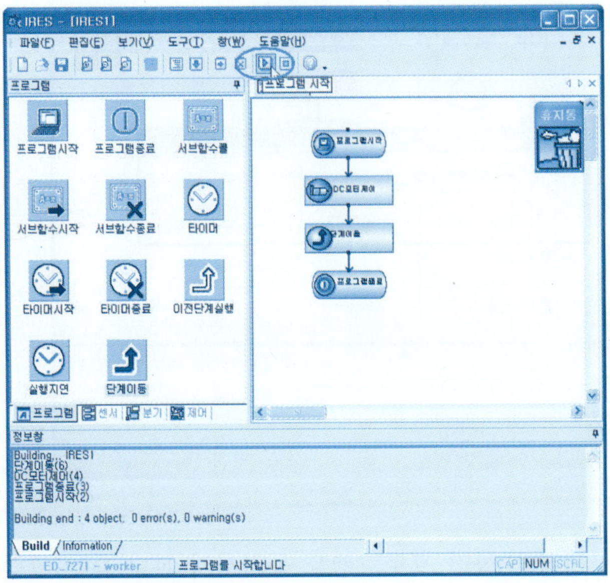

IRES Execute의 화면 프로그램 시작" 객체와 연결된 것을 버튼의 색깔이 분홍빛으로 변한 것을 확인할 수 있다. 이것은 프로그램이 올바르게 다운로딩되어 실행기에서 실행할 수 있다는 것을 의미한다.

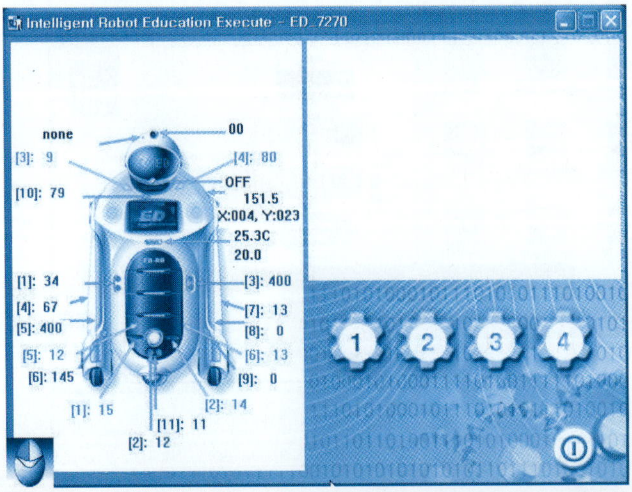

⑬ 프로그램 종료한다.

디버그 종료 혹은 프로그램 종료 아이콘을 클릭한다. 로봇이 주행이 정지되고 프로그램이 종료되었다는 창을 띄우며 실행했던 프로그램이 종료된다.

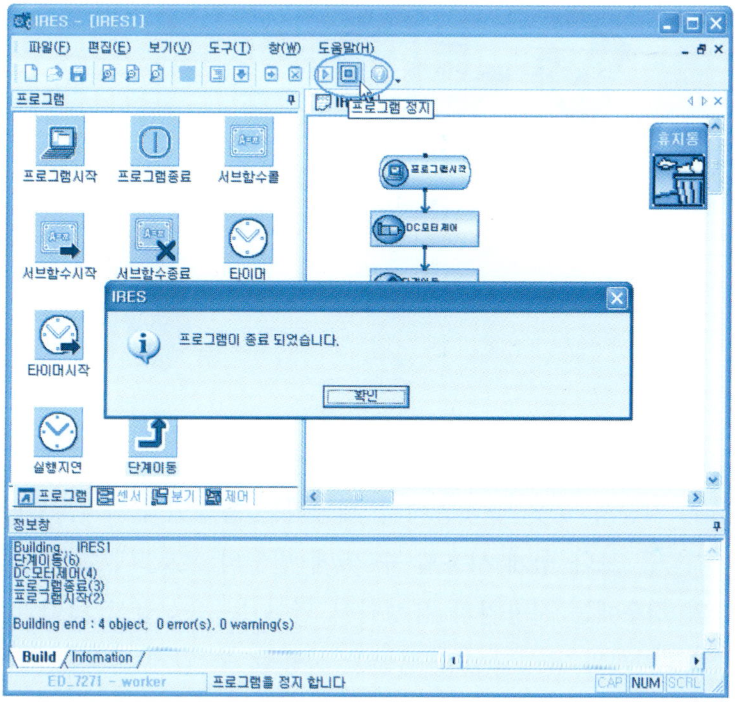

이렇게 기본적인 프로그램 작성과 컴파일 그리고 다운로딩하여 실행까지 해보았다. 그렇게 어렵지 않다. 이제 실제 센서나 모터를 동작시키며 프로그램을 작성하여 실행을 하며 로봇을 동작시켜 보자.

4-4 지능형 로봇 플랫폼의 음성인식 / 합성

1) 구 성

① 지능형 로봇 플랫폼(ED7270) 및 기타 교육용 로봇에 적용되는 음성인식(화자독립방식) 기능은 사용자 PC에서 음원을 분석한 후 로봇에 분석된 데이터를 전달하는 방식으로 구성되어 있다.

② 본 방식은 음성인식에 대한 인식률을 높이기 위한 방법으로 로봇에 음성인식

을 위한 마이크 및 하드웨어를 부착하는 경우 외부의 노이즈 및 에코 현상으로 인하여 음성인식률이 현저하게 저하되어 음성인식을 할 수가 없는 문제점이 발생한다.

③ 본 지능형 로봇 플랫폼에서 제공되는 음성인식(화자독립방식) 및 음성합성 기능을 보다 쉽게 사용할 수 있게 별도의 프로그램이 제공되며 이 프로그램의 경우에는 사용자가 음성인식 단어 및 음성합성 단어만 입력하는 것으로 음성인식과 음성합성의 기능을 사용할 수 있게 프로그램되어 있다.

④ 또한 IRES에서는 음성인식(화자독립방식)과 음성합성 프로그램을 통해서 음성인식이 가능하다. IRES에서 음성을 인식하는 방법은 사용자 PC에서 음성을 인식하는 작업을 거쳐서 로봇에게 명령을 전달하면 로봇은 그 명령에 맞게 행동하거나 음성합성 프로그램을 통하여 음성을 출력한다.

2) 음성인식

(1) 주의사항

음성인식 프로그램의 라이센스(License)를 받지 않으면 실행이 정지되거나 음성을 출력할 때 라이센스(License)를 등록하라는 메시지가 출력된다. 필히 라이센스(License)를 등록받아 사용하도록 하며 라이센스(License) 등록 방법은 음성인식 CD 안에 있다.

IRES에서 음성인식을 사용하기 위해서는 우선 음성처리(Voice Process) 프로그램을 실행한 후에 음성인식이 가능하다.

(2) 음성처리(VoiceProess)

① 음성인식 라이센스를 등록한 후 음성처리(Voice Process) 프로그램을 실행한다.

② 이 프로그램의 기능은 사용자가 말하는 내용을 분석하는 작업을 하는 프로세서이다. 프로그램을 실행하면 아래의 그림처럼 윈도우 트라이(Tray)에 아이콘이 생성된다.

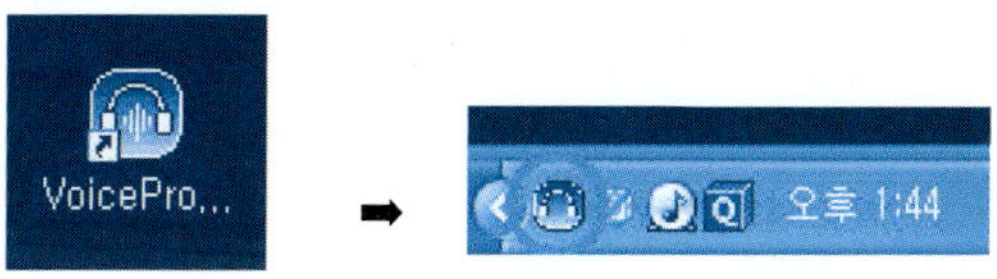

만약 프로그램이 에러가 나면 라이센스가 등록되지 않은 경우이니 재등록하고 프로그램을 실행해야 한다.

(3) 사용 방법

① 로봇쪽 IRES 실행기를 실행한다

② 제공되는 마이크를 사용자 PC에 설치한다.

③ 로봇과 사용자 PC 각각 음성처리(Voice Process) 프로그램을 실행한다.

④ 사용자 IRES 프로그램을 실행한 후 로봇과 연결한다.

⑤ 그림처럼 프로그램한다.

⑥ 프로그램 내용은 사용자가 '앞으로 가'라는 명령을 주며 로봇이 앞으로 움직이고 '정지'라는 명령을 주면 로봇이 정지하는 프로그램이다.

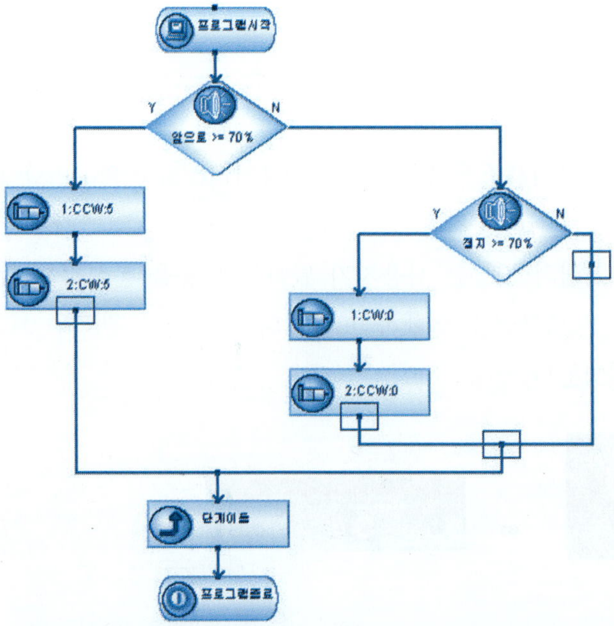

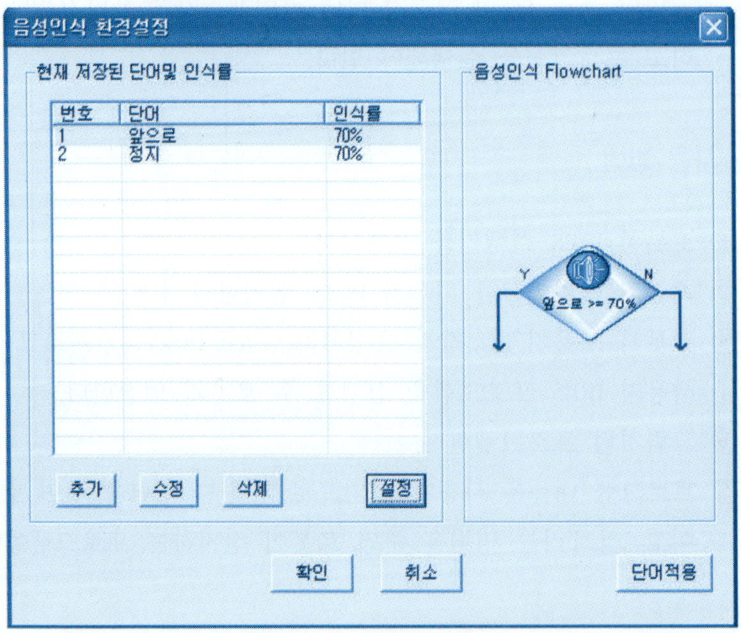

⑦ 컴파일을 한 후 실행을 한다. 디버그 실행을 하였다면 화면상에는 루프를 돌면서 음성 명령을 기다리는 것이 보일 것이다. 이제 설치된 마이크에 '앞으로'라는 말을 해보자. 로봇이 앞으로 이동하는 것을 볼 수 있을 것이다.

만약 주변이 소음이 심해서 인식이 잘 되지 않으면 위의 그림의 수정 버튼을 눌려서 인식률을 낮추이서 사용해보기 바란다.

⑧ '정지'라는 말을 하게 되면 앞으로 가던 로봇은 정지하게 된다.

3) 음성합성

(1) 주의사항

음성합성 프로그램의 라이센스(License)를 받지 않으면 실행이 정지되거나 음성을 출력할 때 라이센스를 등록하라는 메시지가 출력된다. 필히 라이센스를 등록받아 사용하도록 하며 라이센스 등록방법은 음성합성 CD 안에 있으니 참고하라.

IRES에서 음성합성을 사용하기 위해서는 우선 음성처리(Voice process) 프로그램을 실행한 후에 음성합성이 가능하다.

음성합성 프로그램은 로봇에서 실행하여야 한다. 사용자가 내리는 명령을 로봇이 음성합성 프로그램으로 말하는 방식을 취하기 때문이다.

(2) 음성처리(Voice Process)

음성합성 라이센스를 등록한 후 음성처리(Voice Process) 프로그램을 실행한다. 이 프로그램의 기능은 사용자가 말하는 내용을 분석하는 작업을 하는 프로세서이다. 프로그램을 실행하면 아래의 그림처럼 윈도우 트라이(Tray)창 아이콘이 생성된다.

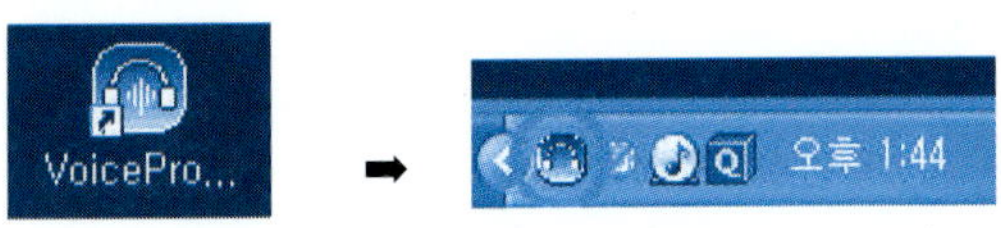

만약 프로그램이 에러가 나면 라이센스가 등록되지 않은 경우이니 다시 등록하시고 프로그램을 실행해야 한다.

(3) 사용 방법

① 로봇쪽 IRES 실행기를 실행한다.

② 제공되는 마이크를 사용자 PC에 설치한다.

③ 로봇과 사용자 PC 각 각 음성처리(Voice process) 프로그램을 실행한다.

④ 사용자 IRES 프로그램을 실행한 후 로봇과 연결한다.

⑤ 아래의 그림처럼 프로그램한다.

⑥ 프로그램은 사용자가 '앞으로'라는 명령을 내리면 로봇은 음성합성 프로그램을 이용하여 '앞으로 갑니다'라고 음성을 스피커로 출력한다.

또한, '정지'라는 말을 하면 로봇은 '정지합니다'라는 음성 메시지를 출력한다.

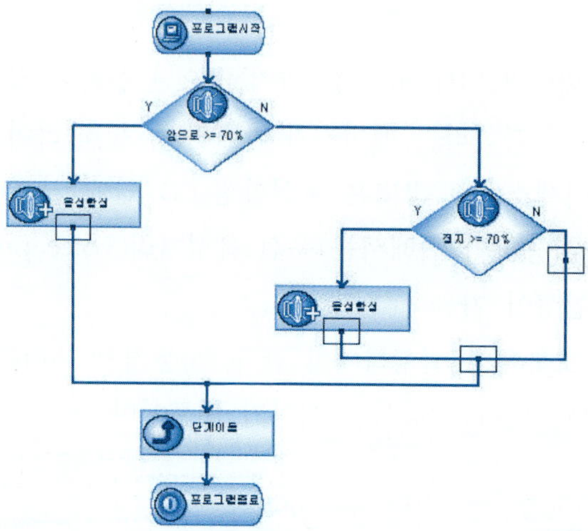

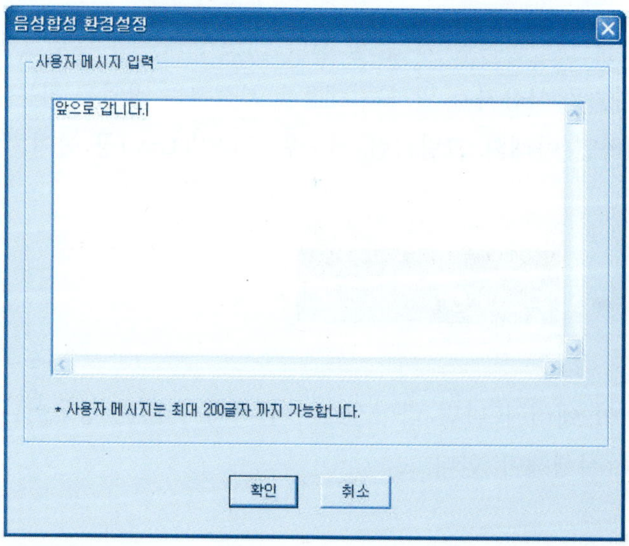

※ 음성합성 버튼은 두 번 클릭하거나 오른쪽 마우스의 환경설정을 누르면 위와 같은 창이 나타난다. 메시지 입력창에 로봇이 말하고자 하는 내용을 기입하고 확인 버튼을 누르면 환경설정이 끝난다.

제Ⅲ부

지능형 로봇 플랫폼의 제어

5장 지능형 로봇 플랫폼의 구동제어

지능형 로봇 플랫폼의 기본적인 구동제어 실습 과정으로 로봇을 전진, 후진, 좌회전, 우회전에 해당하는 프로그램을 작성하고, 이 과정을 이해하기 위해서는 모터의 원리 및 구동 메커니즘에 대한 이해를 하여야 실제 로봇에 대한 구동제어가 가능하다. 본 장에서는 이러한 기본적인 기초 지식과 구동제어 방법에 대하여 학습한다.

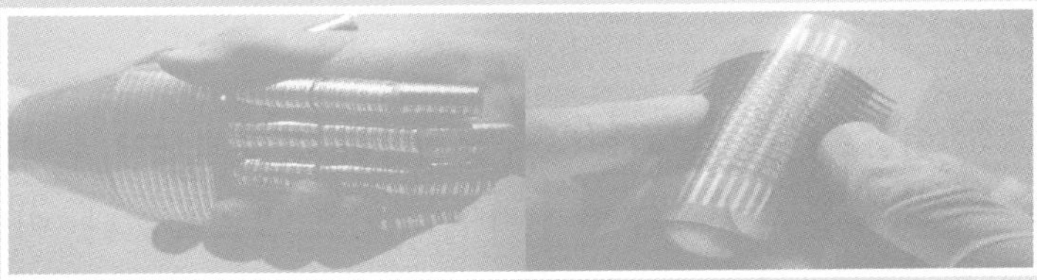

5-1 DC 모터의 개론

1) DC 모터의 기본 원리

그림 5-1과 같이 자극 N, S사이에 있는 코일 a, b, c, d에 직류전원으로부터 브러시(brush) B1, B2, 정류자편(commutator) C1, C2를 통하여 전류를 흘리면, 코일 a, b와 c, d에 각각 아래, 위로의 힘이 발생(플레밍의 왼손법칙)하여 결국 시계방향의 토크가 생겨 코일전체가 시계방향으로 회전하게 된다.

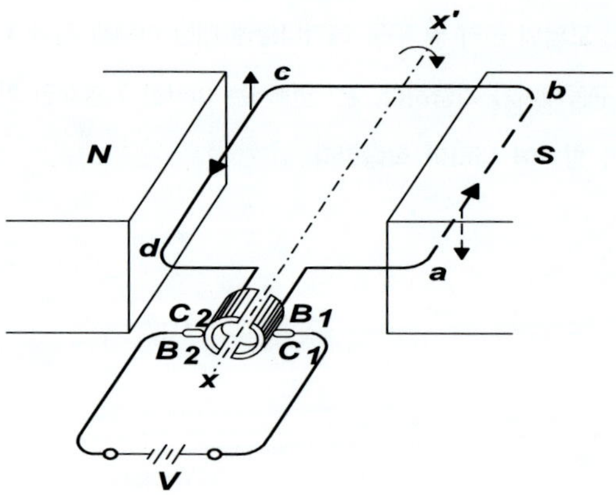

그림 5-1 DC 모터 동작원리

2) DC 모터 구동(제어) 방법

일반적으로 DC 모터는 구동전압이 수 볼트에서 수백 볼트, 구동전류는 수십 mA에서 수십 A로 큰 구동 전력(Power)을 필요로 한다. 이러한 DC 모터를 TTL IC 또는 OP앰프와 같은 비교적 소전력의 소자로 구동하기 위해서는 전력 트랜지스터(이하 TR로 표기) 또는 전력 MOSFET와 같은 전력소자를 이용해야 한다.

전력 TR을 이용한 모터 구동방식에는 대표적으로 리니어(Linear) 구동방식과 PWM(Pulse Width Modulation) 구동방식이 있다. 리니어 구동방식에서는 TR을 활성화 영역에서 동작시켜 베이스전류에 따라 증폭된 콜렉터 전류로 모터를 구동한다.

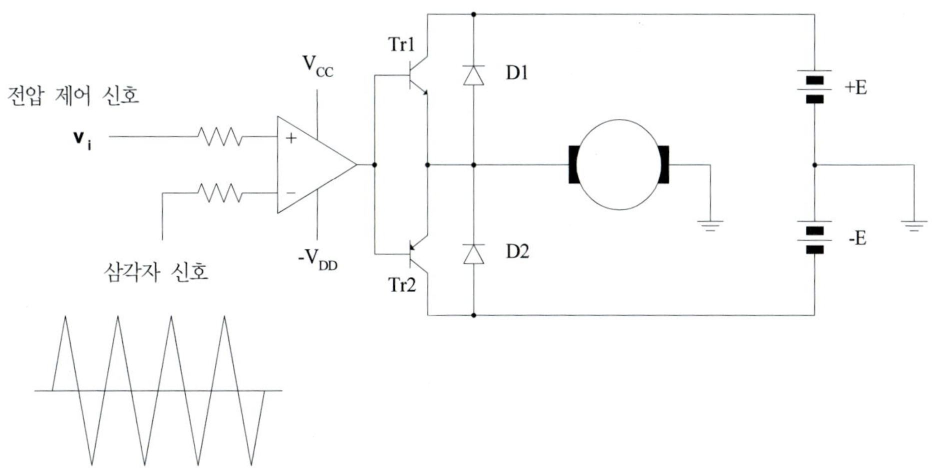

(a)

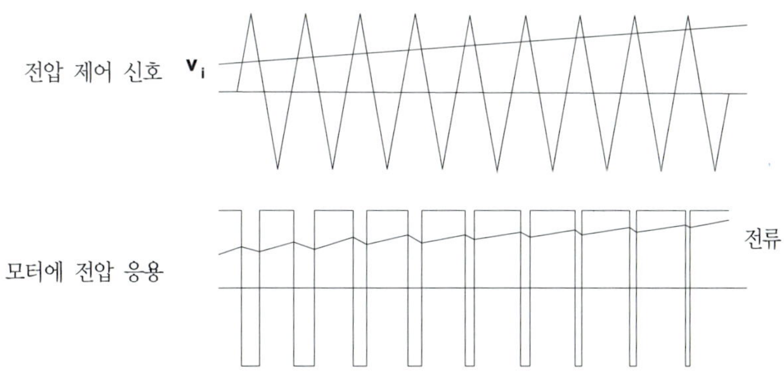

(b)

그림 5-2 **PWM 구동 방식 원리**

이 방식은 비교적 구동회로가 간단하나 TR에서의 전력손실이 크고 큰 방열판을 필요로 하여 회로 크기가 커지는 단점이 있다.

이에 반해 PWM 구동방식은 TR을 ON-OFF 영역(또는 Saturation-Cutoff 영역)에서 동작시켜 TR에서의 전력 손실을 작게 하는 방식이다.

3) H-브리지형 PWM 구동방식

단일 전원을 사용하고 4개의 TR을 H자 형태로 배치한 PWM 구동방식이 널리 사용되고 있다. 이러한 H-브리지형 PWM 구동방식의 회로는 다음과 같이 구성된다.

TR1과 TR2를 PWM 모드로 스위칭하고 TR3는 OFF, TR4는 ON시켜 모터에 인가되는 전압이 +E 또는 0전위가 되도록 한다. 반대로 TR3과 TR4를 PWM 모드로 스위칭하고 TR1이 OFF, TR2가 ON일 경우는 모터에 인가되는 전압이 −E 또는 0전위가 된다. 이렇게 단일 전원으로 모터의 정역 회전 방향 제어가 가능하다.

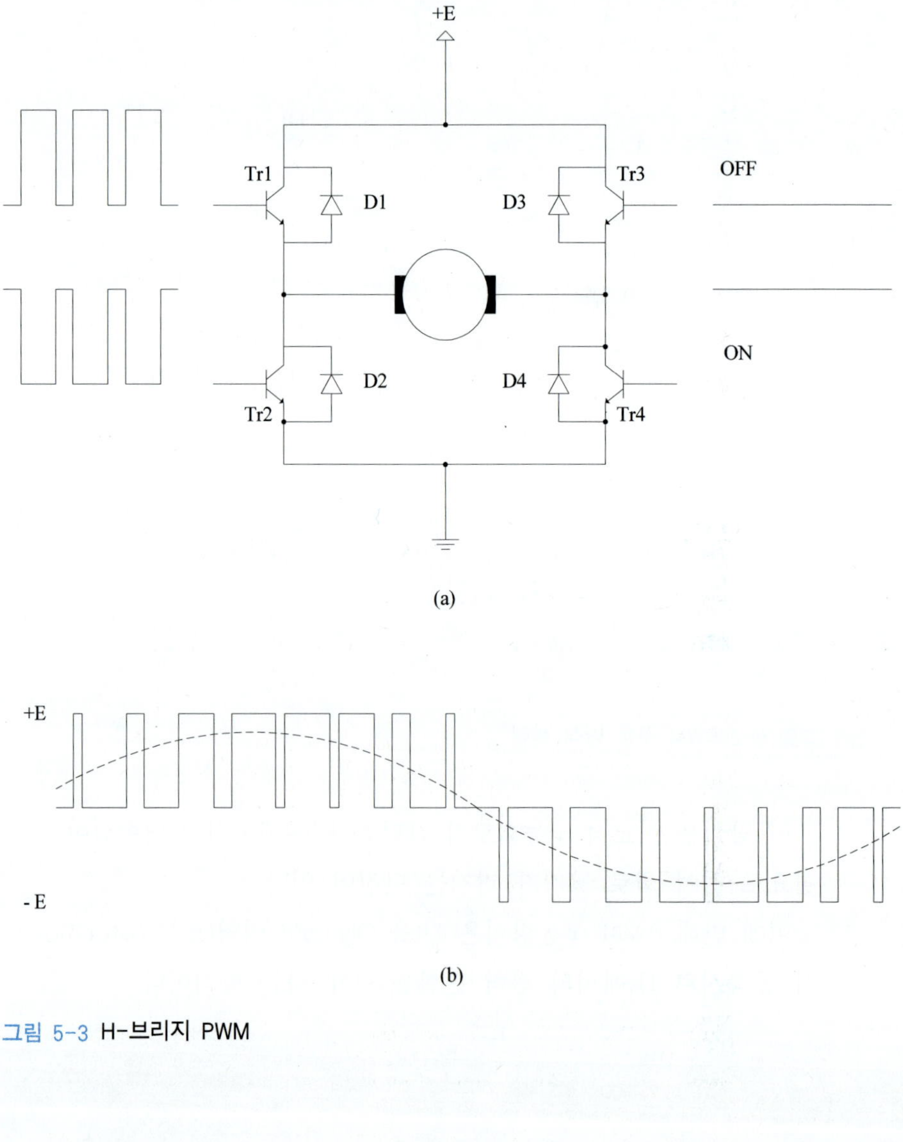

그림 5-3 H-브리지 PWM

4) 인코더의 원리

로터리 인코더란 모터의 회전수 그리고 회전 속도를 검출하기 위한 장치이다. 인코더의 종류에는 인크리멘탈형, 절대치(앱솔루트)형이 있다.

5) 인크리멘탈형

Zero상 신호 Z를 가지고 있는 A, B 출력형 인크리멘탈 인코더의 구조도이다.

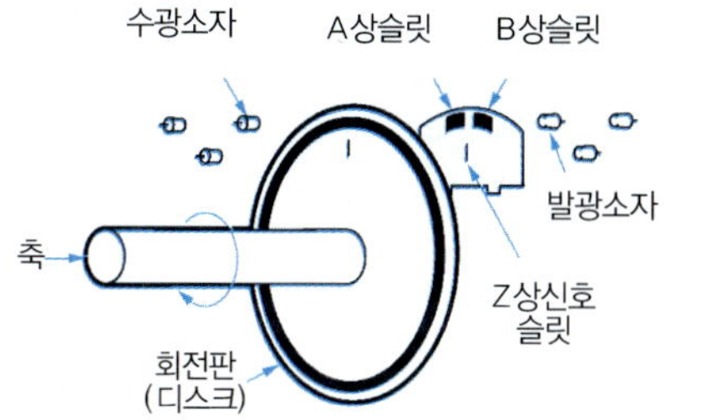

그림 5-4 인크리멘탈 인코더 구조

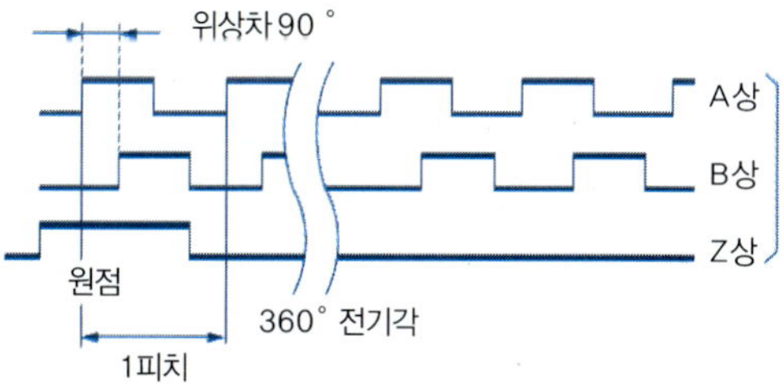

그림 5-5 출력 파형

LED로부터 광투사된 광선은 회전 디스크의 슬릿을 통과한 뒤 고정 슬릿판의 A, B, Z에 해당하는 각각의 슬릿을 통과하여 A, B, Z의 수광소자에서 검출된다. 고정 슬릿판상의 A, B의 슬릿은 90°의 위상차를 갖도록 배치되어 있으며, 파형이 정비된 전기적 신호 출력도 90°의 위상차를 갖는 구형파로 된다.

인크리멘탈 인코더는 구조가 간단하고 가격이 싸며, 출력 전선의 개수도 적어서 신호전달이 간단하다. 인코더의 출력 펄스는 축의 회전위치의 절대치를 나타내지는 않고 축의 회전한 각도에 비례한 펄스 수가 얻어지는 것이며, 절대치 표시를 수행하는 경우는 인코더 출력 펄스를 카운터에 축적한 것으로 표시한다. 사용 상의 주의점으로서는 신호 전달 중의 노이즈를 카운터에 축적하는 결점이 있기 때문에 노이즈 대책을 충분히 세워야 될 필요가 있다. 또 전원이 끊어진 경우에는 다시 전원을 투입하여도 원래 위치의 표시는 불가능하게 되기 때문에 충분히 주의를 기울여야 한다. 인크리멘탈 인코더는 인코더 자체에서 단지 펄스열을 발생하기 때문에 회전 속도를 검출하기 위한 아날로그 신호를 얻기 위해서는 인코더의 출력펄스 수를 펄스 주파수에 비례한 아날로그 신호로 변환하여야 한다. 보통 인크리멘탈형 인코더의 회전 반향 감지 및 분해도를 증가하기 위해 두 개의 광단속기를 1/4위상차를 두도록 배치한다. 그림 5-5에서 시계 방향(CW)과 반시계 방향(CCW)으로 휠이 회전할 때 광단 속기에서 발생하는 파형을 보이고 있다. 각각의 광단속기를 각각 채널 A와 채널 B라고 명명하며, 이 두 채널의 신호 파형을 이용하여 회전 방향을 판별할 수 있다.

6) 절대치(앱솔루트)형 인코더

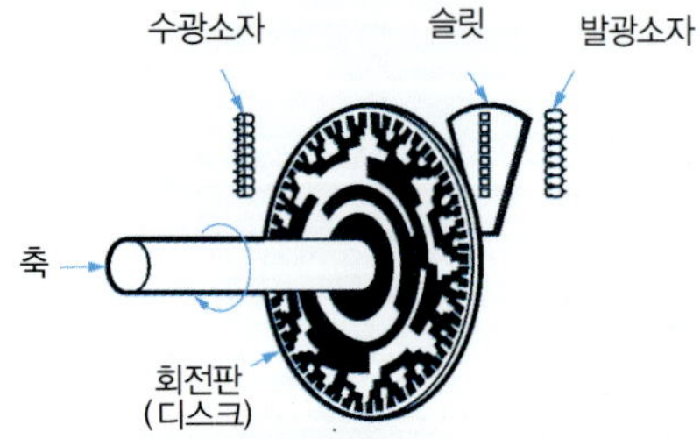

그림 5-6 **앱솔루트 인코더 구조**

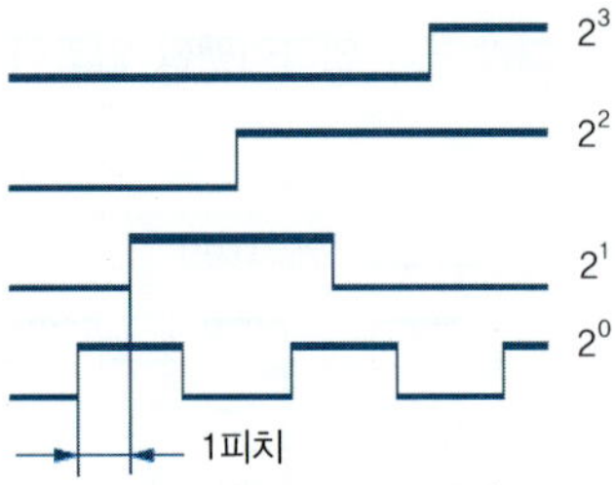

그림 5-7 **출력 파형**

절대치형 인코더의 기본적인 구성은 인크리멘탈형과 동일하다. 회전 디스크의 슬릿은 2진 부호열로 되어 있는데, 회전 디스크의 바깥 둘레를 최하위 비트로 하고 중심을 향하여 필요한 비트(행) 수만큼의 슬릿이 동심원상으로 배치되어 있다. 그림 5-6은 절대치형 인코더의 구조도이다.

절대치형 인코더는 명칭 그대로 입력 측의 절대위치를 검출할 수 있기 때문에 신호 전송중의 노이즈에 의해 오차가 누적되지 않으며, 또 전원이 단절되어 재투입하는 경우에도 인크리멘탈형에서처럼 원래 위치를 잃어버리지 않고 정상적으로 올바른 현재 위치를 검출할 수가 있다. 단점으로는 비트 수가 많아지면 출력 신호선의 수가 많아져 구조상 소형화, 저가화가 어렵다는 것을 들 수 있다.

5-2 DC 모터 구동제어

5-2-1 양방향 구동의 원리 및 구조

1) 양방향 구동 원리

지능형 로봇 플랫폼의 구동 메커니즘(Mechanism) 구조는 양방향(Bi-Direction) 구조로 설계가 되어 있다. 로봇의 기본 구동 방법 중에서 가장 기본이 되는 메커니즘을 적용하였으며, 사용자가 왼쪽, 오른쪽 바퀴에 대한 속도 및 방향의 지령에 따라 이동 방향이 결정되어진다.

2) 양방향 구조

그림 5-8에서 A부분이 왼쪽 모터를 사용을 하며, B부분이 오른쪽 모터를 사용하고 있다. 이 부분은 프로그램시 사용자가 확인하여야 하는 부분이므로 필히 각 모터를 숙지하여야 한다.

일반적인 DC 모터와 기어를 조합한 모터를 사용하여 양 바퀴를 회전하게 되며, 회전축에 동력을 전달하기 위해 디이밍 벨트(Timing Bclts)를 시용한디.

그림 5-8 URobo의 양방향 구조

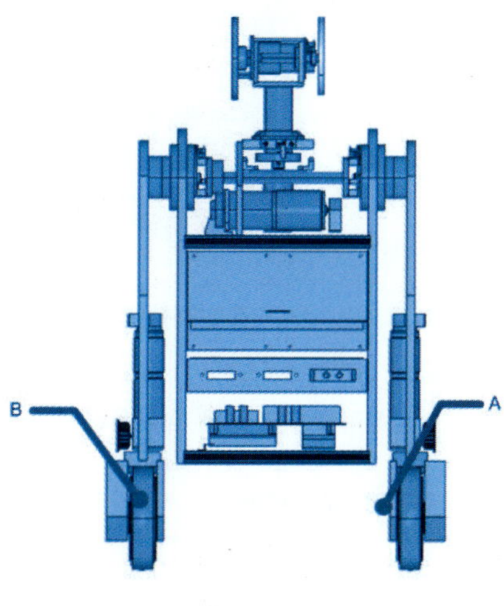

그림 5-9 양방향의 프레임

5-2-2 지능형 로봇 플랫폼의 구동제어 실습

지능형 로봇 플랫폼을 구동하기에 가장 기본적인 구동 방법인 전진 · 후진에 대해 학습하는 데 목적이 있다.

지능형 로봇 플랫폼의 구동기에 적용된 모터 번호 및 전진과 후진시에 모터 방향에 대해 이해한다.

1) 구동제어의 이해

로봇에 적용되어 있는 모터의 경우에는 20W 용량을 갖는 모터로 최대 순간 토크(Torque) 120kgf.cm, 정격 토크 56kgf.cm 및 최대 30rpm의 회전 속도를 갖는다. 이 모터의 특성에 대해 이해하지 못하는 경우 제어의 오동작 및 모터에 무리를 줄 수 있으므로 위 특성을 필히 숙지하고 있어야 한다.

URobo 메커니즘의 경우에는 양방향(Bi-Direction) 구조로 설계되어 있으므로 전진과 후진시에는 아래와 같이 모터의 회전 방향을 지정하여야 전진과 후진을 할 수 있다.

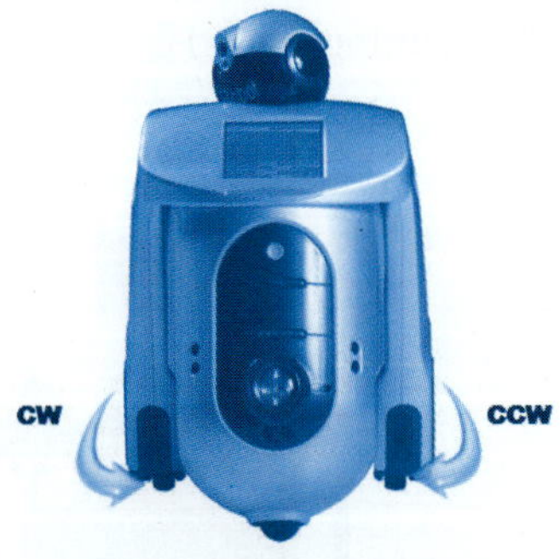

그림 5-10 **전진하는 경우**

그림 5-11 **후진하는 경우**

위 두 그림을 이해한 후 로봇을 구동하는 프로그램하여 본다.

※ 주의사항

본 구동제어실습에서는 센서 모니터링에 대한 기능을 구현하지 않으므로 로봇이 물체에 충돌하는 것에 대하여 준비하여야 한다.

2) 구동제어

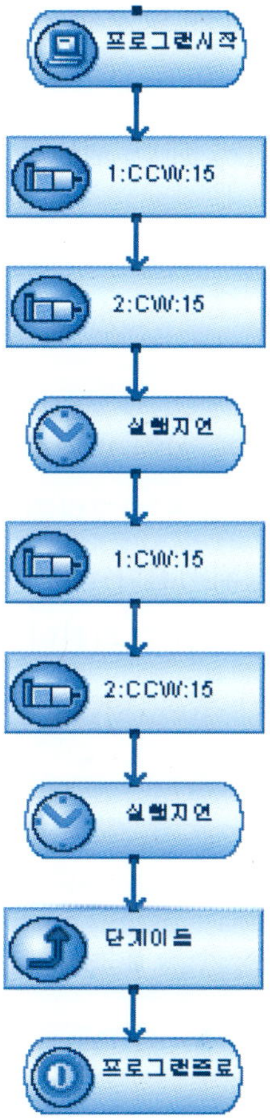

구동제어 실습 프로그램의 경우에는 간단하게 로봇을 전진하고 일정시간 지연 후 후진을 하게 하는 프로그램으로 로봇에 부착되어 있는 구동기 모터의 회전 방향과 속도 조절에 대한 이해를 하는 프로그램이다.

3) 고 찰

전진 및 후진시 모터의 방향이 서로 다르게 하여야 하는 것은 구동기(Mechanism) 설계가 그림 5-9와 같은 구조로 설계가 되어 있기 때문에 모터의 방향을 서로 다르게 하여야 한다. 이 경우는 지능형 로봇의 대표적인 형태이며, 모든 로봇이 그림 5-9와 같은 형태로 구동되지는 않는다.

5-2-3 지능형 로봇 플랫폼의 조향제어 실습

지능형 폴랫폼이 이동 중 원하는 방향으로 이동하기 위해 모터의 방향 및 속도 조절에 대하여 학습한다.

지능형 로봇 플랫폼이 이동시 좌회전 및 우회전에 대한 원리를 이해하고 회전 각도와 속도의 연관 관계를 이해한다.

1) 조향제어의 이해

양방향(Bi-Directional) 메커니즘 구조에서는 조향시 회전 반경이 발생한다. 회전 반경에 영향을 주는 주원인은 동력축과의 거리와 동력축 메커니즘의 중심부분에서 얼마만큼 떨어져 있는지에 따라 회전 반경이 결정되어진다.

본 지능형 로봇 플랫폼의 경우에는 다음과 같은 조건에 의하여 회전 반경을 산정할 수 있다(단, 왼쪽 바퀴 속도 10, 오른쪽 바퀴 속도 10cm/s).

※조 건

① 바퀴 반경(r) : 75mm

② 양 바퀴 사이의 거리(L) : 100mm

③ 바퀴와 바닥면의 마찰은 0으로 가정

$$R = \frac{L}{2}\frac{V_R + V_L}{V_R - V_L} = \frac{L}{2}\frac{\omega_R + \omega_L}{\omega_R - \omega_L} \text{ (회전 반경 공식)}$$

그림 5-12, 그림 5-13과 같이 로봇이 전진하는 경우와 후진하는 경우에서 로봇의 조향(방향)을 제어할 수 있으며, 이 방향의 경우에는 왼쪽 및 오른쪽의 모터 속도를 각기 다르게 제어하여 조향(방향)의 각도를 제어할 수 있다. 예로 왼쪽 모터를 0rpm, 오른쪽 모터를 10rpm으로 설정 후 조향하는 경우에는 조향(방향)각이 크므로 로봇의 회전 반경이 줄어들 수 있다.

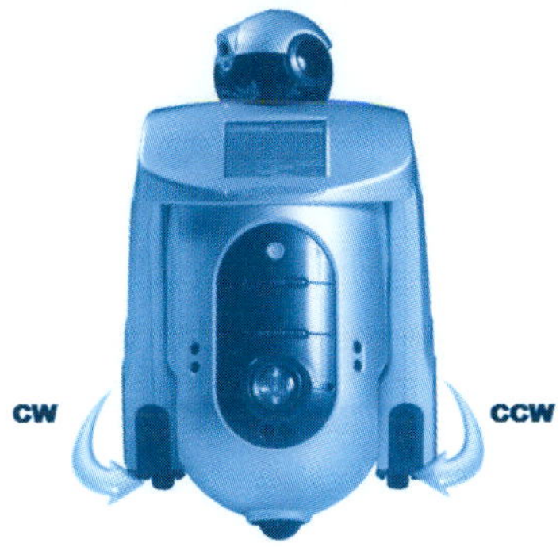

그림 5-12 전진하는 경우

그림 5-13 후진하는 경우

2) 조향제어 프로그램 방법

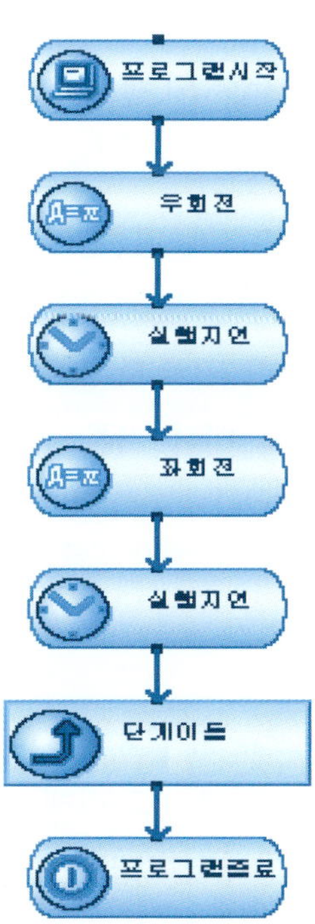

그림 5-14 메인 프로그램

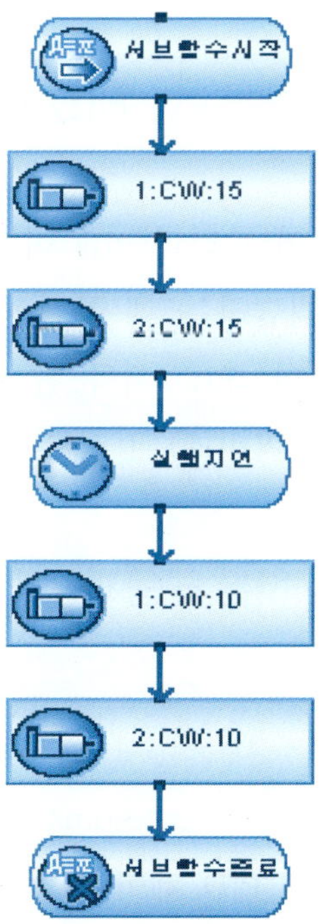

그림 5-15 좌회전 서브함수

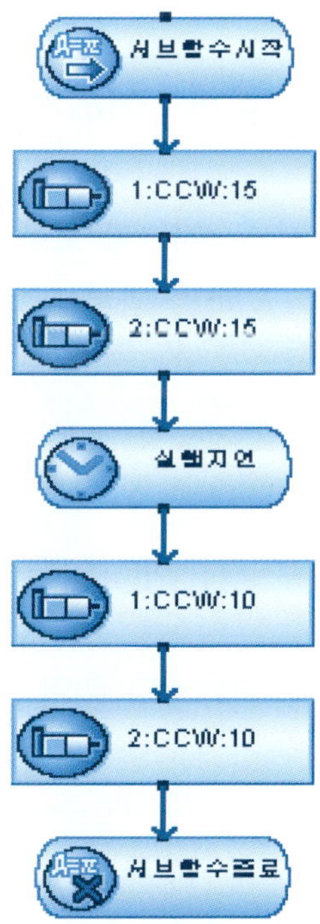

그림 5-16 우회전 서브함수

프로그램을 간소화하기 위해 좌회전 및 우회전에 기능은 서브함수로 그림 7-16 과 같이 프로그램하여 본다.

이동시 좌회전 및 우회전 방향각을 속도를 조절하여 본다.

※ 주의사항

본 조향 제어 실습에서는 센서 모니터링에 대한 기능을 구현하지 않으므로 로봇이 물체에 충돌하는 것에 대하여 준비하여야 한다.

3) 고 찰

이동시 로봇의 방향을 조절하기 위해서는 모터의 속도를 변화시켜 전화할 수가 있으며, 속도의 변화에 따른 회전 반경이 틀린 것을 알 수 있다.

5-2-4 지능형 로봇 플랫폼의 PID 이득 변경에 따른 구동 실습

지능형 로봇 플랫폼의 모터의 PID 이득(Gain) 변경에 따른 목표 속도까지 도달하는 과정에 대하여 학습하는 데 목적이 있다.

지능형 로봇 플랫폼의 PID 이득 변경에 따른 목표 속도 조절방법을 이해하고 지능형 로봇 플랫폼의 P(비례), I(적분), D(미분)에 대한 기본 원리를 이해한다.

1) PID 이득 변경에 따른 구동제어의 이해

(1) PID 정의

PID(Proportional-plus-Integrate-plus-Derivative) 제어기로 비례, 적분, 미분 제어기로 구성되어 있다. 이 PID 제어 기법은 산업현장에서 가장 많이 사용하는 기법이다. 다음은 PID 제어에 사용된 기법에 대하여 알아본다.

(2) 단순 ON/OFF 제어

단순한 ON/OFF 제어의 경우에는 제어 조작량은 0~100% 사이이므로 조작량의 변화가 너무 크고, 실제 목표 값에 대한 지나치게 반복하기 때문에 목표 값의 부분에서 목표 값에 대하여 보정작업을 반복하는 제어로 되고 만다.

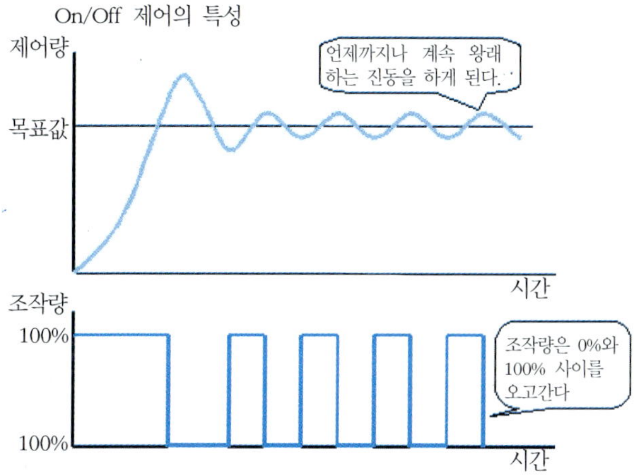

그림 5-17 단순 ON/OFF 제어 특성표

(3) 비례(Proportinal) 제어

단순 ON/OFF 제어에 비해 조작량을 목표 값과 현재 위치와의 차에 비례한 크기가 되도록 하며, 서서히 조절하는 제어 방법이 비례 제어라고 하는 방식이다.

이렇게 하면 목표 값에 접근하면 미묘한 제어를 가할 수 있기 때문에 미세하게 목표 값에 가까이 할 수 있다.

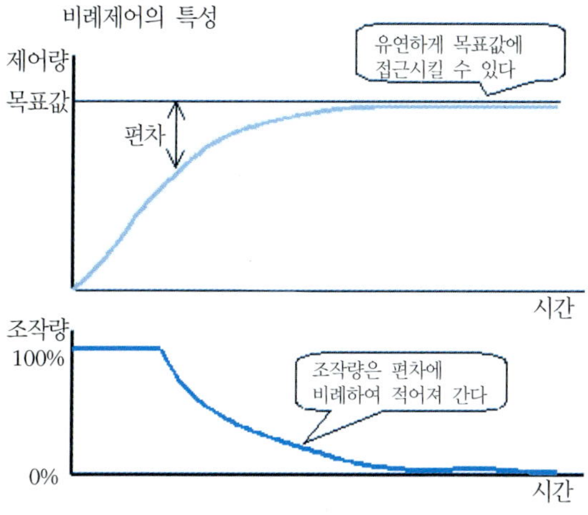

그림 5-18 비례제어의 특성표

(4) PI 제어

비례 제어로 잘 제어할 수 있을 것으로 생각하겠지만 실제로는 제어량이 목표 값에 접근하면 문제가 발생한다. 이러한 현상은 조작량이 너무 작아지고 그 이상 미세하게 제어할 수 없는 상태가 발생하게 된다. 결과는 목표 값에 아주 가까운 제어량 상태에서 안정한 상태로 되고 만다.

이렇게 되면 목표 값에 가까워지지만 아무리 시간이 지나도 제어량과 완전히 일치하지 않는 상태로 되고 만다.

이 미소한 오차를 "잔류편차"라 하며, 이 잔류편차를 없애기 위해 사용되는 것이 적분 제어이다. 즉, 미소한 잔류편차를 시간적으로 누적하여 어떤 크기로 된 곳에서 조작량을 증가하여 편차를 없애는 식으로 동작시킨다.

이와 같이 비례 동작에 적분 동작을 추가한 제어를 "PI 제어"라 한다.

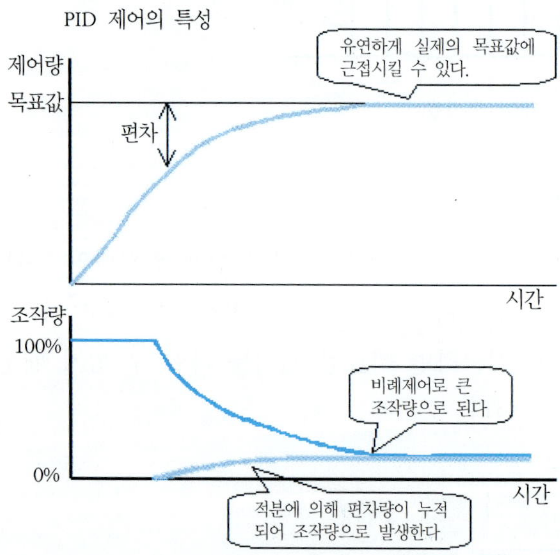

그림 5-19 **PID 제어의 특성표(1)**

(5) 미분(D) 제어와 PID 제어

PID 제어로 실제 목표 값에 가깝게 하는 제어는 완벽하게 할 수 있다. 그러나 또 하나 개선의 여지가 있다. 그것은 제어 응답의 속도이다. PID 제어에서는 확실히 목표 값으로 제어할 수 있지만, 일정한 시간(시정수)이 필요하다. 이때 정수가 크면 외란이 있을 때의 응답 성능이 나빠진다.

즉, 외란에 대하여 신속하게 반응할 수 없고 즉시 원래의 목표 값으로는 돌아갈 수 없다는 것이다. 이러한 문세짐을 해결하기 위해서 필요하게 된 것이 미분 동작이다.

이것은 급격히 일어나는 외란에 대해 편차를 보고, 전회 편차와의 차가 큰 경우에는 조작량을 많이 하여 기민하게 반응하도록 한다. 이 전회와의 편차에 대한 변화차를 보는 것이 "미분"에 상당한다.

이 미분동작을 추가한 PID 제어의 경우 제어 특성은 아래 그림과 같이 된다.

다음 그림은 미분동작을 추가한 PID 제어의 경우 제어특성을 나타낸 것이며, 그림에서 알 수 있듯이 처음에는 상당히 오버 구동(over drive)하는 듯이 제어하여 신속히 목표 값이 되도록 적극적으로 제어해간다.

제5장

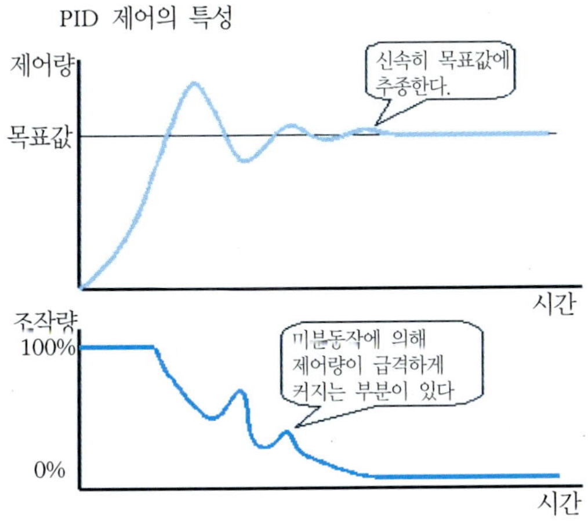

그림 5-20 PID 제어 특성표(2)

2) PID 이득 변경 구동제어 프로그램 방법

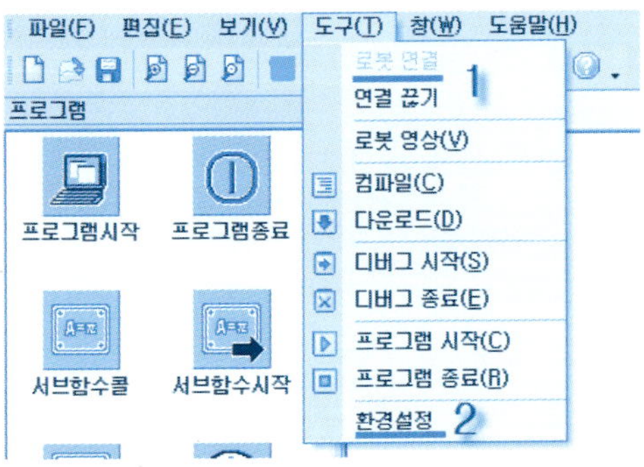

그림 5-21 환경설정

프로그램의 경우에는 로봇의 조향 프로그램을 이용하여 PID 이득(Gain)에 변화에 따른 로봇의 특성을 확인한다.

IRES 프로그램 실행 후 그림 5-21과 같이 로봇과 연결된 상태에서만 환경설정을 선택할 수 있다. 본 프로그램의 경우에는 사용자가 프로그램을 작성 후 로봇을 실행하기 전에 로봇에 적용되는 설정 값을 바탕으로 로봇이 구동된다.

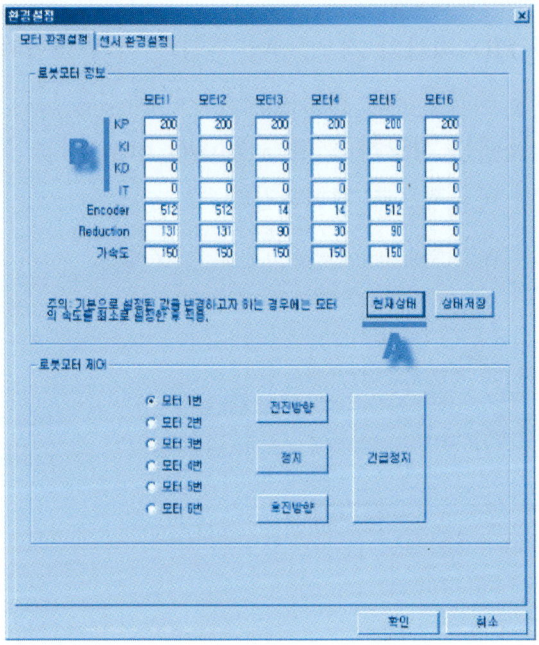

그림 5-22 **환경설정의 구성정보**

환경설정의 구성정보는 그림 5-22과 같으며, 현재상태("A")를 선택하면 현재 로봇에 적용된 모터 정보가 표기가 되며, PID의 이득 값을 변경하기 위해서는 B부분에 사용자가 설정한 PID 이득 값을 설정하여야 한다.

※ 주의사항

본 실습에서는 센서 모니터링에 대한 기능을 구현하지 않으므로 로봇이 물체에 충돌하는 것에 대하여 준비하여야 한다.

3) 고 찰

위 프로그램에서 PID를 변경함에 따라 목표 속도까지 도달되는 시간의 차이를 알아볼 수 있다. PID 이득 값은 모터에서의 특성을 결정하여 주는 일부분으로 이 값을 잘못 설정하는 경우 로봇이 이동하는 도중 장애물과 접촉할 수 있는 상황과 제어가 불가능한 현상이 발생할 수 있다.

5-2-5 지능형 로봇 플랫폼의 방향 설정에 따른 LED 제어 실습

지능형 로봇 플랫폼이 이동 중 방향 전환에 있어 사용자 및 주위에 로봇의 이동 방향은 LED를 통하여 의사 표현하는 방법을 학습한다.

지능형 로봇 플랫폼의 LED 컴포넌트 객체 속성 설정 및 설정 방법을 이해하고 방향전환에 따른 LED를 ON/OFF 제어하는 데 목표가 있다.

1) 방향 설정 LED 제어

로봇의 방향 전환시 사용자에게 전환되는 방향을 표시하여 본다.

LED 컴포넌트 : LED 컴포넌트 객체는 제어 부분에 있으며 내부 환경설정은 LED이 On/Off 점등 시간 간격을 ms 단위로 사용자가 지정하도록 되어 있다. 또한 Left, Right에 해당하는 컴포넌트를 선택하여야 하며, 선택된 LED의 시간 간격만 지정하면 지정된 시간동안 LED는 점등하게 된다.

그림 5-23 LED 컴포넌트

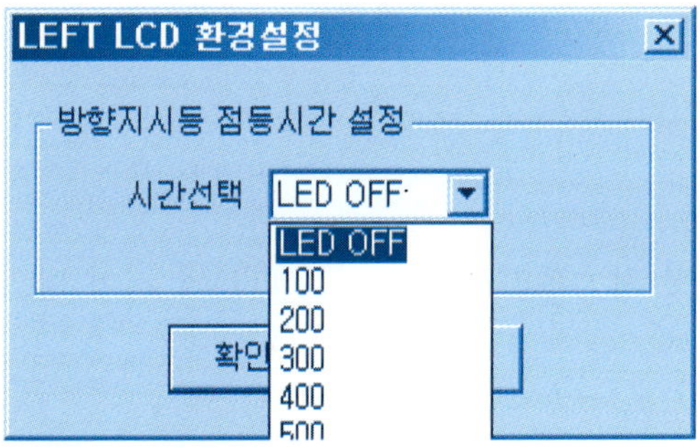

그림 5-24 LED 환경설정

아래 프로그램의 경우에는 로봇이 정방향으로 회전하는 경우 회전하는 방향에 대한 LED On/Off하여 로봇의 회전 방향을 표시하는 프로그램이다.

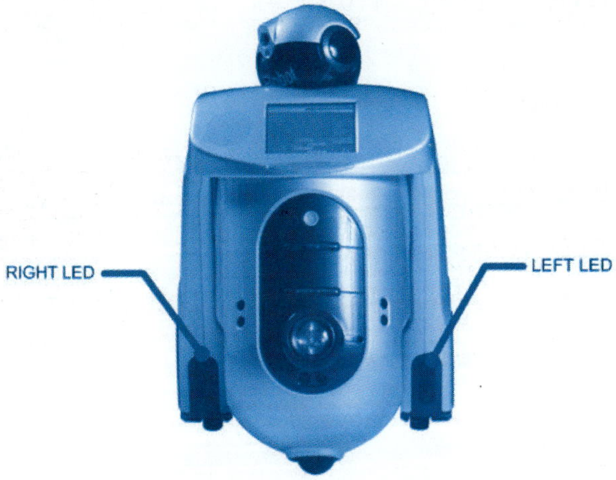

그림 5-25 URobo 점등 LED 위치

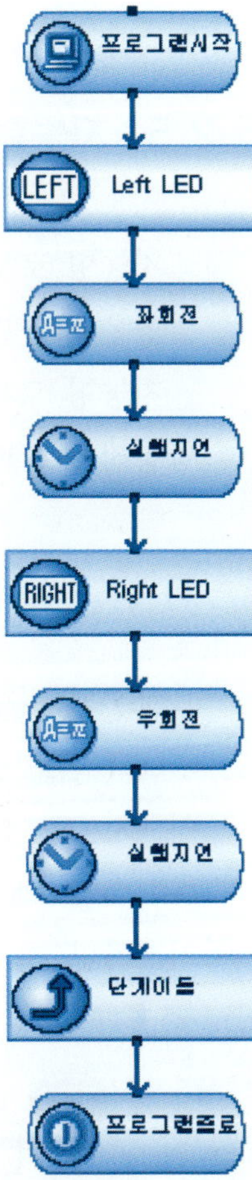

※ 주의사항

본 실습에서는 센서 모니터링에 대한 기능을 구현하지 않으므로 로봇이 물체에 충돌하는 것에 대하여 준비하여야 한다.

2) 고 찰

로봇 이동시 방향 전환 및 전 · 후진시 사용되는 LED의 제어 방법에 대하여 알아볼 수 있다.

6장 지능형 로봇 플랫폼의 센서제어

이 장에서는 지능형 로봇 플랫폼에서 적용된 센서에 대하여 각각의 원리 및 제어 방법에 대하여 학습하고 지능형 로봇에서 보편적으로 많이 사용되는 초음파 및 적외선 거리 감지 센서, 조도 센서, 초전 센서, 음성인식에 대해 학습한다.

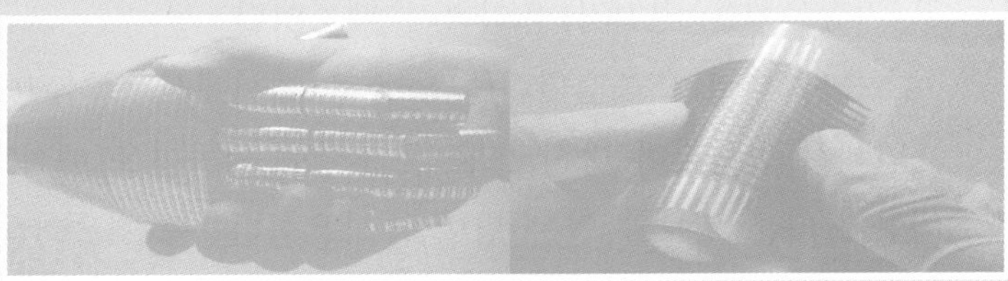

6-1 초음파 센서의 제어
6-2 적외선 거리 감지 센서의 제어
6-3 조도 센서의 제어
6-4 초전(인체감지) 센서제어
6-5 음성인식 모듈의 제어

6-1 초음파 센서의 제어

지능형 로봇 플랫폼의 초음파 센서제어는 로봇에 장착되어 있는 초음파 센서(Ultrasonic Sensor)에 대한 거리 측정과 각 센서의 배치 위치를 확인하는 데 목적이 있다.

지능형 로봇 플랫폼에 적용된 초음파 센서의 특성과 측정 방법과 초음파 센서에 측정된 센서의 측정 값에 대하여 학습하는 데 목표가 있다.

1) 초음파 센서의 원리

초음파란 일반적으로 인간의 귀에 들리지 않는 높은 주파수의 음 약 14kHz 이상을 통칭하여 초음파라고 하나, 인간의 귀로 듣는 것을 목적으로 하지 않는 공업 분야에 적용하는 가청음도 초음파라고 부르기도 한다. 따라서 초음파 센서란 "음향 에너지 중에서 비교적 주파수가 높은 영역에서 검출하기 위한 센서로서 20kHz 이상의 음향 에너지를 검출하는 소자" 라고 정의할 수 있으며 이 종류의 센서 소자는 압전의 정효과 및 부효과를 동시에 이용하는 압전 세라믹 소자를 이용하는 경우가 많다.

초음파 센서에 적용되는 주파수는 그 사용 용도에 따라 결정되는 것이 원칙이나 일반적으로 공기 중 물체 감지에 적용되는 초음파 센서에서 사용되는 주파수는 9kHz에서 50kHz정도이며 이 범위의 주파수는 강력한 초음파 펄스를 발생하기 쉽고 지향특성을 얻기가 용이하기 때문이다.

초음파 센서의 측정원리는 초음파 센서에서 발사된 초음파 펄스가 피측정물의 표면에서 반사되어 다시 초음파 센서로 되돌아올 때까지의 시간을 측정하여 측정 대상에 따른 정보를 얻는 방법을 사용한다. 즉 초음파를 송신 후 되돌아올 때까지의 지연시간을 측정하는 방법을 사용한다. 일반적으로 공기 중에서의 음속은 약 340m/s이고 거리 산출은 다음과 같은 식으로 간단히 구할 수 있다.

$$H = \frac{t}{2} \times u$$

H : 센서와 측정물체까지 거리

u : 음속(340m/s)

t : 소요시간

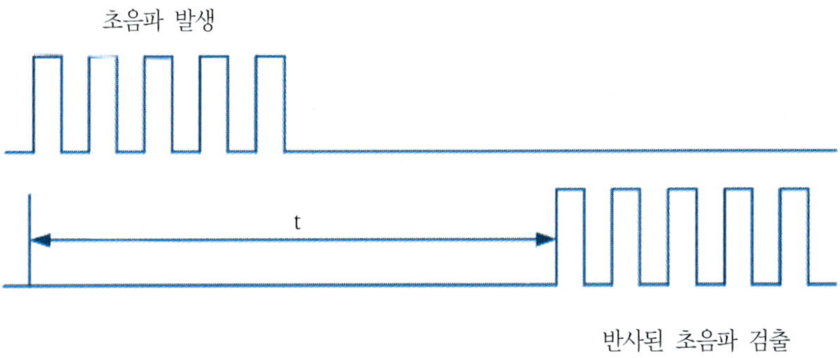

그림 6-1 **초음파 거리 측정 원리**

2) 초음파 센서 적용 원리

무라타의 초음파를 발생하는 송파용 'MA40B8S', 장애물에 반사된 음파를 수신하는 수신용 'MA40B8R'을 사용했다. 송파용 센서에 40kHz의 해당하는 펄스를 주고 수파용 센서에 음파가 되돌아올 때까지의 시간을 측정하여 거리를 측정한다.

그림 6-2 **송수신용 초음파 센서 MA40B8R, MA40B8S**

3) 지능형 로봇 플랫폼의 적용 센서

① 제조사 : 무라타(Murata)

② 모델 : MA40B8R, MA40B8S

③ 특성

모 델	방 법	주파수	적용각도	적용범위
MA40B8R	Receiver	40kHz	50°	20cm에서 4M
MA40B8S	Transmitter	40kHz	50°	20cm에서 4M

4) 초음파 센서 모듈의 구성

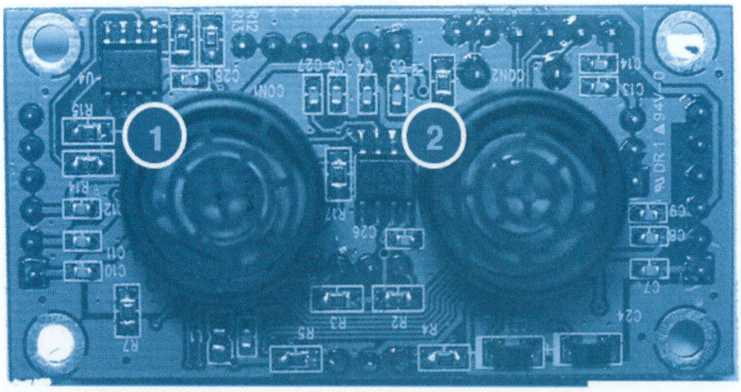

그림 6-3 **초음파 센서 상위(1)**

① MA40B8R(수신) 초음파 센서
② MA40B8S(송신) 초음파 센서

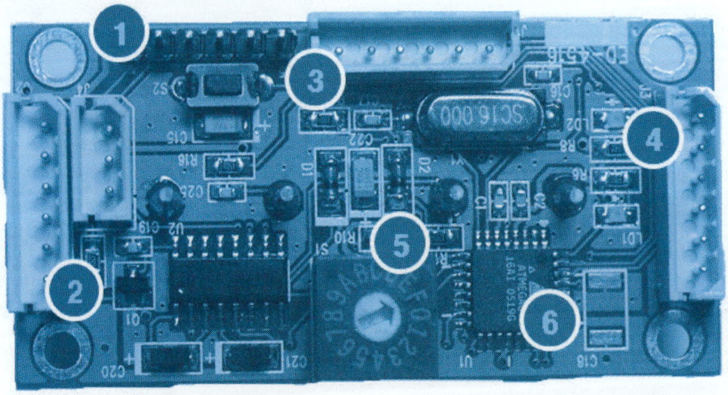

그림 6-4 **초음파 센서 하위(2)**

① 초음파 센서 컨트롤러 폴웨어 다운로드 커넥터
②, ③, ④ 시리얼 센서 네트워크 커넥터 : 초음파 센서 전원 및 데이터
⑤ 초음파 센서 디바이스 선택 스위치
⑥ 초음파 센서 메인 컨트롤러

5) 초음파 센서의 구성

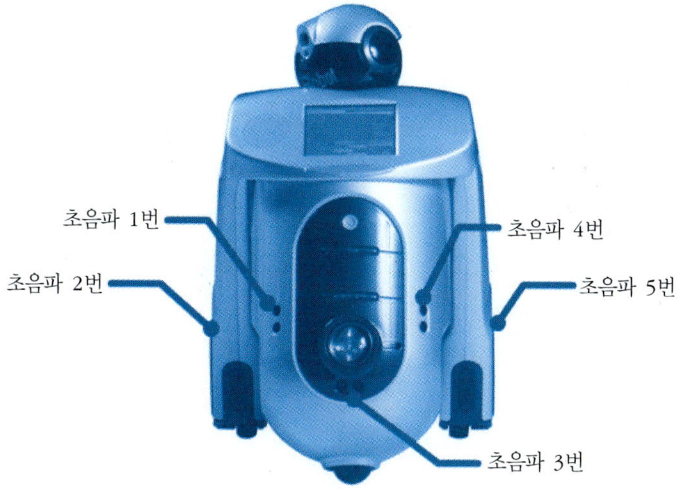

그림 6-5 **초음파 센서의 구성(1)**

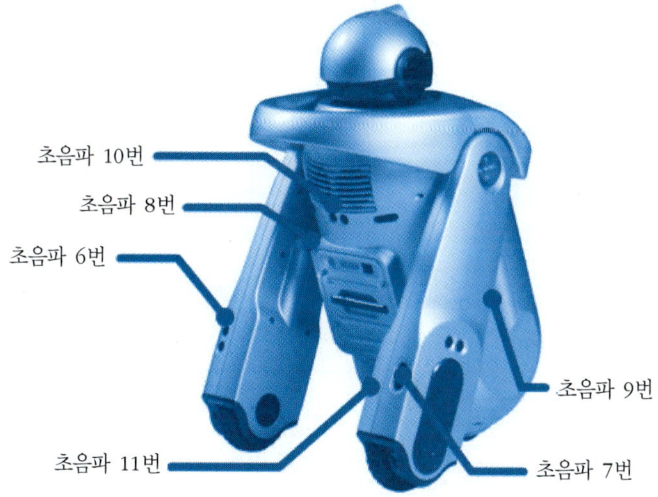

그림 6-6 **초음파 센서의 구성(2)**

6) 초음파 센서제어 프로그램 방법

초음파 센서제어 아래 체크된 센서를 사용하여 전방에 물체가 감지되면 정지하는 프로그램을 작성하여 본다.

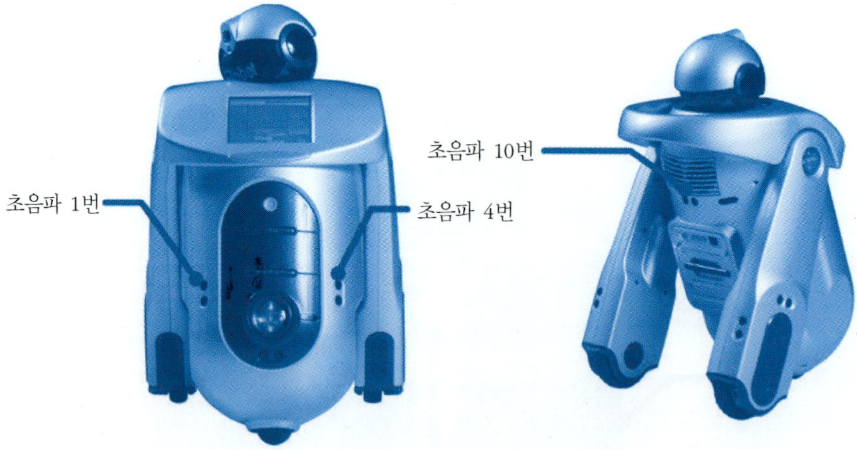

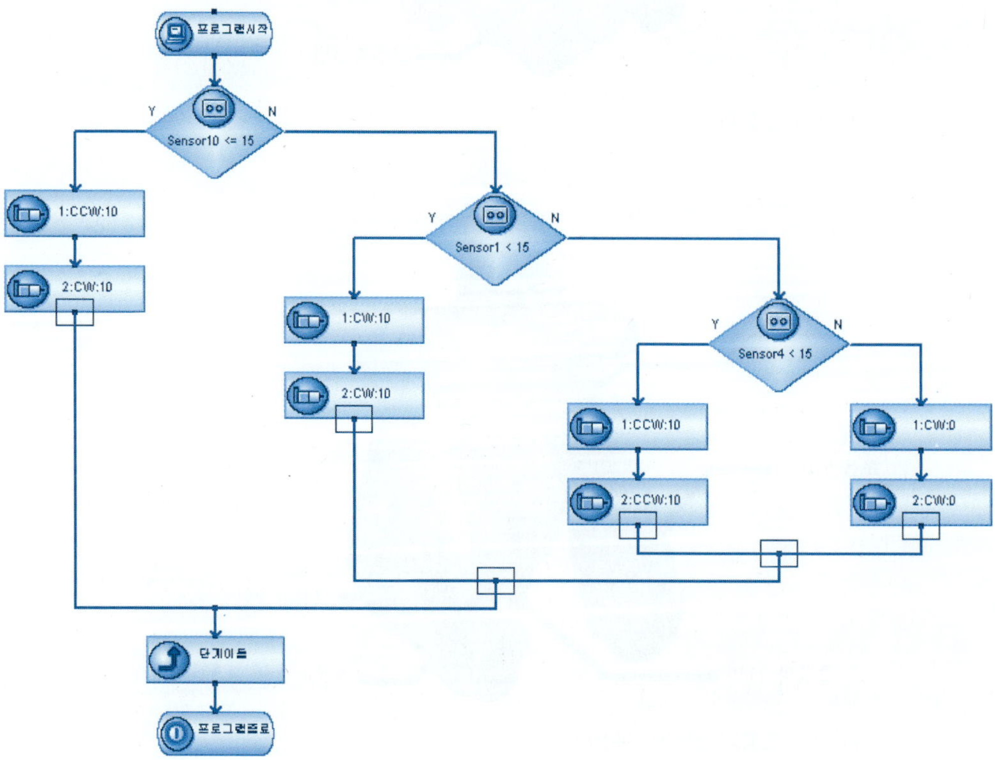

7) 고 찰

초음파 센서에 대한 기본 원리와 측정 방법에 대하여 고찰한 후 로봇에 부착된 센서를 이용하여 장애물에 대한 반응을 알아 볼 수 있다.

센서 부착 위치에 따른 거리 설정 및 물체위치에 따른 초음파 설정이 필요하다.

6-2 적외선 거리 감지 센서의 제어

지능형 로봇 플랫폼의 적외선 거리 감지 센서는 적외선의 가시광선에 의하여 물체를 검출하는 기본 원리를 이해하며, 로봇에 적용된 센서를 이용한 물체회피 프로그램을 작성하는 데 목적이 있다.

지능형 로봇 플랫폼에 적용된 PSD 센서의 원리에 대하여 학습하고 적외선 센서로 측정이 가능한 매질과 불가능한 매질에 대하여 학습하는 데 목표를 두고 있다.

1) PSD 거리 측정 원리

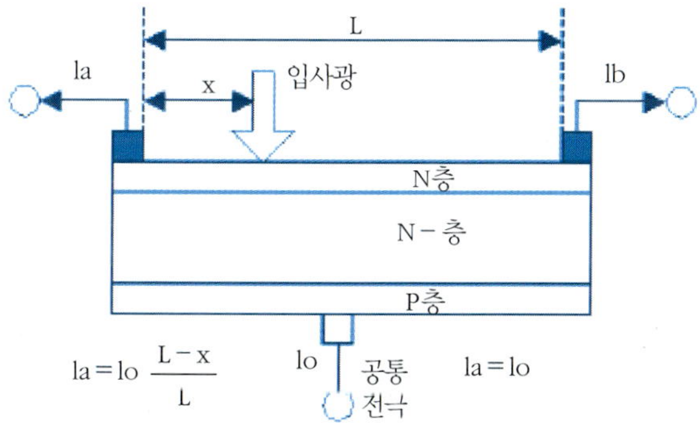

그림 6-7 PSD 원리

PSD(Position Sensitive Detector)는 빛에 반응하는 반도체로서 포토다이오드와 비슷한 구조로 되어 있다. 일반 포토다이오드와 달리 P층과 PN 결합층의 저항이 매우 높은 점이 다르다.

외부에서 집속광을 받게 되면 PDS 센서의 출력전류(Io)로 수광점의 위치를 계산할 수 있다.

PSD 단독으로는 거리 센서를 구성할 수 없으므로 PSD의 최대특성인 위치감지 특성과 그림 6-8과 같이 삼각측량법을 이용해서 거리 센서를 구성할 수 있다. 포토 TR에서 출발한 적외선은 수신 PSD쪽의 수신렌즈를 통해 집속된 다음 PSD의 한 점에 이르게 되고, 수광점의 위치를 PSD 센서로 알 수 있게 된다. 송광렌즈, 수광렌즈상의 거리와 수광렌즈, PSD까지의 거리는 렌즈 시스템의 비례관계에 의해 축소되므로 물체까지의 거리 a는 다음과 같은 식으로 구할 수 있다.

$$\frac{b}{a}=\frac{x}{d},\qquad 거리\ a=\frac{bd}{x}$$

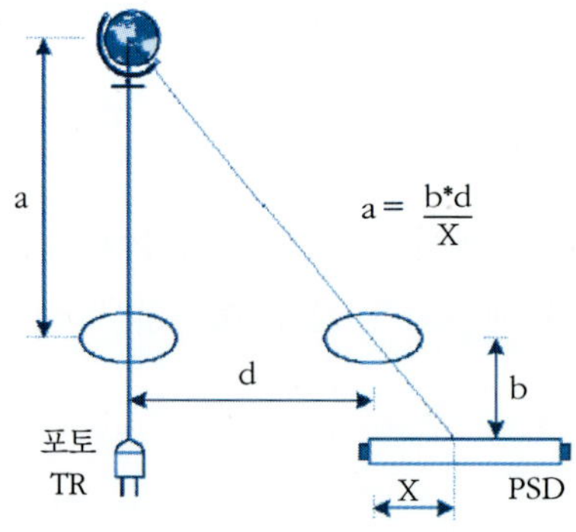

그림 6-8 거리측정 원리

적외선 거리 감지 센서는 샤프사의 'GP2D12'를 사용한다. 이 적외선 거리 센서의 출력형태는 장애물 반사 거리에 반비례하는 아날로그 전압 출력이다. 센서로부터 대상물까지의 거리가 멀수록 아날로그 출력 전압은 낮아진다.

그림 6-9 GP2D12

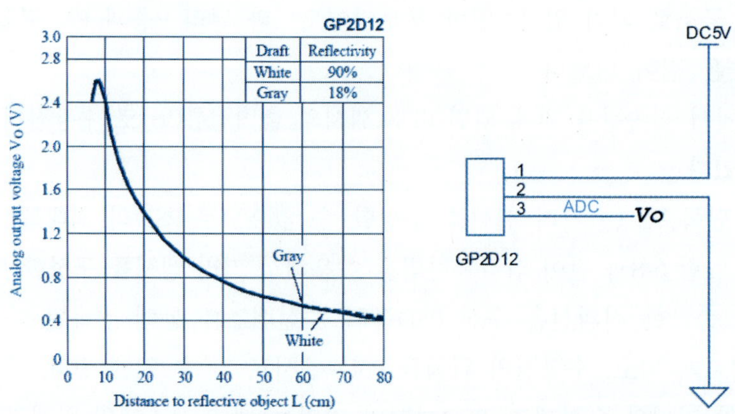

그림 6-10 전압과 거리의 비교

2) 적외선 거리 감지 센서의 구성

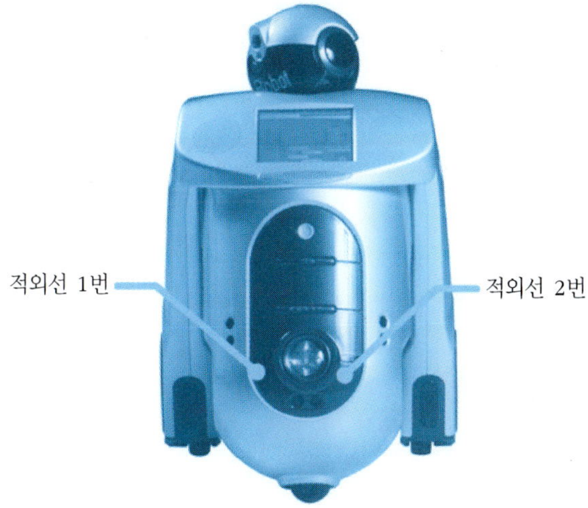

그림 6-11 적외선 거리 감지 센서의 구성(정면)

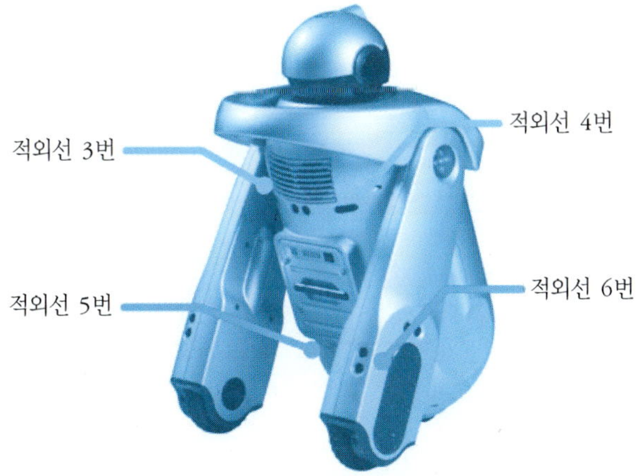

그림 6-12 적외선 거리 감지 센서의 구성(후면)

3) 적외선 거리 감시 센서의 제어 프로그램 방법

① 전방에 부착되어 있는 센서를 이용하여 구동하는 프로그램을 작성한다.

② 전방에 백색과 이외의 색을 이용한 물체에 대한 장애물에 대하여 검출 여부를 확인한다.

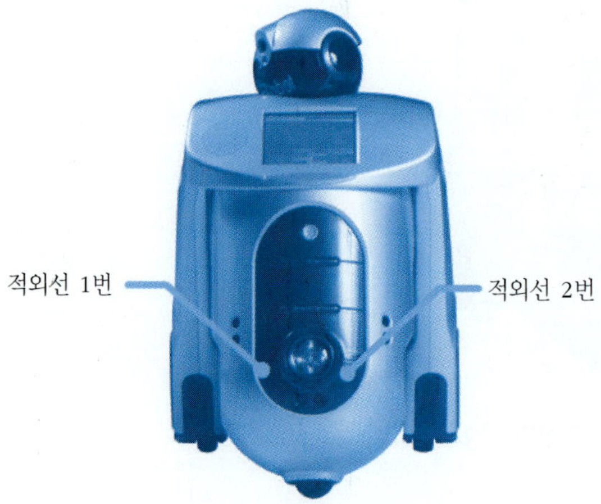

그림 6-13 **적외선 거리 센서(정면)**

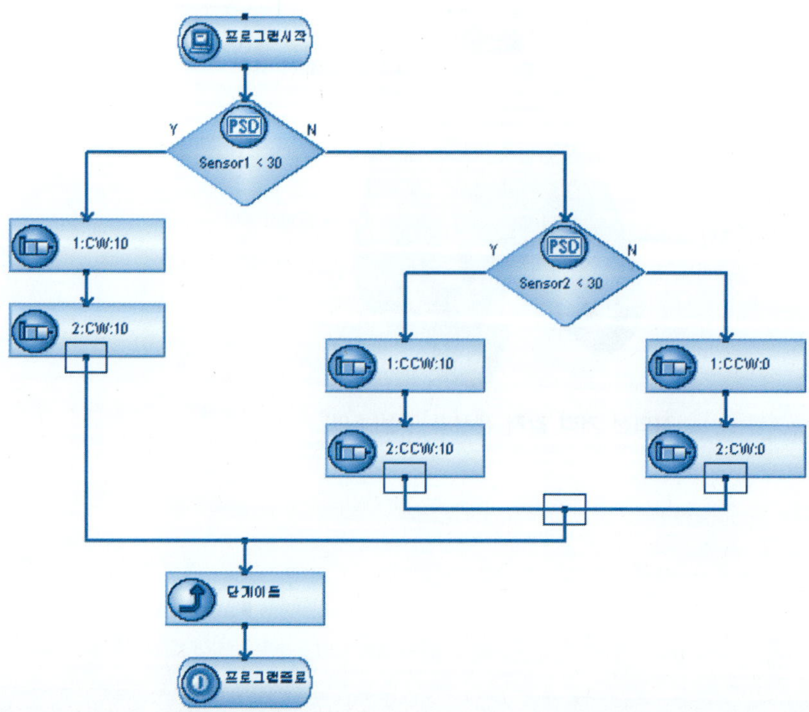

4) 고 찰

적외선을 사용하여 로봇을 전진 구동하는 경우 장애물 매질의 색상에 따라 장애물의 측정 위치가 변화는 것을 알아볼 수 있다. 이러한 특성을 이용하여 초음파와 적외선을 조합하여 사용하는 경우 적외선 거리 감지 센서의 단점을 초음파 센서가 보안할 수 있으며, 반대로 초음파 센서의 단점을 적외선 거리 감지 센서가 보안 할 수 있다.

6-3 조도 센서의 제어

URobo 머리 부분에는 투명 LED가 부착되어 있다. 이 LED는 주변의 광량을 측정하기 위한 조도 센서(Iluminance Sensor)로 로봇 주변의 밝기에 따른 로봇의 이동속도를 조절하는 부분에 대하여 학습하고자 한다.

지능형 로봇 플랫폼에 적용된 조도 센서의 특성 및 원리를 학습하고 주변 밝기에 따른 로봇 주행 속도를 제어하는 데 목표가 있다.

1) 포토다이오드의 원리

포토다이오드는 PN 접합 다이오드의 I-V 특성에서 광의존성을 이용한 것으로 그 동작원리는 PN 다이오드에 역바이어스를 가하면, 아주 작은 역포화 전류가 흐른다. 여기에 빛을 가하면 역포화 전류는 더 많이 흐르게 된다. 즉 빛의 양에 역포화 전류는 비례적으로 흐른다.

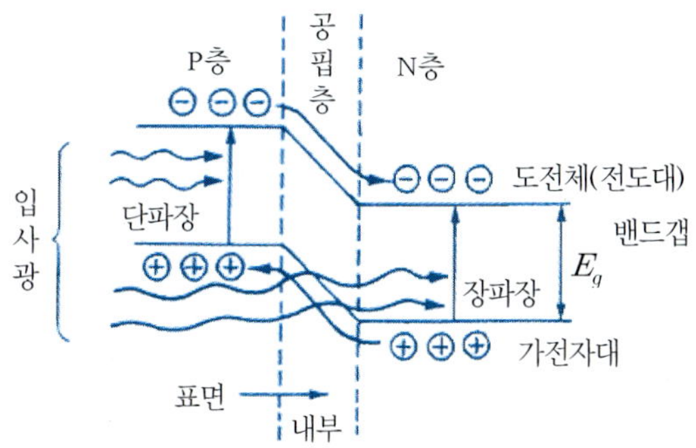

그림 6-14 **포토 센서 원리**

2) 조도 센서 적용 원리

URobo에 적용한 조도 센서는 파나소닉의 'AMS302T'이다. 조도 센서는 포토다이오드의 원리를 적용한 것으로 센서에 역바이어스를 가해주면 빛의 양에 따라 RL의 흐르는 전류의 양이 변하면서 출력전압 Vo는 빛의 밝기에 따라 증가한다. 아날로그 출력전압을 측정하기 위해 마이크로프로세서에 내장된 A/D 컨버터를 사용하여 아날로그 출력전압을 디지털로 변환해 사용한다.

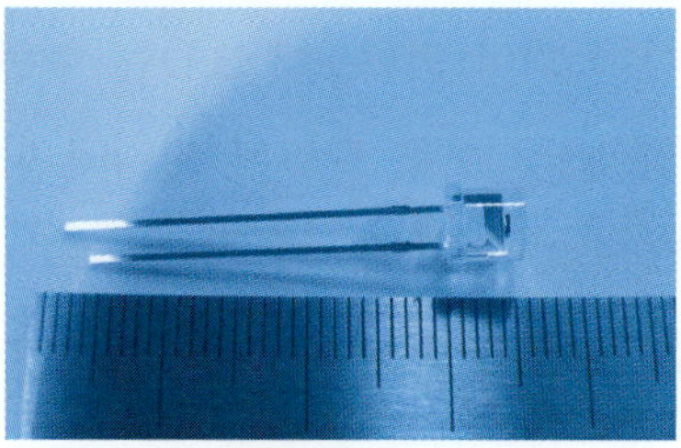

그림 6-15 AMS302T

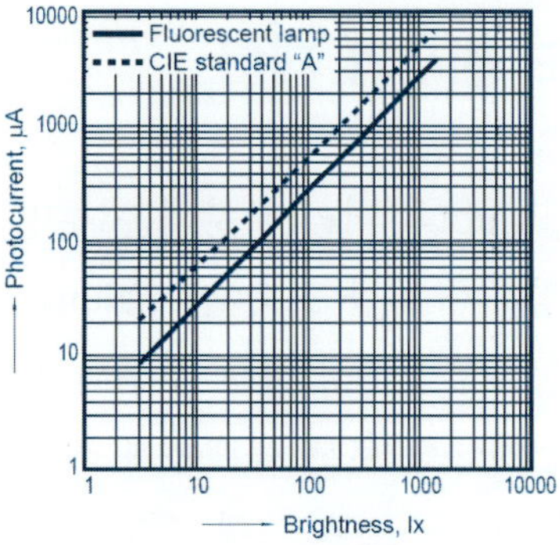

그림 6-16 룩스와 전류비교

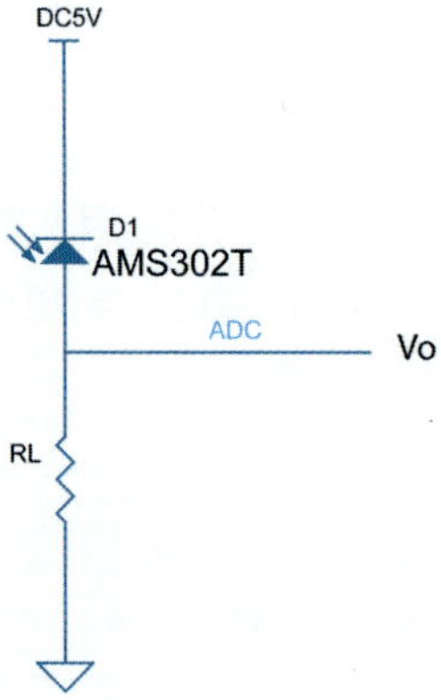

그림 6-17 센서 회로도

3) 조도 센서의 구성

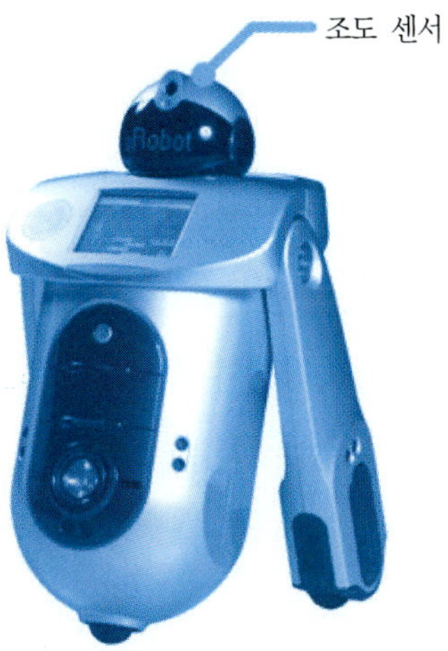

그림 6-18 **조도 센서**

4) 조도 센서제어의 프로그램

조도 센서의 값은 1~10단계로 주변의 광량을 측정하여 사용자에게 표시하여 준다. 가장 밝은 곳에서는 10이 표기되며, 어두운 곳에서는 1이 표기된다.

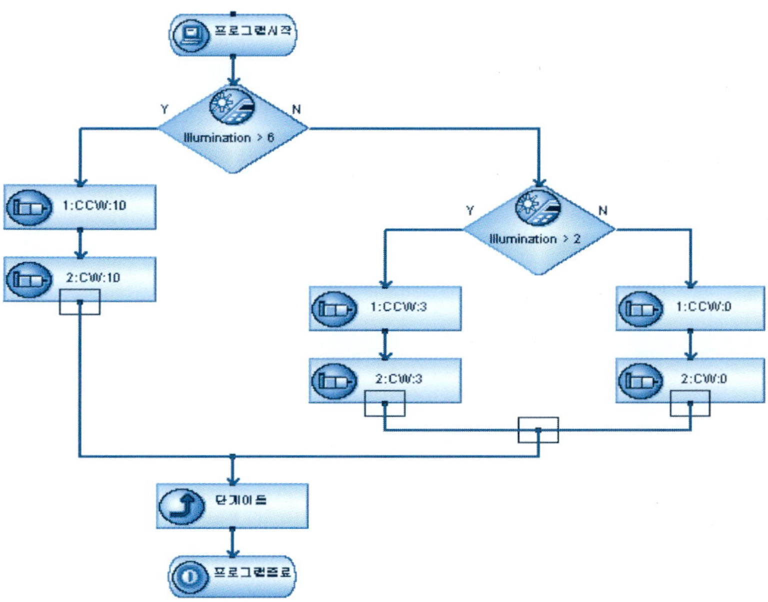

※ 주의사항

본 실습에서는 센서 모니터링에 대한 기능을 구현하지 않으므로 로봇이 물체에 충돌하는 것에 대하여 준비하여야 한다.

5) 고 찰

조도 센서를 이용하여 주면이 밝기에 따른 로봇 속도를 변화시킬 수 있으며 이 센서를 이용하여 다른 응용 분야에 대하여 생각하여 본다.

6-4 초전(인체감지) 센서제어

지능형 로봇 플랫폼의 은행 및 보안 시설에서 사람의 유·무를 감지하는 인체감지 센서(Piezoelectricity Sensor)의 원리에 대하여 학습한다.

지능형 로봇 플랫폼의 초전 센서의 원리를 이해하고 주변의 사람이 감지되는 경우 로봇을 후진하여 구동실습을 목표로 한다.

1) 초전(인체감지) 센서의 원리

초전 센서는 물체로부터 방사되는 적외선이 창을 통해 초전체의 입사될 때 일으키는 초전 표면전하의 변화로부터 적외선을 측정하고 이로부터 물체의 온도를 열

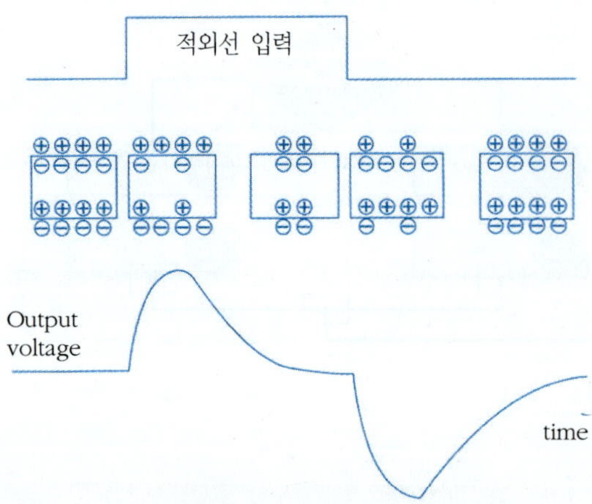

그림 6-19 일반적인 초전 센서의 출력 형태

적으로 감지한다. 센서에서 적외선에 들어오면 초전체의 온도가 상승하고, 그 결과 초전체 표면에 유기되는 전하량이 변하여 출력이 얻어진다. 그런데, 물체로부터 방사되는 적외선에 변화가 없으면 유기되는 전하의 변화도 없으므로 출력은 0으로 된다. 따라서 이동 물체 또는 온도가 변화하는 물체의 온도만을 검출할 수 있다.

초전 센서는 적외선 센서의 일종으로 적외선이 들어오면 초전체의 온도가 상승하고, 그 결과 초전체 표면에 유기되는 전하량이 변화하여 출력이 얻어진다. 만약 물체로부터 방사되는 적외선에 변화가 없으면 유기되는 전하의 변화도 없으므로 출력이 0으로 된다. 따라서 이동 물체 또는 온도 변화하는 물체의 온도만을 검출할 수 있는 특징을 가진 것이 초전 온도 센서이다. 이 초전 센서는 극히 미약한 온도에 대하여 반응을 하며, 이 온도 특성에 대하여 확산 및 성능을 개선시켜 주는 역할을 Fresnel Lens에서 담당을 한다. 이 렌즈의 경우에는 적외선 데이터를 입사 면적에 대한 입사각을 조절할 수 있는 여러 가지 형태로 제공하고 있다.

2) 센서 적용 원리(인체감지 센서)

파나소닉사의 'AMN13112'는 초전 센서에 응용 외부 회로를 겸한 센서로 이동물체 또는 온도가 변하는 물체를 감지시 5V 레벨 ON/OFF 형태의 출력을 나타낸다.

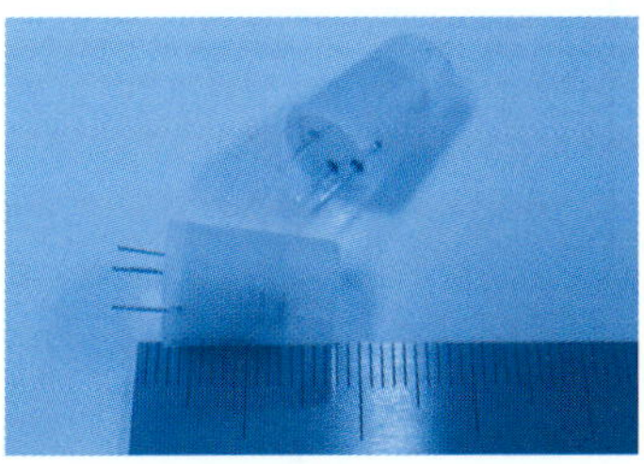

그림 6-20 AMN13112

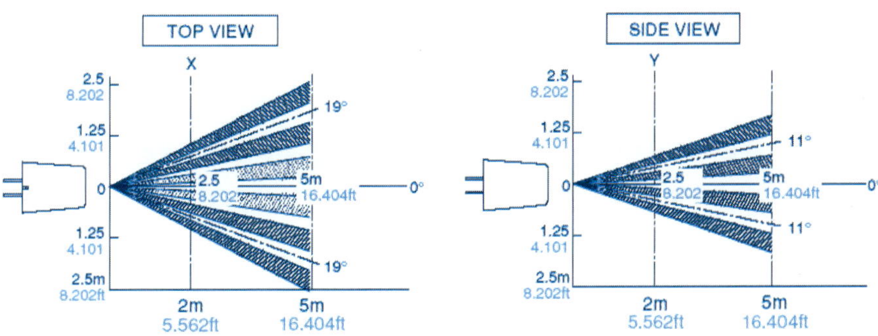

그림 6-21 초전(인체감지) 센서 감지 거리 데이터

초전 센서는 감지 거리가 대부분 30cm내외의 짧은 감지거리 때문에 센서 외부에 멀티렌즈를 장착하면 5m 정도의 검출 거리를 나타낼 수 있다.

3) 초전 센서제어의 프로그램 방법

로봇이 정지 대기 중 인체감지 센서가 감지가 되는 경우 로봇이 후진을 한다.

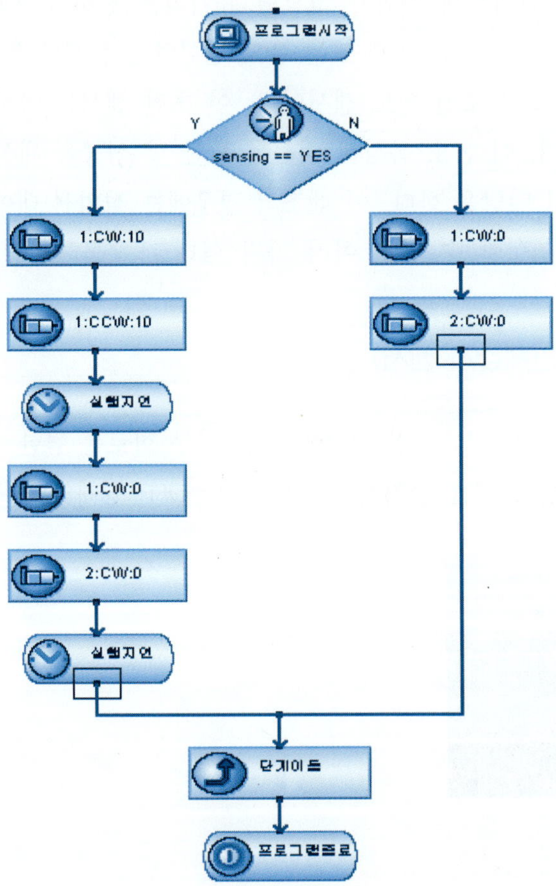

※ 주의사항

본 실습에서는 센서 모니터링에 대한 기능을 구현하지 않으므로 로봇이 물체에 충돌하는 것에 대하여 준비하여야 한다.

4) 고 찰

본 센서를 이용하여 가정에서 침입하는 강도 및 보안에 사용하는 경우 유용하게 활용할 수 있으며, 영상 센서 및 네트워크를 활용하는 경우 실시간으로 현장의 모습을 전송할 수 있다.

6-5 음성인식 모듈(Voice Recognition Module)의 제어

지능형 로봇 플랫폼의 URobo에는 음성인식을 이용하여 로봇을 구동할 수 있게 구성되어 있다. 음성인식의 경우에는 화자독립 방식 시스템을 적용하여 불특정 다수의 음성을 인식할 수 있으며, 이 음성인식의 경우에는 사용자 PC에서 음성을 입력 분석하여 로봇에게 전달하는 방식으로 음성명령을 통한 로봇을 제어하는 데 목적이 있다.

지능형 로봇 플랫폼의 음성인식에 대한 원리 및 기본 기술에 대하여 이해하고 음성명령을 통한 로봇을 제어하는 데 목표를 두고 있다.

1) 음성인식의 개요

음성인식에는 여러 가지 방법 및 분류로 나누어질 수 있다. 크게 분류를 하면 음성처리 과정으로 분류하여 보면 다음과 같다.

① 음성신호처리 : 음성정보처리, 음성코딩
② 음성정보처리 : 음성인식, 음성합성, 화자인식, 자동통역 등

본 시스템에 적용된 음성인식은 음성정보처리의 분류 중의 한 부분으로 음성 정보인 언어(의미, 어떤 언어), 화자(개인성, 성별, 연령, 지역, 사회), 상태(감정, 심리, 건강, 환경)를 활용하여 사용자의 음원을 분석한 후 해당 단어를 시스템에서 도출하는 구조로 되어 있다.

2) 음성인식이란

우선 미리 음성을 분석하여 음소, 음절, 단어 단위로 추출한 특징이 시간에 따라 변화하는 패턴을 저장한다. 마찬가지로 미지의 음성 입력에 대한 패턴도 구해 미리 저장한 패턴과 비교한다. 그리고 패턴이 가장 유사한 음소, 음절, 단어 등을 최종 인식 결과로 삼는다.

컴퓨터는 0과 1이라는 디지털 언어를 사용하므로 음성을 컴퓨터에 넣으려면 파동을 디지털의 형태로 바꾸어야 한다. 즉 연속적인 파형을 토막토막 잘라서 숫자로 바꾼 다음 입력해야 하는데 이것을 표본화(Sampling)라고 한다. 일반적으로 음악을 들을 때 사용하는 CD 플레이어는 약 44kHz로, 즉 1초를 약 4만 4천 조각으로 나누어 저장한다. 그러나 음성은 16kHz 이하로 조각을 적게 나누어도 본래 음을 크게 왜곡시키지 않고 저장할 수 있다. 잘게 자르면 자를수록 본래 음에 가까워지지만, 그러면 데이터의 양이 많아져 기억용량이 많이 필요하다.

소리를 디지털 신호로 분리해내는 이러한 기능은 컴퓨터에 흔히 쓰이는 사운드 카드가 해준다. 사운드 카드에 마이크를 연결해 소리를 주면 사운드 카드는 음성을 모두 조각 내 디지털 신호로 분해한 다음, 이것을 메모리 또는 하드디스크에 저장한다. 음성을 음소 단위로 나누어 저장하려고 할 때 음소가 작음, 단음 등 길이가 서로 달라 어려움이 따른다. 그래서 음성을 약 10-20(msec, 1/100초)의 일정한 길이로 나누는데 이것을 프레임이라고 한다.

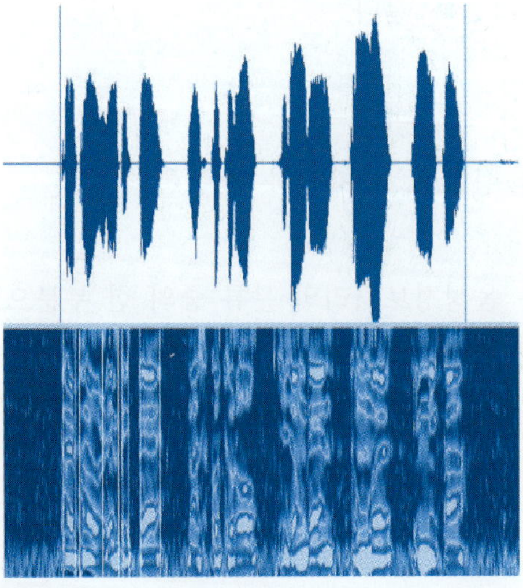

그림 6-22 **스펙트럼 분석**

이제 이 조각들에서 주파수 스펙트럼을 구한다. 피아노 건반을 여러 개 동시에 누르면 화음이 들리는데 이것을 다시 각각의 음으로 나누어 펼치는 것과 같다. 백색광이 햇빛이 프리즘을 통과하면 무지개 색으로 나누어지는 것처럼 들리는 소리도 한 가지 파동으로 된 것이 아니라 여러 파동이 겹쳐 있는 것이다.

음소 고유의 특징은 주로 스펙트럼 개형으로 나타나므로 패턴을 비교할 때는 스펙트럼 개형이 적절히 표현되어 있는 특징을 이용하게 된다. 그러나 음성은 무한에 가깝게 존재하며 정확한 인식을 위해서는 각각의 음성에 대한 과다한 계산량이 필요하고 게다가 주위에 존재하는 잡음까지 걸러 인식해야 한다.

3) 음성인식 절차

(1) 제1단계

인간이 음성을 생성하는 과정을 고려한 전처리가 행해진다. 음원은 성대(유성음의 경우) 내지 구강에 있어서 마찰 등의 무성음원으로 그것이 성도와 구강을 통과할 때에 그 형태에 대응하고 있는 음운에 대응하는 신호가 생성된다. 그리하여 대기 중에 방사된다.

발성기관은 음향관으로서 고려하는 것이 가능한데 생성된 신호의 주파수 특성을 조사하면 발성기관의 음운의 내용을 추정하는 것이 가능하다. 또 성대의 진동주파수는 기본 주파수라 한다.

처리하는 음성신호를 우선 고역 강조한다. 이것은 성대 음원과 방사특성에 의한 Spectral의 기울기를 보상하고, 성도의 특성을 명확히 하기 위한 것이다. 많은 경우 +6dB/octave 정도의 강조를 한다. 다음에 필요한 대역(전화대역은 300-3400Hz, 또 통상으로는 5kHz 정도까지 이용되는 것이 많다)으로 제한한 후 A/D 변환한다.

(2) 제2단계

음성의 Spectral의 내용을 조사하기 위하여 푸리에 변환과 또 음성 대역을 8-30 정도의 대역으로 분할하는 BPF(Band Pass Filter)군 등의 수법이 이용된다. 이것은 8-20ms 정도의 단 구간에 대해서 각 채널의 Power를 계산하고 분석한다(Frame이라 부름). 이것을 동정도의 시간간격으로, 주기적으로 반복하는 것에 의해 특징 파라미터가 추출된다.

(3) 제3단계

음성분석 다음에 Frame power의 시간변화 등을 이용하여 음성구간의 검출을 행한다. Frame power의 계열에 대해서 어느 초기치를 설정하고, 그 이상의 부분을 음성부로 판정한다. 통상 무음부가 수백 ms 계속하면 음성의 종료로 생각하는 것이다. 그러나 발성환경의 잡음과 발성자 자신의 흡기음 등에 의해 완전한 음성구간 검출이 가능하지 않는 것이 있다. 따라서 음성구간의 위치에 복수후보를 인지하여 그들 전부에 관해서 인식처리를 행하고 그 결과를 비교 판정하여 최종으로 원하는 단어를 추출한다.

4) 음성인식 모듈 제어의 프로그램 방법

로봇에 기본으로 내장되어 있는 '앞으로 가'를 사용자가 PC에서 입력하여 로봇을 구동하여 본다.

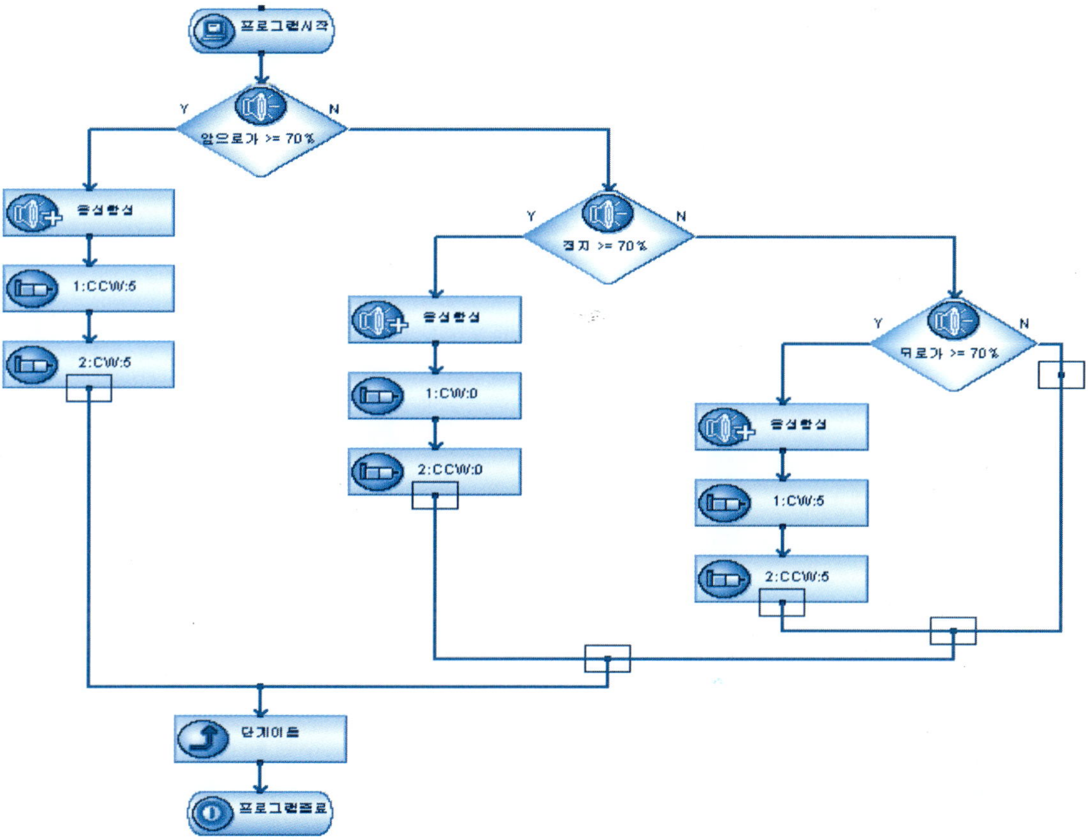

IRES 프로그램 시작전 반드시 음성처리(Voice Process) 프로그램이 먼저 실행이 되어 있어야 한다.

※ 주의사항

본 실습에서는 센서 모니터링에 대한 기능을 구현하지 않으므로 로봇이 물체에 충돌하는 것에 대하여 준비하여야 한다.

5) 고 찰

음성인식에 대한 전체적인 시스템 구성을 이해할 수가 있으며, 주변 잡음에 대하여 인식률 및 정확한 발음에 의한 로봇 구동을 알아볼 수 있다.

지능형 로봇 플랫폼의 영상처리 제어 7장

지능형 로봇의 기술적인 발달과 행동과 판단의 지능적인 발달로 기존의 센서외 사람의 눈과 같은 역할을 할 수 있는 영상 분야에 많은 기술개발이 이루어지고 있다. 이 장에서는 영상처리의 개요와 적용되는 기술에 대해 간략한 소개와 지능형 로봇 실험실습 장치에 적용된 영상 패널에 대한 이미지 처리 기술에 대하여 알아보는 것을 목적으로 한다.

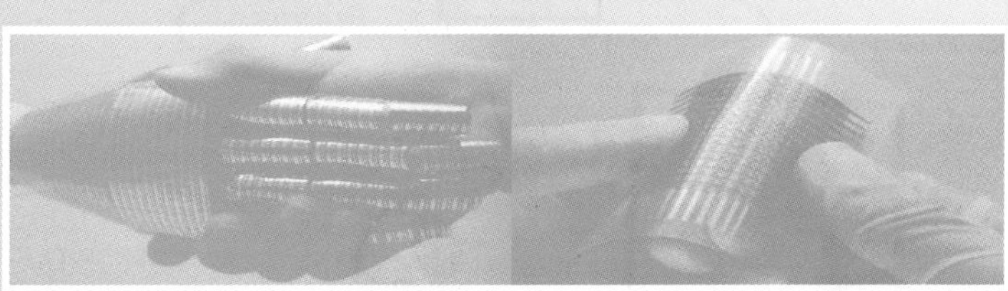

7-1 영상처리의 개요

지능형 로봇 플랫폼인 URobo에 부착되어 있는 CMOS 이미지 센서를 이용하여 로봇이 주행 주 특정 타깃 패널을 인식하는 경우 로봇이 패널을 분석하여 로봇이 이동할 수 있는 프로그램을 작성하는 데 목적이 있다.

지능형 로봇 플랫폼의 영상인식에 대한 원리 및 기수에 대하여 이해하고 영상인식을 이용한 프로그램을 하는 데 목표를 두고 있다.

1) 디지털 영상처리 개요

영상처리는 사진 또는 그림, 영상 등을 디지털화하여 컴퓨터에서 이를 처리하는 기술로서 많은 응용분야에서 사용되고 있는 넓은 영역을 총칭한다. 이러한 영상처리 기술은 낡고 훼손된 영상을 원 영상과 가깝게 복원하며, 영상 내에 포함된 잡음을 제거하거나 색상과 영상의 질을 개선하거나 저하하기도 한다. 또한 영상에 포함된 정보를 최대한 잘 표현하기 위해 두드러진 특징을 더욱 강조하며, 다른 영상과 합성하여 새로운 영상을 만들기도 하며, 저장 공간의 절약과 전송속도를 높이기 위해 영상의 크기를 압축할 뿐 아니라 자동 색상조절, 물체 및 문자인식 등과 같은 기술을 수행한다.

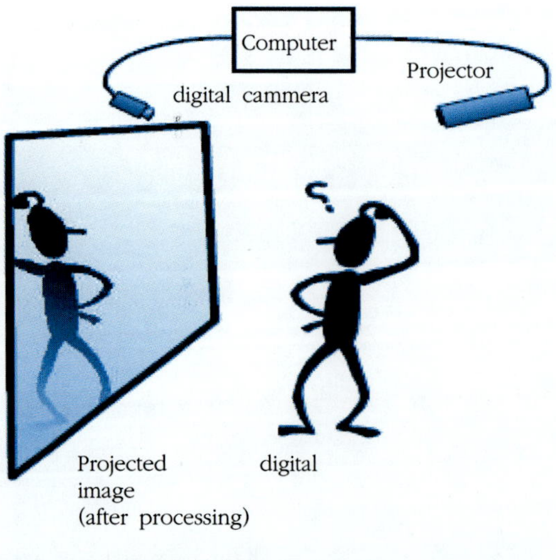

그림 7-1 영상처리 인식

인간은 기본적으로 시각적인 생물이다. 사람이 거울에 비치면 거울은 사람과 똑같은 행동을 한다. 만약 로봇이 사람과 똑같은 행동을 하게 하려면 어떻게 해야 할까? 사람은 환경에 대한 정보 중 99% 이상을 눈에 의존한다. 영상처리란 이처럼 우리에게 친숙한 영상을 카메라나 스캐너 등을 통하여 전자적으로 얻은 후 여러 가지 목적에 따라 컴퓨터와 여러 가지 알고리즘을 적용하여 처리하는 것이다.

영상처리는 이와 같은 의문점에 대해 해결책을 제시하고 그 의문점에 대한 해답을 찾는 과정을 말한다.

2) 영상처리 응용 분야

영상처리(Image Processing)는 시각정보의 중요성과 영상을 취득하는 장비의 발달 및 처리기술의 향상으로 인하여 다양한 분야(로봇, 생물, 항공, 해양, 국방, 의료, 가정, 기상 등)에서 그 중요성과 활용도가 급격히 증가하고 있으며, 이에 따른 연구가 세계적으로 활발히 진행 중에 있다.

(1) 생물학적 분야

DNA를 판독한다든가 미생물들을 개체별로 나누어서 판단하기 위해 정확한 관찰 능력이 필요하다. 이런 것들을 영상처리를 이용하여 판단, 검출할 수 있다.

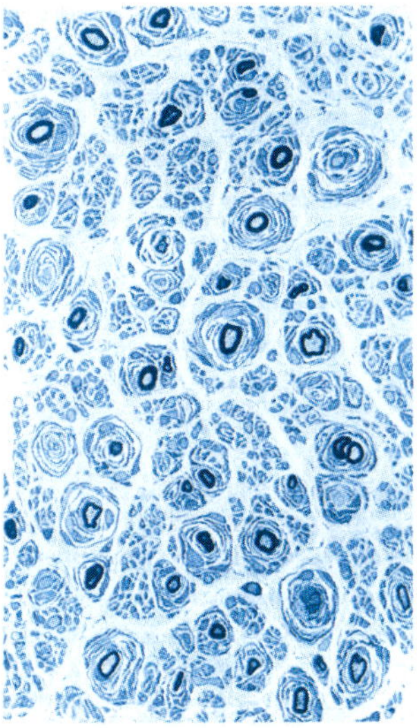

그림 7-2 체세포 분석

(2) 군사적 분야

위성으로 적군의 움직임을 감시하고 정확한 군의 위치에 미사일을 발사한다든지, 전투용 로봇이 전투를 한다든지 여러 가지 분야에 쓰인다.

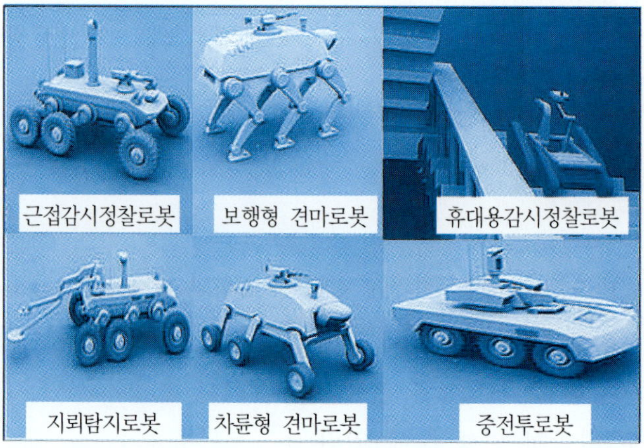

그림 7-3 **견마형 로봇**

(3) 의학적 분야

MRI, CT 촬영 후 영상처리를 이용하여 의사들은 척추, 머리, 그리고 골반과 같은 뼈의 상태를 진단할 수 있다.

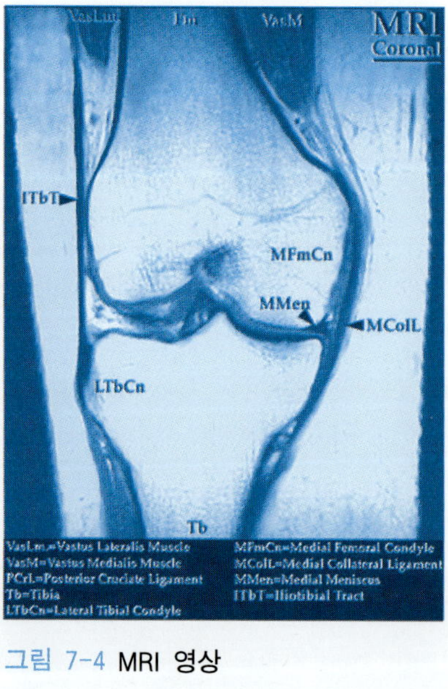

그림 7-4 **MRI 영상**

(4) 자동화 분야

자동차 공장에서 로봇이 조립하기 위해 영상처리를 이용하여 자동차 조립을 하고, 자동화 라인에서 제품의 불량을 검출하는 데 이용된다.

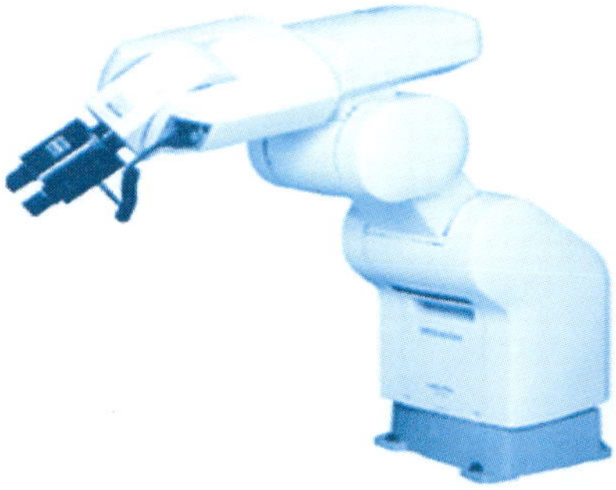

그림 7-5 다관절 로봇

(5) 로봇 분야

현재 로봇이 인간과 같이 사물을 인식하고 행동할 수 있게 여러 가지 분야에서 영상처리가 이용된다.

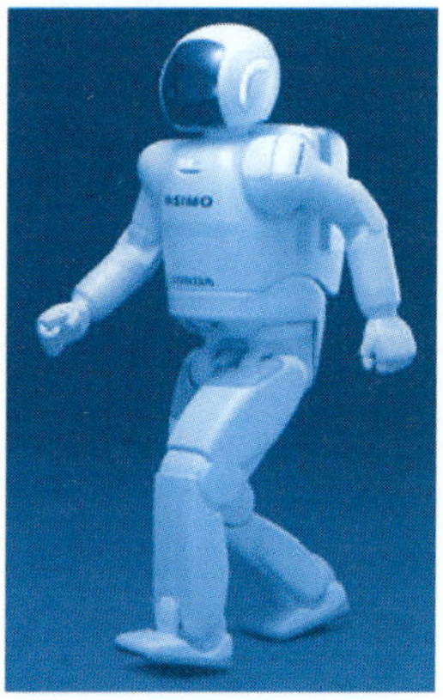

그림 7-6 휴머노이드

(6) 우주학적 분야

태양계를 탐험해서 우주 밖에서 촬영한 영상이 지구로 연속된 데이터 스트림으로 전송하고 정전기와 태양의 섬광에 의해 차단되고 영상의 질이 떨어지게 된 정보를 영상처리 기술을 이용하여 잡음을 제거하고 영상의 잃어버린 부분을 복원시키는 데 이용된다.

그림 7-7 화성 탐사선

위와 같이 영상처리를 이용하여 여러 가지 분야에 도움을 줄 수 있을 뿐만 아니라 인간의 꿈과 현실화시켜주는 데 쓰이고 있다.

7-2 영상처리 이론

(1) 시각과 인식

인간이 사물을 보는 것처럼 로봇이 사물을 인식하게 하게 하려면 여러분은 어떤 방법으로 사물을 인식하게 할 것인가?

현재의 카메라도 인간의 눈처럼 비슷한 구조를 가졌지만 카메라가 보내온 정보를 인간의 뇌처럼 인식하려면 컴퓨터에게 인간이 명령을 줘야 한다. 컴퓨터는 단지 0과 1만 알기 때문이다.

컴퓨터가 사물을 인식할 수 있게 앞으로 영상을 처리하는 기초적인 영상처리 방법을 배울 것이다.

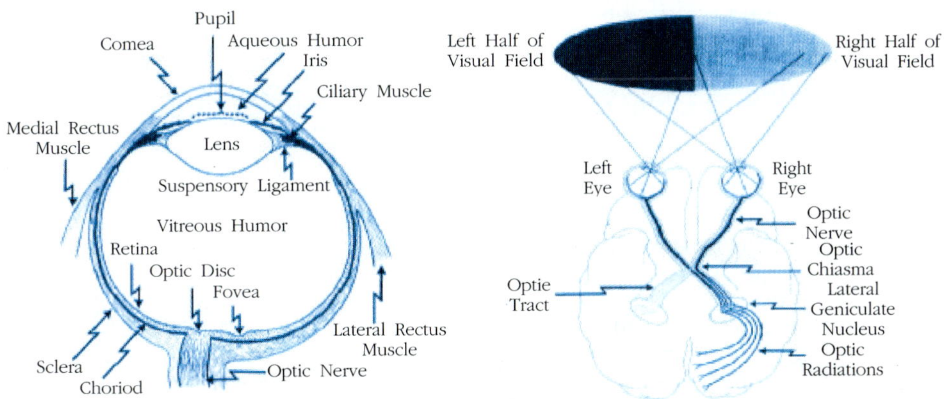

그림 7-8 인간의 눈 구조와 영상 인식 과정

(2) 컬러 모델(Color Model)

우리가 컬러 영상정보를 인지하는 방법은 세 가지 지각 변수로 분류되는데 색상(Hue), 채도(Saturation), 명도(Brightness)가 그것이다.

우리의 시각 시스템은 넓은 범위의 빛의 강도를 처리할 수 있지만, 한순간에 일어나는 적은 범위의 밝기 변화는 감지하지 못한다. 이러한 예로는 우리가 아주 환한 대낮에 실외에 있다가 극장 안으로 들어갈 때이다. 처음에는 모든 것이 검은색으로 보인다. 그때 눈이 그 상황에 적응된 후 사물이 점차 모양을 갖추어 보이게 되고 우리의 눈은 그 환경에 대한 빛의 밝기의 범위에서 볼 수 있게 된다. 컬러 모형(또는 컬러 공간)은 어떤 컬러와 다른 컬러들과의 관계를 표현하는 방법이다.

서로 다른 영상처리 시스템은 각각의 다른 이유로 인해 서로 다른 컬러 모형을 사용한다. 컬러 영상은 흑백영상에 비교해서 훨씬 많은 정보를 가지고 있다. 그래서 색상 모델을 이용하여 영상의 색상을 추출할 수 있으며 이를 이용해 물체를 인식할 수 있다.

여기서 우리는 RGB, CMY, HSI, LAB 컬러 모형을 살펴볼 것이다.

① RGB 모델

가장 흔히 사용 되는 색상 모델로서 CRT 모니터나 컴퓨터 그래픽에서 사용되고 있다. Red(255,0,0), Green(0,255,0), Blue(0,0,255)의 색을 조합해서 색을 만들어 낼 수 있다.

RGB 색상은 결합하면 흰색이 되기 때문에 첨가 색상이라고도 한다. 모든 색상을 하나로 혼합하면 흰색이 만들어지는 것은 모든 빛이 반사되어 보이기 때문이다. 첨가 색상은 조명, 비디오 및 모니터에 사용된다. 예를 들어, 모니터는 빨강, 녹색 또는 파랑 형광체를 통해 빛을 방출하여 색상을 만든다.

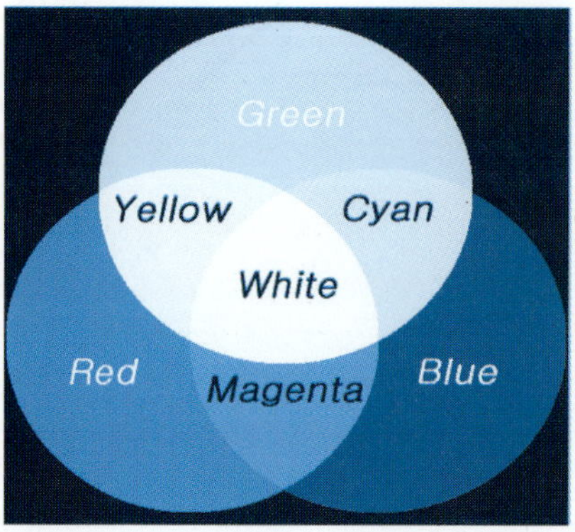

그림 7-9 RGB 색상

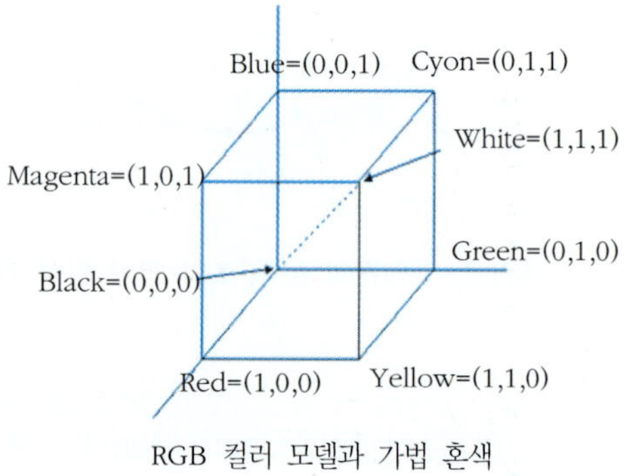

그림 7-10 RGB 컬러 육면체

그림 7-11 RGB 색상 분리

② CMY 모델

RGB 공간과 반대 개념을 가진 공간을 CMY(K)공간이라 한다. 이 공간은 감산혼색에 의해 생성된 색상으로 프린터와 같은 장치에 사용된다. CMY 컬러 모델은 각각 Cyan(청록색), Magenta(진홍색), Yellow(황색)을 기본색으로 사용하는 컬러 모델이다.

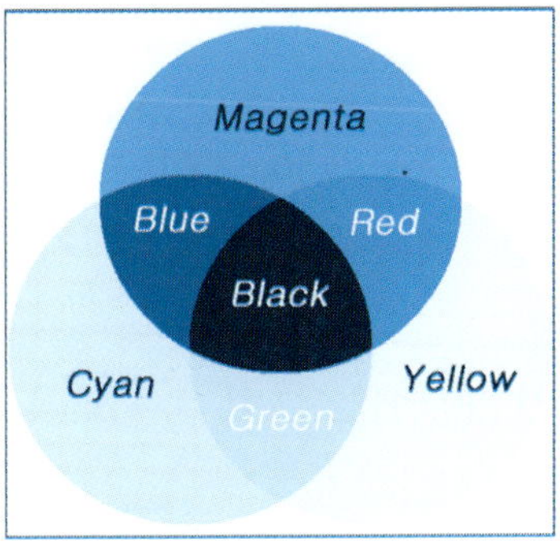

그림 7-12 CMY 색상

$$\begin{bmatrix} C \\ M \\ Y \end{bmatrix} = \begin{bmatrix} W \\ W \\ W \end{bmatrix} - \begin{bmatrix} R \\ G \\ B \end{bmatrix} \quad \text{[식 7-1]}$$

제7장

RGB와 CMY가 보색의 관계에 있기 때문에 두 공간 사이의 변환은 쉽다. RGB에서 CMY로 변환하기 위해서는 다음 식과 같이 흰색에 대한 보수를 취한다.

C = 1.0 - R
M = 1.0 - G
Y = 1.0 - B

다음은 CMY에서 RGB로 변환하는 경우이다.

R = 1.0 - C
G = 1.0 - M
B = 1.0 - Y

그림 7-13 CMY 색상 분리

(3) HIS(Hue, Saturation and Intensity) 모델

① Hue(색상) : 색만을 선택(Red, Yellow, Green) [0, 360] 각도로 표현

② Saturation : 진하고 옅음을 조정(채도) : 백색에 의해 희석되지 않은 정도, [0, 1]로 표현 1 = Pure, 0 = Mono image

③ Intensity(강도) : 밝고 어두움을 조정) : [0, 1]로 표현 : 0 = Black, 1 = White

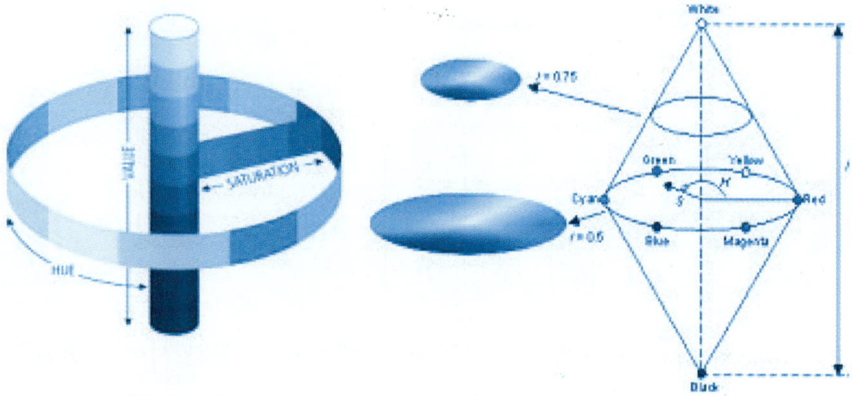

그림 7-14 HSI 컬러 모형

색채 요소(H와 S)와 명암 요소(I)를 분리하여 명암 요소를 제거함으로써 영상 획득시의 조명 변화의 영향을 줄일 수 있는 장점을 갖는다.

HSI 컬러 좌표계는 사람들이 아는 컬러를 표현하기 쉬운 좌표계이다. H의 값은 컬러 집합을 통해서 360°의 각도를 가지고 S는 각도에 대한 컬러의 세기, 즉 채도를 나타낸다. S가 높을수록 높은 순도의 컬러가 된다. I값은 명도로 컬러의 어둠과 밝음을 나타낸다. I값이 클수록 컬러는 흰색에 가까워진다. HSI 컬러 모델은 인간 시각 시스템의 색채 감지 특성에 기초한 영상처리 알고리즘 개발에 유용하다.

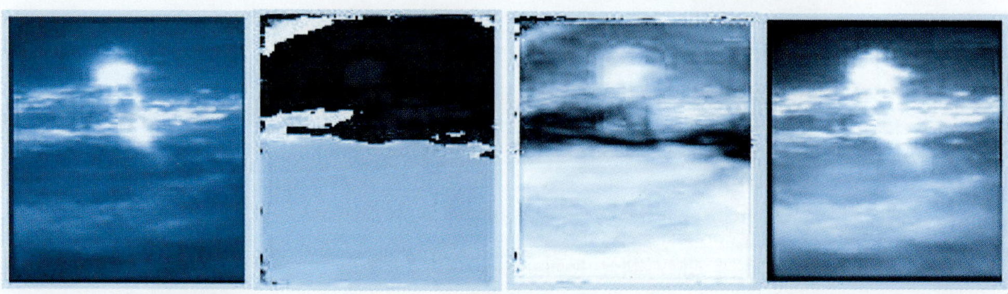

그림 7-15 HSI 색상 분리

(4) CIE LAB 모델

L*a*b 색상 모델은 1931년 CIE(Commission Internationale d'clairage)에서 색상 측정의 국제 표준으로 제시한다. 이 모델은 1976년에 교정되어 CIE L*a*b이라는 이름이 붙여졌다. L*a*b 색상은 장치에 영향을 받지 않는 색상에 적합한 색상으로, 이미지를 만들거나 출력하는 장치(모니터, 프린터, 컴퓨터 또는 스캐너 등)에 관계없이 일관된 색상을 만들 수 있다. L*a*b 색상은 광도 또는 밝기 구성 요소(L)와 2개의 색채 구성 요소인 a구성 요소(녹색에서 빨강) 및 b구성 요소(파랑에서 노랑)로 이루어져 있다.

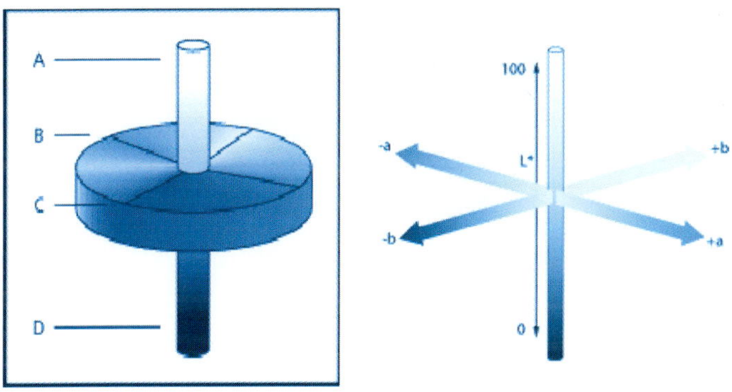

그림 7-16 LAB 컬러 모형

A. 광도 = 100(흰색) B. 녹색에서 빨강 구성 요소
C. 파랑에서 노랑 구성 요소 D. 광도 = 0(검정)

RGB 색을 Lab 색상으로 변경하려면 RGB-> XYZ -> Lab 이렇게 색상을 변경해야 한다.

〈RGB to XYZ〉

$$\begin{bmatrix} X \\ Y \\ Z \end{bmatrix} = \begin{bmatrix} 0.412453 & 0.357580 & 0.180423 \\ 0.212671 & 0.715160 & 0.072169 \\ 0.019334 & 0.119193 & 0.950227 \end{bmatrix} * \begin{bmatrix} R \\ G \\ B \end{bmatrix}$$ [식 7-2]

〈 XYZ to Lab〉

$L^* = 116(Y/Yn)1/3 -16,$

$a^* = 500[(X/Xn)1/3 - (Y/Yn)1/3],$

$b^* = 200[(Y/Yn)1/3 - (Z/Zn)1/3],$ [식 7-3]

7-3 픽셀기반 영상처리

1) 그레이(Gray) 영상

일반적인 흑백 사진을 의미하는 영상(농담 영상)을 말한다. $0 \le f(x, y) \le 2n\text{-}1$ 가지의 값들을 가질 수 있다. RGB 색상의 컬러 영상의 화소 값을 0부터 255까지 레벨로 분류한다.

그림 7-17 원영상과 그레이 영상

2) 이진화(Binary)

카메라로부터 얻어진 명암영상(Gray Image)을 이진화하기 위해 각 화소의 밝기 값을 임계치 기준으로 2개의 집합으로 구분한다.

if g(x, y) 〉 threshold

0 else(0 x N-1, 0 y M-1)

N × M의 배열에서 임의의 좌표(x, y)에 대해 g(x, y) :

화소의 밝기, b(x, y) : 이진화 작업 후의 화소값 화소가 0 혹은 1의 값만을 가지므로 표현이 간단하고, 기억용량의 수요가 적고, 실시간 처리에 유리하다.

그림 7-18 그레이 영상을 이진화

7-4 기하학적 변환 영상처리

1) 라벨링(Labeling)

(1) 개 념

① 비슷한 특징을 가지는 이웃 화소들을 하나의 영역으로 묶는 것

② 다른 영역에 속하는 화소들과 구분되는 번호를 부여

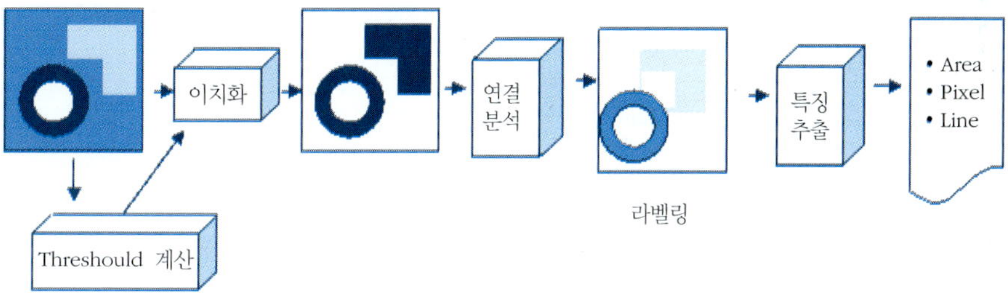

그림 7-19 이진화를 이용한 라벨링 과정

그림 7-19는 원영상을 이진화처리하여 0과 255의 값만 가지는 영상으로 만들고 이 영상으로 라벨링을 수행하는 과정을 보여준다. 라벨링된 영상의 임의의 번호를 가진 영역만 추출하면 영역의 분리가 이루어지며 추출된 영역의 크기, 외각선의 길이, 중심좌표 등을 알 수 있게 된다. 이를 이용하여 도형의 모양이나 패턴인식 등 영역을 구별하여 사물의 생김새 등을 알 수 있게 된다.

255	255	255	255							255		
255	255	255	255						255	255	255	
255	255	255	255					255	255	255	255	255
255	255	255	255									

21	21	21	21							31		
21	21	21	21						31	31	31	
21	21	21	21					31	31	31	31	31
21	21	21	21									

그림 7-20 이치화된 영상을 라벨링 영상변환

제 7 장

그림 7-20은 이치화된 영상의 라벨링 처리를 볼 수 있다. 라벨링된 후 서로 연결된 인접화소 영역은 픽셀 등의 값이 동일한 하나의 번호로 라벨링되어 나타나며 다른 인접영역 성분은 또 다른 번호로 나타내게 된다.

② 라벨링 알고리즘

라벨링 알고리즘의 방법에는 스택의 구조를 이용한 방법이 있다. 이 스택을 이용하여 알고리즘의 영역을 저장하여 각 영역의 분할을 가능하게 한다.

반복문을 이용한 라벨링

```
        for(i=0; i<height; i++)
        {
                for(j=0; j<width; j++)
                {
        // 이미 방문한 점이거나 픽셀값이 255가 아니라면 처리 안함
        if(coloring[i*width+j]!=0 || m_buffer[i*width+j]!=255)
        continue;
         // 라벨데이타를 저장하는 버퍼    , 이치화된 영상

                r=i;
                c=j;
                top=0;
                curColor++;

                while(1)
                {
GRASSFIRE:
                for(m=r-1; m<=r+1; m++)
                {
                        for(n=c-1; n<=c+1; n++)
                        {
                // 관심 픽셀이 영상경계를 벗어나면 처리 안함
        if(m<0 || m>=height || n<0 || n>=width*3) continue;

        if((int)m_buffer[m*width+n]==255 &&
        coloring[m*width+n]==0)
                                {
        coloring[m*width+n]=curColor; // 현재 라벨로 마크

        if(push(stackx,stacky,(short)m,(short)n,&top)==-1)
continue;
        // 스택을 이용해서 저장
                        r=m;
                        c=n;
                        goto GRASSFIRE;
                                }
                        }
                }
        if(pop(stackx,stacky,&r,&c,&top)==-1) break;
        스택을 이용해서 데이타를 얻어냄
                }
        }
        }
```

그림 7-21 **라벨링 소스코드**

라벨링의 원리는 이진화된 영상을 탐색하다가 밝기가 255인 화소 값을 만나면 라벨링을 수행하고 이 라벨링 점을 4근방 또는 8근방의 중심으로 이동 후 다시 인접화소의 미방문 255화소 값을 라벨링하는 방식이다. 마지막 버퍼에는 앞 그림과 값은 결과로 저장되어 그 다음의 특징점을 추출하는데 편리하게 사용할 수 있다.

(2) 경계추적

① 개 념

이진화된 영상 또는 라벨링된 영상에서 일정한 밝기 값을 가지는 영역의 경계를 추적하여 경계 픽셀의 순서화된 정보를 얻어내는 것이다. 원영상에서부터 영역의 경계를 찾는 전처리 과정을 알 수 있다.

그림 7-22 경계영역 찾는 과정

② 경계추적의 단계

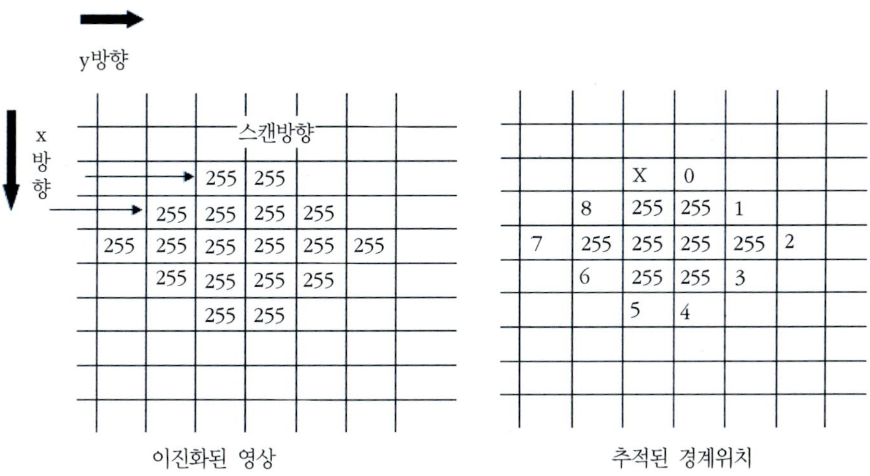

그림 7-23 이진화 영상을 경계추적하는 과정

ⓐ 영상의 왼쪽 맨 위에 있는 픽셀로부터 차례로 스캔하다가 값이 255인 픽셀 값을 만나면 경계추적을 시작한다.

ⓑ 처음 만나는 지점에 X표시를 하고 그 점 주변을 돌면서 255 값을 찾는다. 관심픽셀의 주위 픽셀 그림 7-23을 이용하여 주변의 경계 화소를 찾으면서 X를 만나면 추적을 멈춘다.

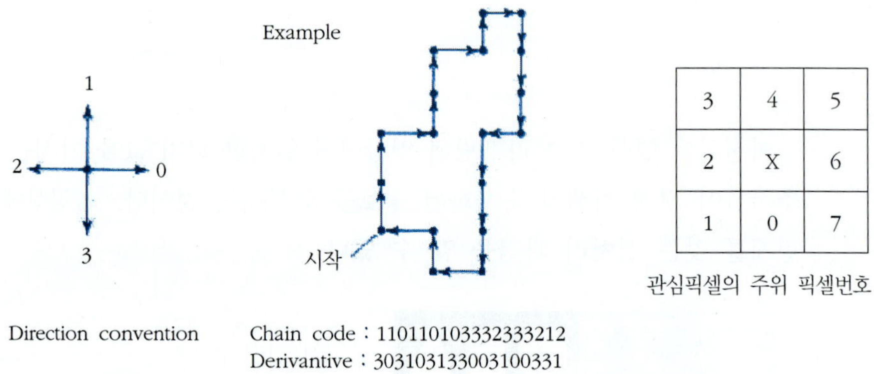

그림 7-24 **체인 코드 진행 과정**

위 그림처럼 체인코드 형식으로 경계추적을 하면서 1픽셀의 두께를 가지는 픽셀의 순서화된 연속체인 정보를 얻는 것이 가능하기 때문에 물체의 영역의 길이, 모양의 생김새 등과 같은 특징들을 얻을 수 있다.

위와 같은 라벨링 알고리즘과 경계추적 알고리즘을 통해 아래와 같은 여러 가지 인식이 가능하다.

ⓐ 물체의 중심 : 영상내부에서 xi와 yi는 라벨링된 임의의 한 영역에 대한 구성 픽셀의 세로와 가로 영상 좌표이다.

$$x = \frac{1}{n}\sum_{i=0}^{N-1}\xi \qquad \text{[식 7-4]}$$

$$y = \frac{1}{n}\sum_{i=0}^{N-1}yi \qquad \text{[식 7-5]}$$

ⓑ 경계 길이 : 이진화된 영역의 경계를 추적해서 경계 길이를 추적 가능하다.

ⓒ 원형도 : 원형 또는 형상의 모양이 얼마나 원에 가까운가를 나타내는 척도로

써 이상적인 원은 1의 값이 나오며 원형에서 멀어질수록 값이 작아진다. 아래의 식은 원형도 계산식이다. 라벨링 과정을 거쳐서 A 값을 얻을 수 있고 경계추적 알고리즘을 이용하여 l의 경계 길이를 알 수 있으므로 원형도를 쉽게 찾을 수 있다.

$$e = \frac{4\pi A}{l^2} \qquad \text{[식 7-6]}$$

(3) 영상의 확대 및 축소

영상의 확대 및 축소를 하는 이유는 서로 비교하고 싶은 두 영상을 확대 및 축소를 통해서 두 영상의 일치 여부를 판단할 수 있기 때문이다.

영상을 확대하거나 축소시키면 공백이나 과다한 충돌 등이 발생하게 된다. 이를 해결하기 위해서는 이상이 생긴 부분의 주변 값들을 이용하여 영상을 보간해야 하는 데 이러한 영상처리 방법을 이중 선형 보간법이라고 한다.

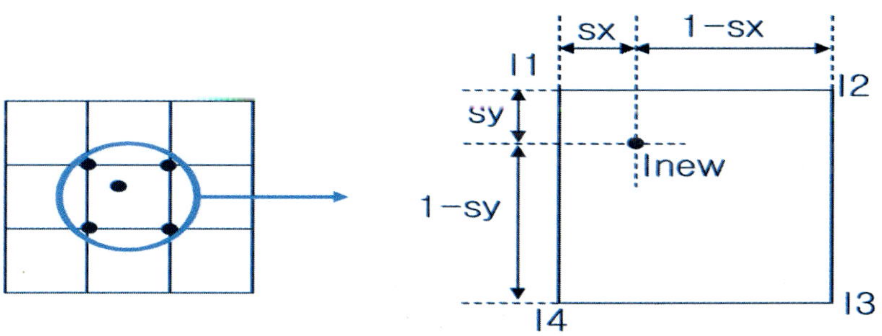


```
Inew =
        I1*(1−sx)*(1−sy) +
        I2*(sx)*(1−y) +
        I3*(sx)*(sy) +
        I4*(1−sy)*sy
```

그림 7-25 보간법

위의 I1, I2, I3, I4 지점은 보간 지점과 이웃한 네 지점의 밝기 값이며 이중 선형 보간 방법의 경우 보간 지점과의 떨어진 거리에 비례하여 가중치를 두고 있다.

정수배 확대의 경우 역방향 매핑을 이용하고 축소할 때는 역방향 매핑을 이용하여 영상을 확대 · 축소한다.

$$\begin{cases} x_{\neq w} = s_x \times x_{org} \\ y_{\neq w} = s_y \times y_{ogr} \end{cases} \rightarrow \begin{matrix} x_{org} = \dfrac{1}{s_x} \times x_{\neq w} \\ y_{org} = \dfrac{1}{s_y} \times y_{\neq w} \end{matrix} \quad [식\ 7\text{-}7]$$

그림 7-26 **이중 선형 보간법을 이용하여 확대 및 축소를 한 결과**

7-5 패턴인식

1) 패턴인식 개요

패턴인식이란 공학적 접근법을 이용하여 인공지능의 실제 구현 문제인 센싱된 대상을 인식하는 문제를 주로 다룬다. 패턴인식을 여러 방식으로 정의할 수 있겠지만 "계산이 가능한 기계적인 장치(컴퓨터)가 어떠한 대상을 인식하는 문제를 다루는 인공지능의 한 분야"라고 정의한다.

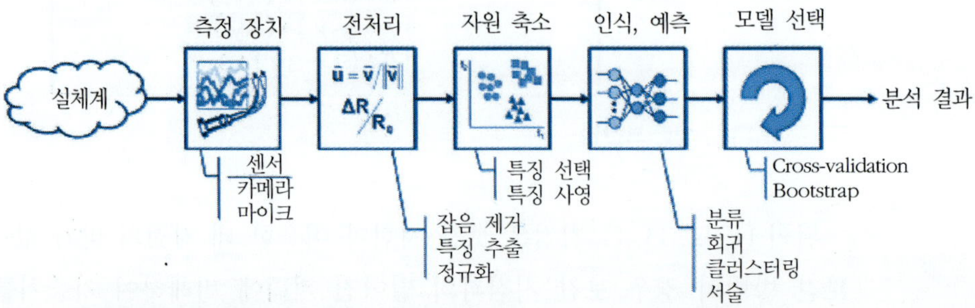

그림 7-27 **패턴인식 과정**

패턴인식에서 패턴이란 사람이 인식하려는 정보를 물리적으로 표현한 대상물로 정의할 수 있으며, 인식은 대상물의 존재를 아는 인지(cognition)의 과정에서 한걸음 더 나아가 구체적인 의미나 정보를 판정하는 것을 의미한다. 패턴인식 시스템의 구성 요소에 따른 처리 과정은 그림과 같다.

그림 7-27을 다르게 표현하자면 "입력 영상이 n개의 카테고리 중 어디에 속하는지?"에 대한 답을 구하는 것이다.

(2) 농담정규화 정합(Normalized Gray-Level Correlation : NGC)

① 농담정규화 정합 개요

ⓐ 템플레이트 정합은 검사할 영상이 주어졌을 때 미리 주어진 템플레이트 영상을 이용하여 검사할 영상 내부에 있는 유사한 영상 패턴을 찾아낸다.

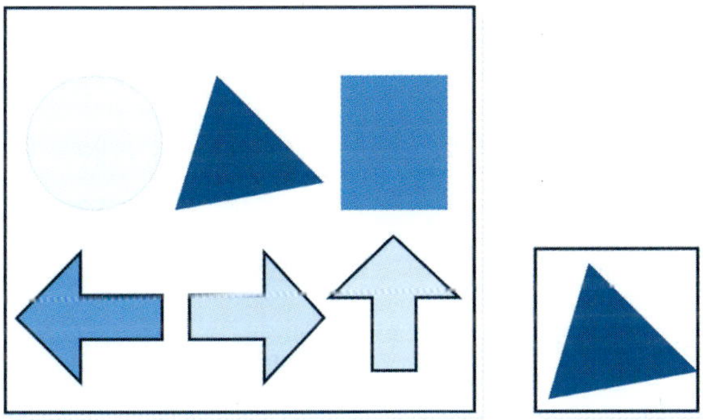

탐색할 영상　　　　　　모델

그림 7-28 **탐색할 영상과 템플레이트 영상**

연산횟수
템플레이트 크기 : M* N
검사할 영사의 기 : R* C
겹침이 발생하는 횟수 : (R-M)*(C-N)　　　　[식 7-8]

NGC(Normalized Gray-level Correlation) 정합 알고리즘은 템플레이트 영상을 입력 영상에 겹쳐가면서 두 겹친 부분이 얼마나 밝기가 유사한지 검사하는 방법이다.

템플레이트 정합을 통한 알고리즘 중에는 MAD, MSD 알고리즘이 있는데 이 알고리즘 같은 경우는 밝기 값이 변하게 되면 정확한 패턴인식이 불가능하다. 하지만 NGC 알고리즘은 입력영상에서 취한 비교할 영상 영역의 밝기 평균을 구해서 평균값을 빼버린 영상을 만들고 이 영상을 비교하기 위한 영상으로 사용하는 방법을 생각할 수가 있다.

이때 유사하게 템플레이트 영상도 밝기의 평균을 계산하여 평균 밝기 값을 템플레이트와 비교할 검사 영상의 비교 영역을 밝기에 대해 정규화시켜 비교한다면 전체적인 조명의 밝기가 높아지거나 낮아진다고 하여도 패턴의 비교가 가능할 것이다.

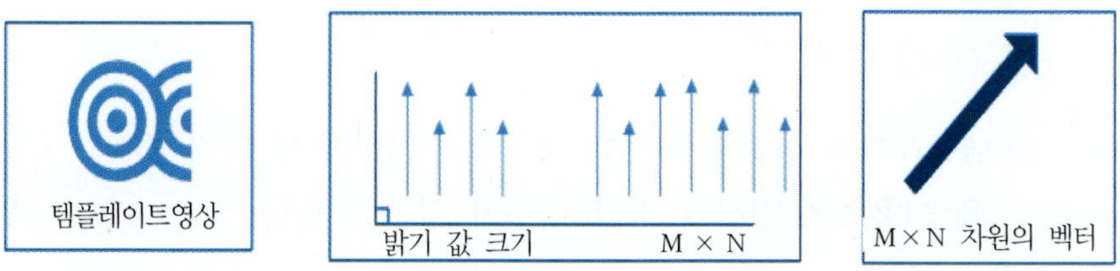

그림 7-29 **다차원 공간에서의 영상 벡터 정의**

그림 7-29는 상의 크기 M × N이다. 화소수가 전부 MN개가 있으므로 이 화소수를 수평축으로 하고 화소의 밝기 값을 수직축으로 해서 펼친 그래프가 중간에 있는 밝기 그래프이다. 이 때 화소수만큼 큰 이론적인 고차원을 하나 정의한다면 이 템플레이트의 화소값 데이터는 MN-차원 상에 놓여 있는 하나의 벡터가 된다.

$$r = \frac{a \cdot b}{|a| \cdot |b|} = \frac{\sum_{i=0}^{M}\sum_{j=0}^{N} a(i,j)b(i,j)}{\sqrt{\sum_{i=0}^{M}\sum_{j=0}^{N} a(i,j) \sum_{i=0}^{M}\sum_{j=0}^{N} b(i,j)^2}} \quad \text{[식 7-9]}$$

$$r = \frac{(MN)\sum gt - (\sum g)\sum t}{\sqrt{[(MN)\sum g^2 - (\sum g^2)][(MN)\sum t^2 - (\sum t^2)]}} \quad \text{[식 7-10]}$$

두 식 모두 평균밝기를 빼서 정규화시킨 두 영상을 두 벡터 비교식을 이용하여 유사도를 검사하는 수식이다. 유사도 값을 이용하여 두 그림과의 인식률을 가지고 패턴을 인식할 수 있다.

(3) 사인(Signature) 기법 알고리즘

이 알고리즘은 물체의 중심에서 경계까지의 거리를 각도 변화에 따라 나타냄으로써 물체의 특징을 알 수 있는 알고리즘이다.

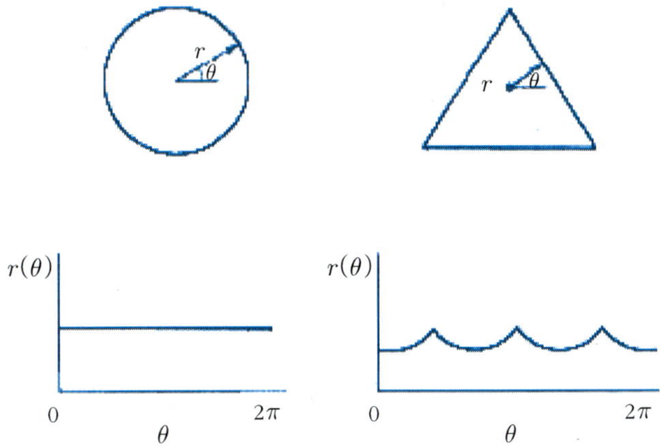

그림 7-30 사인 기법

그림 7-30은 사인 기법 알고리즘에 대한 그림이다. 물체의 중심점에서 일정한 각도와 크기를 가진 선분을 그려서 중심점에서 한 바퀴 돌리면서 선분과 만나는 점들의 집합을 가지고 특징을 추출할 수 있다. 위의 원의 그래프는 일정한 길이를 가지는 것을 볼 수 있고 삼각형이나 사각형 같은 경우는 볼록하게 솟아오르는 꼭지점으로 도형을 구별할 수 있다.

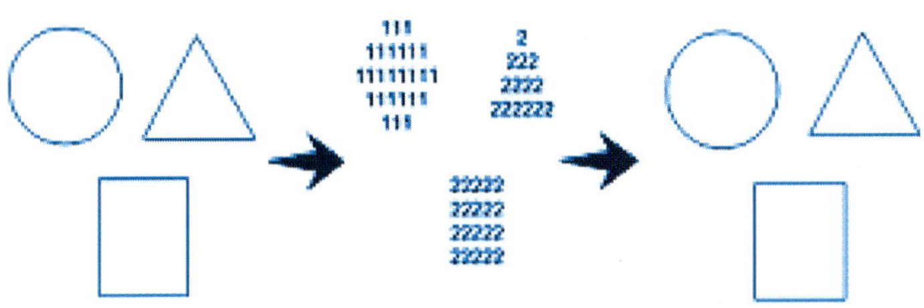

그림 7-31 사인 기법 전처리 과정

그림 7-31은 다각형을 구하는 방법에 대해서 설명해 놓았다. 영상에 들어온 물체를 이진화를 한 후 라벨링 알고리즘을 거쳐서 라벨링된 알고리즘의 각각의 영역에 대해서 경계추적을 한다. 이때 경계추적을 하면서 각 영역의 외각 에지의 좌표를 저장한다. 저장된 좌표를 이용하여 물체의 중심점에서 각 화소의 좌표들의 거리를 계산하여 물체의 특징을 알 수 있다.

(4) 프로그램

① 영상 패널 6종에 대하여 그림 7-33과 같이 프로그램한다.

② 영상 패널에 대하여 패턴을 지정하고 패턴에 대한 색채 정보를 반듯이 입력하여야 정확한 영상처리가 가능하다.

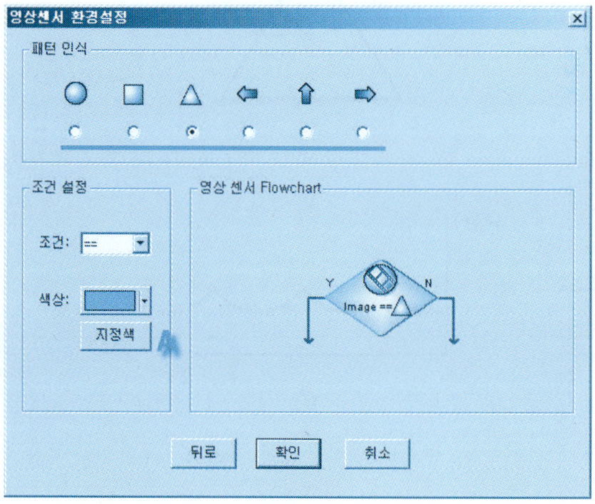

그림 7-32 영상인식 환경설정

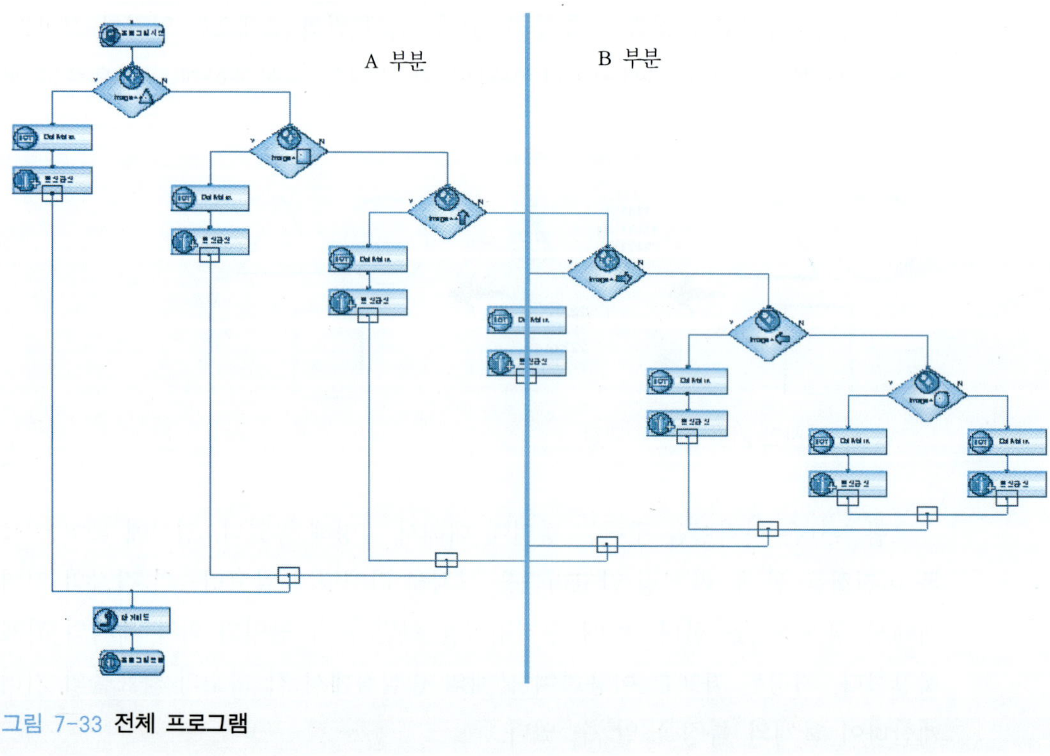

그림 7-33 전체 프로그램

그림 7-32에서 해당하는 패턴인식에 대한 모양을 선택하여야 하며, 또한 “A” 부분의 지정색을 선택하여 영상으로 보이는 패널에 대한 색채 정보를 입력하여야 한다.

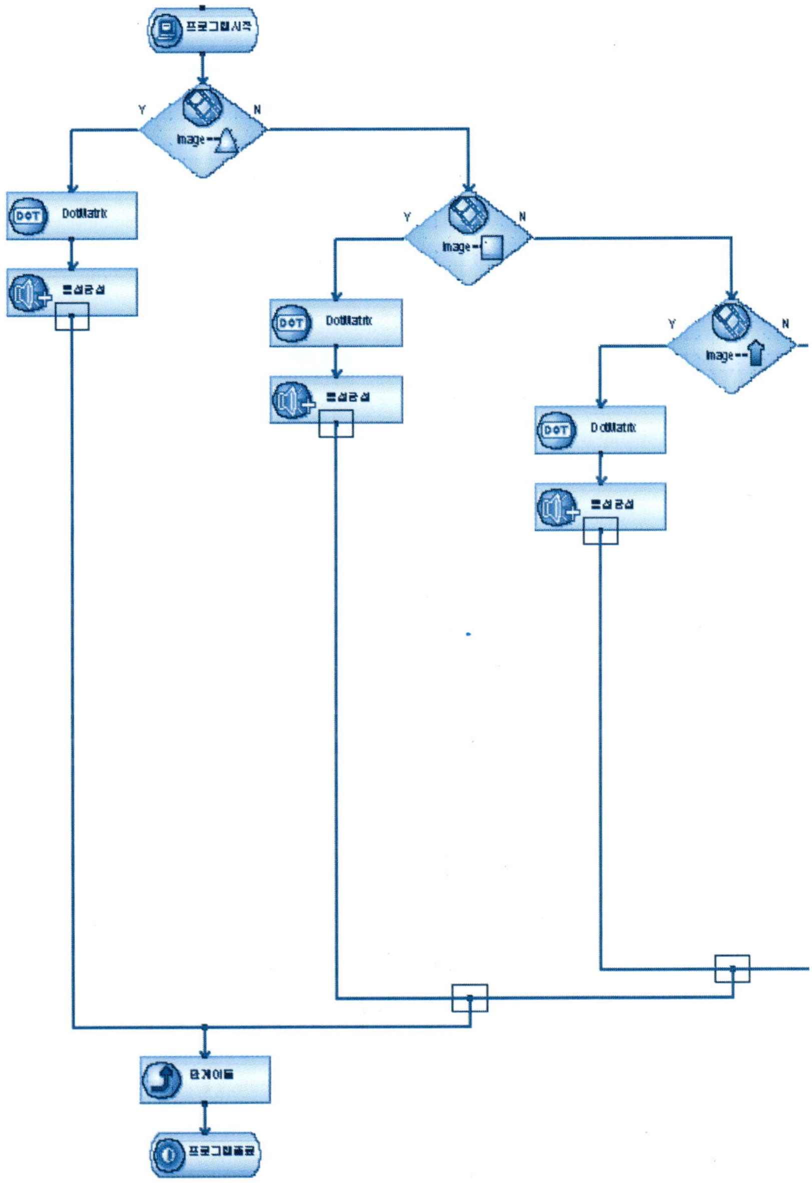

그림 7-34 A부분

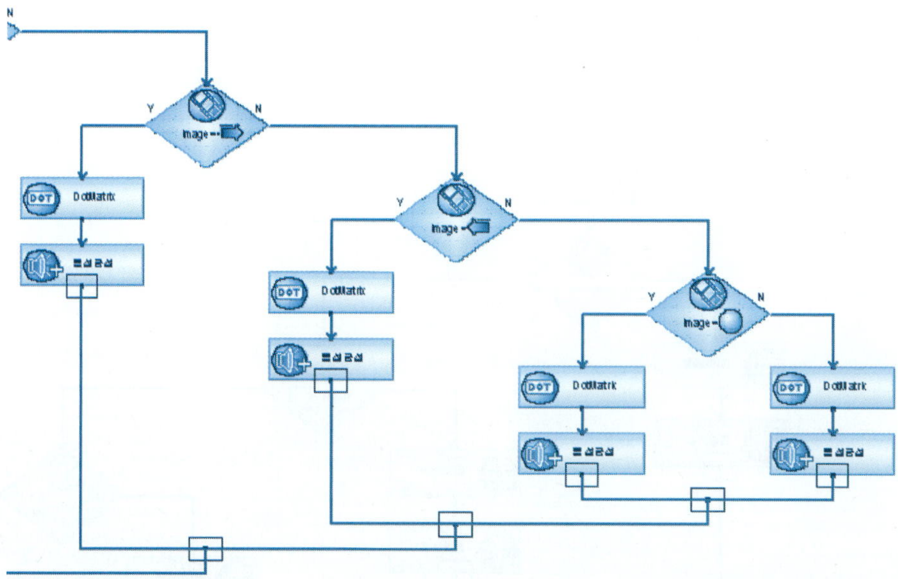

그림 7-35 B부분

※ 주의사항

본 실습에서는 센서 모니터링에 대한 기능을 구현하지 않으므로 로봇이 물체에 충돌하는 것에 대하여 준비하여야 한다.

(5) 고 찰

영상 인식을 이용한 로봇제어 경우에는 주변의 광량에 따라 인식률이 크게 차이가 난다. 이것은 사람이 눈으로 보는 색채 정보와 실제 로봇이 CMOS 이미지 센서를 이용하여 보는 색채 정보가 크게 다르기 때문이다. 또한 주변이 밝기가 변화에 따라 CMOS 이미지 센서에서 보는 색채 정보는 크게 변화가 생기기 때문이다.

   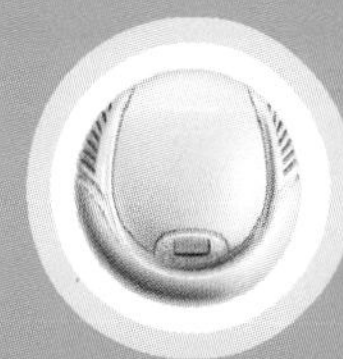

제Ⅳ부

지능형 로봇 플랫폼의 제어 활용

지능형 로봇 플랫폼의 제어 활용(1) 8장

로봇이 이동 중 주변의 장애물을 감지하는 경우 이에 대한 회피 기능을 보유하지 못하는 경우 사람이 다치거나, 사물이 파손되는 심각한 문제가 발생할 수 있는 문제점이 있다. 로봇에 가장 기본적인 기능으로 사물에 대한 물체 감지와 물체를 회피할 수 있는 기능을 보유하고 있어야 하며, 본 장에서는 로봇에 부착되어 있는 초음파 및 적외선 센서를 이용하여 전방 및 후방에 있는 물체를 감지한 후 회피하는 방법에 대하여 학습한다.

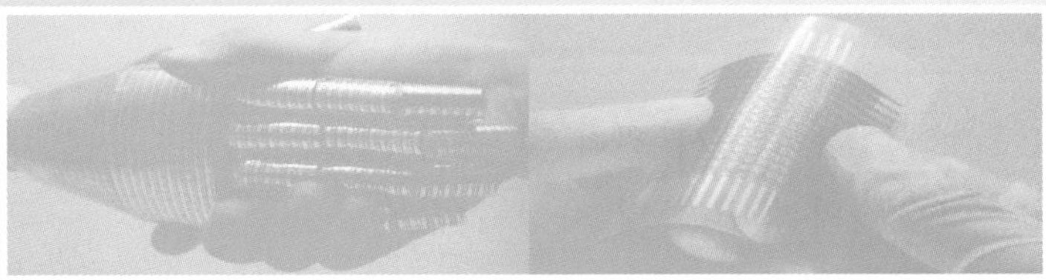

8-1 물체회피

8-1-1 목 표

로봇이 이동 중 주변의 장애물을 감지하는 경우 이에 대한 회피 기능을 보유하지 못하는 경우 사람이 다치거나, 사물이 파손되는 심각한 문제가 발생할 수 있는 문제점이 있다. 로봇에 가장 기본적인 기능으로 사물에 대한 물체 감지와 물체를 회피할 수 있는 기능을 보유하고 있어야 하며, 본 실험에서는 로봇에 부착되어 있는 초음파 및 적외선 센서를 이용하여 전방 및 후방에 있는 물체를 감지한 후 회피하는 방법에 대하여 학습한다.

8-1-2 프로그램

1) 프로그램 내용

로봇이 주행 중 전방에 장애물을 감지한 경우 장애물을 건들지 말고 주변을 회피하여 주행하며, 주행 중 전방에 장애물로 인하여 전진하지 못하는 경우가 발생하는 경우에는 후진하여 장애물이 없는 방향으로 회전하여 진행한다.

2) 관련 요소 기술

① 초음파 센서 원리 및 측정 기술
② 적외선 원리 및 측정 기술
③ 모터 구동 및 PID Gain Setting 기술

3) 프로그램 주의사항

① 전진 주행 시에는 전방에 부착되어 있는 초음파 및 적외선 센서를 사용한다.
② 전방에 장애물을 감지하는 경우 측면 센서를 이용하여 장애물이 없는 방향으로 이동한다.
③ 전방으로 이동이 불가능한 경우에는 후방에 부착되어 있는 초음파 및 적외선

센서를 이용하여 후진한 후 측면 센서를 이용하여 장애물이 없는 방향으로 이동한다.

4) 적용 센서 위치

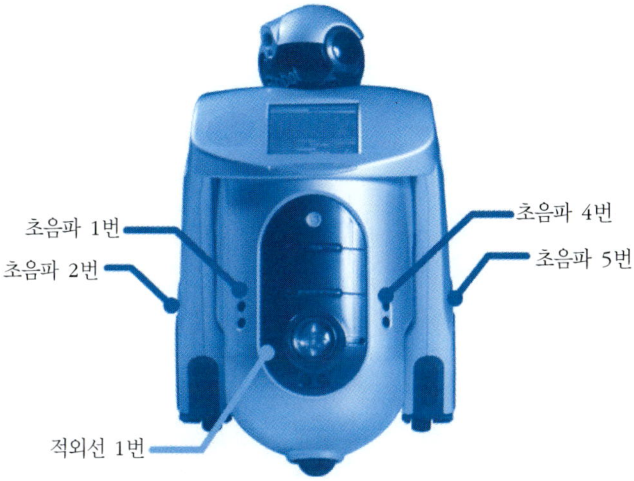

그림 8-1 적용한 센서의 위치

5) 프로그램

① 로봇의 정면에 장애물을 판단하는 기준은 적외선 센서 1번을 기준으로 한다.
② 적외선 1번을 기준으로 장애물이 없을 경우 초음파 4번 센서를 이용하여 초음파 센서 1, 4, 2, 5번을 사용하여 정면의 장애물을 검출해서 전진하고 초음파 2, 5번을 사용하여 로봇의 양 옆의 장애물을 검출하여 회피한다.
③ 적외선 1번에 장애물이 검출되면 초음파 4번 센서를 이용하여 장애물을 판단하고 로봇 정면 가까이에 장애물이 있으면 로봇을 뒤로 움직여서 다음 움직일 방향을 설정한다.
④ 초음파 2, 5번 센서를 이용하여 로봇의 양 옆을 조사하고 로봇 주변에 장애물로 이동할 공간이 없는 경우에는 로봇을 정지한다.
⑤ 아래 센서 부분별 감지 영역을 감안하여 프로그램한다.

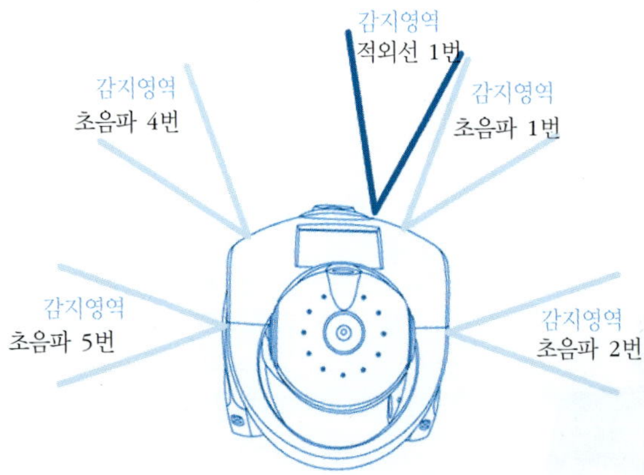

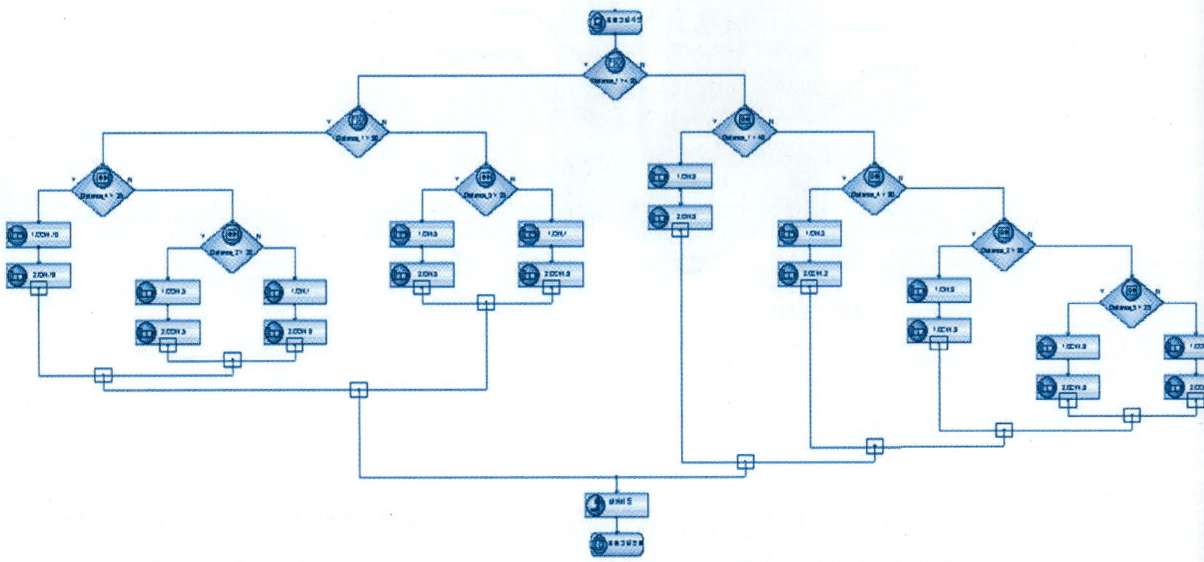

그림 8-2 **전체 프로그램**

⑥ 적외선 1번을 기준으로 초음파 1, 4번을 체크한 후 전진과 후진을 결정하고 초음파 2, 5번을 이용하여 로봇의 장애물 회피 프로그램을 만든다.

6) 결 과

① 사용자가 작성한 프로그램과 동일하게 동작을 하였는가?

② 장애물을 여러 가지 형태로 변경한 경우에도 동일하게 동작을 하는가?

③ 본 실습을 통하여 활용할 수 있는 응용 방법을 서술하시오.

8-2 패턴인식

8-2-1 목 표

로봇이 이동 중 주변 장애물을 감지하는 경우에는 로봇에 부착되어 있는 초음파 및 적외선 센서를 활용하여 장애물을 감지할 수 있다. 그러나 장애물이 어떠한 형태로 구성되어 있는지, 어떠한 모양인지 확인할 수 없는 단점이 있다. 이러한 단점을 보안하기 위하여 영상 센서를 이용하여 특정 사물을 인식할 수 있는 프로그램을 하여 특정 사물이 검출되는 경우 사물에 대한 형태를 파악 후 이에 맞는 행동을 할 수 있는 것에 대하여 학습한다.

8-2-2 프로그램

1) 프로그램 내용

미리 정의되어 있는 패턴 모양인 사각형을 로봇 주변에 배치한 후 로봇이 이동 중 사각형을 영상 센서로 인식한 후 음성합성을 통하여 사용자에게 사각형의 모양을 설명하여 준다.

2) 관련 요소 기술

① 모터 구동 및 PID Gain Setting 기술
② 디지털 영상 인식의 기본 지식
③ 영상 센서 원리 및 구동제어 기술

3) 프로그램 주의사항

① 로봇은 약 10cm 전진 후 원형으로 로봇 주변을 탐색을 한다.
② 탐색 중 사각형의 패널이 발견이 되는 경우 사용자에게 패널에 대하여 설명하여 준다.

4) 적용 센서 위치

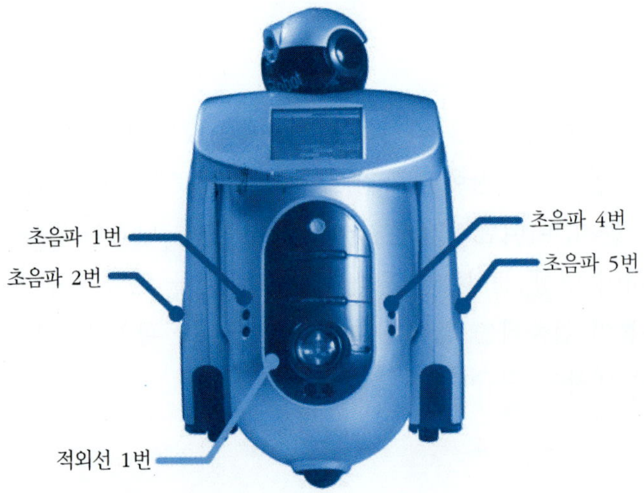

그림 8-3 적용한 센서의 위치

5) 프로그램

① 로봇의 정면에 장애물을 판단하는 기준은 적외선 센서 1번을 기준으로 한다.

② 적외선 1번을 기준으로 장애물이 없을 경우 초음파 4번 센서를 이용하여 초음파 센서 1, 4, 2, 5번을 사용하여 정면의 장애물을 검출해서 전진하고 초음파 2, 5번을 사용하여 로봇의 양 옆의 장애물을 검출하여 회피한다.

③ 적외선 1번에 장애물이 검출되면 초음파 4번 센서를 이용하여 장애물을 판단하고 로봇정면 가까이에 장애물이 있으면 로봇을 뒤로 움직여서 다음 움직일 방향을 설정하다.

④ 초음파 2, 5번 센서를 이용하여 로봇의 양 옆을 조사하고 로봇 주변에 장애물로 이동할 공간이 없는 경우에는 로봇을 정지한다.

⑤ 로봇이 회전을 하면서 패널을 찾는다. 패널을 찾은 후 찾은 위치를 기준으로 로봇을 전진한다.

⑥ 아래 센서 부분별 감지 영역을 감안하여 프로그램한다.

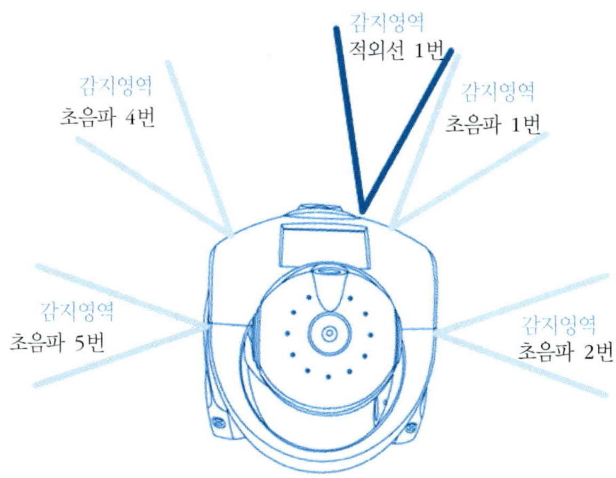

6) 프로그램

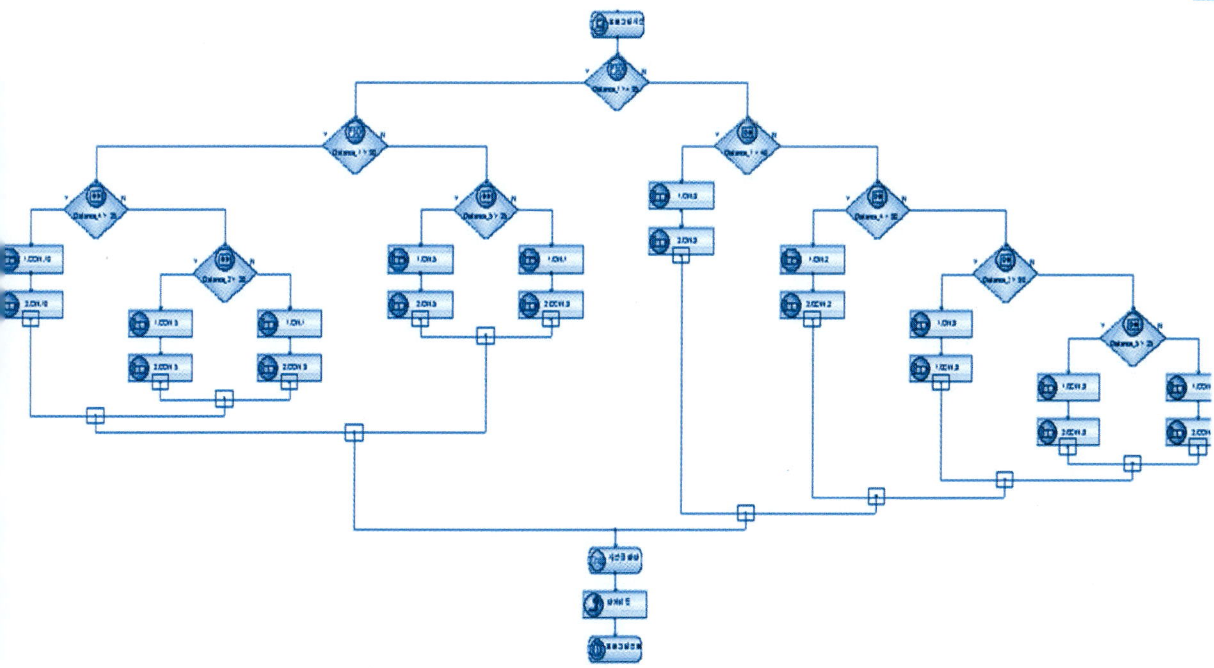

그림 8-4 전체 프로그램

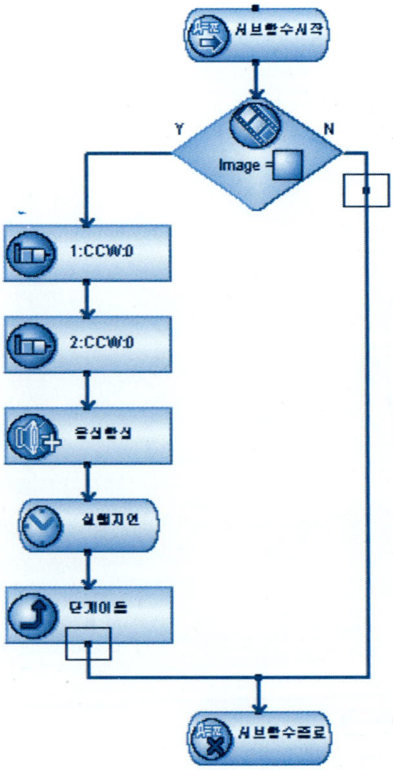

7) 결 과

① 사용자가 작성한 프로그램과 동일하게 동작을 하였는가?
② 패널 종류를 다양하게 변경 후에도 동일하게 동작을 하는가?
③ 본 실습을 통하여 활용할 수 있는 응용 방법을 서술하시오.

8-3 특정 패널 인식제어

8-3-1 목 표

로봇이 주변을 탐색 중 초전 센서 반응이 있는 경우 현재 반응된 지점을 중심으로 전진을 하며, 정지는 초전 센서 반응이 없을 때까지 전진을 한다.

8-3-2 프로그램

1) 프로그램 내용

주변을 탐색하는 과정에서 사용자가 인위적으로 로봇 정면에 위치하여 보고 로봇이 사용자쪽으로 진행하는지를 확인한다. 이때 로봇 진행 방향으로 장애물을 설치하고 로봇이 장애물을 회피하는지 확인한다.

2) 관련 요소 기술

① 모터 구동 및 PID 이득설정 기술
② 디지털 영상 인식의 기본 지식
③ 영상 센서 원리 및 구동제어 기술

3) 프로그램 주의사항

① 영상 센서를 이용하여 패널을 찾는다.
② 초음파 1, 3, 4번을 이용하여 주변 장애물을 회피한다.
③ 로봇과 영상 센서를 이용하여 패널을 위치가 근접했을 경우 프로그램을 멈춘다.

4) 적용 센서 위치

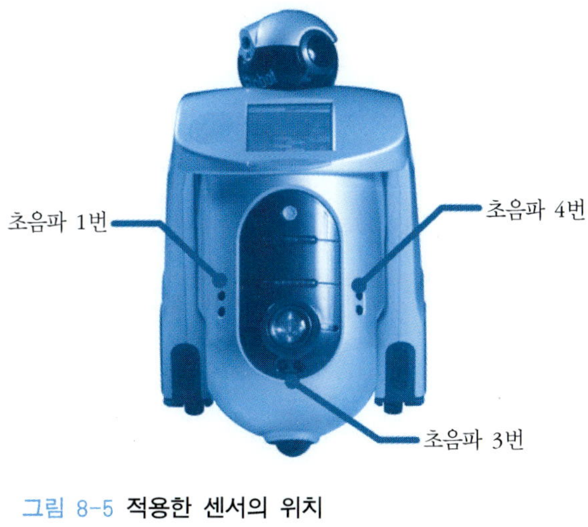

그림 8-5 적용한 센서의 위치

5) 프로그램

① 영상 패널 접근한다.

② 로봇이 회전을 하면서 패널을 찾는다. 패널을 찾은 후 찾은 위치를 기준으로 로봇을 전진한다.

③ 물체회피한다.

④ 초음파 1, 3, 4번을 사용하여 로봇의 장애물을 회피한다. 3번 센서에 장애물이 가까이 있을 경우 로봇은 뒤쪽으로 이동하여 회피한다.

⑤ 패널 접근

⑥ 로봇과 패널의 위치가 가까워질 때까지 패널쪽으로 이동한다.

⑦ 다음 그림은 초음파 센서 1, 3, 4번 감지영역을 확인 후 프로그램한다.

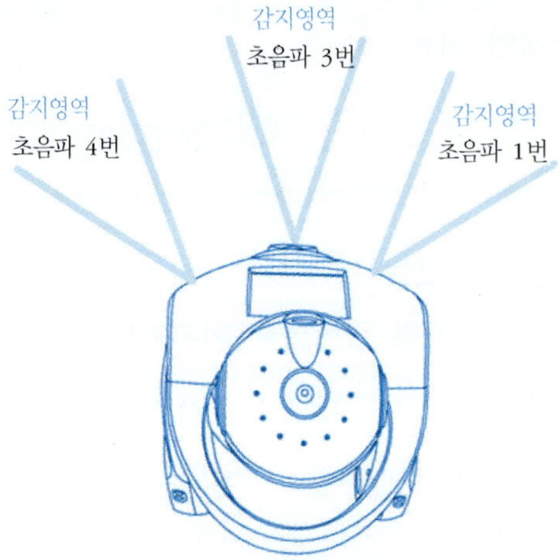

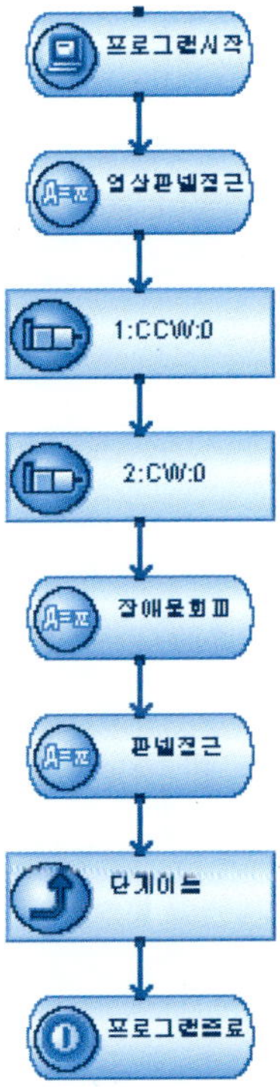

그림 8-6 메인 프로그램

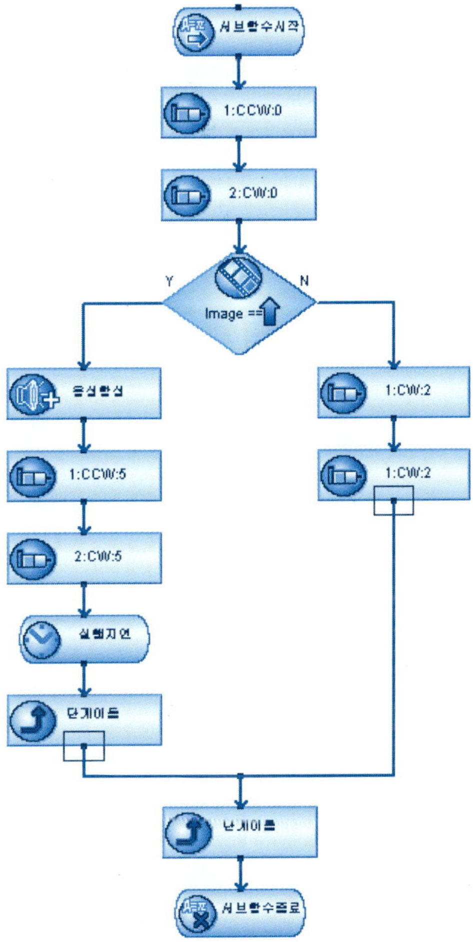

그림 8-7 영상 패널 접근 서브함수

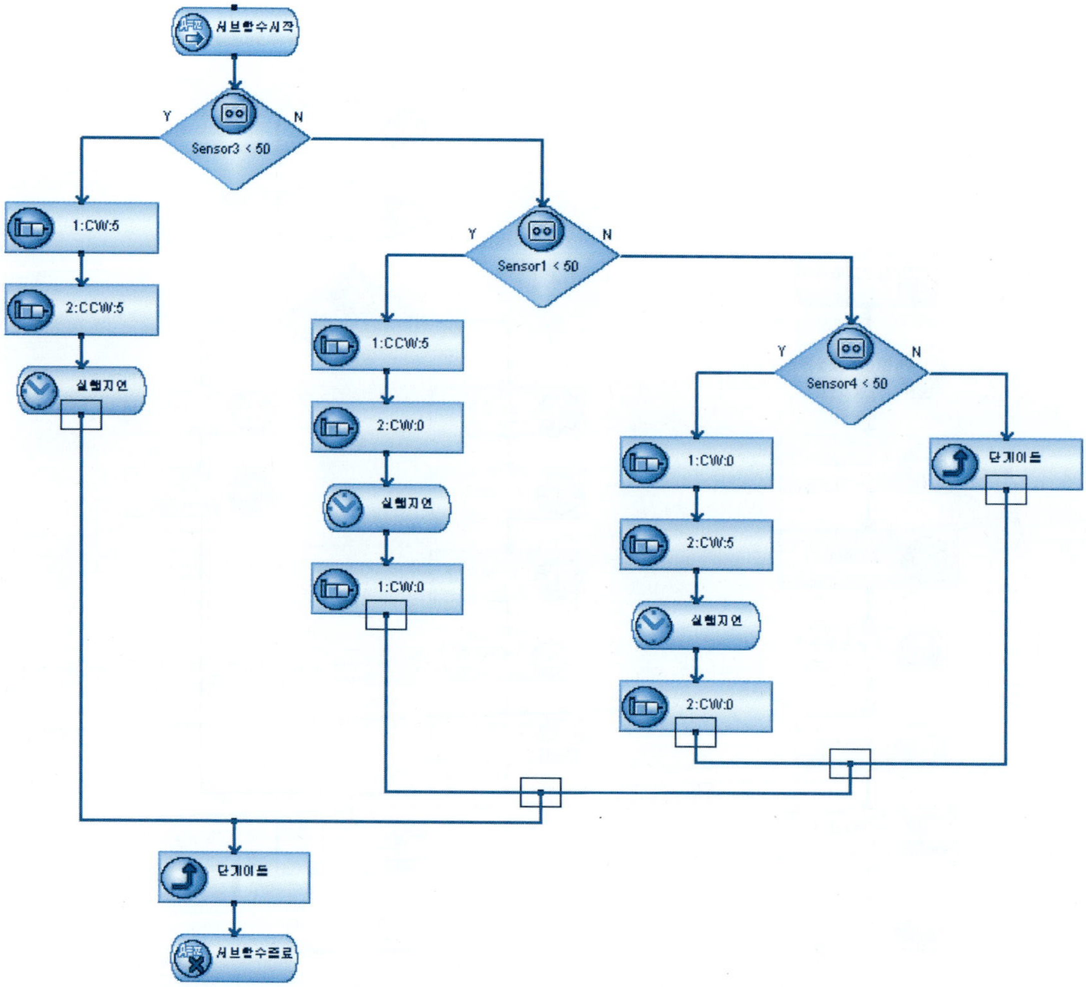

그림 8-8 장애물 회피 서브함수

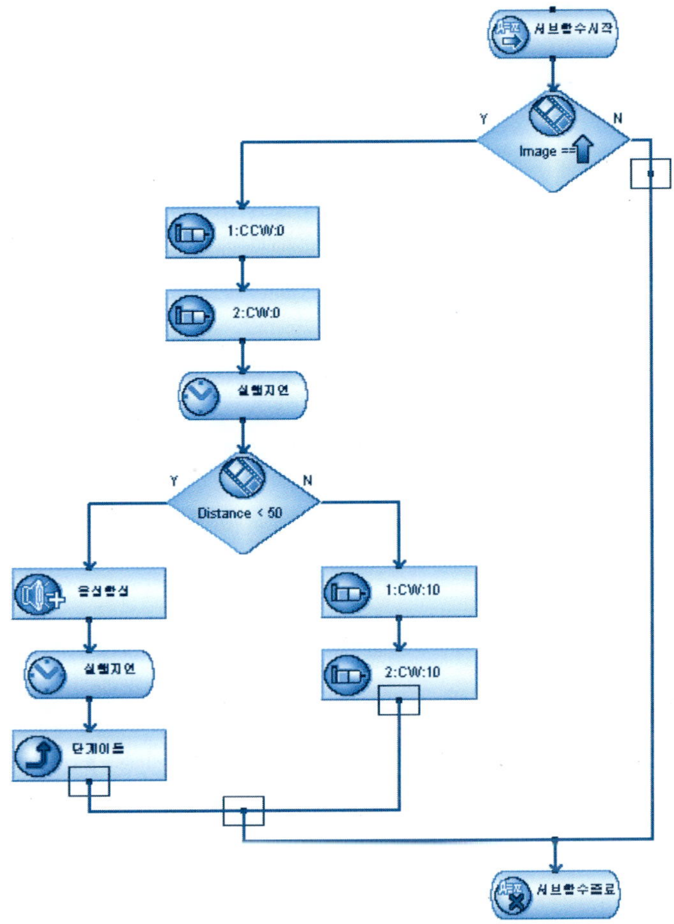

그림 8-9 패널 접근 서브함수

6) 결 과

① 사용자가 작성한 프로그램과 동일하게 동작을 하였는가?
② 패널 종류를 다양하게 변경 후에도 동일하게 동작을 하는가?
③ 본 실습을 통하여 활용할 수 있는 응용 방법을 서술하시오.

8-4 특정 경로 이동실습

8-4-1 목 표

공공기관에 서비스 로봇이 적용되면 사용자자가 원하는 지역으로 로봇이 안내하여야 한다. 로봇에는 현재 위치한 공간에 대한 맵 데이터가 미리 저장되어 있어 사용자가 지정한 곳까지의 최단 거리를 계산하여 목적지까지 안내를 하여야 한다. 본 실험에서는 사용자가 미리 지정한 구역에 대한 거리를 확인한 후 로봇에게 거리 데이터를 바탕으로 주차 프로그램에 대하여 프로그램하여 본다.

8-4-2 프로그램

1) 프로그램 내용

본 실험에서는 일반 환경과 같은 조건으로 실습하기에 외부 환경에 대한 조건이 충분하지 않아 정적인 데이터를 이용하여 로봇에 대한 맵을 지정하도록 한다.

2) 관련 요소 기술

① DC 모터 위치 제어 기술
② DC 모터 이득설정 제어 기술

3) 프로그램 주의사항

① 정적인 데이터를 이용하므로 바닥상태에 대한 오류를 무시하고 작성한다.
② 각각의 목적지는 서브함수 형태로 프로그램을 한다.
③ 특정 목적의 이동을 하기 위해서는 다음과 같은 공간 및 장애물이 필요하다.

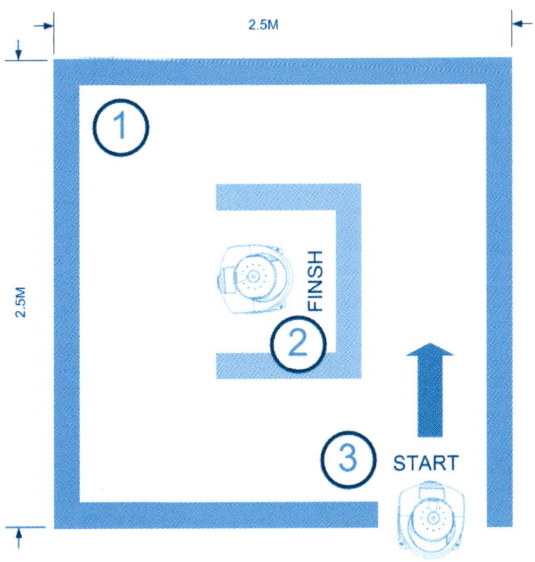

① 3번 위치에 있는 로봇이 패널을 인식하면 로봇 주행 시작

② 모터 제어를 통해 1번 위치로 이동(적외선 1, 초음파 1, 2, 4, 7번을 이용하여 장애물을 회피)

→ 2번과 7번 센서를 이용하여 1번 위치에 있다는 것을 판단 후 2번 위치로 이동

③ 1번 위치에서 2번 위치로 모터 제어로만 주차

4) 적용 센서 위치

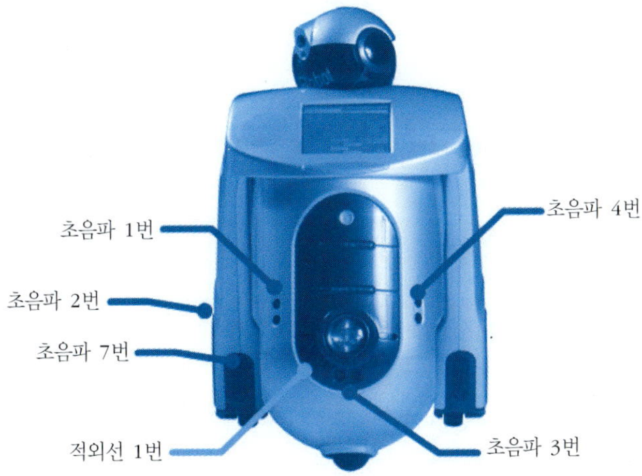

그림 8-10 적용한 센서의 위치

5) 프로그램

① 3번 위치에서 영상 패널을 인식 자율 주행으로 1번 위치까지 이동
② 초음파 2, 7번 센서값이 100 이상이면 1번 위치에 있다고 판단 후 2번 위치까지 모터 제어로만 로봇 주행
③ 후방 센서를 이용하여 2번 위치에 있다고 판단하면 주차 완료
④ 아래 그림은 초음파 센서 감지영역을 확인 후 프로그램한다.

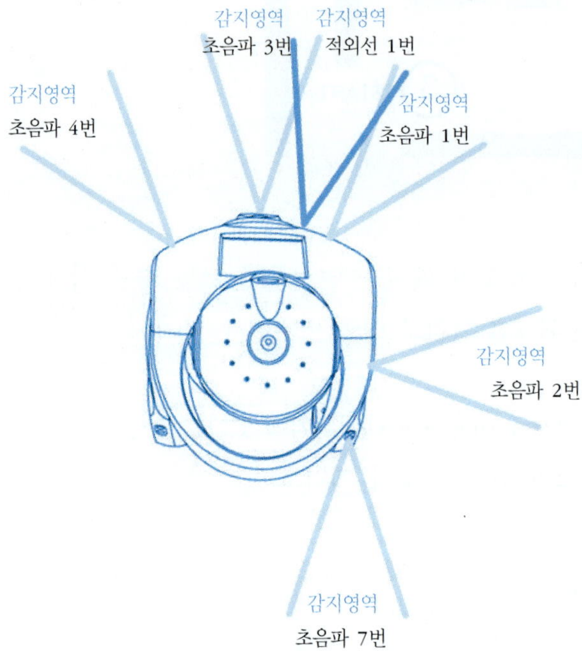

※ 주의사항

본 실습에서는 센서 모니터링에 대한 기능을 구현하지 않으므로 로봇이 물체에 충돌하는 것에 대하여 준비하여야 한다.

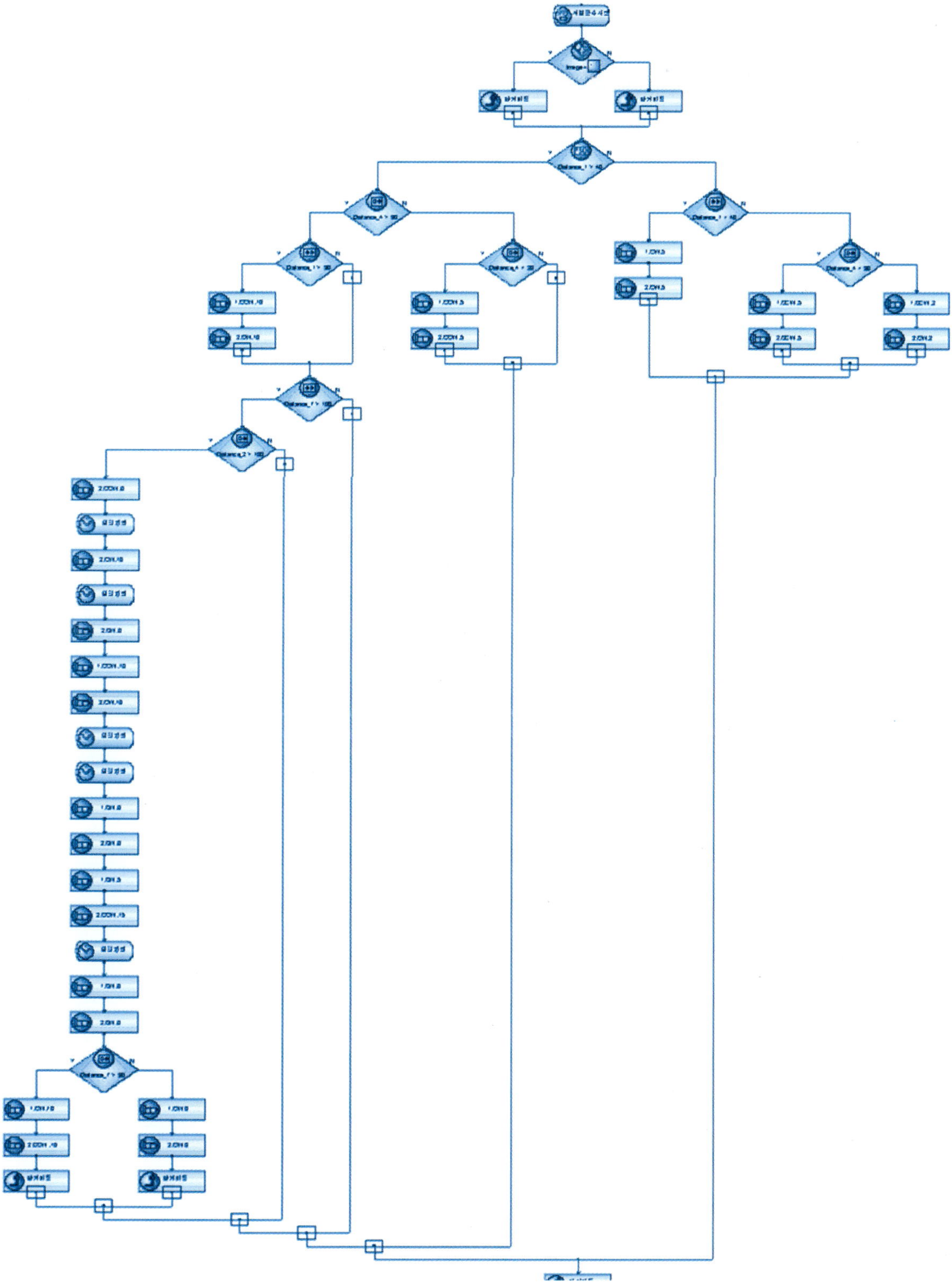

그림 8-11 **전체 프로그램**

6) 결 과

① 사용자가 작성한 프로그램과 동일하게 동작을 하였는가?

② 패널 종류를 다양하게 변경 후에도 동일하게 동작을 하는가?

③ 본 실습을 통하여 활용할 수 있는 응용 방법을 서술하시오.

9장 지능형 로봇 플랫폼의 제어 활용(2)

9-1 주위 광량에 따른 로봇 제어
9-2 로봇을 이용한 운전면허 코스 실습
9-3 타이머를 이용한 로봇 제어

9-1 주위 광량에 따른 로봇 제어

9-1-1 목 표

로봇의 활용 분야에 따라 가정 및 공공기관에서 사용할 수 있는 서비스 로봇과 또한 극한 공간에서 사용할 수 있는 로봇으로 분류할 수 있다. 극한 로봇은 일반적인 군사, 공장, 재해 현장 등에서 사용할 수 있으며, 이러한 환경에 대해 로봇이 적응하여 필요하며, 주변의 광량에 따라 광량을 측정하여 로봇의 속도를 조절하는 방법에 대하여 알아본다.

9-1-2 프로그램

1) 프로그램 내용

본 로봇 시스템에 전면부 상부에 조도 센서가 위치하여 있다. 일반적으로 장애물을 감지하는 경우 회피하는 기본 프로그램을 작성하며, 속도는 주변의 광량의 데이터를 취득하여 어두운 공간에서는 속도를 감속하고, 광량의 데이터가 큰 경우에만 속도를 증가하도록 프로그램한다.

2) 관련 요소 기술

① DC 모터 위치 제어 기술
② DC 모터 이득설정 제어 기술
③ 초음파 센서 원리 및 측정 기술
④ 적외선 원리 및 측정 기술
⑤ 조도 센서 측정 기술

3) 프로그램 주의사항

① 전진 주행시에는 전방에 부착되어 있는 초음파 및 적외선 센서를 사용한다.
② 전방에 장애물을 감지하는 경우 측면 센서를 이용하여 장애물이 없는 방향으

로 이동한다.

③ 전방으로 이동이 불가능한 경우에는 후방에 부착되어 있는 초음파 및 적외선 센서를 이용하여 후진을 한 후 측면 센서를 이용하여 장애물이 없는 방향으로 이동한다.

④ 조도 센서의 밝기를 측정하여 데이터가 낮은 경우에는 속도를 감속하며, 높은 경우에는 속도를 증가한다.

4) 적용 센서 위치

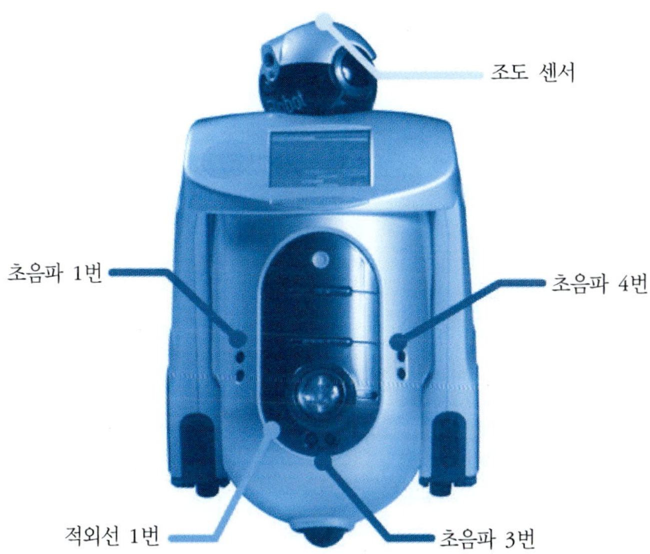

그림 9-1 **적용한 센서의 위치**

5) 프로그램

① 물체회피 프로그램을 이용하여 로봇을 자율 주행하고 조도 센서를 이용하여 로봇이 어두운 경우는 로봇의 속도를 최소한으로 움직이는 프로그램

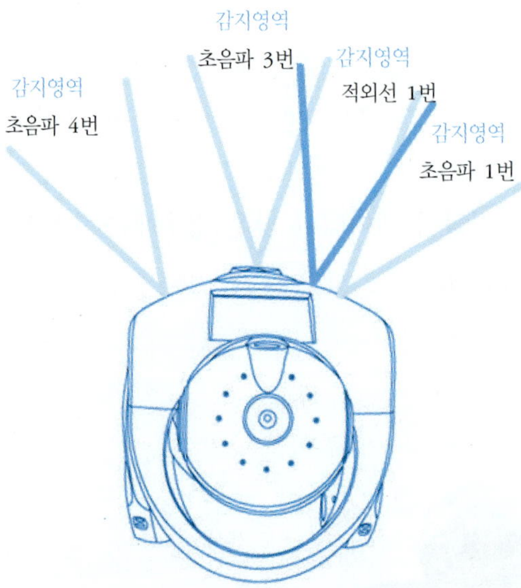

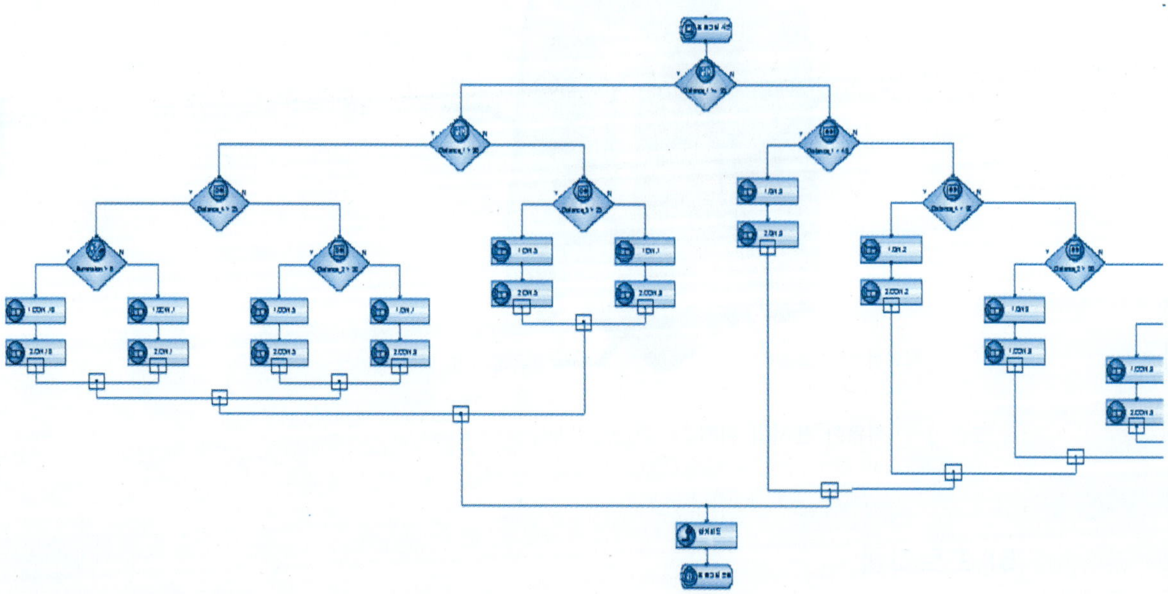

그림 9-2 **전체 프로그램**

6) 결 과

① 사용자가 작성한 프로그램과 동일하게 동작을 하였는가?

② 패널 종류를 다양하게 변경 후에도 동일하게 동작을 하는가?

③ 본 실습을 통하여 활용할 수 있는 응용 방법을 서술하시오.

9-2 로봇을 이용한 운전면허 코스 실습

9-2-1 목 표

본 실습은 앞에서 실습한 기본 실습을 종합하여 실습하는 부분으로 일반적인 자동차 운전면허 코스시험에서 흔히 볼 수 있는 "S"자 코스, "T"자 코드, 일반 주행 부분으로 구성되어 있으며 각 부분은 로봇에 부착되어 있는 센서와 모터의 정보를 활용하여 주행하여야 한다.

9-2-2 프로그램

1) 프로그램 내용

운전면허 코스시험과 동일한 환경을 구성하며, 로봇이 주행 중 사용자 작업시 "S"자 코스, "T"자 코스, 일반 주행을 주행 코스를 이탈하지 말고 주행을 하여야 한다. 주행시에는 로봇에 부착되어 있는 센서를 적극 활용을 하며, 영상 센서를 이용하여 로봇의 진행 방향을 결정하여야 한다.

2) 관련 요소 기술

① DC 모터 위치 제어 기술
② DC 모터 이득설정 제어 기술
③ 초음파 센서 원리 및 측정 기술
④ 적외선 원리 및 측정 기술
⑤ 영상 패턴 처리 기술

3) 프로그램 주의사항

① "S"자 코스의 경우에는 로봇의 부착되어 있는 초음파 및 적외선 센서만을 이용하여 정해진 코스를 주행하여야 하며, "S"자 코스 주변에서 장애물을 형성을 한다.

② "T"자 코스의 경우에는 영상 센서를 이용하여 로봇의 주행 방향을 결정을 하여야 하며, 이 외의 주행은 초음파 및 적외선 센서를 이용한다.
③ 주행공간이 T자, S자 코스가 갖춰져 있어야 테스트가 가능하다.

4) 적용 센서 위치

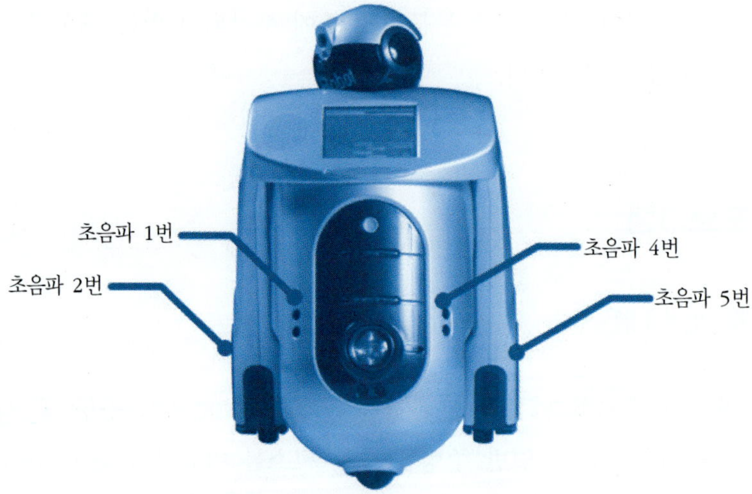

그림 9-3 적용한 센서의 위치

5) 프로그램

① "S"자 코스에서는 로봇의 물체회피 프로그램만을 이용하여 로봇이 자율주행
② "T"자 코스에서는 영상의 패널 판단 알고리즘을 이용하여 3가지 방향에 대해서 로봇이 움직이는 알고리즘(왼쪽, 오른쪽, 뒤로 돌기)
③ 물체회피 프로그램을 이용하여 로봇을 자율주행하고 영상 센서를 이용하여 로봇이 패널의 방향에 맞는 모션을 취하는 프로그램

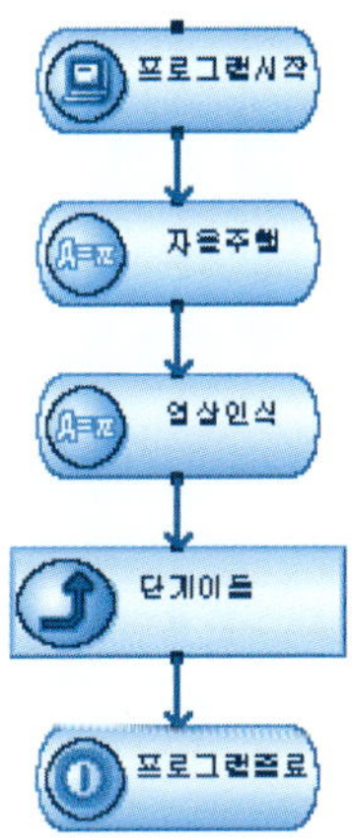

그림 9-4 **메인 프로그램**

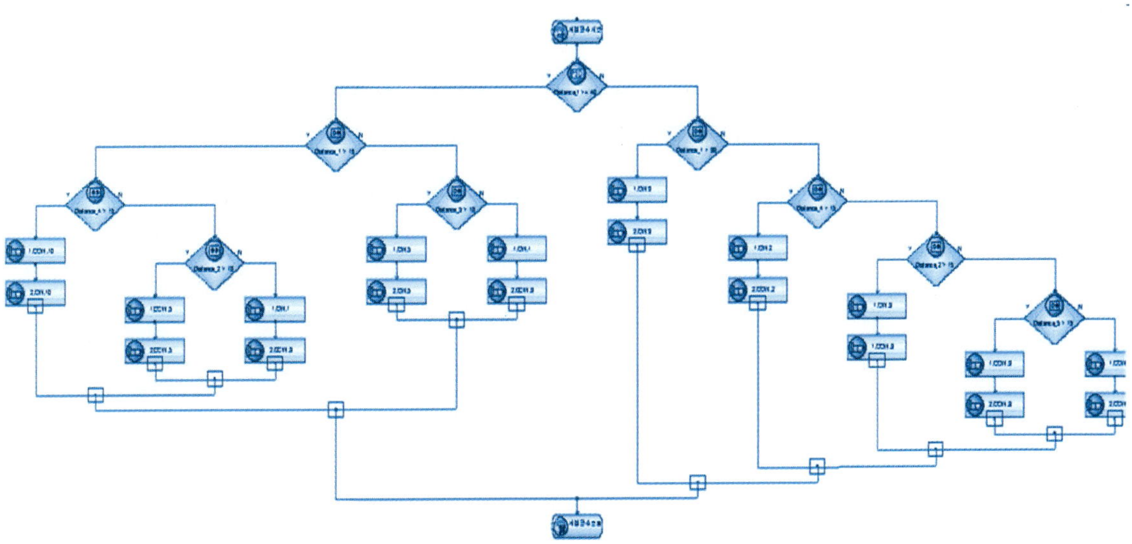

그림 9-5 **자율주행 서브함수**

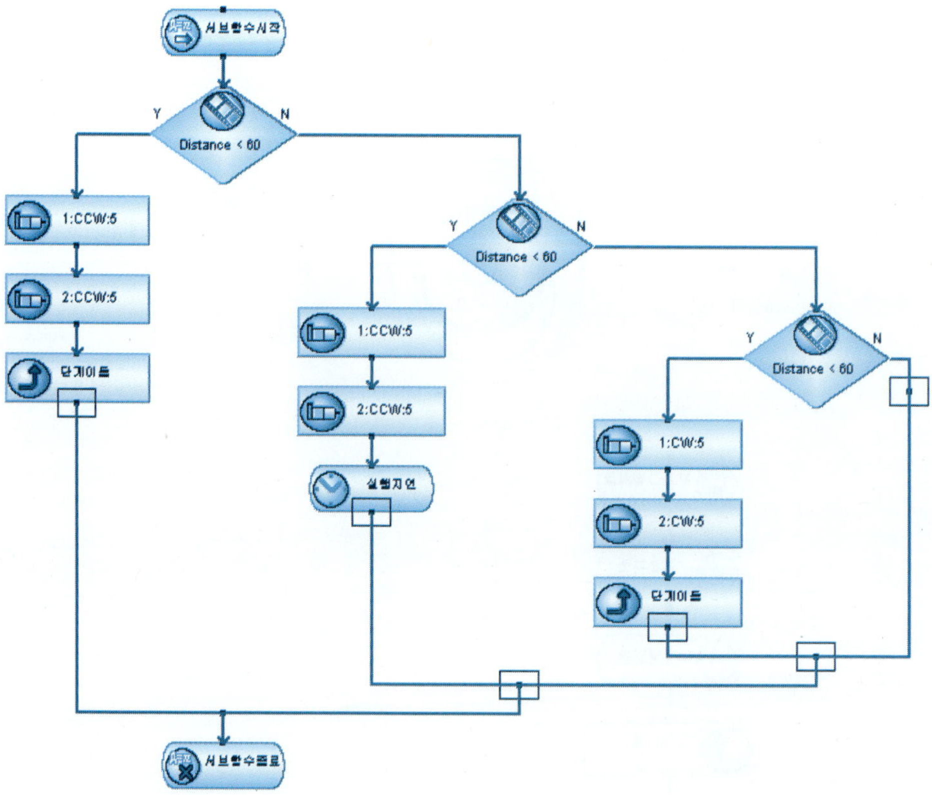

그림 9-6 **영상인식 서브함수**

6) 결 과

① 사용자가 작성한 프로그램과 동일하게 동작을 하였는가?

② 패널 종류를 다양하게 변경 후에도 동일하게 동작을 하는가?

③ 본 실습을 통하여 활용할 수 있는 응용 방법을 서술하시오.

9-3 타이머를 이용한 로봇 제어

9-3-1 목 표

본 실습은 로봇이 복합적인 기능에 대하여 처리하기 위해서는 특정 시간마다 센서의 데이터를 취득하여 동작(Action)을 결정을 하여야 한다. IRES 프로그램에서는 특정 시간 간격마다 동작을 프로그램할 수 있도록 제공을 하고 있으며, 이 컴포넌트(Component)를 사용하여 로봇을 제어하는 프로그램을 하여 본다.

9-3-2 프로그램

1) 프로그램 내용

IRES 프로그램에서는 최대 4개이 타이머 사용이 가능하며, 이 타이머 함수 내부에는 사용자가 직접 작성한 프로그램을 프로그램할 수 있다. 본 프로그램에서는 특정 영상 패널에 대하여 분석하고 분석된 데이터를 바탕으로 로봇이 자율주행할 수 있는 프로그램을 작성하여 본다.

2) 관련 요소 기술

① DC 모터 위치 제어 기술
② DC 모터 이득설정 제어 기술
③ 초음파 센서 원리 및 측정 기술
④ 적외선 원리 및 측정 기술
⑤ 영상 패턴 처리 기술

3) 프로그램 주의사항

① 영상 : 패널이 발견되면 음성출력
② 디스플레이 : 시간마다 다른 디스플레이 창에 내용 출력
③ LED : 깜빡 깜빡거리는 LED 출력

④ 자율주행 : 물체회피 프로그램을 이용한 자율주행

4) 적용 센서 위치

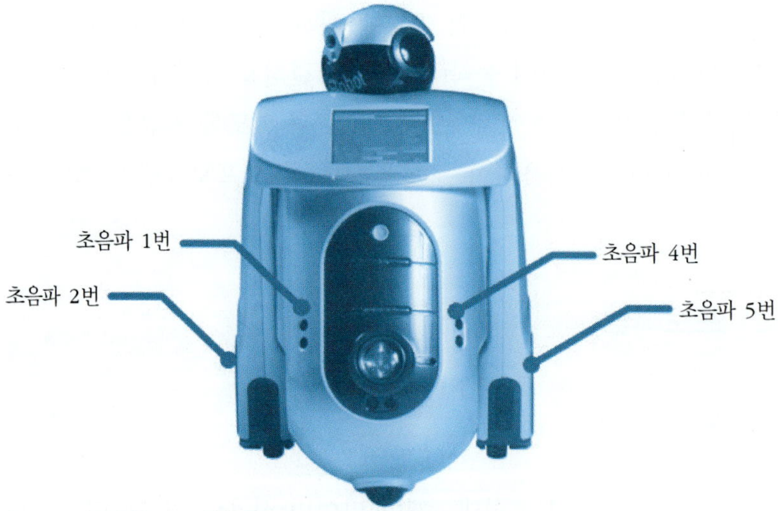

그림 9-7 **적용한 센서의 위치**

5) 프로그램

위의 4가지 함수를 타이머를 통해 실시간으로 동작해 보는 프로그램

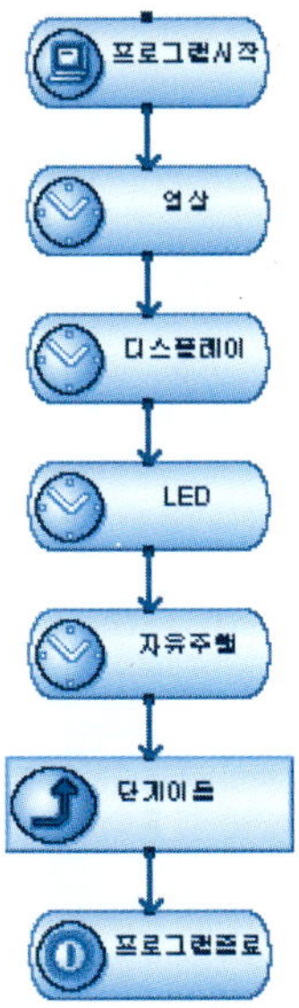

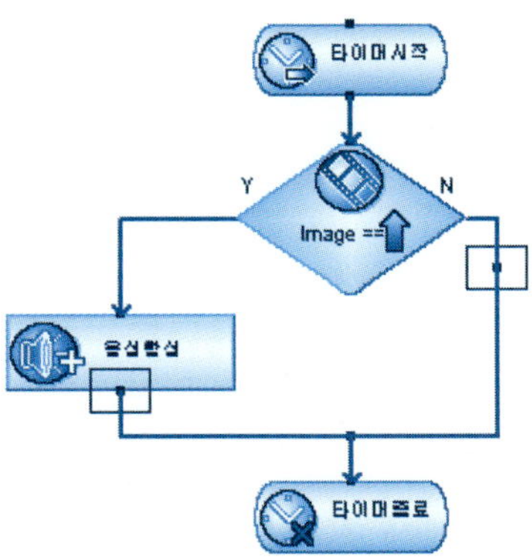

그림 9-8 영상 서브함수

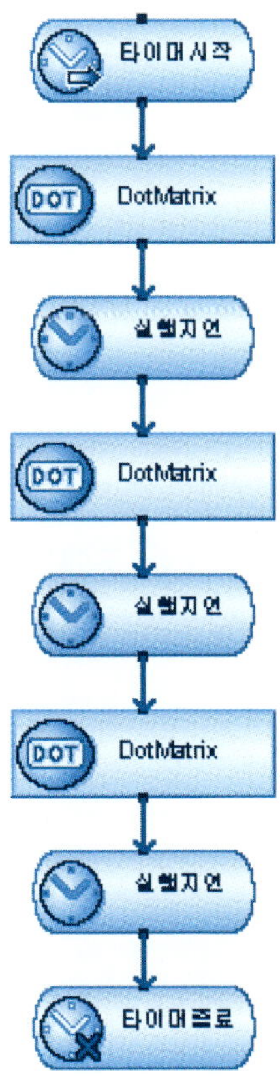

그림 9-9 디스플레이 서브함수

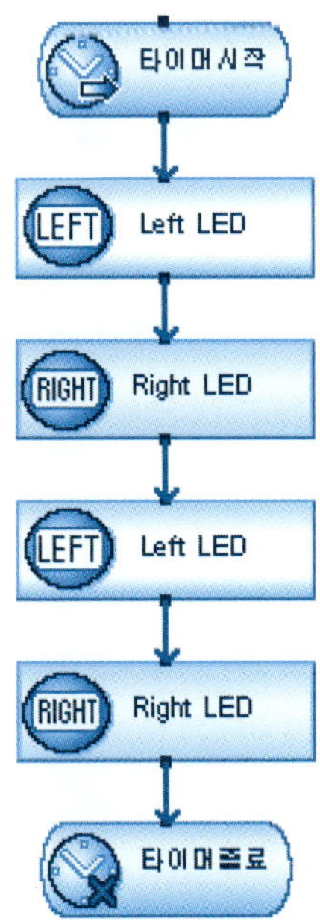

그림 9-10 LED 서브함수

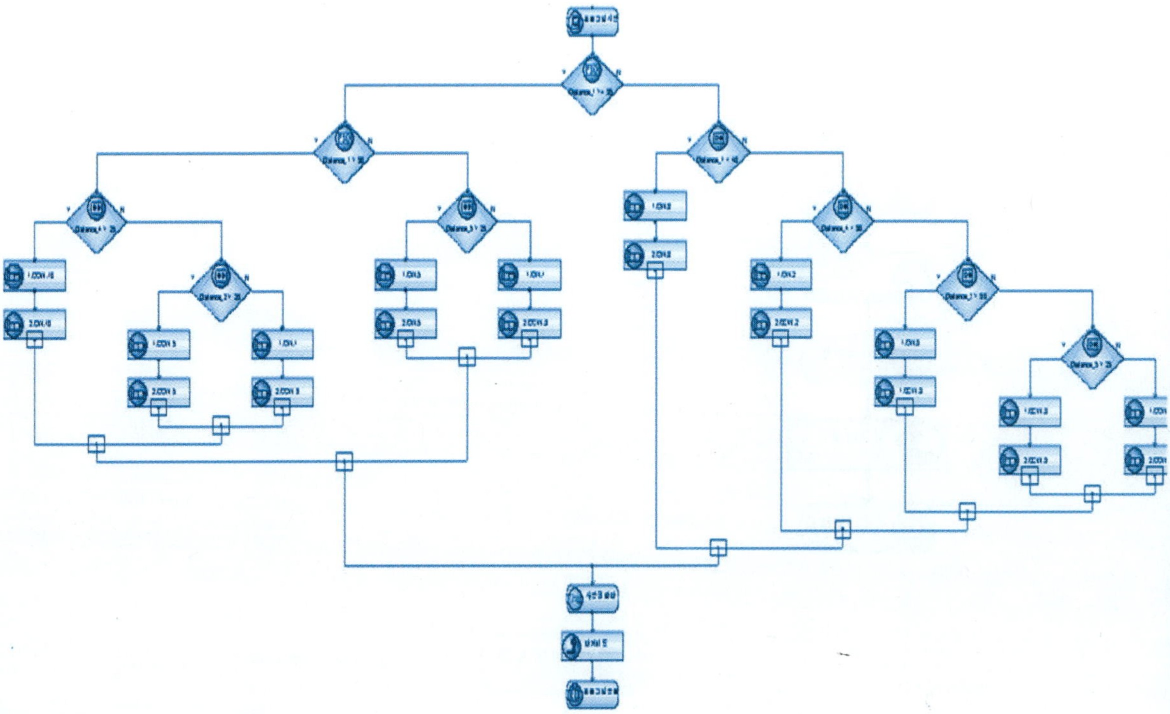

그림 9-11 **자율주행 서브함수**

6) 결 과

① 사용자가 작성한 프로그램과 동일하게 동작을 하였는가?

② 패널 종류를 다양하게 변경한 후에도 동일하게 동작을 하는가?

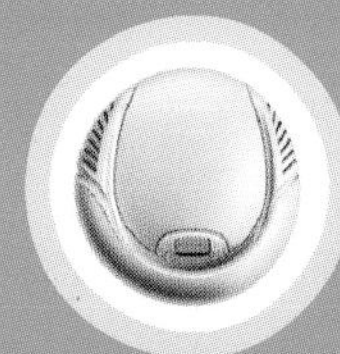

제V부

지능형 로봇 플랫폼의 제어 응용실습

비주얼 C++를 이용한 제어 프로그래밍 10장

지능형 로봇 플랫폼(URobo)을 제어하는 방법으로는 대화형 응용 프로그램(IRES) 외에, 제공되는 파일(Library, DLL 등)들을 사용하여 비주얼 C++(MFC)로 프로그램, 제어할 수 있다. 이 장에서는 비주얼 C++를 사용하여 로봇 초기화 프로그램을 작성하고, 이를 사용한 지능형 로봇 제어의 기본적인 사용 방법을 학습한다.

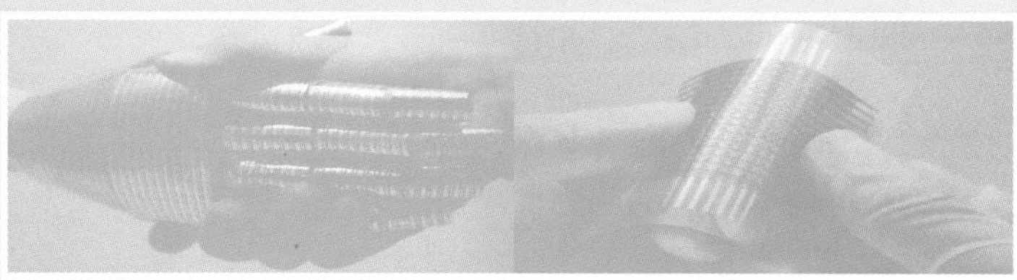

본 교재에서는 비주얼 C++를 처음 접하는 사람이라도 쉽게 따라할 수 있도록 단계별로 그림과 함께 각 실습에서 사용하는 함수들에 대한 사용 방법과 코드들을 나타내었다. 함수들과 프로그램 흐름에 대한 간략한 설명, 그리고 각 함수들이 쓰이는 목적, 용도 등을 생각하며 순서에 맞게 따라 하면 각 장 별로 실습 목적에 부합하는 프로그램 작성과 함께 지능형 로봇 플랫폼의 제어가 쉽게 다가올 것이다. 각 실습에서 작성된 프로그램들은 프로그램 언어에 대하여 문외한, 혹은 입문자를 기준으로 작성하였으므로, 어느 정도 숙달된 사람들에 있어서는 너무 쉽게 보일 수도 있으나, 그런 만큼 다른 각도에서의 프로그래밍을 통하여 지능형 로봇을 더욱 능숙하게 제어하길 바란다.

본 교재는 시중에 나와 있는 프로그램 언어에 대한 전문적인 해설이나 설명을 하는 책이 아닌 지능형 로봇 플랫폼(URobo)의 제어를 위한 프로그래밍 기법을 되도록이면 쉽게 접근하고 사용할 수 있도록 하는 목적으로 작성된 교재이므로, 보다 깊은 이해와 응용을 하고자 한다면 프로그램 언어에 대한 별도의 공부가 필요할 것이다.

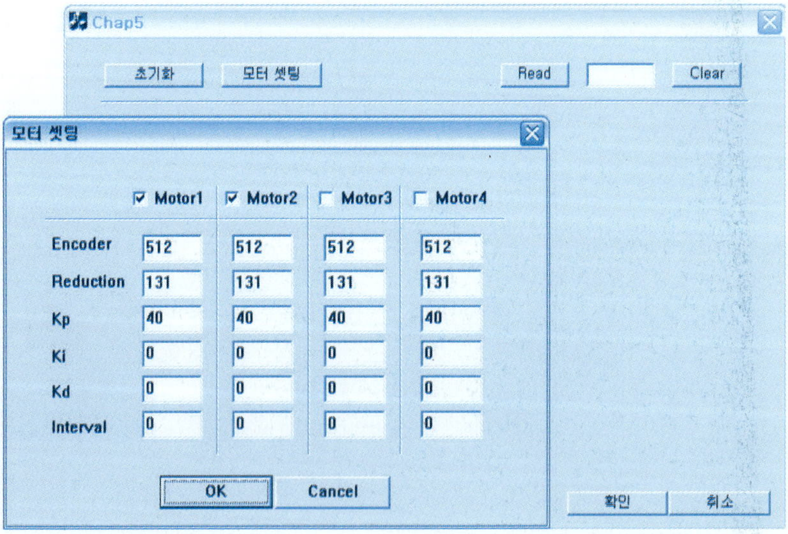

그림 10-1 실습 목표

10-1 원격 접속/제어 프로그램

IRES 프로그램의 경우 사용자 컴퓨터에서 작성한 프로그램을 URobo로 전송하여 실행할 수 있도록 되어 있다. 비주얼 C++에서도 TCP/IP 등 기타 통신 프로그램 작성을 통하여 행할 수는 있으나, 이 과정은 Visual C++를 처음 접하거나, 프로그램 언어와 네트워크 통신에 익숙치 않은 학생들에게는 어려운 작업이다.

이런 관계로 본 교재에서는 프리웨어인 UltraVNC(www.uvnc.com)를 사용하여 사용자 컴퓨터에서 작성한 프로그램 실행 파일을 지능형 로봇 플랫폼으로 전송한 후 원격제어 프로그램을 사용, 사용자 컴퓨터에서 프로그램을 실행, 제어하는 방법을 사용하였다. 기타 다른 원격 제어 프로그램을 사용해도 무방하다.

10-1-1 사용 방법

해당 사이트로 들어가서 프로그램을 다운로드한다.

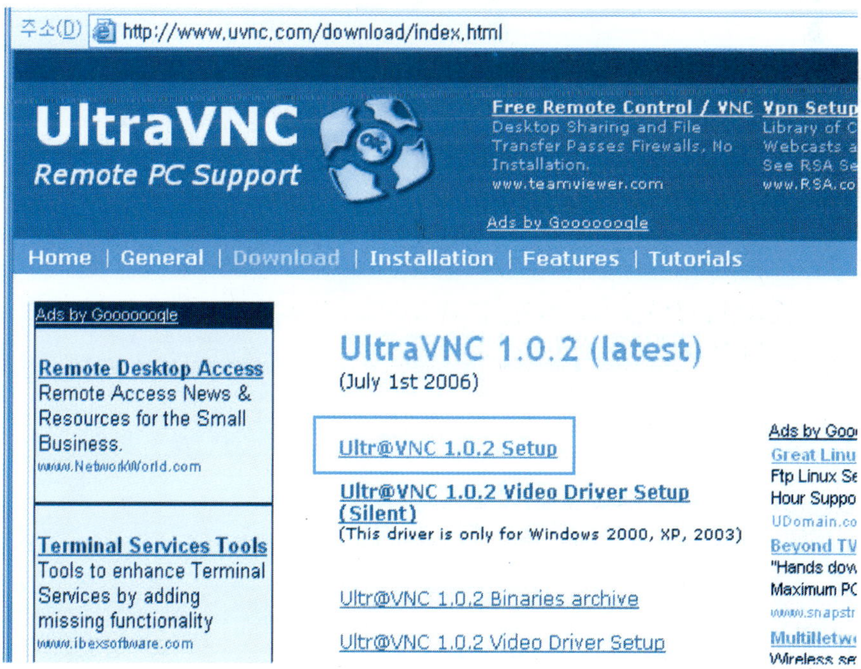

그림 10-2 UVNC 프로그램 다운로드(교재 작성일 기준으로 버전은 차후 틀려질 수 있음)

다운로드한 프로그램을 사용자 컴퓨터와 URobo에 설치한 후 지능형 로봇 플랫폼에서 시작프로그램, 메뉴, 'UltraVNC Server'를 실행한다.

그림 10-3 UVNC 프로그램 실행(Server)

URobo의 UVNC에서 환경설정에 들어가서(오른쪽 하단의 트레이 창에 있는 아이콘을 더블클릭한다.) 서버에서 접속하기 위한 패스워드를 입력한다.

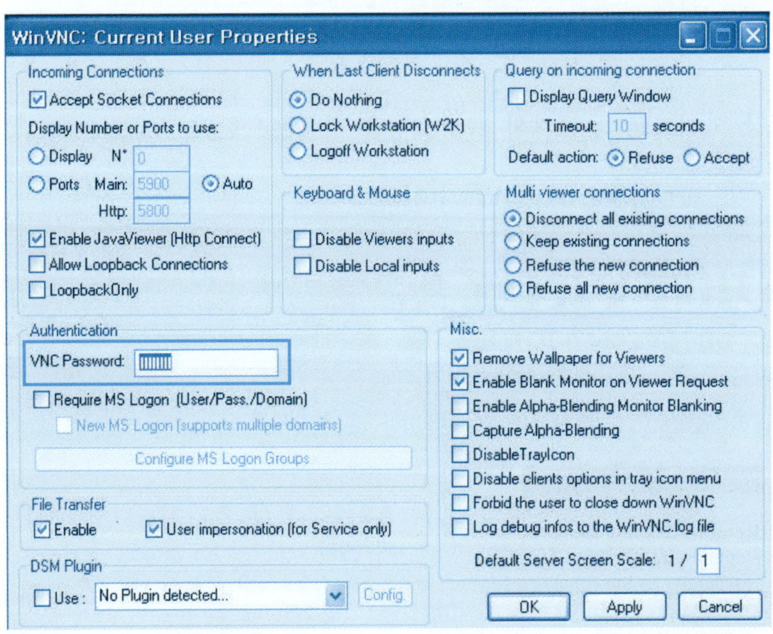

그림 10-4 패스워드 입력 / 수정

이제 사용자 컴퓨터에서 'UVNC Viewer'를 실행한 후, 접속하고자 하는 URobo에 할당된 IP를 입력하고 패스워드를 입력하면 원격 제어에 성공한다.

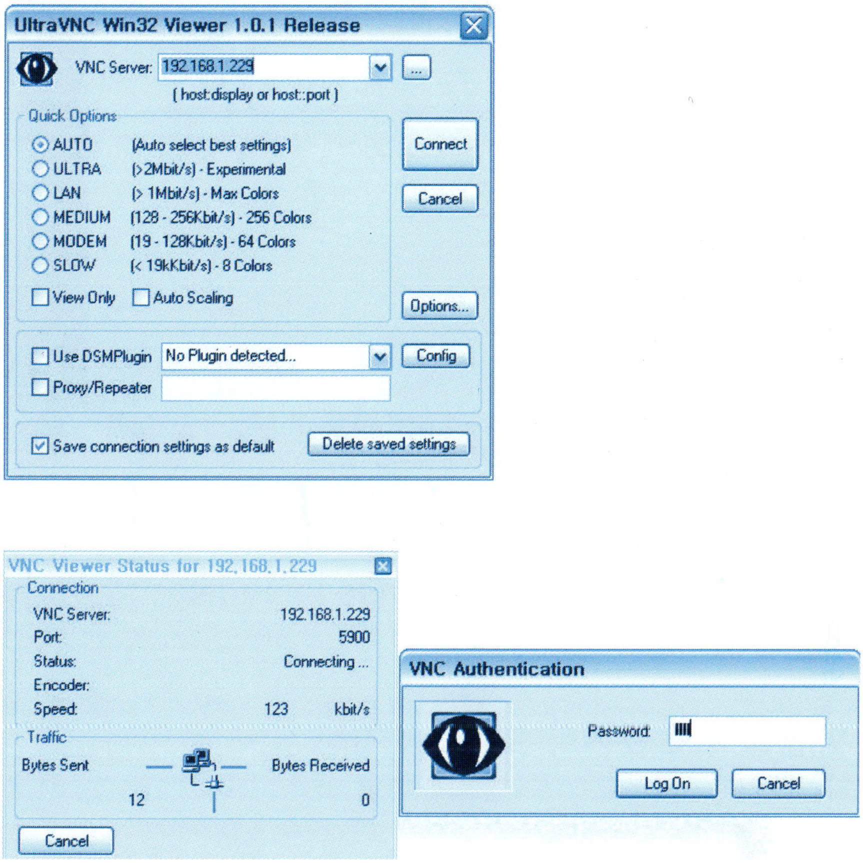

그림 10-5 사용자 컴퓨터에서 URobo로 'UVNC Viewer'를 사용하여 접속

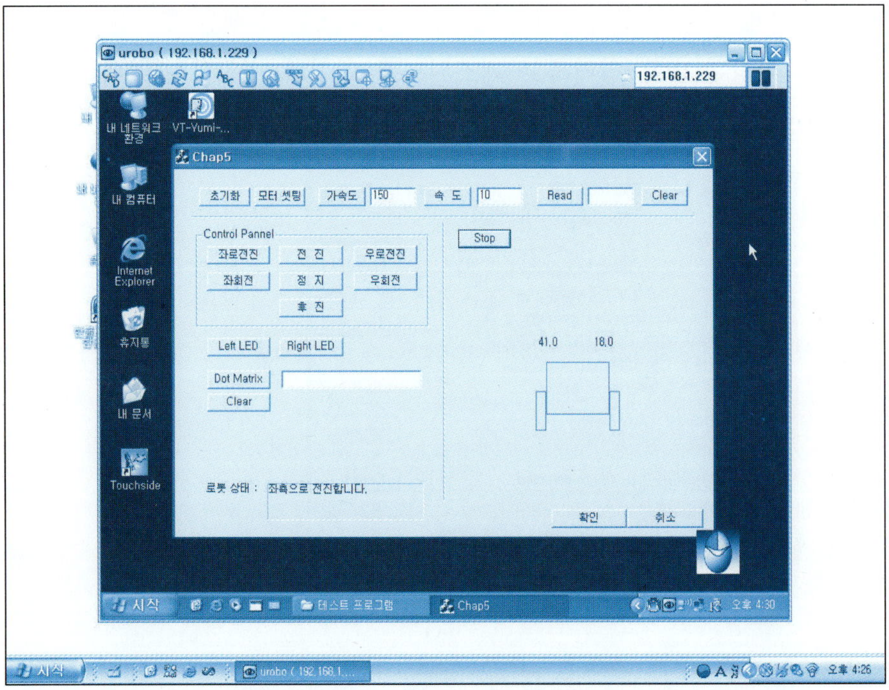

그림 10-6 사용자 컴퓨터에서 접속하여 작성한 프로그램 실행

10-2 지능형 로봇 초기화 프로그램 작성

10-2-1 프로젝트 생성

MicroSoft사의 'Visual C++'를 실행한다.

'Visual C++'의 초기 실행 화면에서 메뉴 창의 'File'를 클릭한 후 'New'를 선택한다.

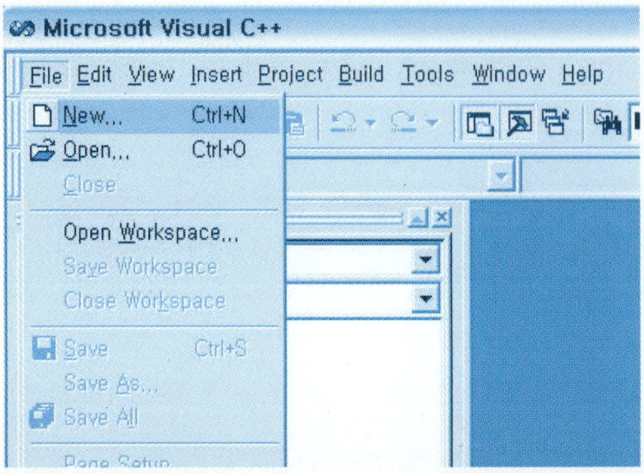

그림 10-7 메뉴

다음과 같이 새로운 창이 열리면 왼쪽 상단의 'Project'란을 선택한 후, 'MFC AppWizard [exe]'를 클릭한 후, 'Project name'를 기입하고, Project 파일들이 저장될 폴더를 'Location' 란에 지정한다(지정된 폴더에 'Project name' 으로 하위폴더가 생성되어 저장된다).

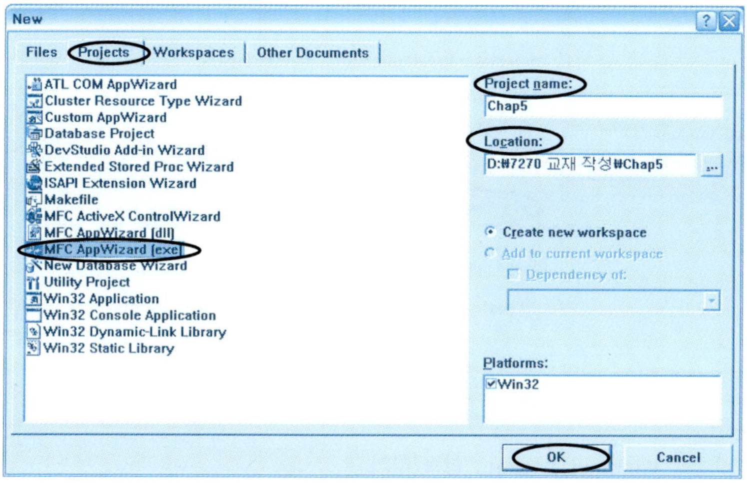

그림 10-8 프로젝트 종류와 이름, 폴더 지정

'OK' 버튼을 누르면 다음과 같은 화면이 나오며, 'Dialog based'를 선택하고 'Next' 버튼을 누른다.

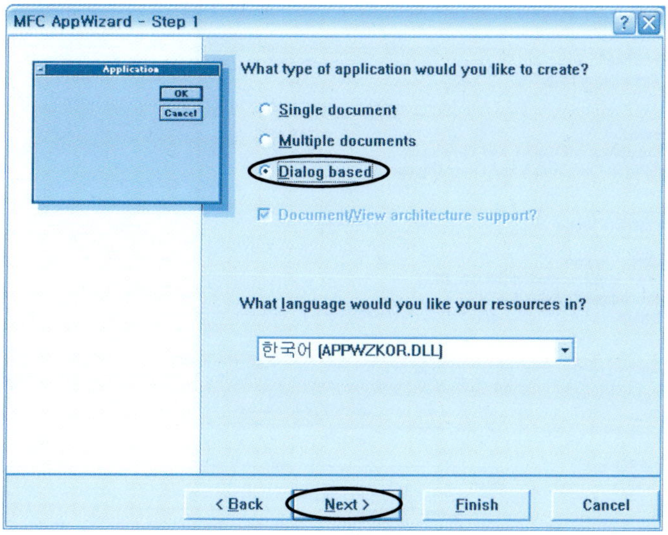

그림 10-9 Application Type 선택

제 10 장

마지막으로 'Windows Sockets'을 선택한 후, 'Finish'를 누른다(이 기능은 17장 Image Processing을 위하여 필요한 기능이다).

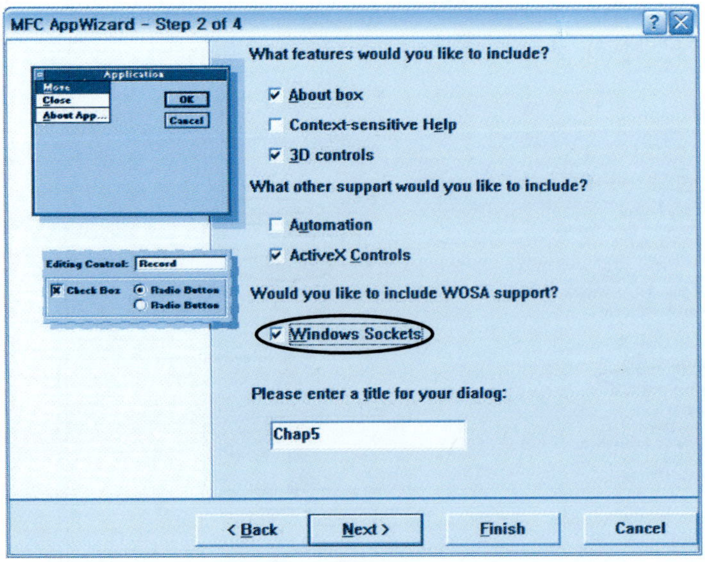

그림 10-10 Windows Sockets 항목 추가

최종적으로 생성된 프로젝트의 정보가 나와 있는 창이 열리며, 'OK' 버튼을 클릭하면 기본적인 프로젝트의 생성은 끝난다.

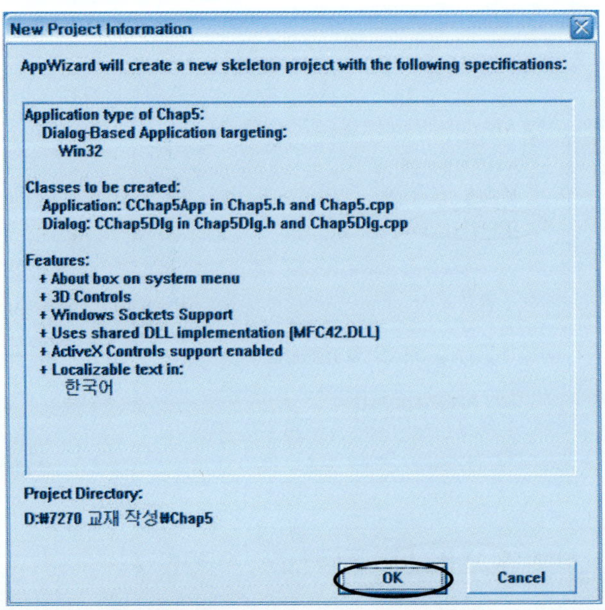

그림 10-11 프로젝트 생성 화면

'OK' 버튼을 클릭하면 다음 화면이 나오며, 기본적인 Dialog 창이 생성되어 있음을 볼 수 있다. 우선 원으로 선택되어 있는 항목을 삭제한다.

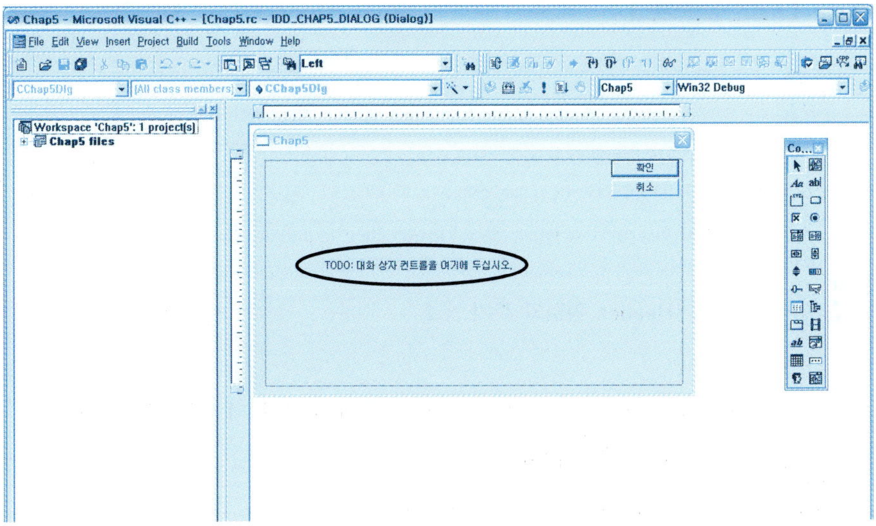

그림 10-12 기본 Dialog Box 생성 화면

URobo를 제어하기 위한 프로그램 작성에 필요한 Header 파일들을 프로젝트에 추가하기 위하여 Work Space 하단의 'File View'를 선택한 후, 그림 10-13과 같이 'Header File'을 마우스 오른쪽 버튼으로 클릭하여 'Add File to Folder...'를 선택한다.

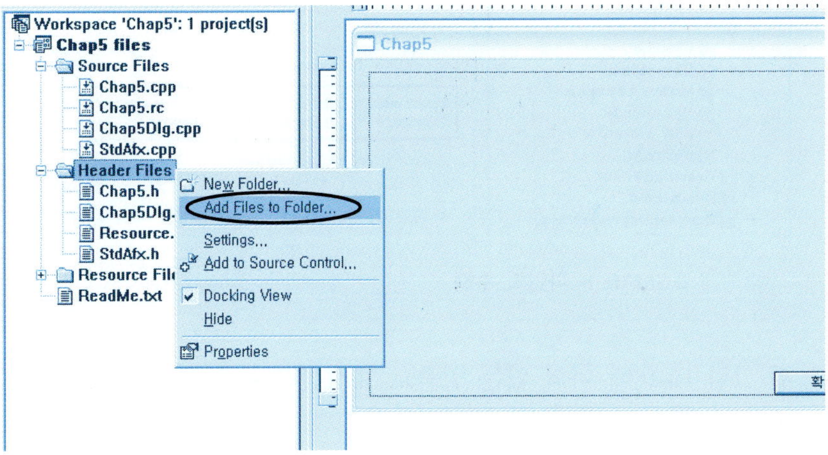

그림 10-13 Header 파일의 추가 - 1

제공된 파일이 있는 폴더를 선택한 후, 그림 10-14에서 선택된 파일들을 추가한다.

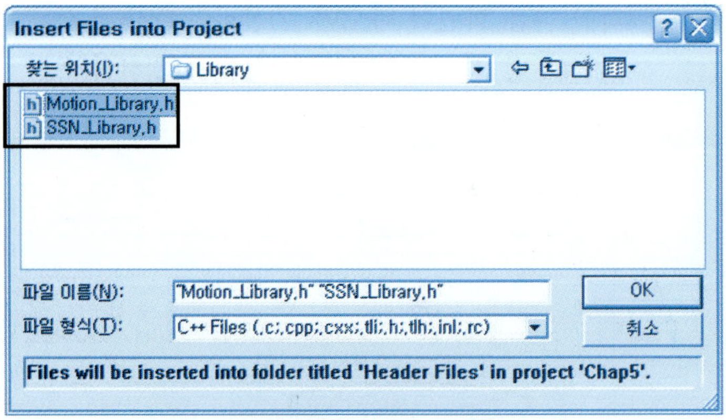

그림 10-14 Header 파일의 추가 - 2

추가된 Header 파일의 내부에는 URobo 제어에 필요한 여러 함수가 정의되어 있으며 이 함수들을 이용하여 프로그램을 작성하고, 프로그램 실행 시 DLL 파일을 이용하여 URobo를 사용자가 작성한 프로그램에 따라 제어하게 된다.

Header 파일을 추가한 후, 프로젝트 내에서 사용할 수 있도록 하기 위하여 Work Space의 Header 파일 폴더안의 'StdAfx.h'을 더블클릭하여(해당 파일 선택) 다음 그림 10-15에서 표시된 부분을 추가한다.

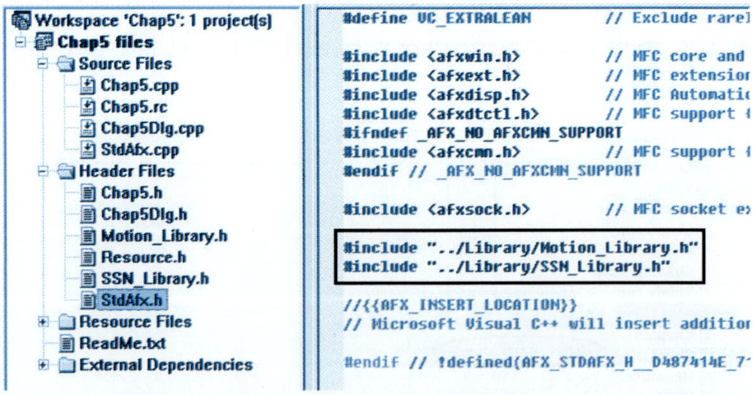

그림 10-15 StdAfx.h 파일의 수정

위 그림 10-15에 나와 있는 밑줄로 표시된 부분은 추가한 Header 파일들이 있는 폴더를 가리킨다.

본 교재에서는 해당 폴더가 다음 그림의 경로처럼 저장되어 있어 그림 10-14와 같은 방법으로 Header 파일을 추가시켰으나, 다른 상황일 경우 그림 10-16처럼 Library 폴더를 이동, 혹은 복사하여 진행하기 바란다(혹은 해당 경로를 지정하면 된다).

그림 10-16 **프로젝트 폴더와 Library 폴더의 경로**

제공된 .lib 파일을 프로젝트에 연결하기 위하여 다음 그림 10-17처럼 메뉴 항목의 'Project'를 선택한 후, 'Settings...'을 클릭한다.

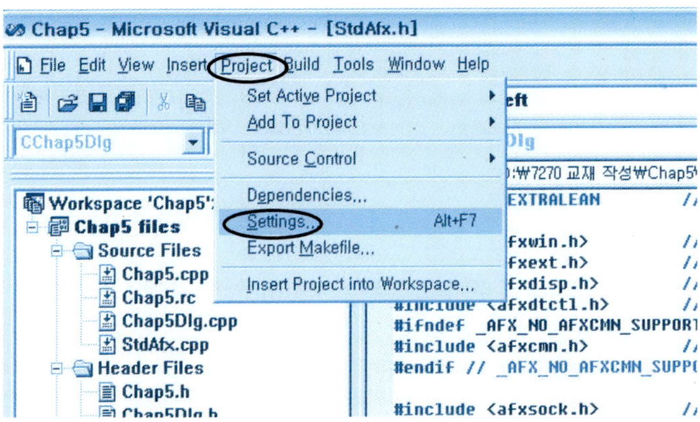

그림 10-17 **프로젝트 Settings 선택**

Project Setting 창이 열리면 'Link'를 선택한 후 그림에 표시된 부분을 그림과 같이 변경한다. 'Output file name:' 항목은 프로그램 작성 후 실행 파일이 생성되는 폴더와 실행 파일의 이름을 사용자가 변경할 수 있는 부분이며, 'Object/Library modules:' 항목은 URobo를 MFC로 제어하기 위한 Library 파일들을 프로젝트에 연결하기 위한 부분이다. Header 파일의 추가 방법과 마찬가지로 그림 10-15와 같은 경우에 해당되는 그림이다.

밑줄이 된 부분을 추가한다.

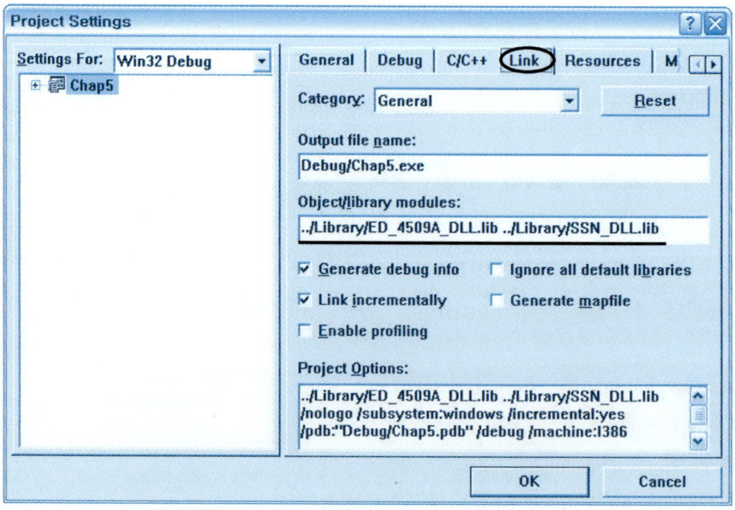

그림 10-18 **프로젝트** Setting

영상처리를 위한 Library 파일 등의 Setting, 연결에 대하여는 14장 Image Processing에서 다루기로 한다.

그림 10-18의 'Output file name:' 에 해당되는 폴더(그림상에서는 Debug 폴더)에 제공된 'ED_4509A_DLL.dll'과 'SSN_DLL.dll' 파일들을 복사한다. 현재 작성중인 프로그램에서 이 파일들의 내부에 있는 함수를 호출하여 실행하므로, 실행 파일과 같은 폴더 내에 있지 않으면 동작하지 않는다.

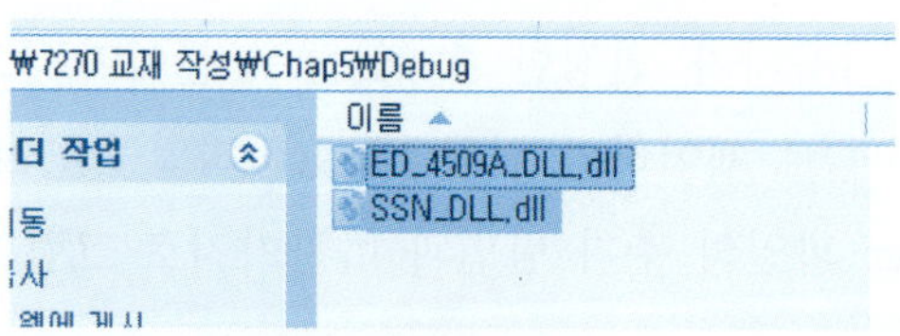

그림 10-19 **DLL 파일의 복사**

원격 제어 프로그램(UVNC)을 사용하여 제어할 것이므로, MFC 관련 라이브러리들을 실행 파일에 첨부시키기 위해 Projecting Setting에서 다음과 같이 변경한다.

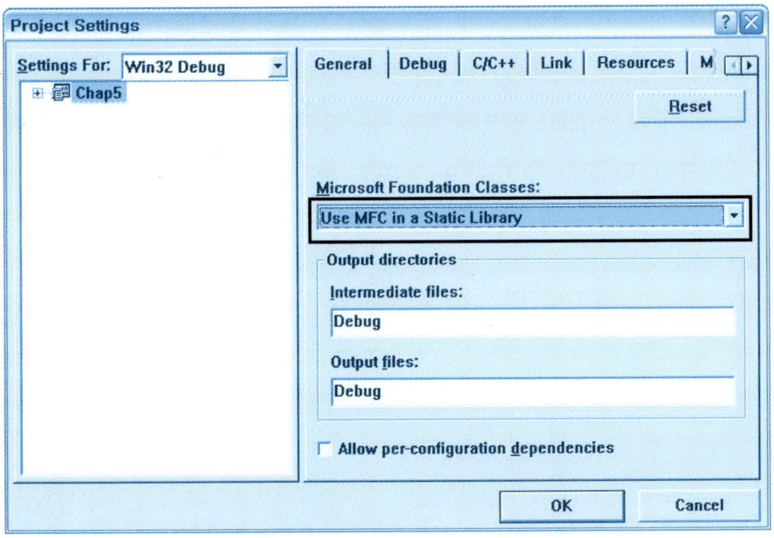

그림 10-20 프로젝트 Setting 변경

Work Space의 Header 폴더에 있는 'Chap5Dlg.h' 파일에서 다음 그림에 표시된 객체를 해당 위치에 선언한다. 이 객체를 이용하여 URobo 제어하는 DLL 파일 내부의 함수를 이용할 수 있다.

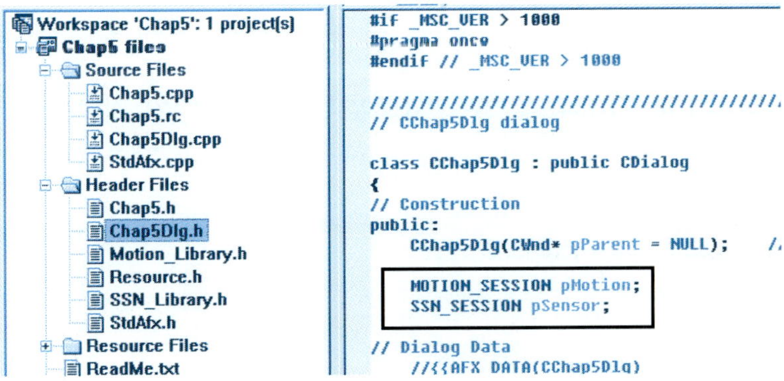

그림 10-21 Header 파일에 객체 선언

10-2-2 초기화 프로그램 작성

10장부터 시작되는 실습을 위한 프로그램 작성에 있어서 기본이 되는 DC 모터와 각 센서 모듈들에 대한 초기화 프로그램을 작성한다. 제공된 DLL 파일을 사용하기 위하여 Library 파일 안의 함수들을 사용하고 있으며, 각 함수들에 대한 설명은 Library 설명을 참조하기 바란다.

Resource 창에서 Dialog Box에 다음 그림 10-22처럼 Control 메뉴의 버튼 생성 키를 사용하여 버튼을 추가한다.

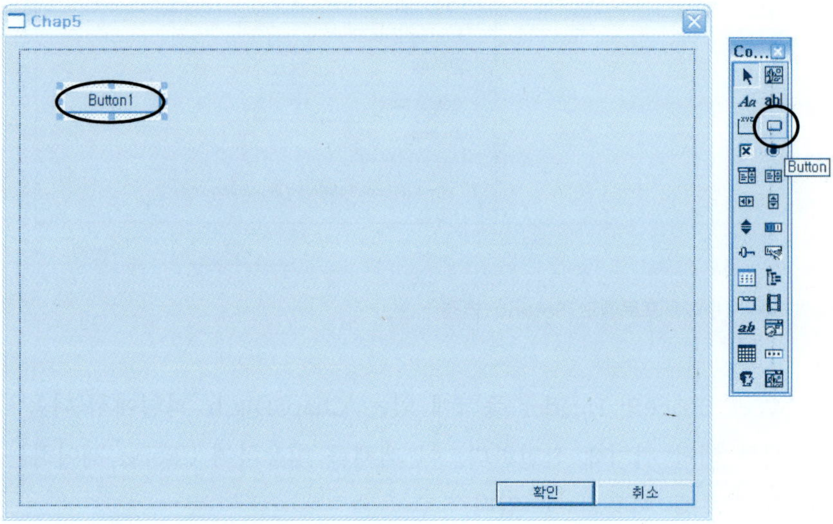

그림 10-22 Dialog Box에 버튼 추가

생성된 버튼을 마우스 오른쪽 버튼으로 클릭('Enter' 키 가능)하여 'Properties'를 선택하고, Properties 창에서 'ID'와 'Caption'을 그림과 같이 변경한다.

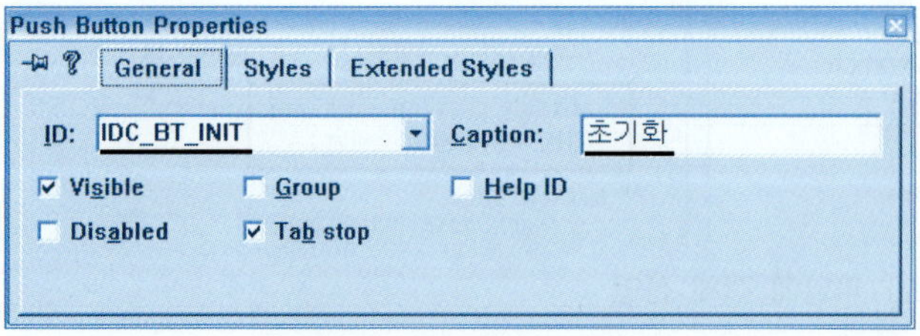

그림 10-23 Properties(속성) 창

생성된 버튼을 초기화 함수에 연결(버튼 입력으로 URobo의 초기화 동작을 실행)하기 위하여 클래스 위자드(Class Wizard, Ctrl+W)를 선택한다.

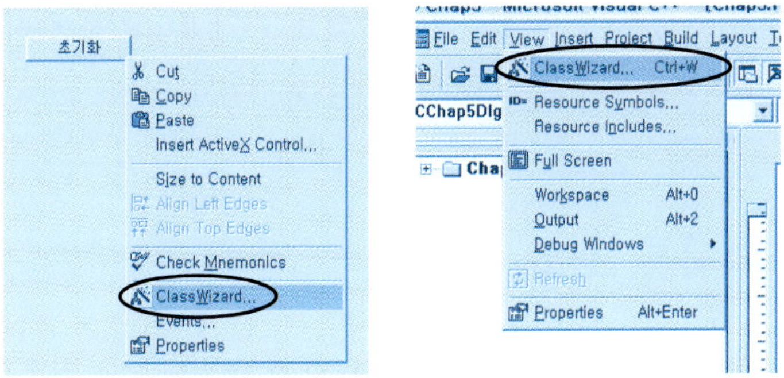

그림 10-24 클래스 위자드 실행

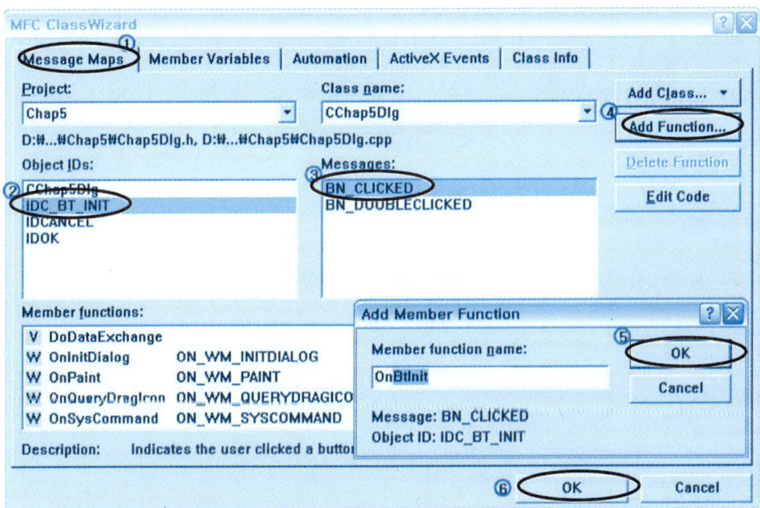

그림 10-25 초기화 버튼에 함수 연결

다음 그림 10-25 번호에 맞게 실행하였을 때 생성되는 함수이며 표시된 내용을 작성한다. 클래스 위자드의 'Edit Code' 버튼이나 Dialog에서 생성한 '초기화' 버튼을 더블클릭하면 생성된 함수로 이동한다.

```
void CChap5Dlg::OnBtInit()
{
    pMotion = NULL;
    pSensor = NULL;

    if ( DCServo01_Initialize( m_hWnd, &pMotion ) != EDROBOT_API_OK )
        ::MessageBox( NULL, "모터 초기화 실패", "Error", MB_OK );

    if ( SSN_Initialize( &pSensor, TRUE ) != EDROBOT_API_OK )
        ::MessageBox( NULL, "센서 초기화 실패", "Error", MB_OK );

    SSN_Start( pSensor );
}
```

그림 10-26 초기화 함수

초기화 버튼을 눌렀을 때 위 함수가 호출되며, 각각 if 조건문에 따라 모터나 센서 초기화에 실패했을 경우 지정한 메시지를 출력한다.

10-2-3 Dialog 종료

프로그램을 종료하는 경우 'DCServo01_Close()'와 'SSN_Close()' 함수가 Application close 및 Destory 부분에서 반드시 실행되어야 한다. 이 함수가 실행되지 않을 경우 차후 프로그램 실행시 초기화가 안되는 경우가 발생한다.

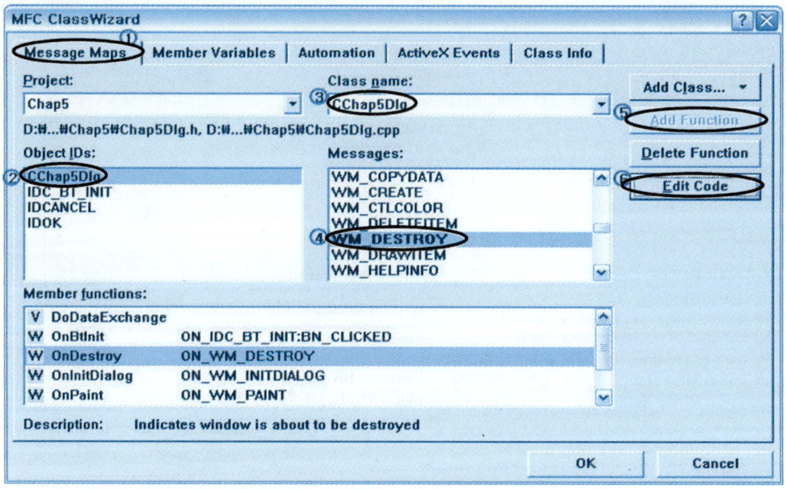

그림 10-27 OnDestory 함수 추가

이 함수는 특정 버튼이나 Edit Box를 사용하는 것이 아닌 해당 Dialog를 종료할 때 자동적으로 실행되는 'WM_DESTORY'를 클래스 위자드를 이용하여 생성, 추가해 주면 된다.

먼저 클래스 위자드를 실행하여 해당 함수를 추가한다.

생성된 함수에 다음 그림 10-28과 같이 작성한다.

```
void CChap5Dlg::OnDestroy()
{
    CDialog::OnDestroy();

    DCServo01_Close( pSensor );
    SSN_Close( pSensor );
}
```

그림 10-28 OnDestory 함수

10-2-4 모터 세팅

모터의 기본 Spec.과 PID 값들을 설정하는 함수를 작성한다. 'Motion_Library.h' 파일안의 'DCServo01_FillterSet()'을 사용하여 모터 번호, Encoder 펄스, 감속기의 감속비, PID Gain 값들을 설정하며, 별도의 Dialog box로부터 각각의 값을 입력받도록 한다.

새로운 Dialog(Modal Box)를 Resource 창에서 생성한다.

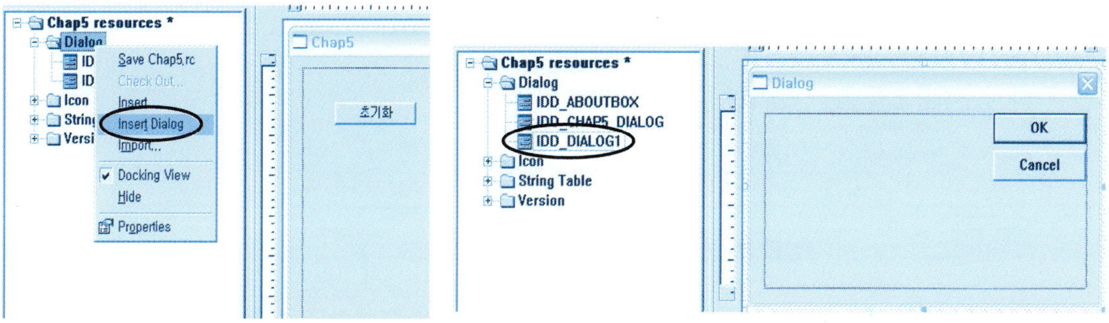

그림 10-29 새로운 Dialog box 생성

생성된 Dialog Box의 속성 창에 다음 그림 10-30과 같이 작성한다.

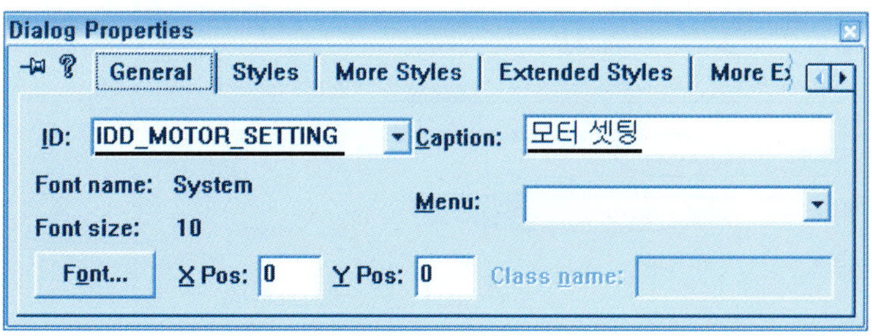

그림 10-30 Dialog box 속성

클래스 위자드를 실행시키면 그림 10-31과 같은 창이 자동으로 열리며, 새로운 클래스 생성을 선택한다.

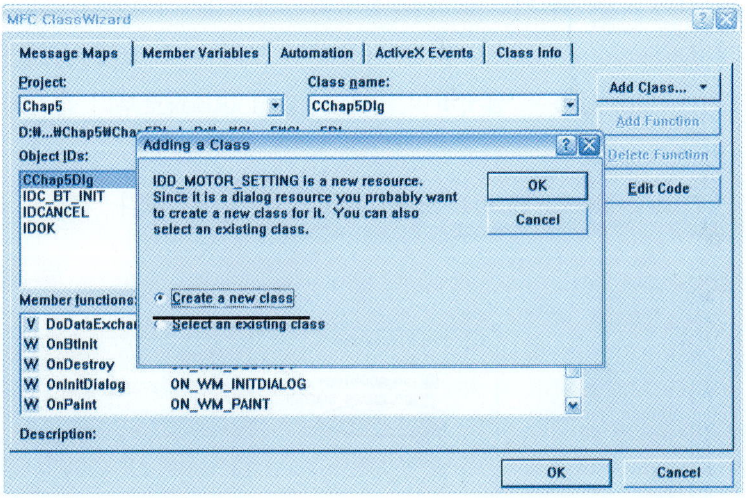

그림 10-31 생성된 Dialog Box에 새로운 클래스 할당

다음 그림 10-32와 같이 새로운 클래스의 이름을 지정해 준다.

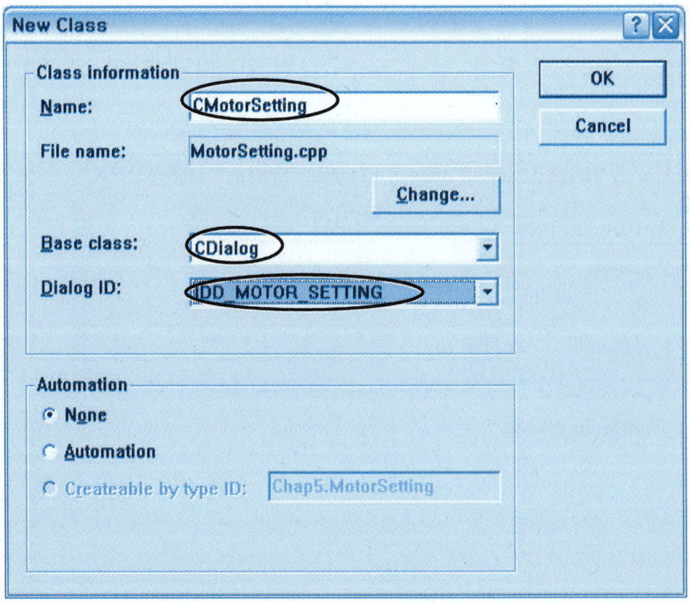

그림 10-32 클래스 이름 지정

그림 13-32의 순서까지 실행하면 다음 그림 10-33과 같이 지정한 클래스가 생성되어 있는 것을 확인할 수 있을 것이다.

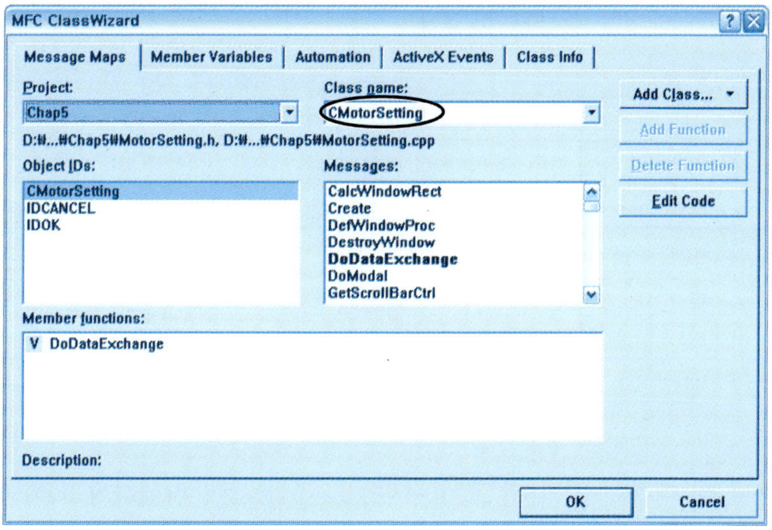

그림 10-33 클래스 생성 완료

이제 생성된 Dialog box에 다음 그림 10-34와 같이 Control 버튼들을 사용하여 구성한다.

실제 모터 세팅에 쓰는 버튼들은 Check 버튼과 Edit 버튼이며, 가장 왼쪽의 Static text를 이용하여 생성한 것은 사용자가 값을 입력하기 쉽게 표시하기 위한 것이다.

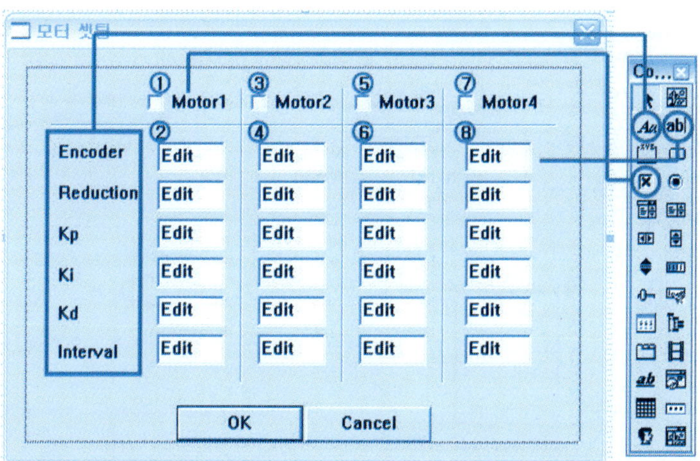

그림 10-34 Dialog 구성

위 그림 10-34와 같이 Dialog를 구성한 후 다음 표 10-1과 그림 10-35를 보고 클래스 위자드를 사용, 각 버튼들에 대하여 변수들을 할당한다.

〈표 10-1〉 ID, 변수 형, 변수 명 설정

번 호		ID	Caption	변수 형	변수 명
1		IDC_MOTOR1	Motor1	BOOL	m_bMotor1
2	Encoder	IDC_ENCODER1	·	DWORD	m_dwEncoder1
	Reduction	IDC_REDUCTION1	·	double	m_dbReduction1
	Kp	IDC_KP1	·	DWORD	m_dwKp1
	Ki	IDC_KI1	·	DWORD	m_dwKi1
	Kd	IDC_Kd1	·	DWORD	m_dwKd1
	Interval	IDC_INTERVAL1	·	DWORD	m_dwInterval1

③~⑧에 대하여 각각 위 표 10-1의 ①, ②와 같이 작성하되 ID와 Caption, 변수 명에서 마지막 숫자만 ③, ④번은 2, ⑤, ⑥번은 3, ⑦, ⑧번은 4로 변경하여 다음 그림 10-35를 참조하여 변수를 선언한다.

먼저 Check Box들에 대하여 변수 선언을 한다.

클래스 위자드를 실행한 후(Ctrl+W) 다음 그림 10-35의 순서와 같이 입력한 후, 다른 버튼들에 대하여도 〈표 10-1〉에 설명한 바와 같이 작성하면 된다.

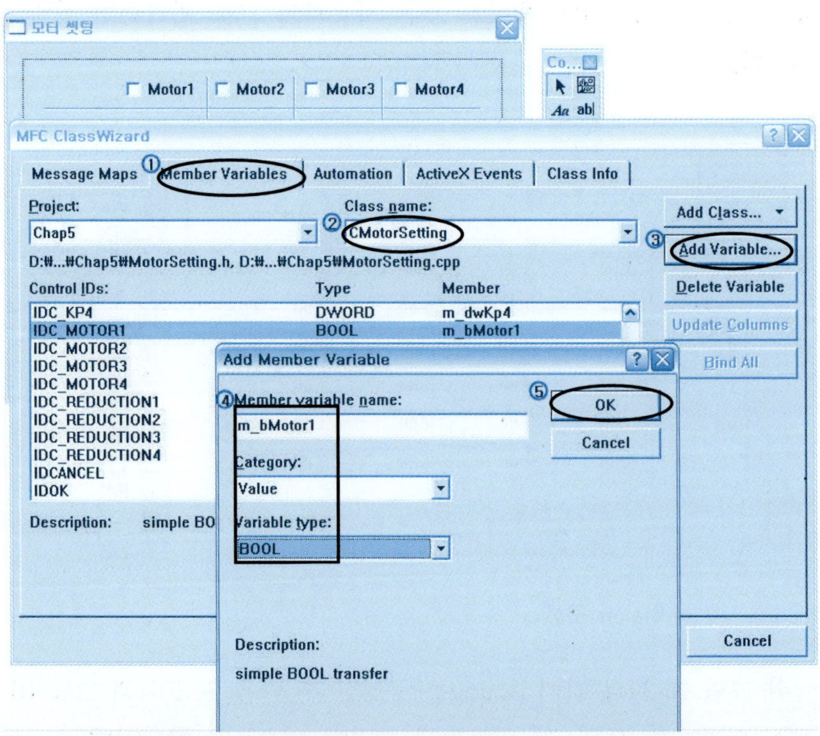

그림 10-35 생성된 Control 버튼들에 대하여 변수 할당 및 선언

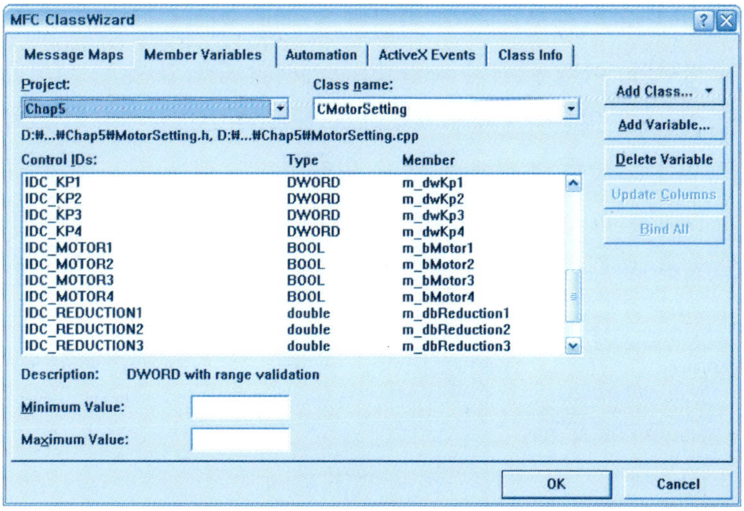

그림 10-36 **변수 할당 및 선언이 끝난 상태**

생성된 변수들은 다음 그림 10-37과 같이 'MotorSetting.h' 파일에서도 확인할 수 있다. 다음 그림 10-37을 보면서 확인하고 혹시라도 빠진 부분이 있다면 클래스 위자드를 다시 실행하여 확인, 수정하기 바란다.

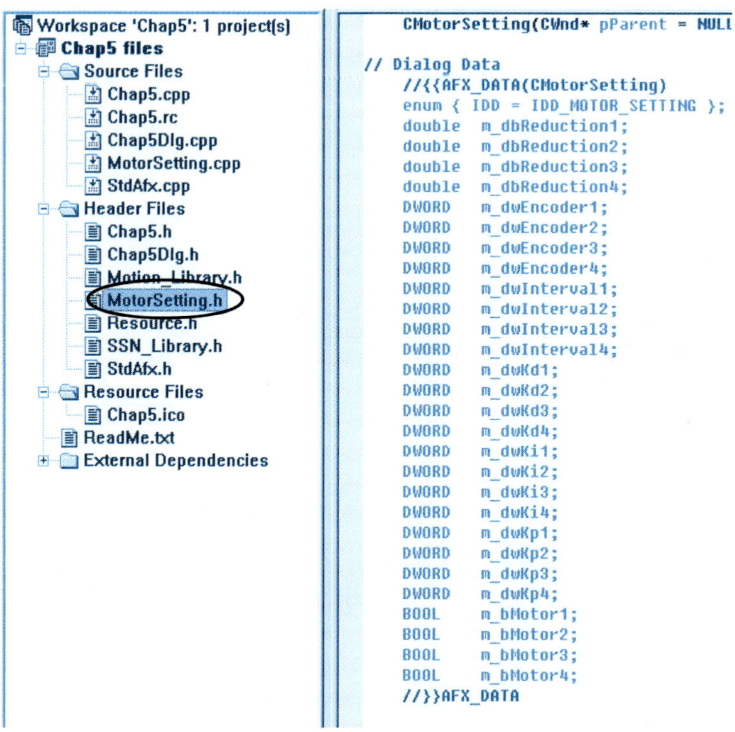

그림 10-37 **변수 선언 및 모터 세팅을 위한 객체 선언**

해당 파일에 수정을 하는 것이 아니라, 클래스 위자드를 실행하여 다시 확인 및 수정하기 바란다. 아래 그림의 파일 10-38에서만 수정할 경우 생성한 버튼들에 대하여 연결이 되지 않는다. 이제 프로그램 실행 후, 모터 세팅을 하기 위하여 지금까지 작성한 Dialog를 화면에 띄우기 위한 프로그램을 하도록 한다.

기존의 Dialog Box에 다음 그림 10-38과 같이 버튼을 추가한다(ID : IDC_BT_FILTER, Caption : 모터 세팅).

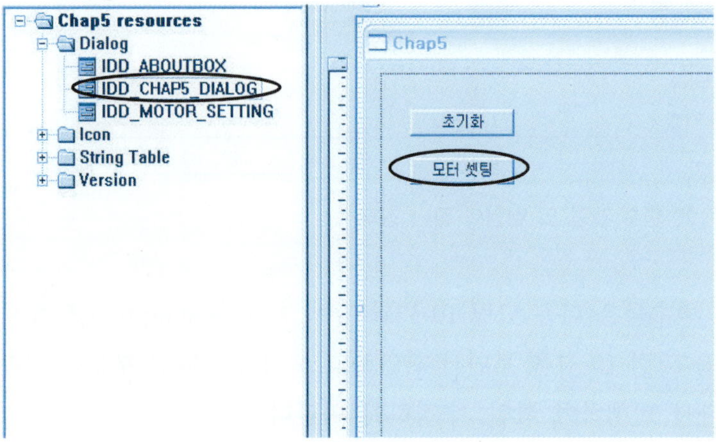

그림 10-38 '모터 세팅' 버튼 추가

생성된 버튼을 마우스로 더블클릭하여 함수 생성 후, 다음 그림 10-39와 같이 작성한다.

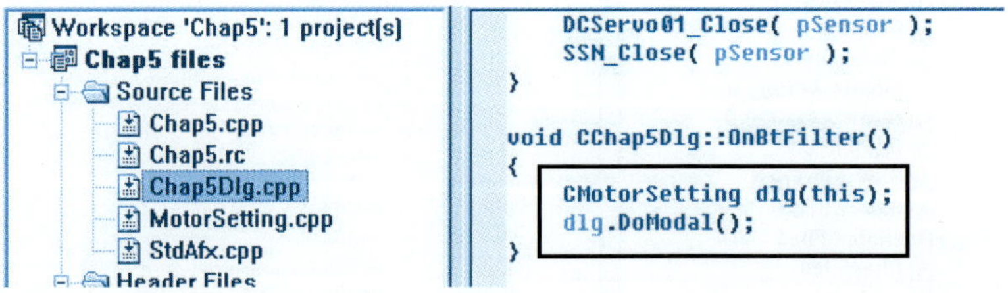

그림 10-39 모터 세팅 함수

모터 세팅을 위하여 새로운 Dialog Box를 생성하고 클래스 위자드를 사용하여 'CMotorSetting'이라는 클래스를 생성하였다. 위 그림 10-39에서 보듯이 새롭게 생성한 Dialog(클래스)를 '모터 세팅' 버튼이 눌러졌을 때, 새롭게 생성된 클래스에서는 'this'를 통하여 'CChap5Dlg' 클래스로부터 Parent 값을 받아오며, 이 값은 'm_pWnd'에 할당되어진다. 이 후 'DoModal()' 함수를 사용하여 출력시킴을 알 수 있다.

'CMotorSetting'의 생성자에서 m_pWnd 를 그림 10-40, 41과 같이 선언, 초기화한다.

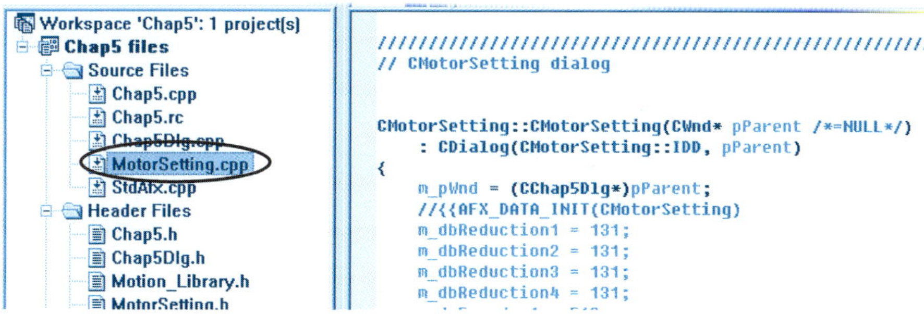

그림 10-40 m_pWnd 변수 초기화

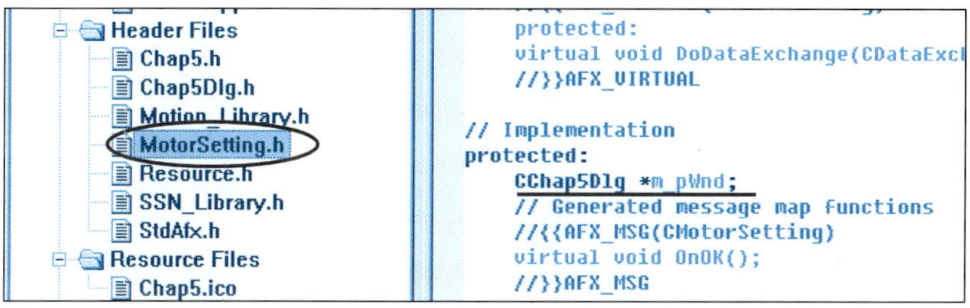

그림 10-41 m_pWnd 변수 선언

다음으로 모터 세팅을 위한 값을 입력시킨 후 OK 버튼을 눌렀을 때, 입력한 값이 지능형 로봇의 각각의 모터에 적용되도록 하는 함수를 작성한다.

사용자가 모터 파라미터 값들을 입력한 후 OK 버튼이 눌렸을 때 각각의 모터에 적용이 되도록 Resource 창에서 생성되어 있는 OK 버튼을 더블클릭하여 함수를 생성한 후 다음 그림 10-42와 같이 작성한다.

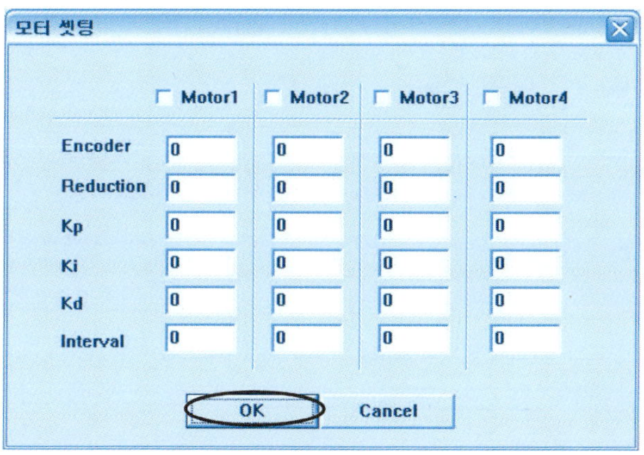

그림 10-42 OK 버튼

```
void CMotorSetting::OnOK()
{
    UpdateData(TRUE);

    if ( m_bMotor1 == TRUE )
    {
        DCServo01_FillterSet( m_pWnd->pMotion, 1, m_dwEncoder1, m_dbReduction1,
                              m_dwKp1, m_dwKi1, m_dwKd1, m_dwInterval1 );
    }
    if ( m_bMotor2 == TRUE )
    {
        DCServo01_FillterSet( m_pWnd->pMotion, 2, m_dwEncoder2, m_dbReduction2,
                              m_dwKp2, m_dwKi2, m_dwKd2, m_dwInterval2 );
    }
    if ( m_bMotor3 == TRUE )
    {
        DCServo01_FillterSet( m_pWnd->pMotion, 3, m_dwEncoder3, m_dbReduction3,
                              m_dwKp3, m_dwKi3, m_dwKd3, m_dwInterval3 );
    }
    if ( m_bMotor4 == TRUE )
    {
        DCServo01_FillterSet( m_pWnd->pMotion, 4, m_dwEncoder4, m_dbReduction4,
                              m_dwKp4, m_dwKi4, m_dwKd4, m_dwInterval4 );
    }

    CDialog::OnOK();
}
```

그림 10-43 OnOK() 함수

앞서 Check Box에 대하여 각각의 변수 할당 및 선언시 변수 형을 BOOL로 선언하였다. 때문에 사용자가 Check Box(Motor1~Motor4)에 Check를 했을 경우 변수 값은 TRUE 로 바뀌게 되며, 이를 이용하여 사용자가 선택한 모터의 번호에만 사용자가 입력한 파라미터의 값들이 저장되어 모터의 세팅이 이루어지게 된다.

이제 실제 프로그램을 실행하여 우선 모터 세팅을 위해 생성한 Dialog Box가 뜨는지 확인해 보도록 한다.

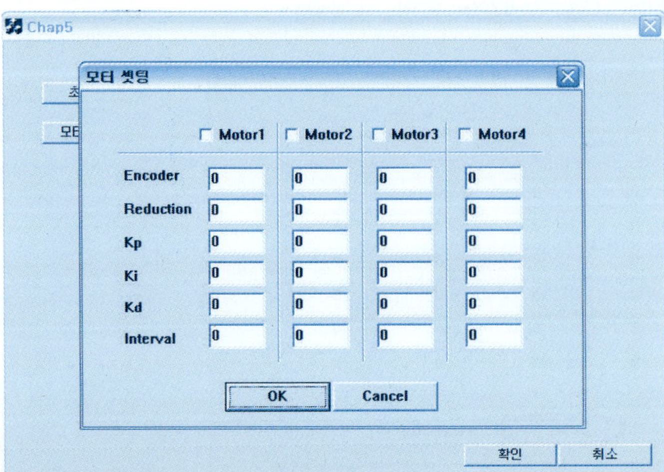

그림 10-44 Dialog Box 생성 확인

프로그램 실행 후 모터 세팅 버튼을 눌렀을 때, 앞의 그림 10-44와 같이 나오면 성공이다.

프로그램 실행시 위 그림에서 사용하고자 하는 모터 번호를 체크하고 값을 입력하여도 문제 없으나, 매번 입력해야 하는 번거러움을 피하기 위하여 각 변수에 초기 값을 할당해 주자. 'MotorSetting.cpp' 파일을 열어서 다음과 같이 변수의 초기 값을 변경하여 주면 된다.

이 책에서는 임의의 Kp값만을 주었으며, 11장에서 실시한 실습을 통하여 이상적인 이득 값들을 각자 설정하기 바란다.

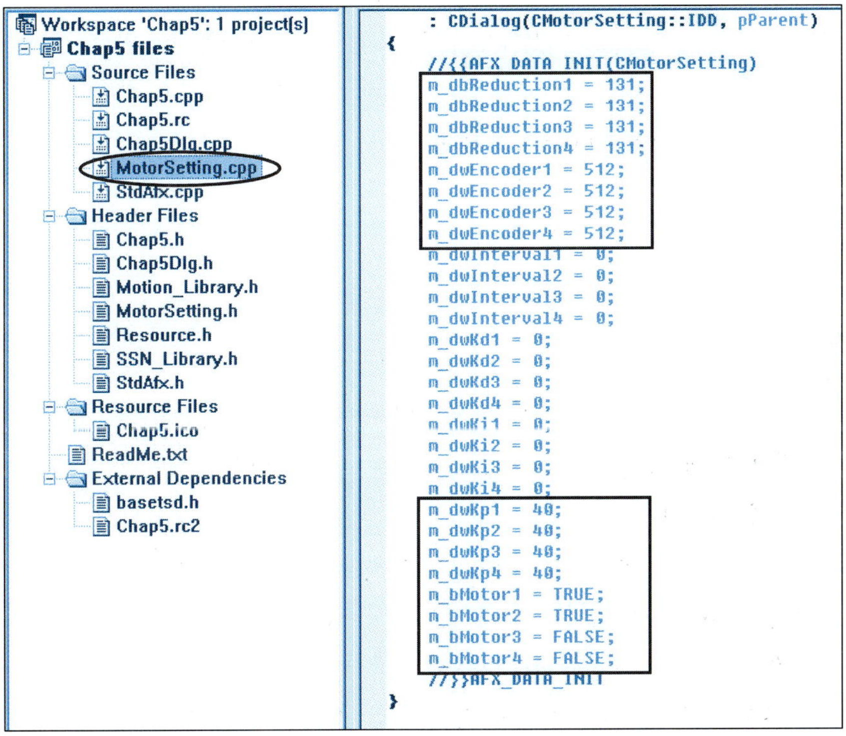

그림 10-45 **변수 초기 값 변경**

현재는 모터 1, 2번 좌, 우 구동 바퀴만 체크하였으나, 모터 3, 4번에 해당되는 변수의 값을 TRUE로 줌으로써 4개의 모터 모두를 선택할 수 있다.

제10장

다음 그림 10-46은 '모터 세팅' 함수 작성의 최종 결과이다.

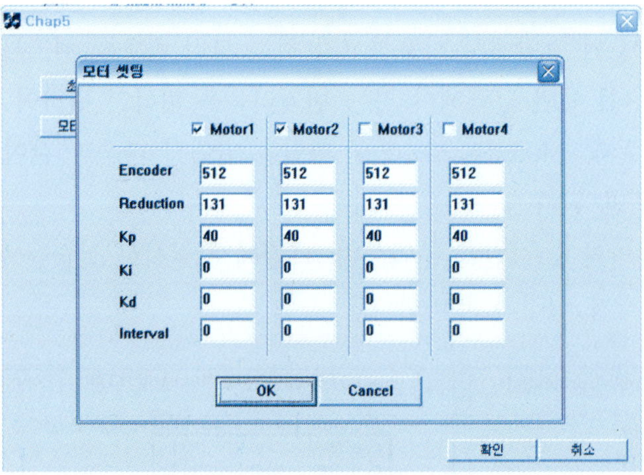

그림 10-46 **'모터 세팅' 함수 작성 결과**

10-2-5 DC 모터 과전류제한(OverCurrentLimit) 함수

URobo를 사용한 실습시 차후 로봇에 부착되어 있는 여러 센서들을 이용, 주변 상황에 맞게 적절한 알고리즘으로 프로그램을 작성함으로써 장애물 등을 회피하게 제어할 수 있다. 그러나 예기치 못한 상황이 발생하면 모터에 과부하(높은 전류가 지속적으로 모터에 공급되어 모터가 타게 된다.)를 줌으로써 모터의 고장을 야기할 수 있다. 이를 피하기 위하여 URobo 에는 자체적으로 일정시간 이상 동안 전류의 양이 커지면(과부하가 발생하면) 모든 모터의 전원을 차단함으로써, 모터의 고장이나 예기치 못한 동작 등의 상황을 방지하고 있다.

이번에 작성하는 함수는 위와 같은 상황이 발생하여 모터의 전원이 차단되었을 시 문제가 발생한 모터의 값을 변수에 저장, 이를 확인하고 저장된 값을 삭제하는 함수들이다.

기본 Dialog Box에 다음 그림 10-47과 같이 버튼과 Edit Box를 추가한다.

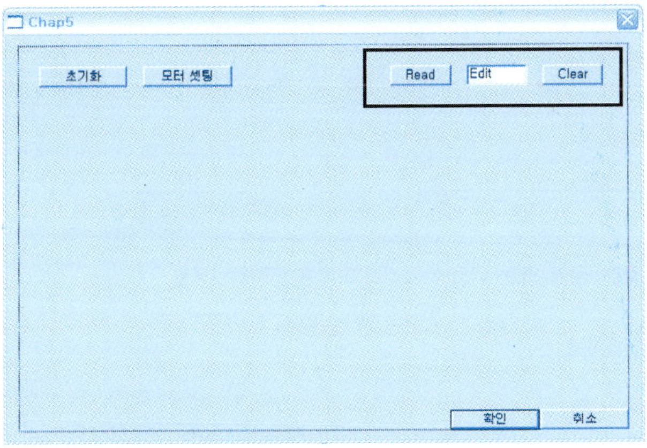

그림 10-47 버튼, Edit Box 추가

생성된 버튼과 Edit Box에 다음 표 10-2를 참조하여 클래스 위자드를 사용, 변수를 설정하고 각 버튼에 연결될 함수들을 생성한다.

〈표 10-2〉 ID, 변수 형, 변수 명

구 분	ID	변수 형	변수 명
버 튼(Read)	IDC_BT_READ	·	·
버 튼(Clear)	IDC_BT_CLEAR	·	·
Edit Box	IDC_READ	CString	m_strRead

생성된 함수들에 다음 그림 10-48과 같이 작성한다.

```
void CChap5Dlg::OnBtRead()
{
    char MotorOverCurrent = 0;
    ReadMotorOverCurrentStatus( pMotion, MotorOverCurrent );
    m_strRead.Format("0x%02x", MotorOverCurrent );

    UpdateData(FALSE);
}

void CChap5Dlg::OnBtClear()
{
    ClearMotorOverCurrentStatus( pMotion );
}
```

그림 10-48 OnBtRead(), OnBtClear() 함수

이제 앞서 설명한 UVNC 프로그램을 통하여 원격 제어를 하도록 한다.

시작 프로그램의 '실행'을 클릭하여 지능형 로봇 플랫폼의 IP를 입력한 후 실행한다.

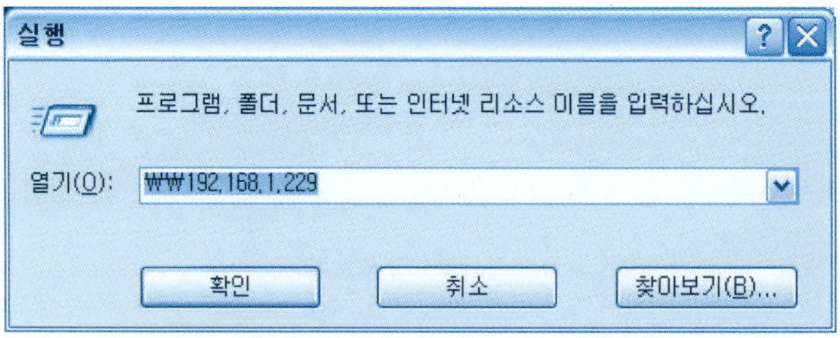

그림 10-49 **지능형 로봇 플랫폼의 IP 입력**

접속이 성공하면 지능형 로봇 플랫폼의 임의 하드디스크에 폴더를 생성한 후, 작성한 프로그램의 실행 파일과 제공되는 파일들을 복사한다.

이제 UVNC Viewer를 사용하여 지능형 로봇 플랫폼에 접속, 작성한 프로그램의 실행 파일을 실행하면 프로그램의 동작을 확인할 수 있다.

지금까지 앞으로 하게 될 실습에 있어서 기본이 되는 지능형 로봇 초기화 프로그램 작성을 하였다. 11장 실습부터는 지금까지 한 프로그램을 바탕으로 해 나갈 것이다. 11장부터의 실습은 IRES를 사용한 4~9장의 실습 내용과 비슷하나, 이를 비주얼 C++를 사용하여 보다 세밀한 제어를 배울 수 있을 것이다.

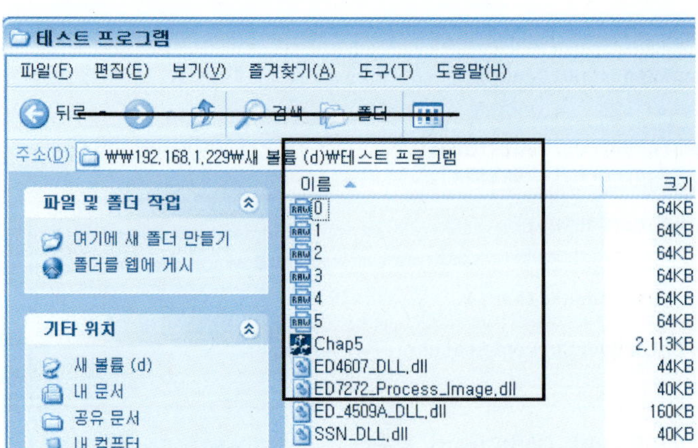

그림 10-50 **실행 프로그램 및 제공된 파일들의 복사**

비주얼 C++를 이용한 구동 프로그래밍 11장

지능형 로봇 플랫폼의 기본적인 실습 과정으로 로봇을 전진, 후진, 좌회전, 우회전에 해당하는 구동 프로그램을 C++ 언어로 작성하는 법을 학습한다.

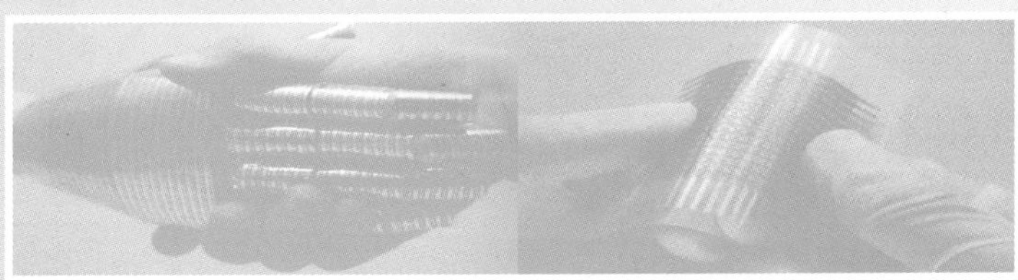

11-1 지능형 로봇 플랫폼의 구동제어

11-1-1 양방향 구동의 개요

1) 양방향 구동

지능형 로봇 플랫폼의 구동 메커니즘(Mechanism) 구조는 양방향 구조로 설계가 되어 있다. 로봇의 구동 방법 중에서 가장 기본이 되는 메커니즘을 적용하였으며, 사용자가 왼쪽, 오른쪽 바퀴에 대한 속도 및 방향 지령에 따라 이동 방향이 결정되어진다.

2) 양방향 구동 구조

그림 11-1 양방향 구조

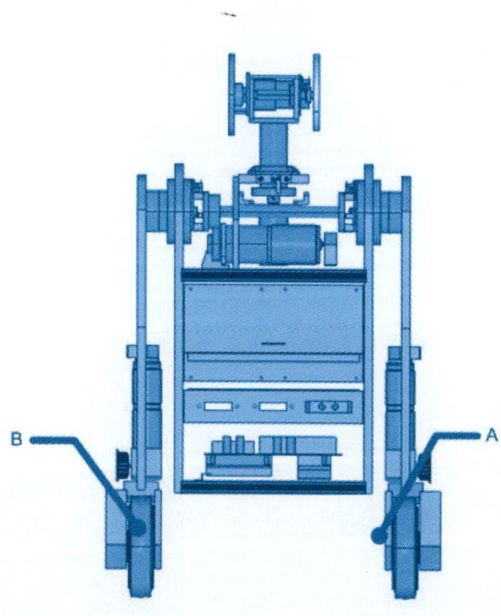

그림 11-2 양방향 구조 프레임

앞의 그림 11-1에서 A부분이 왼쪽 모터(모터 번호 1)를 사용하며, B부분이 오른쪽 모터(모터 번호 2)를 사용하고 있다. 이 부분은 프로그램시 사용자가 확인하여야 하는 부분이므로 필히 각 모터를 숙지하여야 한다.

일반적인 DC 모터와 기어를 조합한 모터를 사용하여 양 바퀴를 회전시키며, 회전축에 동력을 전달하기 위해 타이밍 벨트(Timing Belts)를 사용한다.

11-1-2 구동 실습

1) 목 적

로봇을 구동하기에 가장 기본적인 구동방법인 전진, 후진에 대해 알아본다.

2) 목 표

① 구동기에 적용된 모터 번호를 확인한다.
② 전진, 후진시에 모터의 회전 방향에 대해 이해한다.

3) 기본 지식

그림 11-3 전진하는 경우

그림 11-4 후진하는 경우

로봇에 적용되어 있는 모터는 20W 용량을 갖는 모터로 최대 순간 토크(Torque) 120kgf.cm, 정격 토크(Torque) 56kgf.cm 및 최대 30rpm의 회전 속도를 갖는다. 이 모터의 특성에 대해 이해하지 못하는 경우 제어의 오동작 및 모터에 무리를 줄 수 있으므로 위 특성을 필히 숙지하고 있어야 한다.

URobo 메커니즘의 경우에는 양방향 구조로 설계되어 있으므로 전진과 후진시에는 아래와 같이 모터의 회전 방향을 지정하여야 전진과 후진을 할 수 있다.

위 두 그림을 이해한 후 로봇을 구동하는 프로그램을 작성하여 본다.

※ 주의사항

본 실습에서는 센서 모니터링에 대한 기능을 구현하지 않으므로 로봇이 물체에 충돌하는 것에 대하여 준비하여야 한다.

4) 프로그램 방법

가속도와 속도를 미리 입력받고 전진, 후진, 정지 버튼 입력으로 로봇을 제어하게 작성한다. 이를 통하여 로봇에 부착되어 있는 구동 모터의 회전방향과 속도조절에 대한 이해를 하게 되는 프로그램이다.

10장에 작성한 프로그램에 다음 그림들을 참조하여 추가 작성한다.

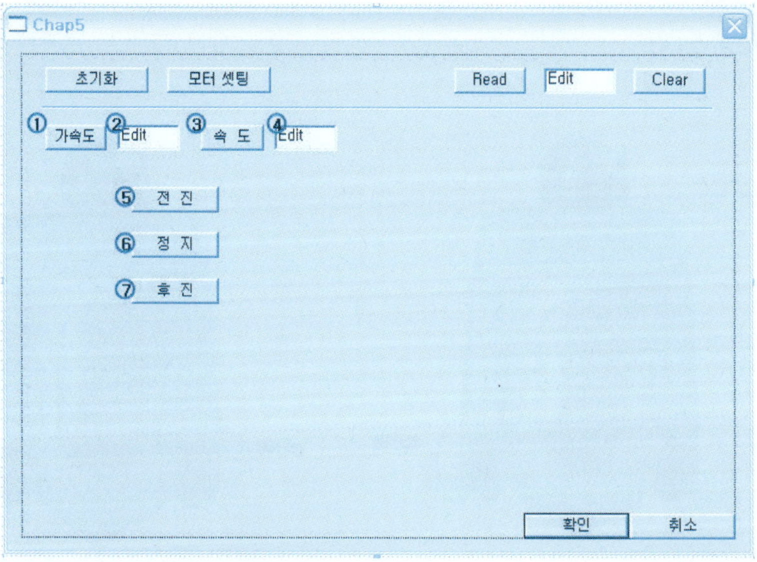

그림 11-5 **다이얼로그 구성**

그림 11-5와 같이 다이얼로그를 구성한 후, 각 버튼과 편집 박스(Edit Box)의 속성창에 〈표 11-1〉과 같이 작성한다. 그 후 클래스 위자드를 사용하여 편집 박스에 변수를 할당, 선언하고, 모든 버튼들에 클릭되었을 때의 함수를 연결해 준다.

〈표 11-1〉 ID, 변수 형, 변수 명

번 호	ID	변수 형	변수 명
1	IDC_BT_ACCEL	·	·
2	IDC_ACCEL	double	m_dbAccel
3	IDC_BT_VELO	·	·
4	IDC_ACCEL	double	m_dbVelo
5	IDC_BT_FORWARD	·	·
6	IDC_BT_STOP	·	·
7	IDC_BT_BACKWARD	·	·

생성된 가속도, 속도 제어 함수에 다음 그림 11-6과 같이 작성한다.

```
void CChap5Dlg::OnBtAccel()
{
    UpdateData(TRUE);

    DCServo01_SetAbsoluteAcceleration( pMotion, 1, m_dbAccel );
    DCServo01_SetAbsoluteAcceleration( pMotion, 2, m_dbAccel );
}

void CChap5Dlg::OnBtVelo()
{
    UpdateData(TRUE);

    DCServo01_SetAbsoluteVelocity( pMotion, 1, m_dbVelo );
    DCServo01_SetAbsoluteVelocity( pMotion, 2, m_dbVelo );
}
```

그림 11-6 가속도, 속도 제어 함수

프로그램 실행시 기본으로 가속도 값과 속도 값이 설정되어 있도록 'Chap5Dlg.cpp' 파일에 다음 그림 11-7과 같이 수정한다.

가속도 값의 조절로 사용자가 지정한 속도 값까지 도달하는 시간을 정할 수 있으며, 속도 값의 단위는 분당 바퀴 회전수이다.

```
CChap5Dlg::CChap5Dlg(CWnd* pParent /*=NULL*/)
    : CDialog(CChap5Dlg::IDD, pParent)
{
    //{{AFX_DATA_INIT(CChap5Dlg)
    m_strRead = _T("");
    m_dbVelo = 10;
    m_dbAccel = 150;
    //}}AFX_DATA_INIT
    // Note that LoadIcon does not require a subsequen
    m_hIcon = AfxGetApp()->LoadIcon(IDR_MAINFRAME);
}
```

그림 11-7 가속도, 속도 초기 값 수정

다음은 URobo 제어하기 위한 전진, 정지, 후진 함수이다. 아래 그림 11-8을 보고 작성한다.

```
void CChap5Dlg::OnBtForward()
{
    UpdateData(TRUE);

    DCServo01_SetAbsoluteVelocity( pMotion, 1, m_dbVelo );
    DCServo01_SetAbsoluteVelocity( pMotion, 2, m_dbVelo );

    DCServo01_BackwardStart( pMotion, 1 );
    DCServo01_ForwardStart( pMotion, 2 );
}

void CChap5Dlg::OnBtStop()
{
    DCServo01_StopSmoothly( pMotion, 1 );
    DCServo01_StopSmoothly( pMotion, 2 );
}

void CChap5Dlg::OnBtBackward()
{
    UpdateData(TRUE);

    DCServo01_SetAbsoluteVelocity( pMotion, 1, m_dbVelo );
    DCServo01_SetAbsoluteVelocity( pMotion, 2, m_dbVelo );

    DCServo01_ForwardStart( pMotion, 1 );
    DCServo01_BackwardStart( pMotion, 2 );
}
```

그림 11-8 전진, 정지, 후진 함수

위 그림 11-8의 함수에서 확인할 수 있듯이 URobo의 구동 메커니즘 상 로봇을 전진시키기 위해서는 왼쪽 바퀴(1번)를 CCW(후진)방향으로, 오른쪽 바퀴(2번)을 CW(전진)방향으로 회전시켜야만 로봇이 전진하며, 후진의 경우는 그 역임을 알 수 있다. 가속도 값을 조절함에 따라서 로봇 제어시 가감속 기간(시간)을 조절할 수 있으며, 차후 프로그램 상에서 목적에 따라 급발진이 필요할 경우 가속도 값을 높게 설정함으로써 여러 환경에 따른 제어가 가능할 것이다. 정지에 대한 함수로 'DCServo01_StopSmoothly()' 함수를 사용하여 정지시 가속도 값에 따라 감속 후 정지하게 하였으며, 이 역시 상황에 따라 다른 정지 함수, 'DCServo01_StopAbrupt-ly()'나 'DCServo01_MotorOff()'를 사용할 수 있다.

5) 고 찰

구동기(Mechanism) 설계가 그림 11-3과 같은 구조로 설계가 되어 있기 때문에 전진 및 후진시 모터의 회전 방향을 서로 다르게 하여야 한다. 이 경우는 URobo의 대표적인 형태이며, 모든 로봇이 그림 11-3과 같은 형태로 구동하지는 않는다.

11-2 조향 제어 실습

1) 목 적

로봇이 이동 중 원하는 방향으로 이동하기 위해 모터의 회전 방향 및 속도 조절에 대하여 알아본다.

2) 목 표

① 이동시 좌회전 및 우회전, 그리고 제자리 회전에 대한 원리를 이해한다.
② 회전 각도와 속도의 연관 관계를 이해한다.

3) 기본 지식

양방향 메커니즘 구조에서는 조향시 회전 반경이 발생한다. 회전 반경에 영향을 주는 주 원인은 동력 축과의 거리와 동력축 메커니즘의 중심부분에서 얼마만큼 떨어져 있는지에 따라 회전 반경이 결정되어진다.

본 로봇의 경우에는 다음과 같은 조건에 의하여 회전 반경을 산정할 수 있다.

① 양 바퀴 사이의 거리(L) : 335mm
② R : 회전 반경
③ V_L : 왼쪽 바퀴(모터)의 속도
④ V_R : 오른쪽 바퀴(모터)의 속도

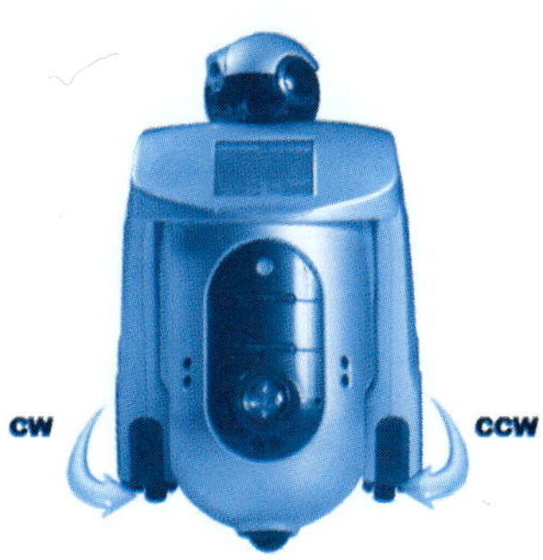

그림 11-9 전진하는 경우

그림 11-10 후진하는 경우

⑤ 바퀴와 바닥면의 마찰은 0으로 가정.

⑥ $R = \frac{L}{2} * \frac{V_R + V_L}{V_R - V_L}$ (회전 반경 공식)

위 그림 11-9와 같이 로봇이 전진하는 경우와 그림 11-10처럼 후진하는 경우에서 로봇의 조향(방향)을 제어할 수 있으며, 이 방향의 경우에는 왼쪽 및 오른쪽의 모터 속도를 각기 다르게 제어하여 조향(방향)의 각도를 제어할 수 있다.

예로 왼쪽 모터를 0rpm, 오른쪽 모터를 10rpm으로 설정 후 조향하는 경우에는 조향(방향)각이 크므로 로봇의 회전 반경이 줄어 들 수 있다. 또한 같은 방법으로 제자리 회전을 하는 경우, 왼쪽 / 오른쪽 모터를 동일하게 CW 혹은 CCW로 회전시킴으로써 왼쪽, 오른쪽 회전을 제어할 수 있다.

4) 프로그램 방법

11-1-2. 구동 실습에 이어서 다음 그림들을 참고하여 작성한다.

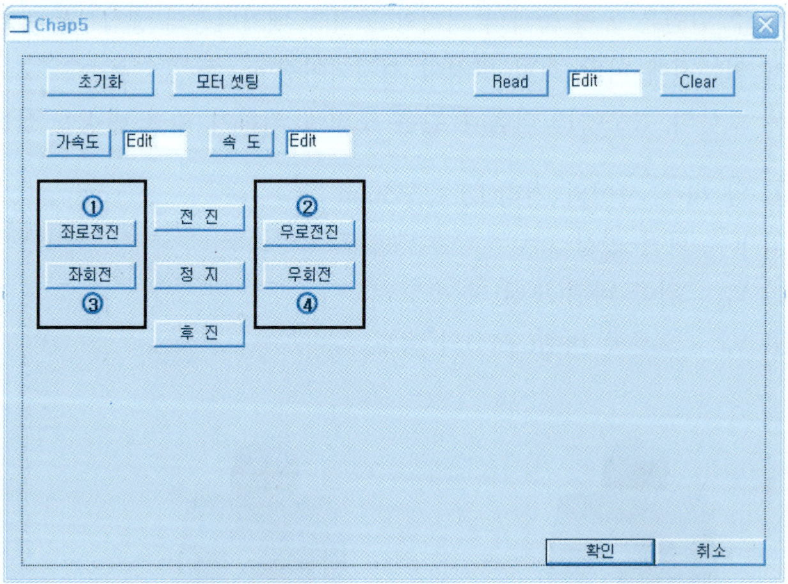

그림 11-11 Dialog 구성

위 그림 11-11에서 추가한 버튼에 다음 표와 같이 속성을 설정하고 클래스 위자드 등을 사용하여 연결 함수를 설정한다.

〈표 11-2〉 버튼에 ID 설정

	1	2	3	4
ID	IDC_BT_LFORWARD	IDC_BT_RFORWARD	IDC_BT_LEFT	IDC_BT_RIGHT

다음 그림 11-12, 그림 11-13을 참고하여 생성된 함수들을 작성한다.

```
void CChap5Dlg::OnBtLforward()
{
    UpdateData(TRUE);

    DCServo01_SetAbsoluteVelocity( pMotion, 1, m_dbVelo/10 );
    DCServo01_SetAbsoluteVelocity( pMotion, 2, m_dbVelo );

    DCServo01_BackwardStart( pMotion, 1 );
    DCServo01_ForwardStart( pMotion, 2 );
}

void CChap5Dlg::OnBtRforward()
{
    UpdateData(TRUE);

    DCServo01_SetAbsoluteVelocity( pMotion, 1, m_dbVelo );
    DCServo01_SetAbsoluteVelocity( pMotion, 2, m_dbVelo/10 );

    DCServo01_BackwardStart( pMotion, 1 );
    DCServo01_ForwardStart( pMotion, 2 );
}
```

그림 11-12 좌전진, 우전진 함수

```
void CChap5Dlg::OnBtLeft()
{
    UpdateData(TRUE);

    DCServo01_SetAbsoluteVelocity( pMotion, 1, m_dbVelo );
    DCServo01_SetAbsoluteVelocity( pMotion, 2, m_dbVelo );

    DCServo01_ForwardStart( pMotion, 1 );
    DCServo01_ForwardStart( pMotion, 2 );
}

void CChap5Dlg::OnBtRight()
{
    UpdateData(TRUE);

    DCServo01_SetAbsoluteVelocity( pMotion, 1, m_dbVelo );
    DCServo01_SetAbsoluteVelocity( pMotion, 2, m_dbVelo );

    DCServo01_BackwardStart( pMotion, 1 );
    DCServo01_BackwardStart( pMotion, 2 );
}
```

그림 11-13 좌회전, 우회전 함수

그림 11-12, 그림 11-13에서 양 바퀴(모터)의 회전 방향과 속도값의 차이를 어떠한 방식으로 두었는지 확인할 수 있다. 회전 반경의 조절을 위해서는 좌전진, 우전진 함수의 'm_dbVelo/10'의 나누기 값을 조절하여 제어할 수 있다.

이동시 좌회전 및 우회전 방향각을 속도를 조절하여 본다.
주행 모드 변경시 가속도 값에 따른 차이점을 알아본다.

※ 주의사항

본 실습에서는 센서 모니터링에 대한 기능을 구현하지 않으므로 로봇이 물체에 충돌하는 것에 대하여 준비하여야 한다.

5) 고 찰

이동시 로봇의 방향을 조절하기 위해서는 모터의 속도를 변화시켜 조절할 수가 있으며, 속도의 변화에 따른 회전 반경이 틀린 것을 알 수 있다.

11-3 PID 이득 변경에 따른 구동제어

1) 목 적

모터의 PID 제어 변경에 따른 목표 속도까지 도달하는 과정에 대하여 알아본다.

2) 목 표

① PID 제어 변경에 따른 목표 속도 조절 방법을 이해한다.

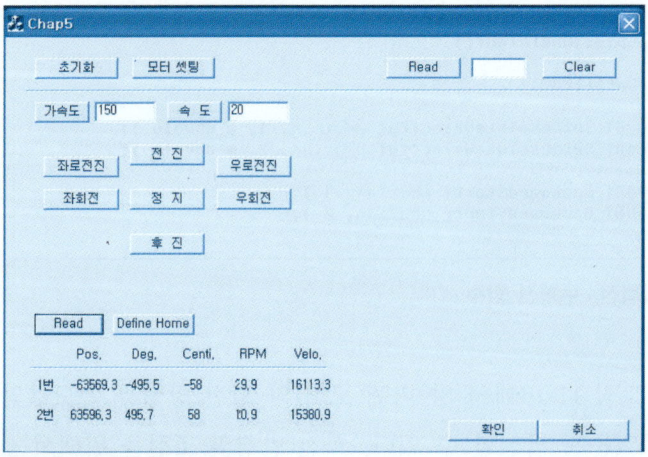

그림 11-14 **실습 목표**

② P(비례), I(적분), D(미분)에 대한 기본 원리를 이해한다.

3) 프로그램 방법

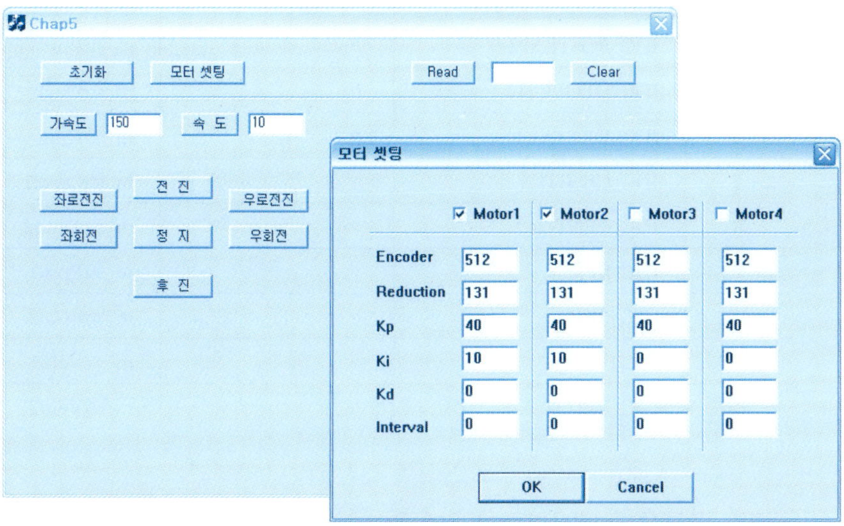

그림 11-15 PID 이득 값 조절

PID 제어 값 조절에 따른 변화를 알기 위하여 각 모터의 상태 값들을 읽어 오도록한다.

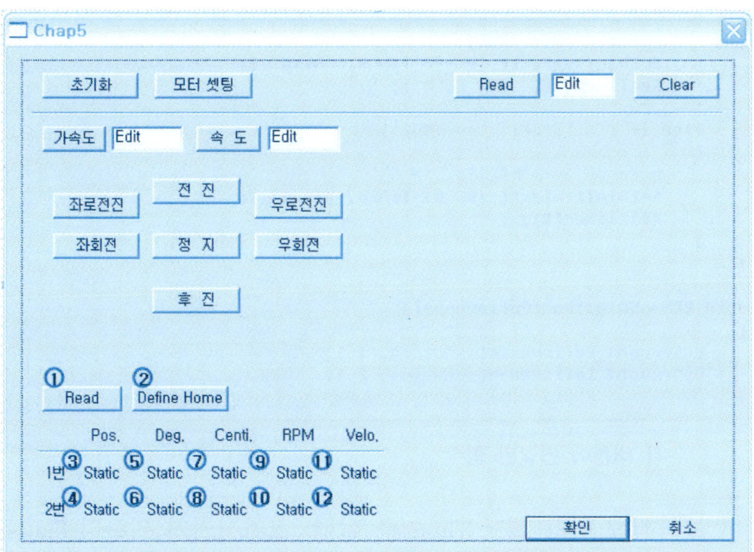

그림 11-16 다이얼로그 구성

〈표 11-3〉 ID, 변수 형, 변수 명

번 호	ID	변수 형	변수 명
1	IDC_BT_STATEREAD	·	·
2	IDC_BT_DEFINEHOME	·	·
3	IDC_POSTION1	CString	m_strPosition1
4	IDC_POSTION2	〃	m_strPosition2
5	IDC_DEGREE1	〃	m_strDegree1
6	IDC_DEGREE2	〃	m_strDegree2
7	IDC_CENTI1	〃	m_strCenti1
8	IDC_CENTI2	〃	m_strCenti2
9	IDC_RPM1	〃	m_strRpm1
10	IDC_RPM2	〃	m_strRpm2
11	IDC_VELO1	〃	m_strVelo1
12	IDC_VELO2	〃	m_strVelo2

'Read' 버튼으로 OnTimer() 함수를 구동시켜 1번, 2번 모터에 대한 상태 값들을 계속 읽어오게 하며, 'Define Home' 버튼은 상태 값들을 초기화시키는 버튼이다. 각 버튼에 연결되는 함수를 생성한 후 다음 그림 11-17들과 같이 작성한다.

```
void CChap5Dlg::OnBtStateread()
{
    if ( bStateFlag == FALSE )
    {
        bStateFlag = TRUE;
        SetDlgItemText( IDC_BT_TIMER, "Stop" );
        SetTimer( 0, 100, NULL );
    }
    else if ( bStateFlag == TRUE )
    {
        bStateFlag = FALSE;
        SetDlgItemText( IDC_BT_TIMER, "Read" );
        KillTimer(0);
    }
}

void CChap5Dlg::OnBtDefinehome()
{
    DCServo01_DefineHome( pMotion, 1 );
    DCServo01_DefineHome( pMotion, 2 );
}
```

그림 11-17 각 버튼에 연결된 함수

버튼이 눌러짐에 따라 해당 Timer를 실행, 정지시키기 위하여 Flag를 사용하였다. 해당 Flag에 대하여 Header 파일에 선언하고 초기화 함수에 초기 값을 할당한다.

```
unsigned char nSelectSensor[11];
float fUltraSonic[11], fIRSensor[6];

BOOL bStateFlag;

void GetUtrasonic(void);
void GetIRDistance(void);
```

그림 11-18 Flag 선언

```
    if ( DCServo01_Initialize( m_hWnd, &pMotion ) != EDROBOT_API_I
        ::MessageBox( NULL, "모터 초기화 실패", "Error", MB_OK );

    if ( SSN_Initialize( &pSensor, TRUE ) != EDROBOT_API_OK )
        ::MessageBox( NULL, "센서 초기화 실패", "Error", MB_OK );

    if ( Commnication_Initialize( m_hWnd, &pCommunication ) != EDI
        ::MessageBox( NULL, "Communication 초기화 실패", "Error",

    SSN_Start( pSensor );

    bStateFlag = FALSE;
}
```

그림 11-19 초기화 함수에 Flag 초기 값 할당

Dialog Box에 생성한 Static Text(3~12번)에 해당되는 모터의 상태 값들을 획득, 출력시키는 함수이다. 다음 그림 11-20을 보고 작성한다.

```
void CChap5Dlg::ReadDCState()
{
    double dbPos1, dbDeg1, dbRpm1, dbVel1, dbPos2, dbDeg2, dbRpm2, dbVel2;
    int Centi1, Centi2;

    dbPos1 = dbDeg1 = dbRpm1 = dbVel1 = dbPos2 = dbDeg2 = dbRpm2 = dbVel2 = 0;
    Centi1 = Centi2= 0;

    DCServo01_ReadPosition( pMotion, 1, dbPos1 );
    DCServo01_ReadPosition( pMotion, 2, dbPos2 );

    m_strPosition1.Format( "%4.1f", dbPos1 );
    m_strPosition2.Format( "%4.1f", dbPos2 );

    DCServo01_ReadDegree( pMotion, 1, dbDeg1 );
    DCServo01_ReadDegree( pMotion, 2, dbDeg2 );

    m_strDegree1.Format( "%4.1f", dbDeg1 );
    m_strDegree2.Format( "%4.1f", dbDeg2 );

    DCServo01_ReadCantimeter( pMotion, 1, Centi1 );
    DCServo01_ReadCantimeter( pMotion, 2, Centi2 );

    m_strCenti1.Format( "%4d", Centi1 );
    m_strCenti2.Format( "%4d", Centi2 );

    DCServo01_ReadRpm( pMotion, 1, dbRpm1 );
    DCServo01_ReadRpm( pMotion, 2, dbRpm2 );

    m_strRpm1.Format( "%4.1f", dbRpm1 );
    m_strRpm2.Format( "%4.1f", dbRpm2 );

    DCServo01_ReadVelocity( pMotion, 1, dbVel1 );
    DCServo01_ReadVelocity( pMotion, 2, dbVel2 );

    m_strVelo1.Format( "%6.1f", dbVel1 );
    m_strVelo2.Format( "%6.1f", dbVel2 );

    UpdateData(FALSE);
}
```

그림 11-20 모터 상태 값 획득 및 출력 함수

위 함수를 Header 파일에 선언한다.

그림 11-21 Header 파일에 함수 선언

앞서 작성한 'Read' 버튼을 사용하여 OnTimer() 함수를 호출하기 위하여 우선 클래스 위자드를 실행, 다음 그림 11-22 순서와 같이 행한다.

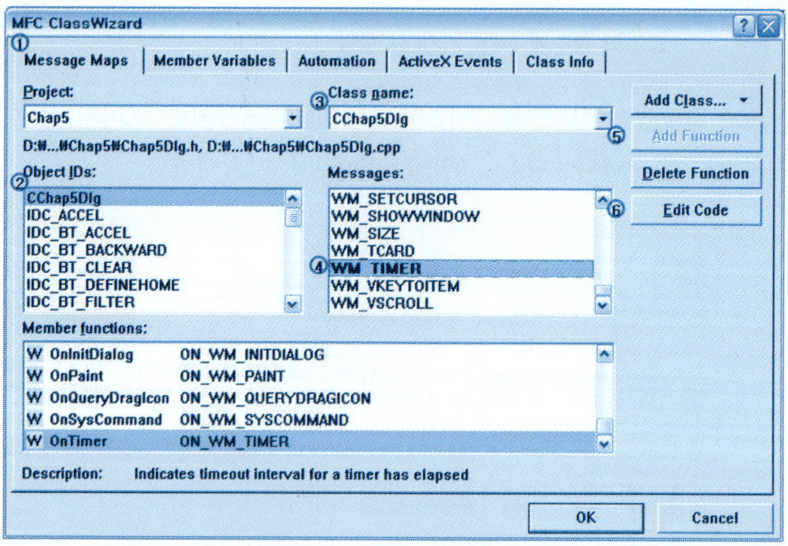

그림 11-22 클래스 위자드로 OnTimer() 함수 생성

생성된 함수에 다음 그림 11-23과 같이 작성한다.

```
void CChap5Dlg::OnTimer(UINT nIDEvent)
{
    if ( nIDEvent == 0 )
        ReadDCState();

    CDialog::OnTimer(nIDEvent);
}
```

그림 11-23 OnTimer() 함수

이제 작성한 프로그램을 실행하고, PID 이득 값의 변화에 따른 모터 상태 값을 확인하여 PID 이득 값을 조절하여 보도록 한다.

※ 주의사항

본 실습에서는 센서 모니터링에 대한 기능을 구현하지 않으므로 로봇이 물체에 충돌하는 것에 대하여 준비하여야 한다.

5) 고 찰

PID 이득 값은 모터에서의 특성을 결정하여 주는 일부분으로, 위 프로그램에서 PID를 변경함에 따라 목표 속도까지 도달되는 시간의 차이를 알아볼 수 있다.

11-4 방향 설정에 따른 LED 제어

1) 목 적

로봇이 이동 중 방향전환을 할 때 사용자 및 주위에 로봇의 이동 방향을 LED를 통하여 의사 표현하는 방법을 알아본다.

2) 목 표

① LED On/Off 방법에 대하여 알아본다.
② 방향 전환에 따른 LED를 On/Off하여 본다.

3) 프로그램 방법

로봇의 방향 전환시 사용자에게 전환되는 방향을 표시하여 본다.

지난 실습들을 참고하여 다음 그림 11-24와 같이 다이얼로그 박스를 수정, 및 작성한다. (PID 제어 실습의 프로그램을 사용할 수도 있으나, 본 교재에서는 차후 실습을 고려, 다음과 같이 구성, 수정하였으며, 이는 PID 제어 전 단계의 실습에 다음의 그림과 같이 구성한 것이다.)

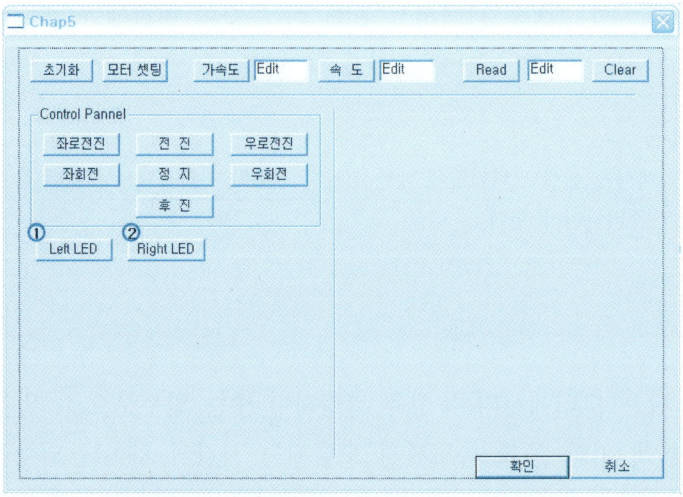

그림 11-24 다이얼로그 박스 구성

〈표 11-4〉 ID

	1	2
ID	IDC_BT_LEFTLED	IDC_BT_RIGHTLED

URobo의 전면과 양 측면의 LED, 그리고 머리에 부착되어 있는 Dot Matrix를 제어하기 위해서는 또 다른 초기화 절차를 거쳐야 한다. 10장과 특별히 다른 점은 없으며, 다음 그림들을 보면서 작성한다.

제공된 파일에서 'Commnication_Library.h'을 프로젝트의 Header file 폴더에 추가한다.

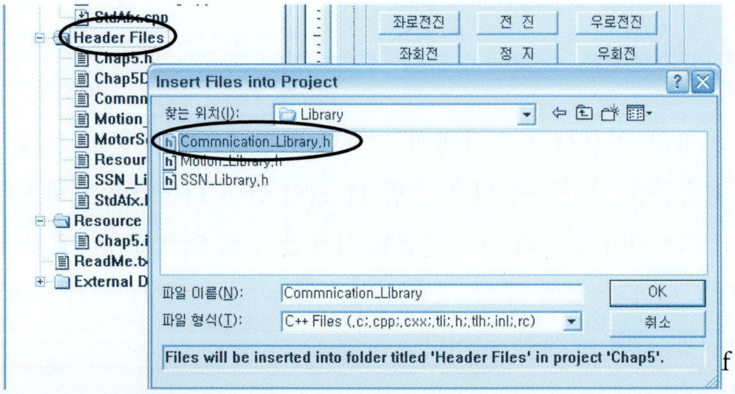

그림 11-25 Header file 추가

추가한 Header 파일의 경로를 'StdAfx.h' 파일에 입력한다.

본 교재에서는 제공된 파일들이 그림 11-26과 같은 경로에 있다는 전제하에 작성되었다.

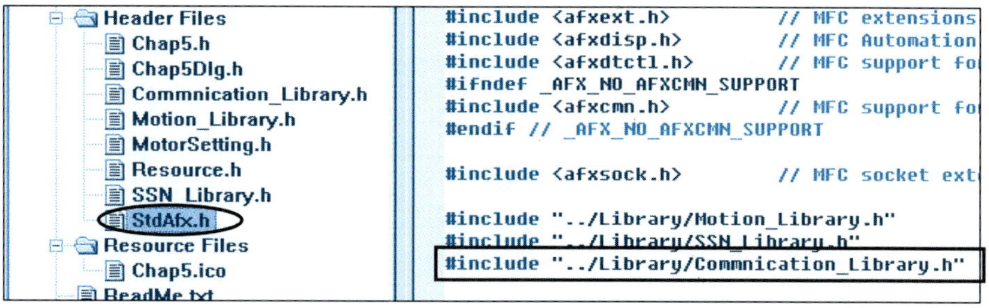

그림 11-26 StdAfx.h 파일의 수정

제공된 lib 파일을 프로젝트에 연결한다.

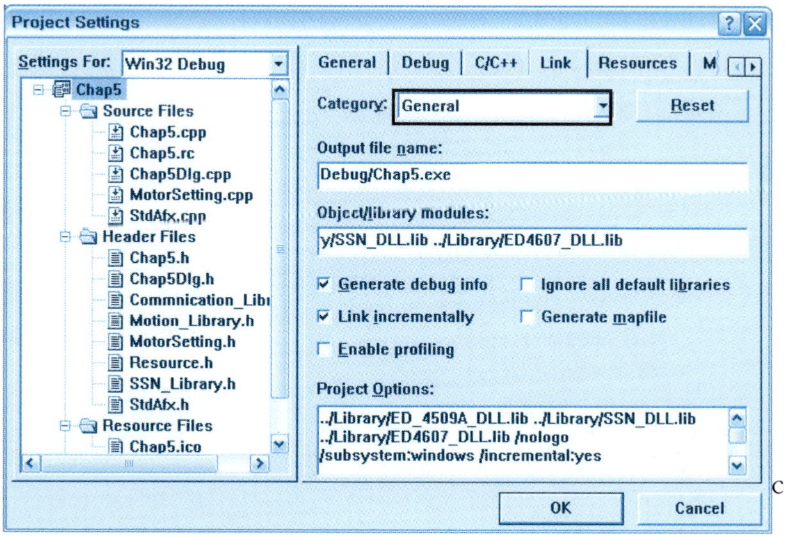

그림 11-27 lib 파일 연결

'Chap5Dlg.h' 파일에 LED 및 Dot Matrix를 제어하기 위한 객체를 선언한다.

그림 11-28 Header file에 객체 선언

생성되어 있는 초기화 함수에 초기화를 위한 코드를 추가 작성한다.

```
void CChap5Dlg::OnBtInit()
{
    pMotion = NULL;
    pSensor = NULL;
    pCommunication = NULL;

    if ( DCServo01_Initialize( m_hWnd, &pMotion ) != EDROBOT_API_OK )
        ::MessageBox( NULL, "모터 초기화 실패", "Error", MB_OK );

    if ( SSN_Initialize( &pSensor, TRUE ) != EDROBOT_API_OK )
        ::MessageBox( NULL, "센서 초기화 실패", "Error", MB_OK );

    if ( Commnication_Initialize( m_hWnd, &pCommunication ) != EDROBOT_API_OK )
        ::MessageBox( NULL, "Communication 초기화 실패", "Error", MB_OK );

    SSN_Start( pSensor );

    bLeftLED = FALSE;
    bRightLED = FALSE;
}
```

그림 11-29 초기화 코드 추가 작성

이제 실제 LED의 제어를 위한 코드를 작성한다. 우선 그림 11-24에 생성한 버튼으로 LED를 제어하도록 한다. 생성한 버튼을 더블클릭, 또는 클래스 위자드를 사용하여 버튼에 연결된 함수를 생성한다. 그리고 다음 그림 11-30을 참고하여 작성한다.

```
void CChap5Dlg::OnBtLeftled()
{
    if( bLeftLED == FALSE )
    {
        SetLedDriver( pCommunication, Ctrl_Front_Circular02, 0xff&0x00 );
        bLeftLED = TRUE;
    }
    else if( bLeftLED == TRUE )
    {
        SetLedDriver( pCommunication, Ctrl_Front_Circular02, 0xff&0x44 );
        bLeftLED = FALSE;
    }
}

void CChap5Dlg::OnBtRightled()
{
    if( bRightLED == FALSE )
    {
        SetLedDriver( pCommunication, Ctrl_Front_Circular02, 0xff&0x00 );
        bRightLED = TRUE;
    }
    else if( bRightLED == TRUE )
    {
        SetLedDriver( pCommunication, Ctrl_Front_Circular02, 0xff&0x11 );
        bRightLED = FALSE;
    }
}
```

그림 11-30 왼쪽, 오른쪽 LED 점멸 함수

다음 표는 LED 제어를 위한 값들이다. 다음 〈표 11-5〉를 보고 그림 11-30의 코드를 확인하자.

〈표 11-5〉 URobo 측면 방향 지시등 표시

Bit	8	4	2	1	8	4	2	1
연결 상태	-	Bottom Right	-	Bottom Left	-	Top Right	-	Top Left
Off	x	1	x	1	x	1	x	1
On	x	0	x	0	x	0	x	0

㉮ 0xf4 : Top Right만 On 상태

LED 점멸을 위하여 Flag를 사용하였다. 사용한 Flag를 Header file에 선언하고, 초기화 함수에서 초기 값을 할당한다.

```
MOTION_SESSION pMotion;
SSN_SESSION pSensor;
COMMUNICATION_SESSION pCommunication;

BOOL bLeftLED, bRightLED;
```

```
    if ( Commnication_Initialize( m_hWnd, &p(
        ::MessageBox( NULL, "Communication 초

    SSN_Start( pSensor );

    bLeftLED = FALSE;
    bRightLED = FALSE;
}
```

그림 11-31 Header file과 초기화 함수에 Flag 선언 및 초기 값 할당

이제 프로그램을 실행한 후 왼쪽, 오른쪽 LED 버튼을 사용하여 LED가 점멸하는지 확인하도록 한다.

※ 주의사항

본 실습에서는 센서 모니터링에 대한 기능을 구현하지 않으므로 로봇이 물체에 충돌하는 것에 대하여 준비하여야 한다.

4) 고 찰

로봇 이동시 방향 전환시 사용되는 LED의 제어방법에 대하여 알아 볼 수 있다.

12 장

비주얼 C++를 이용한 센서제어 프로그래밍(1)

이 장에서는 URobo에 적용된 센서들에 대하여 각각의 원리 및 제어 방법에 대하여 확인하여 보며, 기타 지능형 로봇에서 보편적으로 많이 사용되는 초음파 및 적외선 거리 감지 센서에 대해 알아본다 이 장에서는 센서 정보를 바탕으로 로봇을 제어하기 위해 어떠한 거리 데이터가 필요한지에 대하여 알아보는 것을 목표로 한다.

12-1 초음파 센서

12-1-1 목 적

로봇에 장착되어 있는 초음파 센서(Ultrasonic Sensor)에 대한 거리 측정과 각 센서 배치 위치를 확인한다.

12-1-2 목 표

① 본 시스템에 적용된 초음파 센서의 특성과 측정 방법에 대하여 알아본다.
② 초음파 센서에 측정된 센서의 측정 값에 대하여 알아본다.

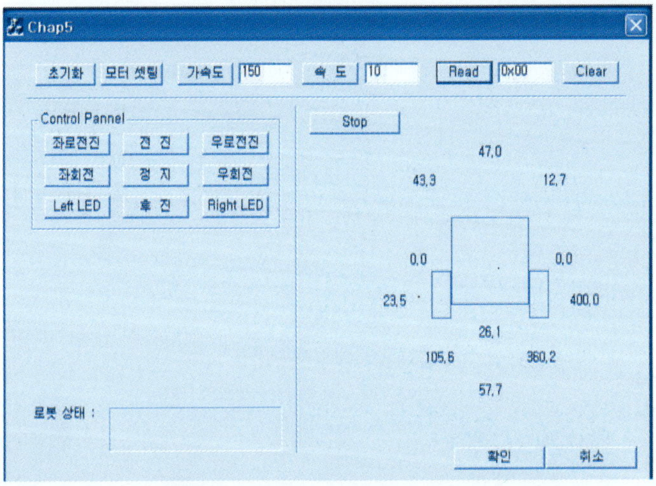

그림 12-1 실습 목표

12-1-3 프로그램 방법

URobo에 배치되어 있는 초음파 센서들로부터 거리정보를 획득, 출력하는 프로그램을 작성한다. 11장까지 작성한 프로그램을 사용한다.

초음파 센서로부터 거리 정보를 받아오기에 앞서 사용할 초음파 센서 정보들에 대하여 선언을 해주어야 한다.

다음 그림들을 참고하여 작성하도록 한다.

```
public:
    CChap5Dlg(CWnd* pParent = NULL);    // sta

    MOTION_SESSION pMotion;
    SSN_SESSION pSensor;
    COMMUNICATION_SESSION pCommunication;

    unsigned char nSelectSensor[11];
    float fUltraSonic[11];
```

그림 12-2 Header 파일에 배열 선언

Header 파일에 사용할 초음파 센서의 개수를 설정하기 위한 배열과 각 초음파 센서들로부터 센서 정보를 받아오기 위한 배열을 선언한다. ('fUltraSensor[2]'번은 ID Select switch로 지정된 1번 초음파 센서의 거리 정보를 저장, 출력하기 위한 배열이다.)

초기화 함수(OnBtInit()함수)에 Header 파일에서 선언한 'nSelectSensor[11]'에 대하여 배열 값을 설정하고, 거리 정보를 받아오는 배열에 대하여 memset으로 초기화시켜 주며, 초음파 센서의 Setting을 한다.

```
void CChap5Dlg::OnBtInit()
{
    pMotion = NULL;
    pSensor = NULL;
    pCommunication = NULL;

    for ( int i=0 ; i<11 ; i++ )
        nSelectSensor[i] = i+1;

    memset( fUltraSonic, 0, sizeof(fUltraSonic) );

    if ( DCServo01_Initialize( m_hWnd, &pMotion ) != EDROBOT_API_OK )
        ::MessageBox( NULL, "모터 초기화 실패", "Error", MB_OK );

    if ( SSN_Initialize( &pSensor, TRUE ) != EDROBOT_API_OK )
        ::MessageBox( NULL, "센서 초기화 실패", "Error", MB_OK );

    if ( Commnication_Initialize( m_hWnd, &pCommunication ) != EDROBOT_API_OK )
        ::MessageBox( NULL, "Communication 초기화 실패", "Error", MB_OK );

    SSN_SetUtrasonic( pSensor, nSelectSensor, 11 );

    SSN_Start( pSensor );

    bLeftLED = FALSE;
    bRightLED = FALSE;
    bTimerFlag = FALSE;
}
```

그림 12-3 초기화 함수에 초음파 센서 Setting 코드 작성

제12장

초음파 센서의 값을 Dialog Box에 출력하기 위하여 다음 그림 12-4를 보고 작성한다.

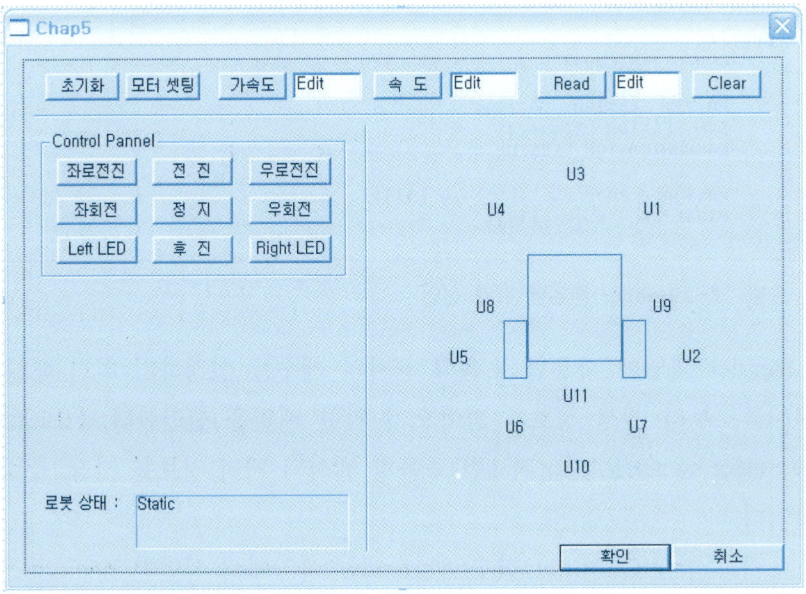

그림 12-4 Dialog Box 구성

Dialog Box 오른쪽에 추가한 그림은 대략적이나마 지능형 로봇을 표현한 것이며, Controls 도구 상자의 'Picture' 버튼을 사용하여 표현하였다. 'U1~U11'은 해당하는 초음파 센서의 번호와 각각으로부터 얻어낸 거리 정보 값을 출력하기 위한 'Static Text' 박스이며, 아래 표를 보고 속성창과 클래스 위자드를 사용하여 ID, 변수를 설정한다. U1~U11에 대한 ID, 변수 명에 대하여 〈표 12-1〉을 참고하여 해당 번호를 할당한다.

〈표 12-1〉 ID, 변수 형, 변수 명

번 호	ID	변수 형	변수 명
U1	IDC_ULTRA1	CString	m_strUltra1
≀	≀	≀	≀
U11	IDC_ULTRA11	CString	m_strUltra11

이제 초음파 센서들로부터 거리 정보 값을 읽어오는 함수를 작성한다. 다음 그림 12-5와 같이 작성한다.

```
void CChap5Dlg::GetUtrasonic()
{
    SSN_GetUtrasonic( pSensor, fUltraSonic );

    m_strUltra1.Format( "%4.1f", fUltraSonic[0] );
    m_strUltra2.Format( "%4.1f", fUltraSonic[1] );
    m_strUltra3.Format( "%4.1f", fUltraSonic[2] );
    m_strUltra4.Format( "%4.1f", fUltraSonic[3] );
    m_strUltra5.Format( "%4.1f", fUltraSonic[4] );
    m_strUltra6.Format( "%4.1f", fUltraSonic[5] );
    m_strUltra7.Format( "%4.1f", fUltraSonic[6] );
    m_strUltra8.Format( "%4.1f", fUltraSonic[7] );
    m_strUltra9.Format( "%4.1f", fUltraSonic[8] );
    m_strUltra10.Format( "%4.1f", fUltraSonic[9] );
    m_strUltra11.Format( "%4.1f", fUltraSonic[10] );

    UpdateData(FALSE);
}
```

그림 12-5 음파 거리정보 획득 함수

작성한 함수에 대하여 Header 파일에 선언한다.

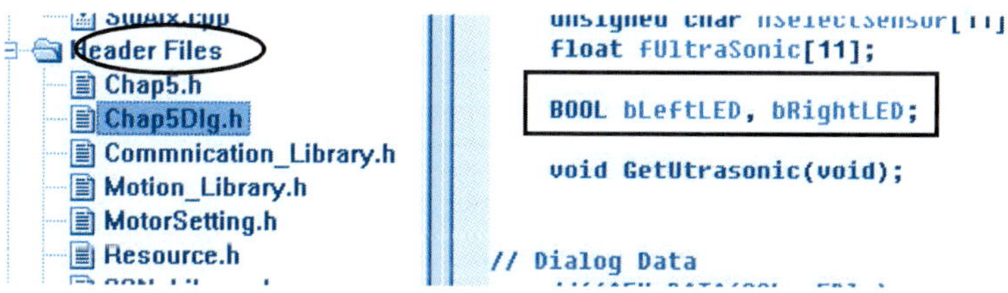

그림 12-6 Header 파일에 함수 선언

제12장

초음파 센서들로부터 거리 정보 값을 획득, 출력하는 함수를 작성하였으나, 이를 어떠한 방법으로 Dialog Box에 출력하는지에 대하여는 아직 작성하지 않았다.

본 교재에서는 OnTimer() 함수를 사용하여 거리 정보 값을 출력하며, 이 값을 바탕으로 지능형 로봇을 제어하는 것 역시 OnTimer() 함수를 사용하도록 한다.

우선 Dialog Box에 Timer를 실행시키기 위한 버튼을 생성하고 그에 대한 함수들을 작성한다.

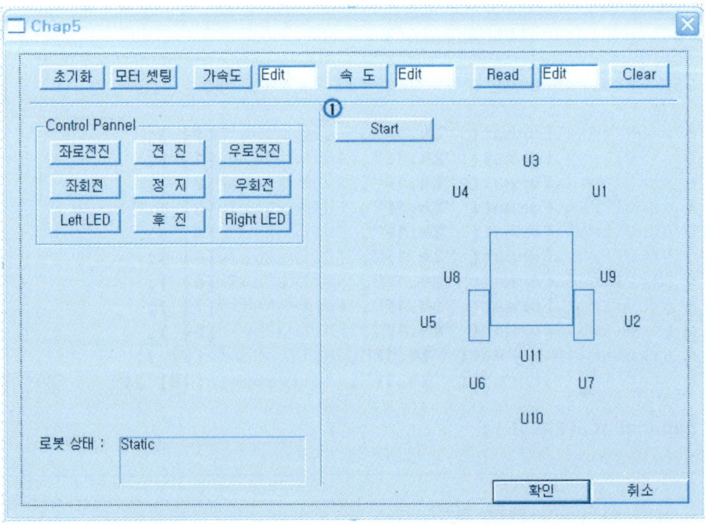

그림 12-7 버튼 추가

버튼의 ID를 'IDC_BT_TIMER'로 설정한 후 더블클릭하여 함수를 연결한 다음 그림 12-8과 같이 작성한다.

```
void CChap5Dlg::OnBtTimer()
{
    UpdateData(TRUE);

    if ( bTimerFlag == FALSE )
    {
        bTimerFlag = TRUE;
        SetDlgItemText( IDC_BT_TIMER, "Stop" );
        SetTimer( 0, 100, NULL );
    }
    else if ( bTimerFlag == TRUE )
    {
        bTimerFlag = FALSE;
        SetDlgItemText( IDC_BT_TIMER, "Excute" );
        KillTimer(0);
    }
}
```

그림 12-8 Start 버튼에 연결된 함수

작성한 버튼은 Flag 값에 따라서 OnTimer() 함수를 실행, 정지시키며, 버튼에 정해진 문구를 출력한다. Flag에 대하여 Header 파일과 초기화 함수에 선언, 초기화한다.

```
MOTION_SESSION pMotion;
SSN_SESSION pSensor;
COMMUNICATION_SESSION pCommunication;

unsigned char nSelectSensor[11];
float fUltraSonic[11];

BOOL bLeftLED, bRightLED, bTimerFlag;

void GetUtrasonic(void);
```

```
    if ( Commnication_Initialize( m_hWn
        ::MessageBox( NULL, "Communicat

    SSN_SetUtrasonic( pSensor, nSelectS

    SSN_Start( pSensor );

    bLeftLED = FALSE;
    bRightLED = FALSE;
    bTimerFlag = FALSE;
}
```

그림 12-9 Flag의 Header 파일에 선언과 초기화 함수에서 초기 값 할당

이제 실제 구동되는 OnTimer() 함수를 생성한다.

클래스 위자드를 실행하여 다음 그림 12-10의 순서대로 한다.

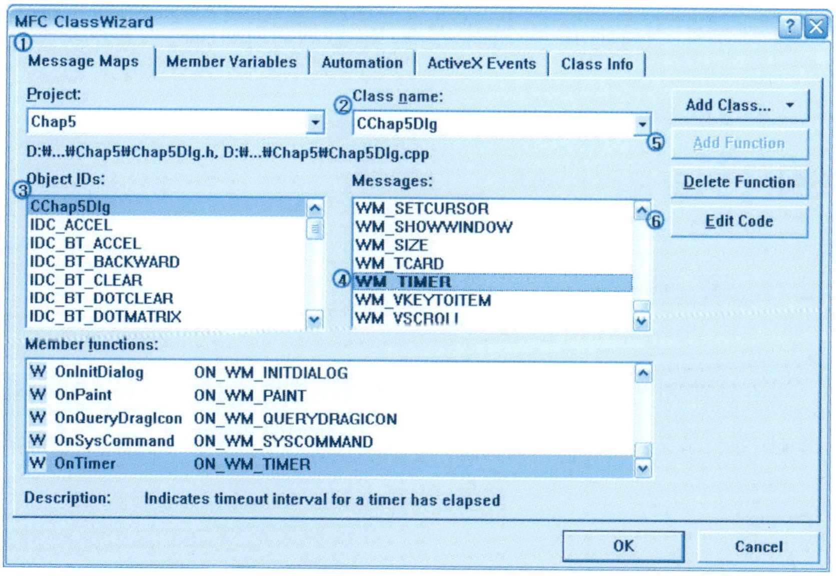

그림 12-10 OnTimer() 함수의 생성

생성된 함수에 그림 12-11과 같이 작성한다.

```
void CChap5Dlg::OnTimer(UINT nIDEvent)
{
    if ( nIDEvent == 0 )
        GetUtrasonic();

    CDialog::OnTimer(nIDEvent);
}
```

그림 12-11 OnTimer() 함수 작성

제 12 장

Dialog Box에 생성한 'Start' 버튼을 클릭하면 Flag 값에 따라서 'SetTimer(0, 100, NULL)'과 'KillTimer(0)'을 실행, OnTimer() 함수의 if 문을 통하여 해당되는 함수, 혹은 명령을 실행, 그리고 중지시킨다.

이제 프로그램을 실행하여 동작을 확인한다.

동작 중에 로봇이 물체에 부딪히지 않도록 주의한다.

12-1-4 고 찰

초음파 센서에 대한 기본 원리와 측정 방법에 대하여 고찰을 한 후 로봇에 부착된 센서를 이용하여 장애물에 대한 반응을 알아볼 수 있다.

센서 부착 위치에 따른 거리 설정 및 물체위치에 따른 초음파 설정이 필요하다.

12-2 적외선 거리 감지 센서

12-2-1 목 적

적외선의 가시광선에 의하여 물체를 검출하는 기본 원리를 이해하고, 로봇에 적용된 센서로부터 거리 정보 값을 획득, 출력하는 프로그램을 작성하여 본다.

12-2-2 목 표

① PSD 센서의 원리에 대하여 알아본다.

② 적외선 센서로 측정이 가능한 매질과 불가능한 매질에 대하여 알아본다.

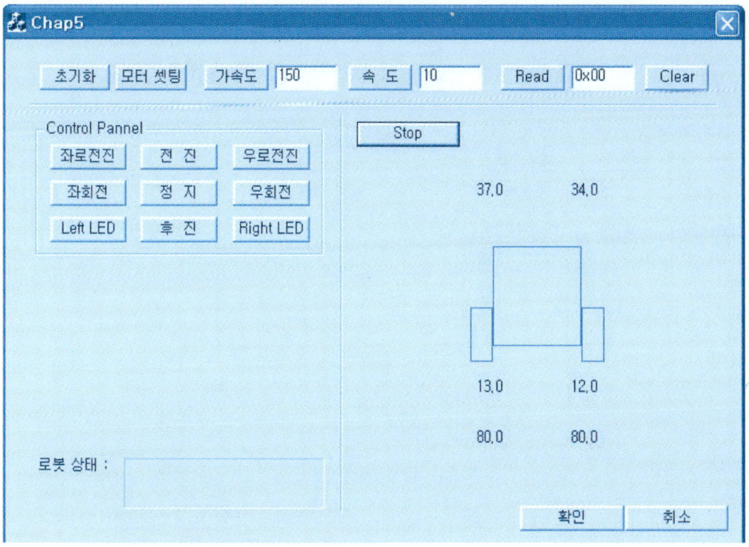

그림 12-12 **실습 목표**

12-2-3 프로그램 방법

URobo에 배치되어 있는 적외선 센서들로부터 거리 정보 값을 획득하여 출력하는 프로그램을 작성한다.

적외선 센서의 사용법은 초음파 센서와 동일하며, 함수명과 그에 따른 변수에 대한 설정만 다르게 해주면 된다. 12-1. 초음파 센서에서 작성한 프로그램을 다음 그림과 같이 수정/작성하면 된다.

본 교재에서는 초음파 관련 변수와 함수들을 모두 삭제한 후 작성하고, Dialog Box의 구성에 따라 초음파 거리 정보 값의 출력과 병행하여 표시할 수 있을 것이다.

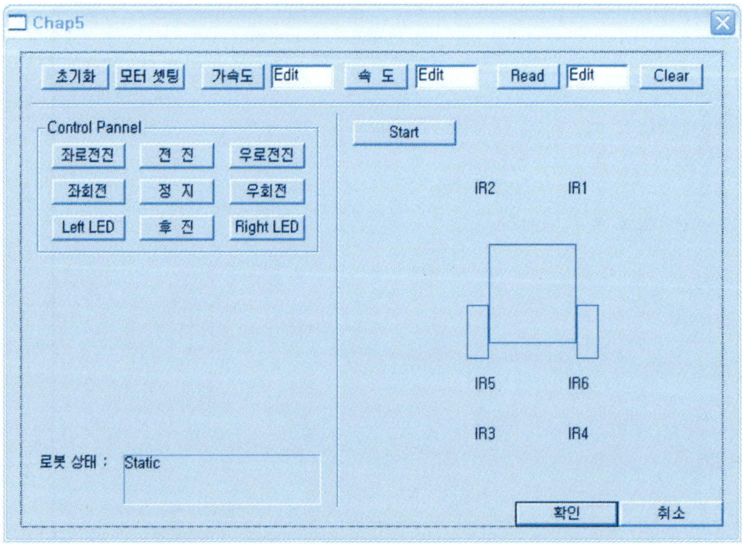

그림 12-13 Dialog Box 구성

〈표 12-2〉 ID, 변수 형, 변수 명

번 호	I D	변수 형	변수 명
1	IDC_IR1	CString	m_strIR1
≀	≀	≀	≀
6	IDC_IR6	CString	m_strIR6

사용할 적외선 센서의 개수와 거리 정보를 담아올 배열을 선언한다. 초음파 센서 실습에서 개수에 대하여 선언을 하였기 때문에 거리 정보를 담아올 배열만 Header 파일에 선언하면 된다.

```
MOTION_SESSION pMotion;
SSN_SESSION pSensor;
COMMUNICATION_SESSION pCommunication;

unsigned char nSelectSensor[11];
float fUltraSonic[11], fIRSensor[6];

BOOL bLeftLED, bRightLED, bTimerFlag;

void GetUtrasonic(void);
void Move(void);
```

그림 12-14 Header 파일에 배열 선언

적외선 센서를 사용하기 위하여 초기화 함수에 초기화 및 Setting을 해준다.

```
nSelectSensor[9] = 10;
nSelectSensor[10] = 11;

memset( fUltraSonic, 0, sizeof(fUltraSonic) );
memset( fIRSensor, 0, sizeof(fIRSensor) );

if ( DCServo01_Initialize( m_hWnd, &pMotion ) != EDROBO
    ::MessageBox( NULL, "모터 초기화 실패", "Error", MB

if ( SSN_Initialize( &pSensor, TRUE ) != EDROBOT_API_OK
    ::MessageBox( NULL, "센서 초기화 실패", "Error", MB

if ( Commnication_Initialize( m_hWnd, &pCommunication )
    ::MessageBox( NULL, "Communication 초기화 실패", "E

SSN_SetUltrasonic( pSensor, nSelectSensor, 11 );
SSN_SetIRDistance( pSensor, nSelectSensor, 6 );

SSN_Start( pSensor );

bLeftLED = FALSE;
```

그림 12-15 초기화 및 Setting

적외선 센서의 거리 정보 값을 받아와서 출력하는 함수를 작성한다.

```
void CChap5Dlg::GetIRDistance()
{
    SSN_GetIRDistance( pSensor, fIRSensor );

    m_strIR1.Format( "%4.1f", fIRSensor[0] );
    m_strIR2.Format( "%4.1f", fIRSensor[1] );
    m_strIR3.Format( "%4.1f", fIRSensor[2] );
    m_strIR4.Format( "%4.1f", fIRSensor[3] );
    m_strIR5.Format( "%4.1f", fIRSensor[4] );
    m_strIR6.Format( "%4.1f", fIRSensor[5] );

    UpdateData(FALSE);
}
```

그림 12-16 적외선 센서 거리 정보 값 획득 및 출력 함수

```
unsigned char nSelectSensor[11];
float fUltraSonic[11], fIRSensor[6];

BOOL bLeftLED, bRightLED, bTimerFlag;

void GetUltrasonic(void);
void GetIRDistance(void);

void Move(void);

Dialog Data
```

그림 12-17 Header 파일에 함수 선언

적외선 센서들로부터 거리 정보 값을 읽어오는 프로그램 작성은 마쳤다. 이제 작성되어 있는 OnTimer() 함수에 초음파 센서의 경우처럼 그림 12-8과 같이 수정, 혹은 추가하여 적외선 센서 값이 출력되는지 확인한다.

```
void CChap5Dlg::OnTimer(UINT nIDEvent)
{
    if ( nIDEvent == 0 )
        GetIRDistance();

    CDialog::OnTimer(nIDEvent);
}
```

그림 12-18 OnTimer() 함수

동작 중에 로봇이 물체에 부딪히지 않도록 주의한다.

12-2-4 고 찰

적외선을 사용하여 로봇을 전진 구동하는 경우 장애물 매질의 색상에 따라 장애물의 측정 위치가 변화는 것을 알아볼 수 있다. 이러한 특성을 이용하여 초음파와 적외선을 조합하여 사용하는 경우 적외선 거리 감지 센서의 단점을 초음파 센서가 보안할 수 있으며, 반대로 초음파 센서의 단점을 적외선 거리 감지 센서가 보안할 수 있다.

12-3 초전(인체감지) 센서

12-3-1 목 적

은행 및 보안 시설에서 사람의 유 · 무를 감지하는 인체감지 센서(Piezoelectricity Sensor)의 원리에 대하여 알아본다.

12-3-2 목 표

초전 센서의 원리를 알아본다.

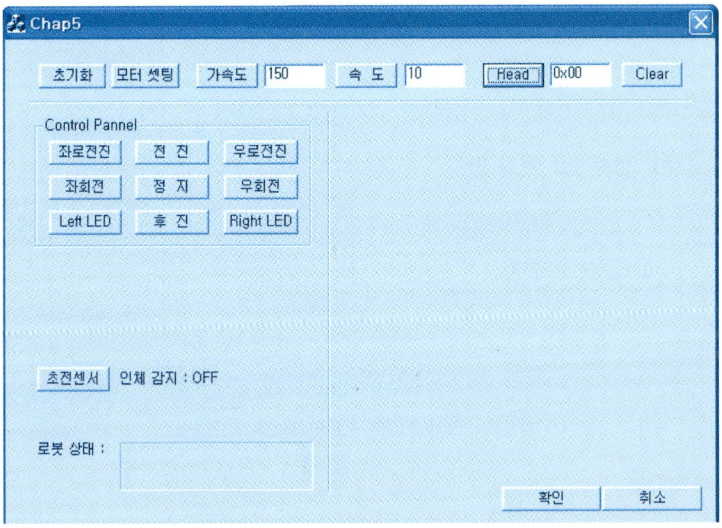

그림 12-19 **실습 목표**

12-3-3 프로그램 방법

로봇이 일정 반경의 회전운동 중 인체감지 센서가 감지가 되는 경우 로봇이 정지를 한다.

지난 실습의 프로그램에 이어서 작성한다. 다음 그림들을 참조하라.

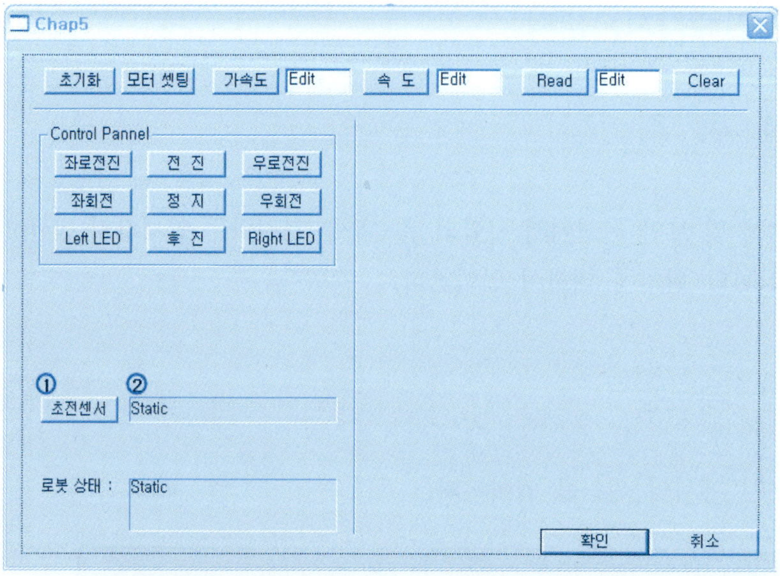

그림 12-20 Dialog Box 구성

〈표 12-3〉 ID, 변수 형, 변수 명

번 호	I D	변수 형	변수 명
1	IDC_BT_PYRO	·	·
2	IDC_PYRO	CString	m_strPyro

초전 센서 버튼에 연결되는 함수를 작성한다.

```
void CChap5Dlg::OnBtPyro()
{
    char cPyro = 0;

    SSN_GetPyroelectric( pSensor, cPyro );

    if ( cPyro )
        m_strPyro.Format( "인체 감지 : ON" );
    else
        m_strPyro.Format( "인체 감지 : OFF" );

    UpdateData(FALSE);
}
```

그림 12-21 인체 감지 센서 함수

프로그램 실행 후 해당 버튼을 클릭하면 인체감지의 유무가 출력된다. 이를 연속으로 계속 확인하고자 할 경우, 초음파 센서와 적외선 센서 실습에서 하였듯이 OnTimer() 함수에 위 함수명을 추가하면 된다.

```
void CChap5Dlg::OnTimer(UINT nIDEvent)
{
    if ( nIDEvent == 0 )
        OnBtPyro();

    CDialog::OnTimer(nIDEvent);
}
```

그림 12-22 OnTimer() 함수를 사용한 예

※ 주의사항

본 실습에서는 센서 모니터링에 대한 기능을 구현하지 않으므로 로봇이 물체에 충돌하는 것에 대하여 준비하여야 한다.

12-3-4 고 찰

본 센서를 이용하여 가성에서 침입하는 강도 및 보안에 사용하는 경우 유용하게 활용할 수 있으며, 영상 센서 및 네트워크를 활용하는 경우 실시간으로 현장에 모습을 전송할 수 있다.

비주얼 C++를 이용한 센서제어 프로그래밍(2) 13 장

본 장에서는 지능형 로봇에서 적용된 음성인식 및 합성에 대하여 원리를 알아본다. 또한 로봇의 머리에 부착되어 있는 Dot Matrix의 사용법에 대하여 프로그램으로 작성하고, 응용하는 방법에 대하여 학습하는 데 목표로 한다.

13-1 음성합성 제어

13-1-1 목 적

음성합성을 통하여 사용자가 지정한 상황에 해당하는 문장, 혹은 단어를 출력하는 프로그램을 작성하도록 한다.

13-1-2 목 표

① 음성합성에 대한 원리 및 기본 기술에 대하여 알아본다.

② 사용자 지정 상황에 해당하는 문장, 혹은 단어를 음성합성으로 출력하도록 한다.

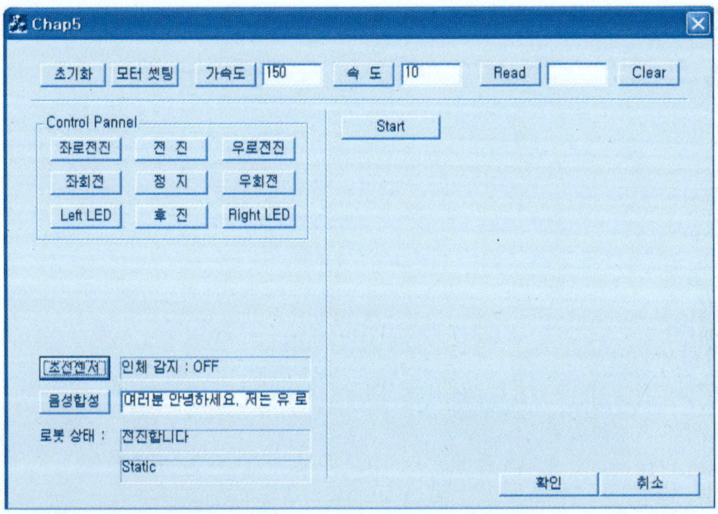

그림 13-1 **실습 목표**

13-1-3 프로그램 방법

기 작성된 프로그램을 이용하여 버튼으로 로봇을 구동하며, 해당 버튼을 눌렀을 시 로봇의 상태(전진, 후진 등)를 음성합성을 이용하여 출력하도록 한다.

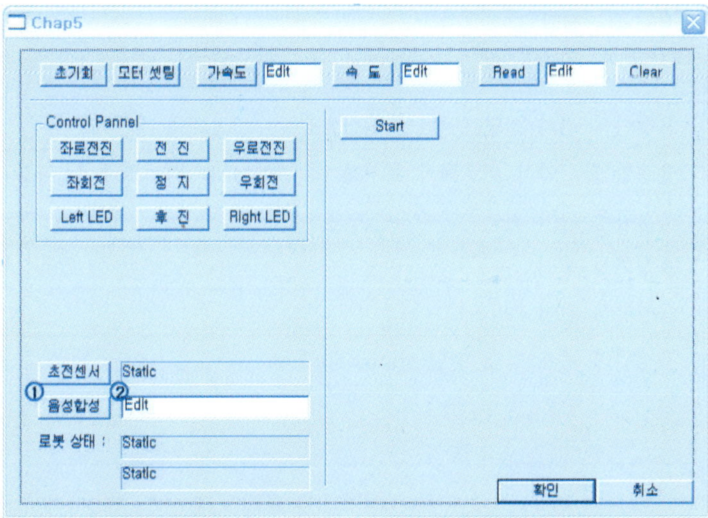

그림 13-2 Dialog Box 구성

〈표 13-1〉 ID, 변수 형, 변수 명

번 호	I D	변수 형	변수 명
1	IDC_BT_TTS	·	·
2	IDC_TTS	CString	m_strTTS

초기화 함수에 다음 그림 13-3의 코드를 작성한다. 해당되는 코드는 음성합성을 위하여 필요한 Base 프로그램인 "음성 및 합성 프로세서"를 찾는 코드로서, 해당 프로그램이 '시스템 트레이'내에서 실행중이어야만 음성합성과 인식이 가능하다.

해당 프로그램이 실행중이면, 'COPYDATASTRUCT' 구조체를 사용하여 프로그램에 'dwData' 변수 값을 이용하여, 음성인식 및 현재 음성합성의 상태를 구조체 형식으로 하여 사용자 프로그램으로 전달한다. dwData 값에 따른 상태 전달은 다음 〈표 13-2〉를 참조한다.

초기화 함수에 해당 코드를 작성한 후 Header 파일의 음성합성에 필요한 구조체와 변수들을 선언한다.

〈표 13-2〉 dwData 전달 값

값	상 태
0	음성인식 결과 전달(단어 및 인식률)
1	음성합성 / 인식 프로세서 초기화 및 실행 모듈 디렉토리 Application에 전달
2	음성합성 단어 전달
3	음성합성 정지
4	음성인식 단어 Reload
5	음성인식 현재 상태 전달(Application)

```
    ::MessageBox( NULL, "Communication 초기화 실패", "Error", MB_OK );

SSN_Start( pSensor );

hTTSwnd = NULL;
VoiceSpeechState = -1;

UpdateData(TRUE);

CWnd *pWnd = this->FindWindow(NULL, "음성 및 합성 프로세서");

if( pWnd == NULL )
{
    ::MessageBox( NULL, "음성 및 합성 프로세서 프로그램이 없습니다", "Error", MB_OK );
    return;
}

hTTSwnd = (HWND) pWnd->m_hWnd;
COPYDATASTRUCT cdsSend;

cdsSend.dwData = 1;
cdsSend.cbData = 0;

::SendMessage( hTTSwnd, WM_COPYDATA, (WPARAM)this->m_hWnd, (LPARAM)&cdsSend );

bLeftLED = FALSE;
bRightLED = FALSE;
bTimerFlag = FALSE;
bTTSFlag = FALSE;
bMoveFlag = FALSE;
```

그림 13-3 음성합성을 위한 초기화 코드 추가

```
////////////////////////////////////////////////////
// CChap5Dlg dialog

#define WM_VOICE_SPEECH WM_USER+4487
#define WM_COMM_APP      1004

typedef struct {
    int nVoiceSpeechState;
    int nScore;
    char strModulePath[2048];
    char strVoiceReconize[2048];
}VOICESPEECH, *PVOICESPEECH;

class CChap5Dlg : public CDialog
{
// Construction
public:
    CChap5Dlg(CWnd* pParent = NULL);    // standar

    HWND hTTSwnd;

    PVOICESPEECH m_VoiceSpeech;
    int VoiceSpeechState;
    CString StringTemp;

    MOTION_SESSION pMotion;
    SSN_SESSION pSensor;
    COMMUNICATION_SESSION pCommunication;

    BOOL bLeftLED, bRightLED, bTimerFlag, bMoveFla

    void TTS();
```

그림 13-4 Header 파일에 구조체, 변수 선언

URobo의 현재 상태에 대하여 출력하고, 그림 13-2에서 작성한 Edit box에 사용자가 입력한 문장을 개별적으로 출력하기 위하여 '음성합성' 버튼에 다음과 같이 작성하고, 해당 Flag 에 대하여 Header 파일에 선언하고 초기화 함수에서 초기 값을 할당한다.

```
void CChap5Dlg::OnBtTts()
{
    if ( bTTSFlag == FALSE )
    {
        bTTSFlag = TRUE;
        TTS();
    }
}
```

그림 13-5 음성합성 버튼에 연결된 함수

```
    COPYDATASTRUCT cdsSend;

    cdsSend.dwData = 1;
    cdsSend.cbData = 0;

    ::SendMessage( hTTSwnd, WM_COPY

    bLeftLED = FALSE;
    bRightLED = FALSE;
    bTimerFlag = FALSE;
    bTTSFlag = FALSE;
}

  PVOICESPEECH m_VoiceSpeech;
  int VoiceSpeechState;
  CString StringTemp;

  MOTION_SESSION pMotion;
  SSN_SESSION pSensor;
  COMMUNICATION_SESSION pCommunication;

  BOOL bLeftLED, bRightLED, bTimerFlag, bMoveFlag, bTTSFlag;

  void TTS();
```

그림 13-6 Header 파일에 Flag 선언과 초기화 함수에 초기 값 할당

위 그림 13-6에서 CString으로 선언된 변수는 Control Panel에 작성한 버튼들에 연결된 함수에서 각각의 동작을 Dialog Box에 출력하고, 음성합성에 이용하기 위하여 선언한 것이다.

이제 음성합성을 위한 함수를 작성한다. 먼저 사용자가 입력하는 Edit Box의 내용을 출력시키는 '음성합성' 버튼과의 구분을 위하여 Control Panel 에 관련된 Flag를 추가한다.

```
SSN_SESSION pSensor;
COMMUNICATION_SESSION pCommunication;

BOOL bLeftLED, bRightLED, bTimerFlag, bMoveFlag, bTTSFlag;

PVOICESPEECH m_VoiceSpeech;
int VoiceSpeechState;
CString DotTemp, VoiceTemp;
```

그림 13-7 bMoveFlag 추가

초기화 함수 안에 초기 값을 할당한다.

```
bRightLED = FALSE;
bTimerFlag = FALSE;
bMoveFlag = FALSE;
bTTSFlag = FALSE;
```

그림 13-8 초기 값 할당

```
void CChap5Dlg::TTS()
{
    if( hTTSwnd == NULL  ) return;
    if( VoiceSpeechState != -1 ) return;

    CString Temp;

    if ( bMoveFlag == TRUE )
    {
        Temp = m_strState;
        bMoveFlag = FALSE;
    }
    else if ( bTTSFlag == TRUE )
    {
        Temp = m_strTTS;
        bTTSFlag = FALSE;
    }

    UpdateData(TRUE);
    COPYDATASTRUCT cdsSend;
    char* msg = new char[Temp.GetLength()];

    memcpy( msg, (LPSTR)(LPCTSTR)Temp, Temp.GetLength() );
    cdsSend.dwData = 2;
    cdsSend.cbData = Temp.GetLength();
    cdsSend.lpData = msg;

    ::SendMessage(hTTSwnd, WM_COPYDATA, (WPARAM)this->m_hWnd, (LPARAM)&cdsSend);

    delete msg;
}
```

그림 13-9 음성합성을 위한 함수

```
    SSN_SESSION pSensor;
    COMMUNICATION_SESSION pCommunicati

    BOOL bLeftLED, bRightLED, bTimerFl

    void TTS();

// Dialog Data
```

그림 13-10 Header 파일에 함수 선언

이제 Control Panel에 있는 각각의 버튼에 연결된 함수에 다음 그림 13-11에 표시된 코드들을 추가 작성한다.

```
void CChap5Dlg::OnBtBackward()
{
    UpdateData(TRUE);

    DCServo01_SetAbsoluteVelocity( pMotion, 1, m_dbVelo );
    DCServo01_SetAbsoluteVelocity( pMotion, 2, m_dbVelo );

    DCServo01_ForwardStart( pMotion, 1 );
    DCServo01_BackwardStart( pMotion, 2 );

    bMoveFlag = TRUE;
    StringTemp = "후진합니다.";
    m_strState.Format( StringTemp );
    UpdateData(FALSE);

    TTS();
}
```

그림 13-11 음성합성을 위한 문장 출력 및 저장

제13장

프로그램을 실행하고 Control Panel의 버튼으로 지능형 로봇 플랫폼을 제어하면, 각 동작 상태에 해당하는 문장을 Dialog Box에 출력하고 음성합성을 이용하여 해당 문장을 스피커로 출력한다. 또한 사용자가 출력하고자 하는 문장을 Edit Box에 입력한 후, '음성합성' 버튼을 누르면 Flag 값에 의하여 Edit Box에 입력된 문장이 스피커를 통하여 출력된다.

이제 프로그램을 실행시켜 Control Panel을 이용한 지능형 로봇 플랫폼의 제어에 대한 출력과 Edit Box에 사용자가 입력한 문장이 음성합성 / 출력되는지 확인한다.

프로그램 실행시 Edit Box에 자동적으로 특정 문장을 띄우고 싶다면 생성자에서 해당 문장을 작성하면 된다.

```
CChap5Dlg::CChap5Dlg(CWnd* pParent /*=NULL*/)
    : CDialog(CChap5Dlg::IDD, pParent)
{
    //{{AFX_DATA_INIT(CChap5Dlg)
    m_strRead = _T("");
    m_dbVelo = 10;
    m_dbAccel = 150;
    m_strState = _T("");
    m_strPyro = _T("");
    m_strTTS = ("여러분 안녕하세요. 저는 유 로보 입니다. 만나서 반갑습니다.");
    //}}AFX_DATA_INIT
    // Note that LoadIcon does not require a subsequent DestroyIcon in Win32
    m_hIcon = AfxGetApp()->LoadIcon(IDR_MAINFRAME);
}
```

그림 13-12 **특정 문장 작성**

※ 주의사항

본 실습에서는 센서 모니터링에 대한 기능을 구현하지 않으므로 로봇이 물체에 충돌하는 것에 대하여 준비하여야 한다.

13-1-4 고 찰

음성합성에 대한 전체적인 시스템 구성을 이해할 수가 있으며, 지능형 로봇 플랫폼의 제어에 대하여 응용할 수 있는 방법을 알아보았다.

13-2 Dot Matrix 제어

13-2-1 목 적

지능형 로봇 플랫폼(URobo)에는 머리 부분에 Dot Matrix가 부착되어 있어 이를 이용한 로봇의 감정표현이나 사용자가 임의로 입력, 혹은 저장한 문구 등을 출력할 수 있도록 되어 있다. 기본적인 Dot Matrix의 사용법을 먼저 확인하고, 이를 앞서 배운 음성합성에 접목하여 스피커를 이용한 출력만이 아닌 Dot Matrix를 사용, 시각적으로 표현하는 방법을 배우도록 한다.

13-2-2 목 표

① Dot Matrix의 원리를 이해한다.

② 사용자 지정 상황에 해당하는 문장, 혹은 단어 등을 Dot Matrix 를 사용, 시각적으로 표현하도록 한다.

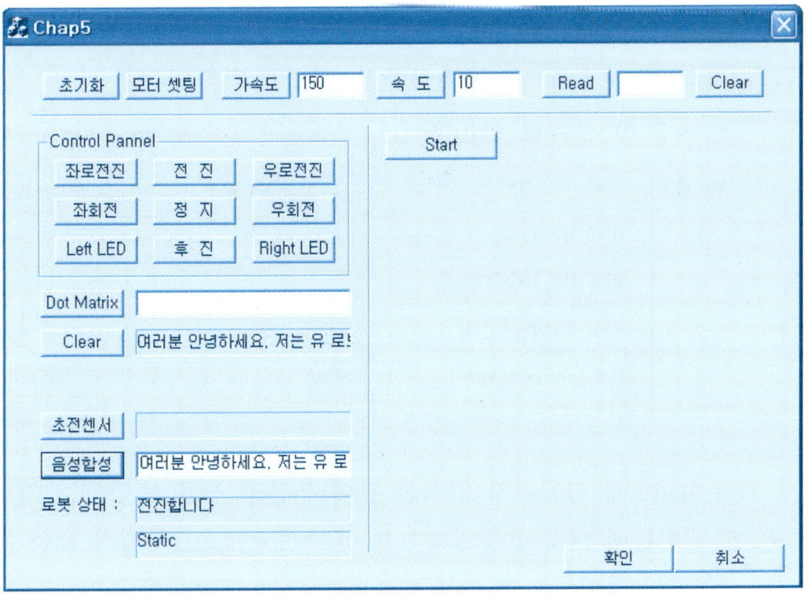

그림 13-13 **실습 목표**

13-2-3 프로그램

이전 실습의 프로그램을 사용하여 작성한다.

다음 그림 13-14와 같이 Dialog Box를 구성한다.

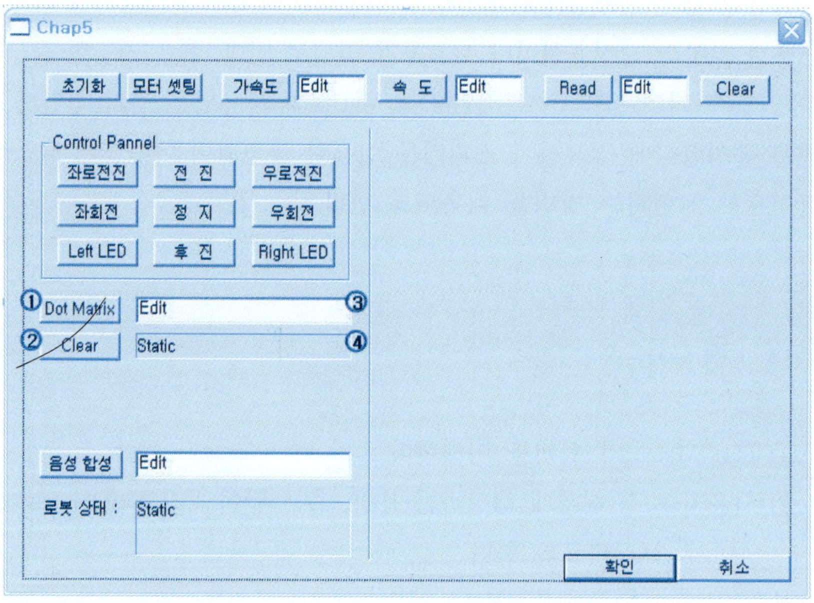

그림 13-14 Dialog Box 구성

〈표 13-3〉 ID, 변수 형, 변수 명

번 호	ID	변수 형	변수 명
1	IDC_BT_DOT	·	·
2	IDC_BT_DOTCLEAR	·	·
3	IDC_USERINPUT	CEdit	m_strUserInput
4	IDC_DOTOUTPUT	CStatic	m_strDotOutput

Dot Matrix에 사용자가 입력한 단어나 문구 등을 출력하는 가장 일반적인 방법은 각 단어들에 대하여 출력하고자 하는 Dot Matrix상에서 해당 위치의 모든 Pixel을 지정하여 출력하는 방법이 있으나, 이는 너무 많은 시간이 소요되며 상당한 끈기가 필요한 작업이다.

이를 해결하기 위해 먼저 사용자가 입력하는 구문을 Static Text 창에 출력시킨다. 그 후 DC(Device Context) 클래스를 사용, 4번 Static Text 창 오른쪽 하단의 Pixel 값(위치정보)을 받아와서 Static Text 창에 뿌려지는 '모니터 Pixel들의 정보'를 읽어 온다. 이를 변환하여 지능형 로봇 플랫폼에 부착된 Dot Matrix에 Mapping 시키는 방법을 사용하였다.

앞서 말한 방법에 비교하여 간단한 작업이나, Static Text 창의 높낮이에 의존적이라는 문제점이 있다. 그러나 이는 사용자가 간단한 수정작업(높이 조절)을 통하여 바로 해결할 수 있다.

먼저 Edit Box에 사용자가 입력한 문장을 Static Text로 출력하는 버튼에 연결된 프로그램을 작성한다.

```
void CChap5Dlg::OnBtDot()
{
    CString temp;

    UpdateData(TRUE);
    m_strUserInput.GetWindowText( temp );
    m_strDotOutput.SetWindowText( temp );
    UpdateData(FALSE);

    memset( m_DisplayData, 0, 512 );
    InvalidateLed();

    UpdateData(TRUE);
    memcpy( m_ShiftData, m_DisplayData, 512 );
    nCharCnt = 0;

    SetTimer( 1, 100, NULL );
}
```

그림 13-15 Dot Matrix 버튼 함수

사용자가 입력한 문장 등을 받아서 이를 다시 Static Text 창에 출력시킨다. Static Text 창에 출력시킨 문장에 대하여 모니터 상에서 출력된 Pixel 정보를 읽고, 이를 Dot Matrix 상에 매핑(Mapping)하기 위하여 'InvalidateLed()' 함수를 호출한다. 다음 그림 13-16을 보고 작성한다.

```
void CChap5Dlg::InvalidateLed()
{
    CClientDC dc(this);
    CDC *TextDC;
    TextDC = new CClientDC(FromHandle(m_strDotOutput.m_hWnd)); //static box 의 handle 받아옴
    CRect rect;
    CString TextStr;
    int TagetLine=256;

    m_strDotOutput.GetClientRect(&rect);    //static box의 width, height (right, bottom) 구함

    int m_BackColor = 0, m_TextColor=255, TempColor=0;
    int nBitShift=7, nTagetByte=0, nByteShift=0, nLine;

    nCharacterByte = TagetLine/8;                    // 최대 32 바이트 문자 출력
    for( nLine = 0 ; nLine<TagetLine ; nLine++)
    {
        if( nLine != 0 )
        {
            for(int nRow = 0;nRow<16 ; nRow++)
            {
                TempColor = GetRValue(TextDC->GetPixel(nLine,nRow));
                nTagetByte = nRow*nCharacterByte+nByteShift;
                if(TempColor <= 127)
                {
                    m_DisplayData[nTagetByte] = m_DisplayData[nTagetByte] | (0x01 << nBitShift);
                    OutputDebugString( "m_TextColor \r\n" );
                }
            }

            if( nLine%8 == 0 && nLine != 0 )
            {
                nBitShift=7;
                nByteShift++;
            }
            else nBitShift--;
        }
    }                                                // 입력받은 문자열 변환

    int nTagetDisplayByte = 0, TagetDotByte=0;
    for( nLine = 0 ; nLine< 4 ; nLine++)
    {
        for(int nRow = 0;nRow<16 ; nRow++)
        {
            nTagetDisplayByte = nRow*nCharacterByte+nLine;
            TagetDotByte = nRow*4+nLine;
            nTagetDisplayByte = nRow*nCharacterByte+nLine;
            TagetDotByte = nRow*4+nLine;
            m_DotData[TagetDotByte] = m_DisplayData[nTagetDisplayByte];
        }

        if( nLine%8 == 0 && nLine != 0 )
        {
            nBitShift=7;
            nByteShift++;
        }
        else nBitShift--;
    }                                                // 변환된 문자열을 Dot 에 Mapping
    ReleaseDC(TextDC);
}
```

그림 13-16 Invalidate() 함수(두 그림의 코드를 이어서 작성한다.)

매핑(Mapping)한 후 이를 이동(Shift)시키기 위하여 해당 변수에 메모리 복사한 후, OnTimer() 함수를 호출하여 그 안에서 LeftShift() 함수를 실행시킨다.

다음 그림 13-17, 그림 13-18을 보고 작성한다.

```
void CChap5Dlg::LeftShift()
{
    int m_BackColor = 0, m_TextColor=255, TempColor=0;
    int nBitShift=7, nTagetByte=0, nByteShift=0, nLine;
    int nCompare=0;

    nCharacterByte = 256/8;
    for( nLine = 0 ; nLine<32 ; nLine++)
    {
        if( nLine != 0 )
        {
            for(int nRow = 0;nRow<16 ; nRow++)
            {
                nTagetByte = nRow*nCharacterByte+nLine-1;
                m_ShiftData[nTagetByte] = m_ShiftData[nTagetByte]<<1;
                nCompare = m_ShiftData[nTagetByte+1] & 0x80;
                if( nCompare == 0x80 ) m_ShiftData[nTagetByte] |= 0x01;
            }

            if( nLine%8 == 0 && nLine != 0 )
            {
                nBitShift=7;
                nByteShift++;
            }
            else nBitShift--;
        }
    }

    int nTagetDisplayByte = 0, TagetDotByte=0;
    for( nLine = 0 ; nLine< 4 ; nLine++)
    {
        for(int nRow = 0;nRow<16 ; nRow++)
        {
            nTagetDisplayByte = nRow*nCharacterByte+nLine;
            TagetDotByte = nRow*4+nLine;
            m_DotData[TagetDotByte] = m_ShiftData[nTagetDisplayByte];
        }

        if( nLine%8 == 0 && nLine != 0 )
        {
            nBitShift=7;
            nByteShift++;
        }
        else nBitShift--;
    }
}
```

그림 13-17 LeftShift() 함수

```
void CChap5Dlg::OnTimer(UINT nIDEvent)
{
    if ( nIDEvent == 0 )
        //GetIRDistance();
        Move();

    if ( nIDEvent == 1 )
    {
        nCharCnt++;
        if ( nCharCnt == 256 )
        {
            nCharCnt = 0;
            memcpy( m_ShiftData, m_DisplayData, 512 );
        }
        LeftShift();
        UpdateData(TRUE);
        DotMatrixDisplay( pCommunication, m_DotData, 0, 0, 0, 2 );
    }

    CDialog::OnTimer(nIDEvent);
}
```

그림 13-18 OnTimer() 함수

변수와 함수들에 대하여 Header 파일에 선언한다.

```
    void InvalidateLed();
    void LeftShift();

    unsigned char m_DotData[64];
    unsigned char m_DisplayData[512];
    unsigned char m_ShiftData[512];
    unsigned char nCharacterByte;
    int nShiftCnt, nCharCnt;

// Dialog Data
    //{{AFX_DATA(CChap5Dlg)
    enum { IDD = IDD_CHAP5_DIALOG };
```

그림 13-19 Header 파일에 변수, 함수 선언

마지막으로 Dot Matrix에 출력되는 문자열을 초기화시키는 함수를 작성한다.

```
void CChap5Dlg::OnBtDotclear()
{
    int m_Address = 0;
    unsigned char m_Data[64]={0,};

    KillTimer(1);
    memset( m_Data, 0x00, 64 );
    DotMatrixDisplay( pCommunication, m_Data, m_Address, 0, 0, 1 );
}
```

그림 13-20 'Clear' 버튼에 연결된 함수

이제 실제 프로그램을 실행하여 입력한 문구가 Dot Matrix 상에 시프트되면서 출력되는지 확인한다.

이제 Control Panel의 버튼들을 이용하여 지능형 로봇 플랫폼을 제어할 때 로봇의 상태를 음성합성과 함께 Dot Matrix로 출력하도록 프로그램을 작성한다.

앞선 실습에서 Control Panel의 버튼 제어에 따른 음성합성을 위하여 'StringTemp'란 변수에 문장을 저장하고, 이를 이용하여 음성합성을 하였다. Dot Matrix 출력 또한 이 변수를 사용한다. 'Dot Matrix' 버튼에 연결된 함수를 다음 그림 3-21과 같이 수정한다.

```
void CChap5Dlg::OnBtDot()
{
    CString temp;

    UpdateData(TRUE);
    //m_strUserInput.GetWindowText( temp );
    m_strDotOutput.SetWindowText( StringTemp );
    UpdateData(FALSE);

    memset( m_DisplayData, 0, 512 );
    InvalidateLed();

    UpdateData(TRUE);
    memcpy( m_ShiftData, m_DisplayData, 512 );
    nCharCnt = 0;

    SetTimer( 1, 100, NULL );
}
```

그림 13-21 **함수 수정**

Control Panel의 버튼에 연결된 함수에 다음 그림과 13-22와 같이 추가 작성한다(해당되는 모든 함수에 추가한다.).

```
void CChap5Dlg::OnBtForward()
{
    UpdateData(TRUE);

    DCServo01_SetAbsoluteVelocity( pMotion, 1, m_dbVelo );
    DCServo01_SetAbsoluteVelocity( pMotion, 2, m_dbVelo );

    DCServo01_BackwardStart( pMotion, 1 );
    DCServo01_ForwardStart( pMotion, 2 );

    bMoveFlag = TRUE;
    StringTemp = "전진합니다";
    m_strState.Format( StringTemp );
    UpdateData(FALSE);

    TTS();
    OnBtDot();
}
```

그림 13-22 **해당 함수들에 코드 추가**

Control Panel을 이용하여 URobo 제어시 음성합성과 Dot Matrix를 통하여 어떠한 동작을 수행 중인지 출력이 된다. 그러나 동작 수행시 사용자가 임의의 문장을 입력한 후 이를 Dot Matrix에 출력시키고자 할 경우 다음 그림 13-23, 그림 13-24과 같이 작성하면 된다.

```
void CChap5Dlg::TTS()
{
    if( hTTSwnd == NULL  ) return;
    if( VoiceSpeechState != -1 ) return;

    CString Temp;

    if ( bMoveFlag == TRUE )
    {
        Temp = m_strState;
        bMoveFlag = FALSE;
    }
    else if ( bTTSFlag == TRUE )
    {
        TTSTemp = m_strTTS;
        Temp = TTSTemp;
        m_strDotOutput.SetWindowText( TTSTemp );
        OnBtDot();
        bTTSFlag = FALSE;
    }

    UpdateData(TRUE);
    COPYDATASTRUCT cdsSend;
    char* msg = new char[Temp.GetLength()];
```

그림 13-23 TTS() 함수 수정

```
void CChap5Dlg::OnBtDot()
{
    CString temp;

    UpdateData(TRUE);

    if ( bTTSFlag == TRUE )
    {
        m_strDotOutput.SetWindowText( TTSTemp );
        UpdateData(FALSE);
    }
    else
    {
        //m_strDotOutput.GetWindowText( temp );
        m_strDotOutput.SetWindowText( StringTemp );
        UpdateData(FALSE);
    }

    memset( m_DisplayData, 0, 512 );
    InvalidateLed();

    UpdateData(TRUE);
    memcpy( m_ShiftData, m_DisplayData, 512 );
    nCharCnt = 0;

    SetTimer( 1, 100, NULL );
}
```

그림 13-24 OnBtDot() 함수 수정

```
// Construction
public:
    CChap5Dlg(CWnd* pParent = NULL);

    HWND hTTSwnd;

    PVOICESPEECH m_VoiceSpeech;
    int VoiceSpeechState;
    CString StringTemp, TTSTemp;

    MOTION_SESSION pMotion;
    SSN_SESSION pSensor;
    COMMUNICATION_SESSION pCommunicati
```

그림 13-25 변수 선언

프로그램을 실행하여 Control Panel에 의한 지능형 로봇 플랫폼의 제어에 따른 출력들을 확인한다.

※ 주의사항

본 실습에서는 센서 모니터링에 대한 기능을 구현하지 않으므로 로봇이 물체에 충돌하는 것에 대하여 준비하여야 한다.

13-2-4 고 찰

광고판에서 볼 수 있듯이 시각적인 표현은 사람들에게 더욱 친숙하고 선명하게 다가온다. 이를 이용하여 앞서 배운 청각적인 표현에 추가하여 다양한 상황에 따른 제어에 어떻게 응용할 수 있을지 생각해 보자.

13-3 조도 센서제어

13-3-1 목 적

URobo 머리 부분에는 투명 LED가 부착되어 있다. 이 LED는 주변의 광량을 측정하기 위한 조도 센서(Iluminance Sensor)로 로봇 주변의 밝기를 측정할 수 있다.

13-3-2 목 표

① 조도 센서의 특성 및 원리를 알아본다.

② 주변 밝기에 따른 조도 센서의 출력 값을 확인한다.

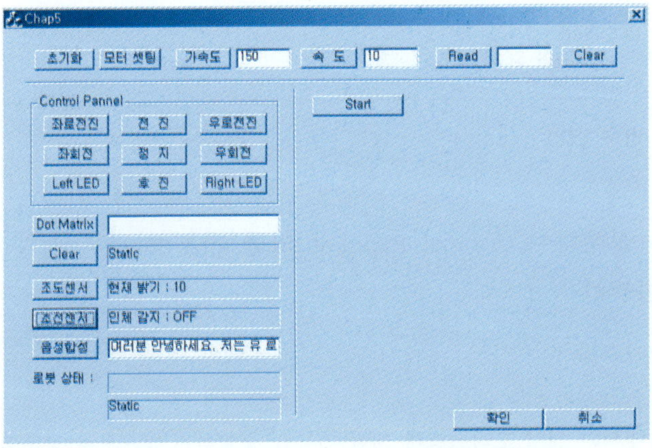

그림 13-26 **실습 목표**

13-3-3 프로그램

이전 실습까지 작성한 프로그램을 바탕으로 다음 그림들을 보며 작성한다.

조도 센서의 값은 1~10단계로 주변의 광량을 측정하여 사용자에게 표시하여 준다. 가장 밝은 곳에서는 10이 표기되며, 어두운 곳에서는 1이 표기된다.

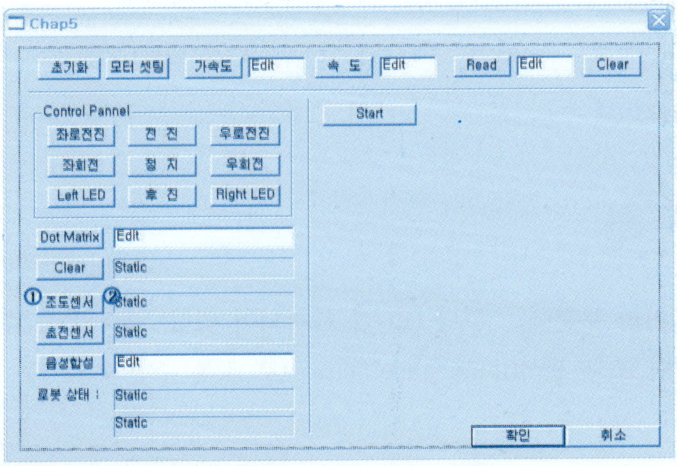

그림 13-27 **Dialog Box 구성**

〈표 13-4〉 ID, 변수 형, 변수 명

번 호	ID	변수 형	변수 명
1	IDC_BT_ILLUMINANCE	·	·
2	IDC_ILLUMINANCE	CString	m_strIlluminance

센서에 대한 초기화는 이미 초기화 버튼에 작성되어 있으므로, 지능형 로봇 플랫폼으로부터 주변 광량에 대한 정보 값을 읽고, 출력하는 함수만 작성을 하면 된다.

```
void CChap5Dlg::OnBtIlluminance()
{
    char cIlluminance = 0;

    SSN_GetIlluminance( pSensor, cIlluminance );
    m_strIlluminance.Format( "현재 밝기 : %d", cIlluminance );
    UpdateData(FALSE);
}
```

그림 13-28 조도 센서 버튼 함수

위 함수를 12장의 초전 센서와 같은 방법으로 OnTimer() 함수에 추가해 준다.

```
void CChap5Dlg::OnTimer(UINT nIDEvent)
{
    if ( nIDEvent == 0 )
    {
        OnBtPyro();
        OnBtIlluminance();
    }

    if ( nIDEvent == 1 )
    {
        nCharCnt++;
        if ( nCharCnt == 256 )
        {
```

그림 13-29 OnTimer() 함수에 코드 추가

프로그램을 실행하여 주변 밝기에 따른 변화 값을 확인해 보자.

※ 주의사항

본 실습에서는 센서 모니터링에 대한 기능을 구현하지 않으므로 로봇이 물체에 충돌하는 것에 대하여 준비하여야 한다.

13-3-4 고 찰

조도 센서를 이용하여 주변의 밝기에 따른 로봇 속도를 변화시킬 수 있으며, 이 센서를 이용한 다른 응용 분야에 대하여 생각하여 본다.

14장 비주얼 C++를 이용한 영상처리 제어 프로그래밍

비주얼 C++를 이용한 지능형 로봇의 기술적이 발달과 행동과 판단의 지능적인 발달로 기존의 센서 외 사람의 눈과 같은 역할을 할 수 있는 영상분야에 많은 기술개발이 이루어지고 있다. 본 장에서는 영상처리의 개요와 적용되는 기술에 대해 간략한 소개와 지능형 로봇 플랫폼에 적용된 영상 패널에 대한 이미지 처리 프로그래밍에 대하여 학습하는 데 목적으로 한다.

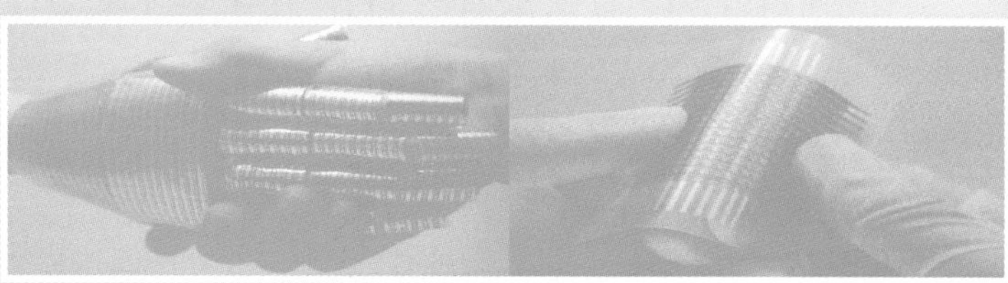

14-1 영상처리 프로그램의 목적

14-1-1 목 적

URobo에 부착되어 있는 CMOS Image Sensor를 이용하여 로봇이 주행 중 주변의 상황을 Image Sensor(Camera)를 통하여 받아들여 이를 출력하도록 한다.

14-1-2 목 표

① 영상인식에 대한 원리 및 기술에 대하여 알아본다.
② 영상인식을 이용한 프로그램을 하여 본다.

14-2 영상처리 프로그램 실습

14-2-1 프로그램

로봇에 부착되어 있는 USB 카메라로부터 영상을 읽어 출력한다.

영상처리의 기본적인 골격은 다음 그림 14-1과 같다.

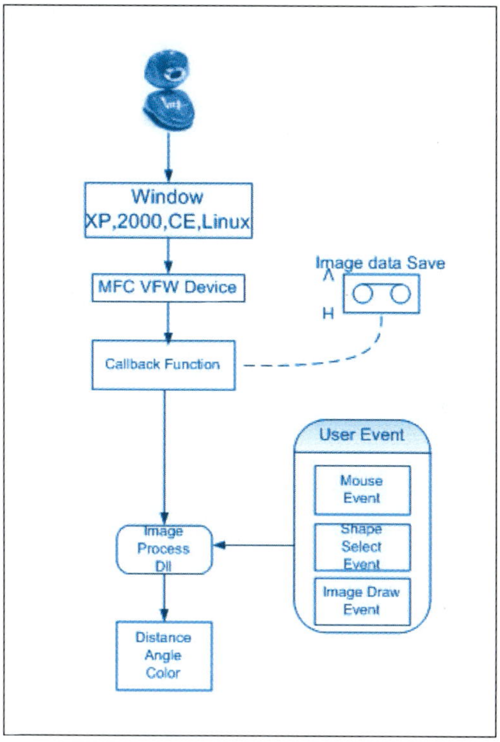

그림 14-1 프로그램 골격

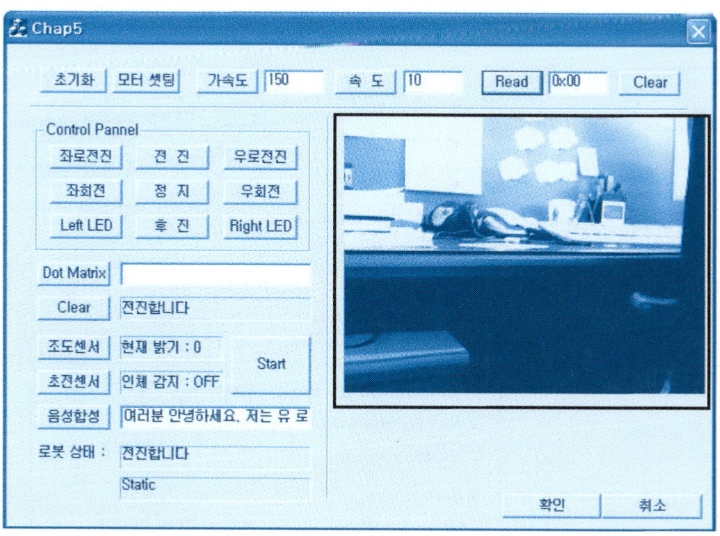

그림 14-2 실습 목표

14-2-2 화면에 카메라 영상 출력

지금까지 작성한 프로그램을 기본으로 다음 그림들을 보면서 작성한다.

MFC Application에서 화면에 영상을 출력하기 위하여 윈도우 VFW 장치를 이용하면 CallBack 함수를 사용하여 지정된 카메라의 영상을 화면상에 출력할 수 있다.

Header 파일에 다음과 같이 'vfw.h' 파일과 윈도우 핸들을 추가한다.

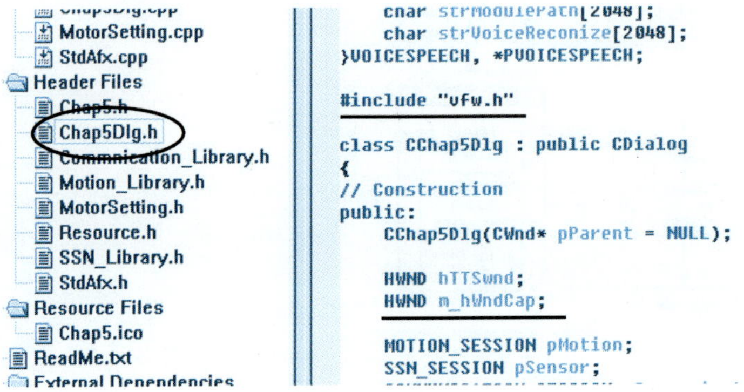

그림 14-3 vfw.h와 윈도우 핸들 추가

컴파일 링크 환경을 설정해주기 위해 프로젝트 세팅 메뉴에서 다음 14-4와 같이 추가한다.

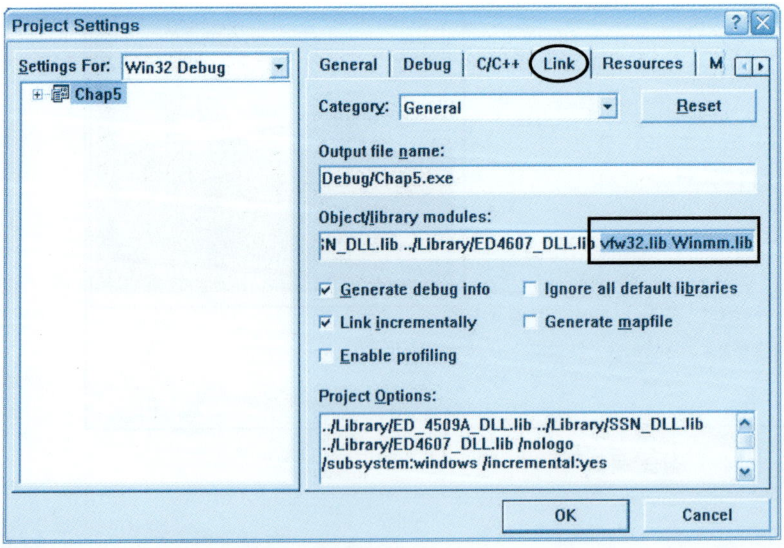

그림 14-4 프로젝트에 Library 연결

'Chap5Dlg.cpp' 파일에 그림 14-5와 같이 추가한다. (13장부터 같은 프로그램을 사용하였을 때의 파일 이름이며, 새로운 프로젝트를 생성한 경우 그동안 Dialog Box를 구성하고 생성한 버튼들에 연결된 함수들을 작성하는 파일이 해당 파일이다.)

```
static char THIS_FILE[] = __FILE__;
#endif

BITMAPINFO BmInfo;                  // 장치 독립 비트맵(DIB)에 대한 컬러 정보를 포함하는 구조체
unsigned char *pImageBuffer;        // 영상을 담을 포인터

/////////////////////////////////////////////////////////////////////////////
// CAboutDlg dialog used for App About

class CAboutDlg : public CDialog
```

그림 14-5 구조체와 포인터 추가

생성자에서 'pImageBuffer' 변수를 NULL로 초기화시켜 준다.

```
CChap5Dlg::CChap5Dlg(CWnd* pParent /*=NULL*/)
    : CDialog(CChap5Dlg::IDD, pParent)
{
    //{{AFX_DATA_INIT(CChap5Dlg)
    m_strRead = _T("");
    m_dbVelo = 10;
    m_dbAccel = 150;
    m_strDotString = _T("");
    m_strState = _T("");
    m_strTTS = ("여러분 안녕하세요. 저는 유 로보 입니다. 만나서 반갑습니다.");
    //}}AFX_DATA INIT
    // Note that LoadIcon does not require a subsequent DestroyIcon in Win32
    m_hIcon = AfxGetApp()->LoadIcon(IDR_MAINFRAME);

    pImageBuffer = NULL ;   // 버퍼 초기화
}
```

그림 14-6 변수 초기화

초기화 함수에 그림 14-7과 같이 표시된 부분을 추가 작성한다.

```
    bTimerFlag = FALSE;
    bTTSFlag = FALSE;

    //////////////////////   영상처리 초기화    //////////////////////////

    // 주어진 위치(300, 60)에 주어진 화면 크기(320, 240)로 영상 출력
    m_hWndCap = capCreateCaptureWindow(_T("Gomins Capture for Windows"), WS_CHILD | WS_VISIBLE,
                                 300, 60, 320, 240, this->m_hWnd, NULL );

    // 매 frame이 캡처 될때마다 호출될 callback 함수 지정
    if (capSetCallbackOnFrame(m_hWndCap, capCallbackOnFrame) == FALSE) return FALSE;

    // Camera Driver 와 Capture Window 연결
    if (capDriverConnect(m_hWndCap, 0) == FALSE) return FALSE;

    // 현재 Video Format을 조사해서 24bits color 가 아니면 24bits color로 바꿈
    capGetVideoFormat(m_hWndCap, &BmInfo, sizeof(BITMAPINFO));
    if (BmInfo.bmiHeader.biBitCount != 24)
    {
        BmInfo.bmiHeader.biBitCount          = 24;
        BmInfo.bmiHeader.biCompression       = 0;
        BmInfo.bmiHeader.biSizeImage         = BmInfo.bmiHeader.biWidth
                                                 * BmInfo.bmiHeader.biHeight * 3;
        capSetVideoFormat(m_hWndCap, &BmInfo, sizeof(BITMAPINFO));
    }

    capPreviewRate(m_hWndCap, 30);  // 주어진 프레임 속도로 프레임 캡처 후 화면에 출력
    capPreview(m_hWndCap, true);

    return TRUE;
}
```

그림 14-7 **초기화 함수에 코드 추가**

위 그림 14-7의 코드를 살펴보면 코드 마지막에 return으로 BOOL(TRUE, FALSE) 값을 반환하는 것을 확인할 수 있다. 그러나 지금까지 작성해온 초기화 함수는 void로 인자값을 반환하지 않게 되어 있기 때문에 에러가 발생한다. 이를 해결하기 위하여 초기화 함수의 함수 형을 BOOL로 수정한다.

```
HCURSOR CChap5Dlg::OnQueryDragIcon()
{
    return (HCURSOR) m_hIcon;
}

BOOL CChap5Dlg::OnBtInit()
{
    pMotion = NULL;
    pSensor = NULL;
```

```
afx_msg void OnSysCommand(UINT nID, LP
afx_msg void OnPaint();
afx_msg HCURSOR OnQueryDragIcon();
afx_msg BOOL OnBtInit();
afx_msg void OnDestroy();
afx_msg void OnBtFilter();
afx_msg void OnBtRead();
```

그림 14-8 **초기화 함수의 함수형 변환**(void → BOOL)

초기화 함수 내부에 있는 음성인식 프로세서에 대한 부분도 BOOL 값을 넘기도록 수정한다.

```
CWnd *pWnd = this->FindWindow(NULL, "음성 및 합성 프로세서");

if( pWnd == NULL )
{
    ::MessageBox( NULL, "음성 및 합성 프로세서 프로그램이 없습니다", "Error", MB_OK );
    return FALSE;
}

hTTSwnd = (HWND) pWnd->m_hWnd;
COPYDATASTRUCT cdsSend;
```

그림 14-9 음성합성 초기화 부분의 코드 수정

이제 영상을 실시간으로 출력하기 위해 'CallBack' 함수를 호출한다. Header 파일에 그림 14-10과 같이 CallBack 함수를 선언한다.

```
    afx_msg void OnBtDot();
    afx_msg void OnBtDotclear();
    //}}AFX_MSG
    DECLARE_MESSAGE_MAP()
};

LRESULT CALLBACK capCallbackOnFrame(HWND hWnd, LPVIDEOHDR lpVHdr);

//{{AFX_INSERT_LOCATION}}
// Microsoft Visual C++ will insert additional declarations immedia

#endif // !defined(AFX_CHAP5DLG_H__9C138008_6973_42C5_9DBA_E78EF82C
```

그림 14-10 CallBack 함수 선언

보통의 함수는 사용자가 호출하는데 반해 CallBack 함수는 OS가 호출하는 함수이다. OS는 주기적으로 이 함수를 호출하면서 CallBack 함수의 내용을 처리하기 때문에 이를 이용하여 윈도우 화면에 영상을 나타낼 수 있다.

Chap5Dlg.cpp' 파일에 다음과 같이 작성한다.

```
LRESULT CALLBACK capCallbackOnFrame(HWND hWnd, LPVIDEOHDR lpVHdr)
{
    return( LRESULT ) TRUE;
}
```

그림 14-11 CallBack 함수

OnDestory() 함수에 그림 14-12와 같이 추가 작성한다.

```
void CChap5Dlg::OnDestroy()
{
    CDialog::OnDestroy();

    OnBtStop();

    if ( pImageBuffer != NULL ) delete [] pImageBuffer;

    COPYDATASTRUCT cdsSend;
    cdsSend.dwData = 3;
    cdsSend.cbData = 0;
    ::SendMessage(hTTSwnd, WM_COPYDATA, (WPARAM)this->m_hWnd, (LPARAM)&cdsSend);
    hTTSwnd = NULL;

    DCServo01_Close( pSensor );
    SSN_Close( pSensor );
    Commnication_Close( pCommunication );
}
```

그림 14-12 OnDestory() 함수

이제 실행 프로그램을 지능형 로봇 플랫폼으로 복사한 후 실행하여 그림 14-13과 같이 지정된 좌표에 지정한 크기로 영상을 출력하는지 확인한다. (본 교재의 경우 좌표는 x:300, y:60(왼쪽 상단 모서리를 기준으로 X는 오른쪽 방향, Y는 아래쪽 방향) 이다.)

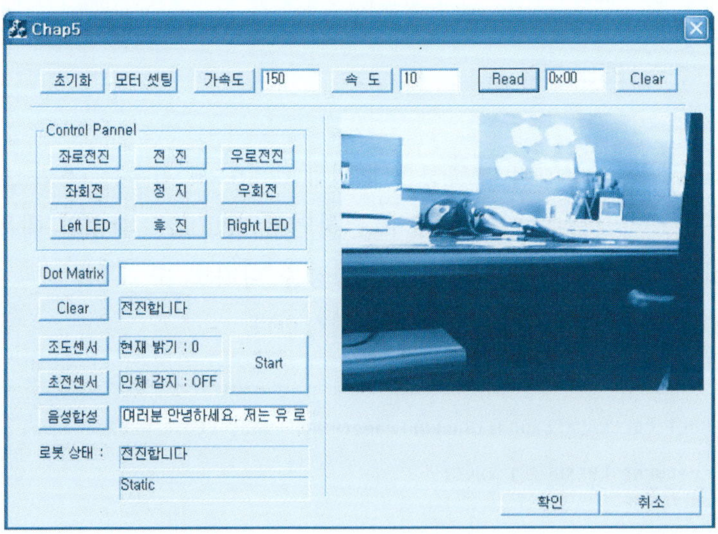

그림 14-13 영상 출력

※ 주의사항

본 실습에서는 센서 모니터링에 대한 기능을 구현하지 않으므로 로봇이 물체에 충돌하는 것에 대하여 준비하여야 한다.

14-2-3 고 찰

영상 인식을 이용한 로봇 제어 경우에는 주변의 광량에 따라 인식률이 크게 차이가 난다. 이것은 사람이 눈으로 보는 색채 정보와 실제 로봇이 CMOS Image Sensor를 이용하여 보는 색채 정보가 크게 다르기 때문이다. 또한 주변이 밝기가 변화에 따라 CMOS Image Sensor에서 보는 색채 정보는 크게 변화가 생기기 때문이다.

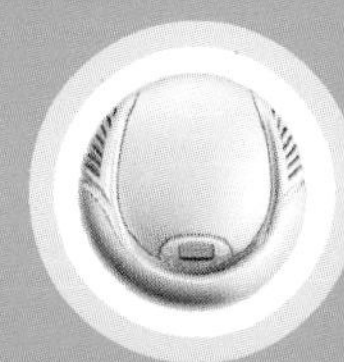

제Ⅵ부

지능형 로봇 플랫폼의 활용실습

15장 지능형 로봇 플랫폼의 활용실습(1)

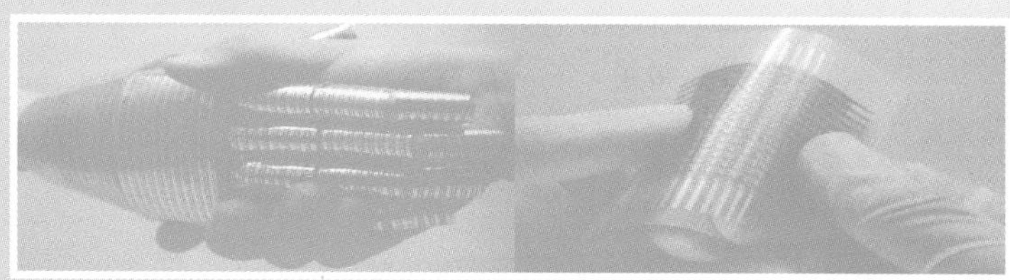

15-1 물체회피 제어

15-1-1 목 표

로봇이 이동 중 주변의 장애물 감지하는 경우 이 장애물에 대한 회피 기능을 보유하지 못하는 경우 사람이 다치거나, 사물이 파손되는 심각한 문제가 발생할 수 있는 문제점이 있다. 로봇에 가장 기본적이며 필수적으로 갖추어야 할 사물에 대한 물체 감지와 물체를 회피할 수 있는 기능을 보유하고 활용할 수 있어야 한다. 본 실험에서는 로봇에 부착되어 있는 초음파 및 적외선 센서를 이용하여 전방과 측방, 그리고 후방에 있는 물체를 감지한 후 회피하는 방법에 대하여 알아본다.

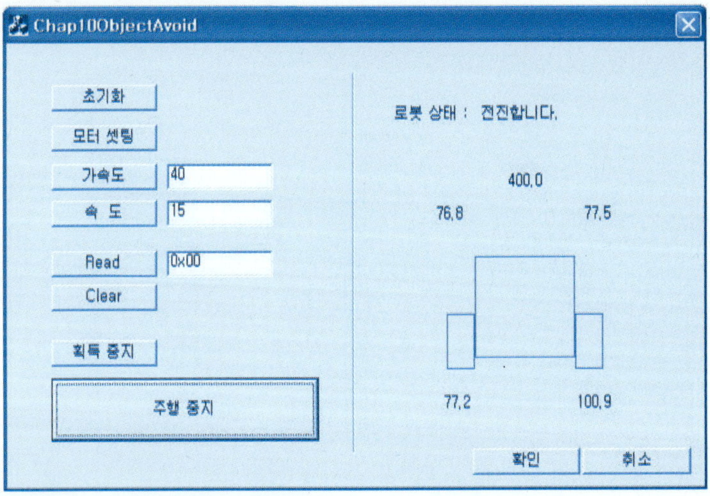

그림 15-1 **실습 목표**

15-1-2 프로그램

1) 프로그램 내용

로봇이 주행 중 전방에 장애물을 감지한 경우 장애물을 건들지 말고 주변을 회피하여 주행을 하며, 주행 중 전방에 장애물로 인하여 전진하지 못하는 경우가 발생하는 경우에는 후진하여 장애물이 없는 방향으로 방향을 회전하여 진행한다.

2) 관련 요소 기술

① 초음파 센서 원리 및 측정 기술
② 모터 구동 및 PID Gain Setting 기술

(1) 프로그램 주의사항

① 전진 주행시에는 전방에 부착되어 있는 초음파 센서를 사용한다.
② 전방에 장애물을 감지하는 경우 측면 센서를 이용하여 장애물이 없는 방향으로 이동한다.
③ 전방으로 이동이 불가능한 경우에는 후방에 부착되어 있는 초음파 센서를 이용하여 후진을 한 후 측면 센서를 이용하여 장애물이 없는 방향으로 이동한다.

(2) 적용 센서 위치

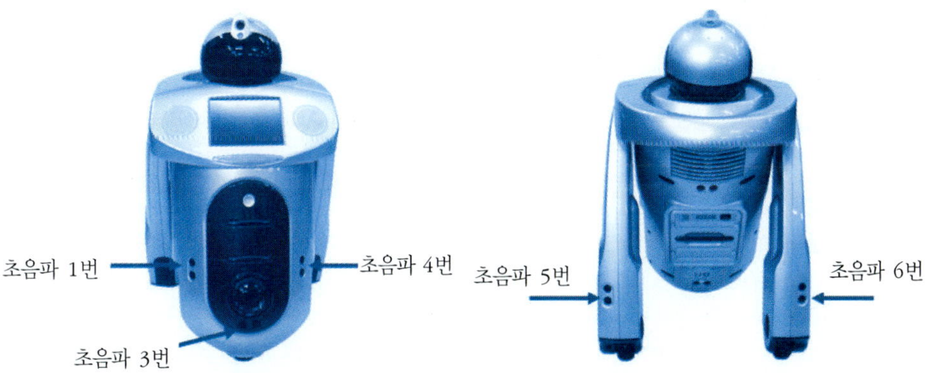

그림 15-2 적용한 센서의 위치

(3) 프로그램

① 로봇의 정면에 장애물을 판단하는 기준은 초음파 센서 1번을 기준으로 한다.
② 초음파 1번을 기준으로 정면에 장애물이 없을 경우 전진한다.
③ 정면에 장애물이 감지되었을 경우 초음파 1, 4번을 이용하여 좌, 우를 감지하고, 이 중 탐지된 거리가 긴 쪽으로 회전하여 주행한다.
④ 초음파 1, 3, 4번 모두 장애물이 감지되어 전진이 불가능할 경우 초음파 5, 6, 10번을 사용하여 후진, 좌로 후진, 우로 후진한 후, 다시 전진한다.
⑤ 아래 그림의 센서별 감지영역을 참고하여 작성한다.

제15장

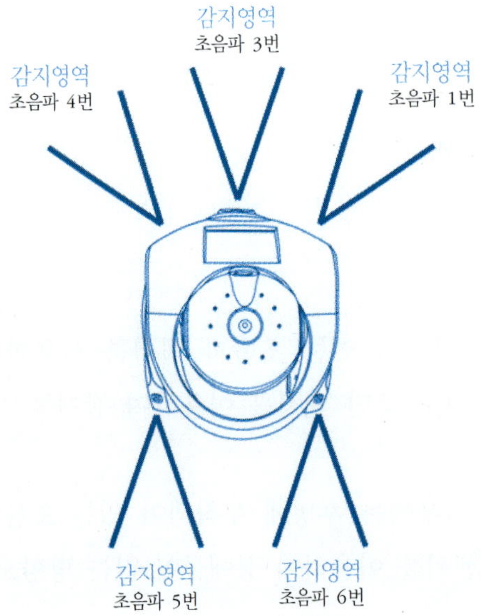

11장의 가속도, 속도 입력을 바탕으로 기본 프로그램을 작성한다. 단, 모터 세팅에 있어서 Gain 값들을 11장 3의 실습을 통하여 이상적인 값을 획득하였다는 전제하에, Modal 창을 띄우지 않고 '모터 세팅' 버튼에 연결된 함수에 다음과 같이 작성하여 미리 취득한 Gain값을 버튼을 클릭함으로써 적용되도록 한다.

다음 그림들을 참고하여 Dialog Box를 구성하고 함수들을 작성한다.

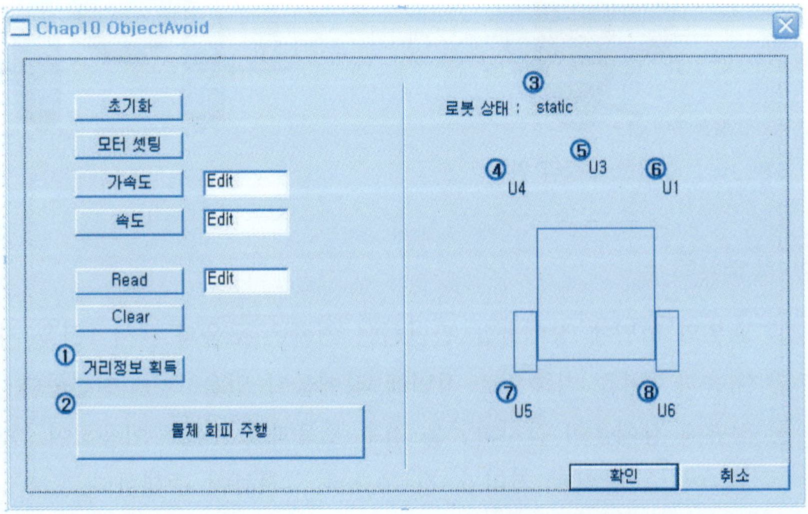

그림 15-3 Dialog 구성

〈표 15-1〉 ID, 변수 형, 변수 명

번 호	ID	변수 형	변수 명
1	IDC_SENSOR	·	·
2	IDC_OBJECTAVOID	·	·
3	IDC_STATE	CString	m_strState
4	IDC_ULTRA4	〃	m_strUltra4
5	IDC_ULTRA3	〃	m_strUltra3
6	IDC_ULTRA1	〃	m_strUltra1
7	IDC_ULTRA5	〃	m_strUltra5
8	IDC_ULTRA6	〃	m_strUltra6

초기화 버튼부터 'Clear' 버튼에 대한 작성 및 함수는 12, 13장 실습을 참고하여 각자 작성하면 되나, 복습의 차원으로 다음 그림들을 참고하여 작성하라.

```
void CChap10ObjectAvoidDlg::OnBtInit()
{
    pMotion = NULL;
    pSensor = NULL;

    for ( int i=0 ; i<11 ; i++ )
        nSelectSensor[i] = i+1;

    memset( fUltraSonic, 0, sizeof(fUltraSonic) );

    if ( DCServo01_Initialize( m_hWnd, &pMotion ) != EDROBOT_API_OK )
        ::MessageBox( NULL, "모터 초기화 실패", "Error", MB_OK );

    if ( SSN_Initialize( &pSensor, TRUE ) != EDROBOT_API_OK )
        ::MessageBox( NULL, "센서 초기화 실패", "Error", MB_OK );

    SSN_Start( pSensor );
    SSN_SetUtrasonic( pSensor, nSelectSensor, 11 );

    bSensorFlag = FALSE;
    bMoveFlag = FALSE;
}
```

그림 15-4 초기화 함수

센서 선택에 있어서 'for' 문을 사용하여 간략화시켰음을 주의하라. 함수의 마지막 Flag의 초기화는 각각 센서 버튼과 물체회피 버튼에 대한 Flag들이다.

제15장

```
void CChap10ObjectAvoidDlg::OnDestroy()
{
    CDialog::OnDestroy();

    Stop();
    SSN_Close( pSensor );
    DCServo01_Close( pMotion );
}
```

그림 15-5 OnDestory() 함수

그림 15-6은 앞서 언급한 모터 세팅 함수이다. 이득 값들은 임의로 작성한 것으로 최적화된 값이 아니다. 13장 실습에서 얻어낸 이득 값들을 각자 입력한다.

```
void CChap10ObjectAvoidDlg::OnBtFilter()
{
    DCServo01_FillterSet( pMotion, 1, 512, 131, 40, 5, 0, 0 );
    DCServo01_FillterSet( pMotion, 2, 512, 131, 40, 5, 0, 0 );
}
```

그림 15-6 모터 세팅 함수

```
void CChap10ObjectAvoidDlg::OnBtAccel()
{
    UpdateData(TRUE);

    DCServo01_SetAbsoluteAcceleration( pMotion, 1, m_dbAccel );
    DCServo01_SetAbsoluteAcceleration( pMotion, 2, m_dbAccel );
}
void CChap10ObjectAvoidDlg::OnBtVelo()
{
    UpdateData(TRUE);

    DCServo01_SetAbsoluteVelocity( pMotion, 1, m_dbVelo );
    DCServo01_SetAbsoluteVelocity( pMotion, 2, m_dbVelo );
}
```

그림 15-7 가속도 및 속도 함수

본 교재에서는 초기 값(Dialog 생성시 입력되어 있는 값, 생성자에서 할당)으로 가속도 40, 속도 15를 할당하였다.

```
void CChap10ObjectAvoidDlg::OnBtRead()
{
    char cRead = 0;

    ReadMotorOverCurrentStatus( pMotion, cRead );
    m_strRead.Format( "0x%02x", cRead );
    UpdateData(FALSE);
}

void CChap10ObjectAvoidDlg::OnBtClaer()
{
    ClearMotorOverCurrentStatus( pMotion );
}
```

그림 15-8 모터 과전류 방지에 대한 Read, Clear 함수

다음은 물체회피 주행 전, 지정한 센서들의 값을 확인하기 위한 센서 데이터 획득 버튼과 물체회피 주행을 실행하기 위한 버튼들의 함수이다. 각각 Timer 0번과 1번을 실행, 정지시키도록 되어 있다. 센서 데이터를 확인한 후, 물체회피 버튼을

클릭하면 자동적으로 Timer 0번을 종료시킴을 주의하라. 받아들이는 초음파 데이터와 이를 바탕으로 주행하는 물체회피 함수가 Timer로 동시에 호출, 실행되어야 물체회피 함수에 의한 제어가 확실해진다. 이는 Timer 함수의 호출 시간이 일정치 않기 때문에 물체회피 함수에서 사용하는 초음파 거리 데이터의 비교문과 데이터를 획득하는 함수간의 Sync가 맞지 않기 때문이다.

초음파 데이터 획득과 물체회피 주행을 서로 다른 Timer를 사용하여 동시에 돌렸을 때의 동작과 비교하기 바란다.

```
void CChap10ObjectAvoidDlg::OnBtSensor()
{
    if ( bSensorFlag == FALSE )
    {
        bSensorFlag = TRUE;
        SetDlgItemText( IDC_BT_SENSOR, "획득 중지" );
        SetTimer( 0, 100, NULL );
    }
    else
    {
        bSensorFlag = FALSE;
        SetDlgItemText( IDC_BT_SENSOR, "획득 시작" );
        KillTimer(0);
    }
}

void CChap10ObjectAvoidDlg::OnBtObjectavoid()
{
    if ( bMoveFlag == FALSE )
    {
        bMoveFlag = TRUE;
        SetDlgItemText( IDC_BT_OBJECTAVOID, "주행 중지" );
        KillTimer(0);
        SetTimer( 1, 100, NULL );
    }
    else
    {
        Stop();
        bMoveFlag = FALSE;
        SetDlgItemText( IDC_BT_OBJECTAVOID, "주행 시작" );
        KillTimer(0); KillTimer(1); KillTimer(2);
    }
}
```

그림 15-9 센서, 물체회피 버튼

```
void CChap10ObjectAvoidDlg::GetUtrasonic()
{
    SSN_GetUtrasonic( pSensor, fUltraSonic );

    m_strUltra1.Format( "%4.1f", fUltraSonic[0] );
    m_strUltra3.Format( "%4.1f", fUltraSonic[2] );
    m_strUltra4.Format( "%4.1f", fUltraSonic[3] );
    m_strUltra5.Format( "%4.1f", fUltraSonic[4] );
    m_strUltra6.Format( "%4.1f", fUltraSonic[5] );

    UpdateData(FALSE);
}
```

그림 15-10 초음파 데이터 획득, 출력 함수

물체회피 함수를 작성하기 전, 로봇의 움직임에 대한 함수들을 작성한다.

```
void CChap10ObjectAvoidDlg::Forward()
{
    UpdateData(TRUE);

    DCServo01_BackwardStart( pMotion, 1 );
    DCServo01_ForwardStart( pMotion, 2 );

    m_strState.Format( "전진합니다." );
    UpdateData(FALSE);
}

void CChap10ObjectAvoidDlg::Backward()
{
    UpdateData(TRUE);

    DCServo01_ForwardStart( pMotion, 1 );
    DCServo01_BackwardStart( pMotion, 2 );

    m_strState.Format( "후진합니다." );
    UpdateData(FALSE);
}

void CChap10ObjectAvoidDlg::Stop()
{
    DCServo01_StopSmoothly( pMotion, 1 );
    DCServo01_StopSmoothly( pMotion, 2 );

    m_strState.Format( "정지합니다." );
    UpdateData(FALSE);
}
```

그림 15-11 전진, 후진, 정지 함수

```
void CChap10ObjectAvoidDlg::LeftTurn()
{
    UpdateData(TRUE);

    DCServo01_ForwardStart( pMotion, 1 );
    DCServo01_ForwardStart( pMotion, 2 );

    m_strState.Format( "좌회전 합니다." );
    UpdateData(FALSE);
}

void CChap10ObjectAvoidDlg::RightTurn()
{
    UpdateData(TRUE);

    DCServo01_BackwardStart( pMotion, 1 );
    DCServo01_BackwardStart( pMotion, 2 );

    m_strState.Format( "우회전 합니다." );
    UpdateData(FALSE);
}
```

그림 15-12 좌회전, 우회전 함수

이제 지금까지 작성한 함수들을 바탕으로 물체회피 함수를 작성한다. 전진하면서 초음파 1, 3, 4번을 바탕으로 회피하는 함수와 1, 3, 4번으로부터 얻은 데이터를 확인하였을 때, 더 이상 전진할 수 없을 시 초음파 5, 6번의 데이터를 확인하면서 후진하여야 한다. 본 교재에서 작성한 함수는 간단한 예제이며, 여러 환경을 설정하여 각자만의 최적화된 알고리즘을 구현하기 바란다. 다음 그림들을 참고하여 작성하라.

```
void CChap10ObjectAvoidDlg::MoveFront()
{
    GetUtrasonic();

    if ( fUltraSonic[0] > 25 )
    {
        if ( fUltraSonic[3] > 25 )
            Forward();
        else
            RightTurn();
    }
    else
        LeftTurn();

    if ( fUltraSonic[2] < 10 || fUltraSonic[0] < 10 || fUltraSonic[3] < 10 )
    {
        Stop();
        KillTimer(1);
        SetTimer( 2, 100, NULL );
    }

    if ( fUltraSonic[2] < 20 )
    {
        if ( fUltraSonic[0] > fUltraSonic[3] )
            RightTurn();
        else
            LeftTurn();
    }
}
```

그림 15-13 물체회피 함수 - 전진

```
void CChap10ObjectAvoidDlg::MoveRear()
{
    GetUtrasonic();

    if ( fUltraSonic[4] > 15 && fUltraSonic[5] > 15 )
    {
        Backward();

        if ( ( fUltraSonic[0] > 35 && fUltraSonic[2] > 35 ) ||
        ( fUltraSonic[2] > 35 && fUltraSonic[3] > 35 ))
        {
            Stop();
            KillTimer(2);
            SetTimer( 1, 100, NULL );
        }
    }
    else
        m_strState.Format( "움직일 수 없습니다..." );
}
```

그림 15-14 물체회피 함수 - 후진

이제 지금까지 작성한 함수, 변수들에 대하여 Header 파일에 선언한다.

```
class CChap10ObjectAvoidDlg : public CDialog
{
// Construction
public:
    CChap10ObjectAvoidDlg(CWnd* pParent = NULL);    // stand

    MOTION_SESSION pMotion;
    SSN_SESSION pSensor;

    unsigned char nSelectSensor[11];
    float fUltraSonic[11];

    BOOL bSensorFlag, bMoveFlag;

    void GetUtrasonic();
    void Forward();
    void Backward();
    void Stop();
    void LeftTurn();
    void RightTurn();
    void MoveFront();
    void MoveRear();

// Dialog Data
    //{{AFX_DATA(CChap10ObjectAvoidDlg)
```

그림 15-15 Header 파일에 함수, 변수 선언

물체회피 주행을 위하여 작성한 'MoveFront()'와 'MoveRear()' 함수를 OnTimer()에 작성한다.

```
void CChap10ObjectAvoidDlg::OnTimer(UINT nIDEvent)
{
    if ( nIDEvent == 0 )
        GetUtrasonic();

    if ( nIDEvent == 1 )
        MoveFront();

    if ( nIDEvent == 2 )
        MoveRear();

    CDialog::OnTimer(nIDEvent);
}
```

그림 15-16 OnTimer() 함수

4) 결과 및 고찰

① 사용자가 작성한 프로그램과 동일하게 동작을 하였는가?

② 장애물을 여러 가지 형태로 변경한 경우에도 동일하게 동작을 하는가?

③ 가속도 값의 변경에 따른 URobo의 주행을 살펴본다.

④ 본 실습을 통하여 활용할 수 있는 응용 방법을 서술하시오.

15-2 인체감지 센서제어

15-2-1 목 표

지능형 로봇의 활용에 있어서 가장 큰 목적 중 하나는 인간의 삶을 윤택하게 하기 위한 서비스 제공이라 할 수 있을 것이다. 서비스를 위한 방법으로는 로봇이 고정된 자리에서 인간에게 서비스하는 방법과 정해진 동선, 혹은 자율주행을 하면서 사람을 감지, 그리고 그 사람에게 어떠한 서비스를 원하는지 알아보는 방법 등으로 나눌 수 있다. 이 중 우리는 지난 실습들을 통하여 물체회피를 통한 자율주행과 URobo에 부착되어 있는 인체감지 센서(초전 센서)의 사용법에 대하여 알아보았다. 이번 실습에서는 이 두 가지를 접목하여 활용하는 방법에 대하여 알아보도록 하겠다.

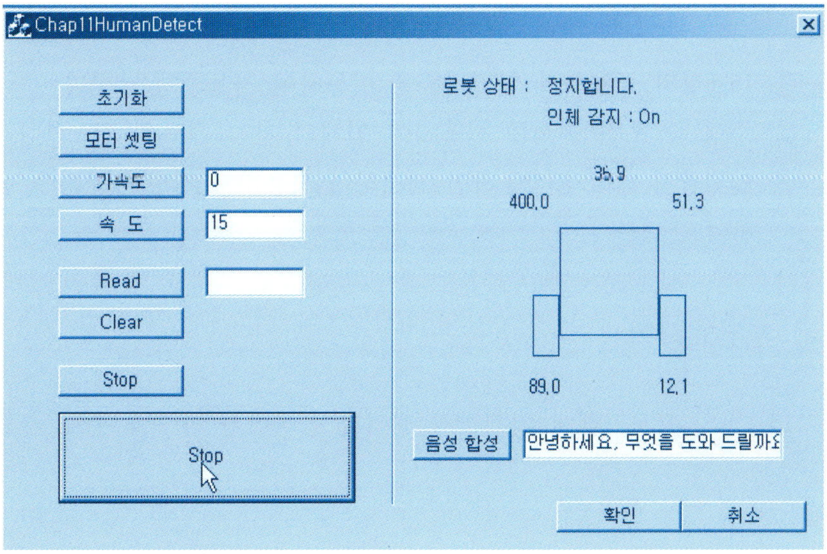

그림 15-17 실습 목표

15-2-2 프로그램

1) 프로그램 내용

물체회피 알고리즘을 이용하여 지능형 로봇은 자율주행을 하며, 주행 도중 초전 센서를 통하여 인체 감지를 하면 정지하고, 음성합성을 통하여 사용자가 지정한 문장을 출력하도록 한다.

2) 관련 요소 기술

① 모터 구동 및 PID Gain Setting 기술
② 초전 센서 및 음성합성 기술

3) 프로그램 방법

① 15-1장의 물체회피 알고리즘을 이용하여 자율주행을 한다.
② 주행 중 초전 센서를 사용하여 인체의 감지 유무를 체크한다.
③ 인체감지 센서가 작동하면 정지하여 사용자가 지정한 문장을 음성합성을 통하여 출력한다.

4) 프로그램 작성

15-1장의 프로그램에 인체감지 센서와 음성합성 함수를 추가 작성한다.

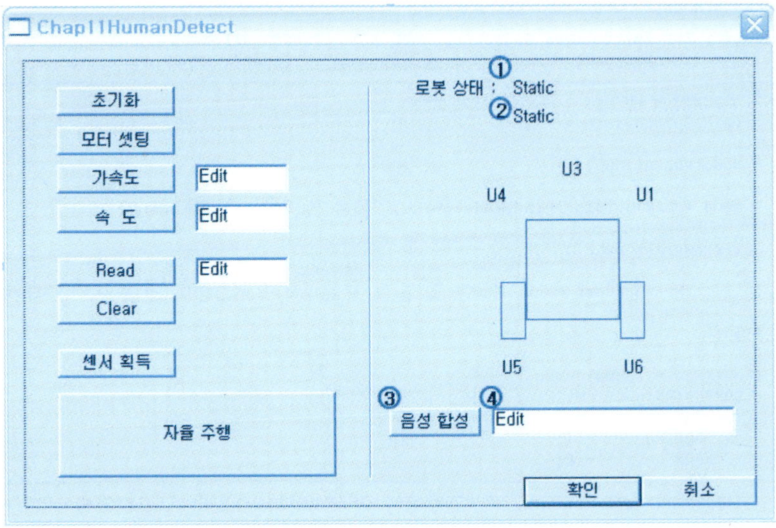

그림 15-18 Dialog 구성

〈표 15-2〉 ID, 변수 형, 변수 명

번 호	ID	변수 형	변수 명
1	IDC_STATE	CString	m_strState
2	IDC_STATE2	〃	m_strState2
3	IDC_BT_TTS		·
4	IDC_TTS	CString	m_strTTS

'자율주행' 버튼에 있어서 현 실습에서는 'ID : IDC_BT_FREEMOVE', 'Caption : 자율주행'으로 변경하였다.

초기화 함수에 다음 그림 15-19를 참조하여 음성합성에 대한 코드를 추가 작성한다(13장을 참고한다).

제 15 장

```
    if ( SSN_Initialize( &pSensor, TRUE ) != EDROBOT_API_OK )
        ::MessageBox( NULL, "센서 초기화 실패", "Error", MB_OK );

    hTTSwnd = NULL;
    VoiceSpeechState = -1;

    UpdateData(TRUE);

    CWnd *pWnd = this->FindWindow(NULL, "음성 및 합성 프로세서");

    if( pWnd == NULL )
    {
        ::MessageBox( NULL, "음성 및 합성 프로세서 프로그램이 없습니다", "Error", MB_OK );
        return;
    }

    hTTSwnd = (HWND) pWnd->m_hWnd;
    COPYDATASTRUCT cdsSend;

    cdsSend.dwData = 1;
    cdsSend.cbData = 0;

    ::SendMessage( hTTSwnd, WM_COPYDATA, (WPARAM)this->m_hWnd, (LPARAM)&cdsSend );

    SSN_Start( pSensor );
    SSN_SetUtrasonic( pSensor, nSensorSelect, 11 );

    bSensorFlag = FALSE;
    bMoveFlag = FALSE;
    bTTSFlag = FALSE;
}
```

그림 15-19 초기화 함수에 코드 추가 작성

OnDestory() 함수에 13장과 같은 방법으로 코드를 추가한다.

```
void CChap11HumanDetectDlg::OnDestroy()
{
    CDialog::OnDestroy();

    Stop();

    COPYDATASTRUCT cdsSend;
    cdsSend.dwData = 3;
    cdsSend.cbData = 0;
    ::SendMessage(hTTSwnd, WM_COPYDATA, (WPARAM)this->m_hWnd, (LPARAM)&cdsSend);
    hTTSwnd = NULL;

    KillTimer(0); KillTimer(1); KillTimer(2);
    DCServo01_Close( pMotion );
    SSN_Close( pSensor );
}
```

그림 15-20 OnDestory() 함수에 코드 추가 작성

초음파 센서 획득 및 출력, 물체회피 알고리즘과 주행을 위한 전, 후진 등의 함수들에 대하여는 12장과 동일하다.

초전 센서 값을 받기 위한 함수이다. 우선 다음 그림 15-21과 같이 작성한다.

```
void CChap11HumanDetectDlg::GetPyroelectric()
{
    cPyro = 0;

    SSN_GetPyroelectric( pSensor, cPyro );
}
```

그림 15-21 초전 센서 함수

위 함수에서는 URobo 머리에 부착되어 있는 센서로부터 인체감지의 유무의 값만을 얻어낸다. 이렇게 얻어낸 값을 이용하여 음성 출력을 위한 함수에서 사용한다.

```
void CChap11HumanDetectDlg::OnBtTts()
{
    if ( bTTSFlag == FALSE )
    {
        UpdateData(TRUE);
        StringTemp = m_strTTS;
        m_strTTS.Format( StringTemp );
        bTTSFlag = TRUE;
        UpdateData(FALSE);
    }
}
```

그림 15-22 '음성합성' 버튼의 함수

```
void CChap11HumanDetectDlg::TTS()
{
    if ( cPyro )
    {
        KillTimer(1); KillTimer(2);
        SetTimer( 3, 100, NULL );
        Stop();

        m_strState2.Format( "인체 감지 : On" );

        if( hTTSwnd == NULL  ) return;
        if( VoiceSpeechState != -1 ) return;

        UpdateData(TRUE);
        CString Temp;
        Temp = m_strTTS;

        if ( bTTSFlag == TRUE )
        {
            Temp = StringTemp;
            bTTSFlag = FALSE;
        }

        COPYDATASTRUCT cdsSend;
        char* msg = new char[Temp.GetLength()];

        memcpy( msg, (LPSTR)(LPCTSTR)Temp, Temp.GetLength() );
        cdsSend.dwData = 2;
        cdsSend.cbData = Temp.GetLength();
        cdsSend.lpData = msg;

        ::SendMessage(hTTSwnd, WM_COPYDATA, (WPARAM)this->m_hWnd, (LPARAM)&cdsSend);

        delete msg;
    }
    else
        m_strState2.Format( "인체 감지 : Off" );

    UpdateData(FALSE);
}
```

그림 15-23 음성합성 함수

'm_strTTS' 변수에는 13장 실습과 같은 방법으로 생성자에서 기본 문장이 등록되어 있다. '음성합성' 버튼의 경우 Timer를 정지하고 사용자가 임의의 문장을 Edit Box에 입력한 후 버튼을 클릭하면 Flag 값에 따라 입력한 문장이 'StringTemp' 변수에 저장되며, 다음 음성합성시부터는 새로 입력한 문장을 출력하도록 하는 역할을 한다. 음성합성 함수에서는 'if(cPyro)' 조건문을 추가하여 물체회피 주행 중 인체감지가 되었을 경우 해당 문장을 Dialog 에 출력하며 그에 대한 음성을 출력시키도록 되어 있다.

물체회피 함수(MoveFront, MoveRear)에 그림 15-24와 같이 추가한다.

```
void CChap11HumanDetectDlg::MoveFront()
{
    GetUtrasonic();
    GetPyroelectric();

    if ( fUltraSonic[0] > 25 )
    {
        if ( fUltraSonic[3] > 25 )
            Forward();
        else
            RightTurn();
    }
    else
        LeftTurn();

    if ( fUltraSonic[2] < 10 || fUltraSonic[0] < 10 || fUltraSonic[3] < 10 )
    {
        Stop();
        KillTimer(1);
        SetTimer( 2, 100, NULL );
    }

    if ( fUltraSonic[2] < 20 )
    {
        if ( fUltraSonic[0] > fUltraSonic[3] )
            RightTurn();
        else
            LeftTurn();
    }
    TTS();
}
```

그림 15-24 MoveFront() 함수에 코드 추가

```
void CChap11HumanDetectDlg::MoveRear()
{
    GetUtrasonic();
    GetPyroelectric();

    if ( fUltraSonic[4] > 15 && fUltraSonic[5] > 15 )
    {
        Backward();

        if ( ( fUltraSonic[0] > 35 && fUltraSonic[2] > 35 ) ||
        ( fUltraSonic[2] > 35 && fUltraSonic[3] > 35 ))
        {
            Stop();
            KillTimer(2);
            SetTimer( 1, 100, NULL );
        }
    }
    else
        m_strState.Format( "움직일 수 없습니다..." );

    TTS();
}
```

그림 15-25 MoveRear() 함수에 코드 추가

자율주행 중 인체를 감지하고 특정 문장을 출력하는 등 서비스를 제공하기 위해서는 일정시간 동안 사용자의 반응을 기다리고, 서비스가 종료 후 다시 자율주행을 수행해야 한다. 반응과 서비스 종료에 대하여 여러 방법이 있지만, 현 실습에서는 간단히 음성 출력의 종료를 자율주행의 재시작으로 설정하였다. 이를 OnTimer() 함수에 직접 작성하였다.

```
void CChap11HumanDetectDlg::OnTimer(UINT nIDEvent)
{
    if ( nIDEvent == 0 )
    {
        GetUtrasonic();
        GetPyroelectric();
    }

    if ( nIDEvent == 1 )
        MoveFront();

    if ( nIDEvent == 2 )
        MoveRear();

    if ( nIDEvent == 3 )
    {
        VoiceSpeechState = m_VoiceSpeech->nVoiceSpeechState;

        if ( VoiceSpeechState == -1 )
        {
            SetTimer( 1, 100, NULL );
            KillTimer(3);
        }
    }

    CDialog::OnTimer(nIDEvent);
}
```

그림 15-26 OnTimer() 함수에 조건 추가

음성 출력 함수에서 인체감지가 동작함과 동시에 자율주행 Timer(1, 2번)를 종료시키고 Timer 3번을 실행시키는 것을 확인하였을 것이다. Timer 3번에서는 'VOICESPEECH' 구조체에 있는 'nVoiceSpeechState' 값이 -1일 경우 해당 Timer를 종료하고 자율주행에 대한 Timer를 실행시킨다. 'nVoiceSpeechState' 값 '−1' 은 음성합성 대기를 나타내고, 그 이외의 값은 음성합성 중임을 나타낸다.

다음 그림 15-27은 지금까지 작성한 함수와 변수, 구조체들을 Header 파일에 선언한 것이다.

```
#define WM_VOICE_SPEECH WM_USER+4487
#define WM_COMM_APP      1004

typedef struct {
    int nVoiceSpeechState;
    int nScore;
    char strModulePath[2048];
    char strVoiceReconize[2048];
}VOICESPEECH, *PVOICESPEECH;

class CChap11HumanDetectDlg : public CDialog
{
// Construction
public:
    CChap11HumanDetectDlg(CWnd* pParent = NULL);    // standard constructor

    HWND hTTSwnd;

    MOTION_SESSION pMotion;
    SSN_SESSION pSensor;

    PVOICESPEECH m_VoiceSpeech;
    int VoiceSpeechState;

    unsigned char nSensorSelect[11];
    float fUltraSonic[11];
    CString StringTemp;
    char cPyro;

    BOOL bSensorFlag, bMoveFlag, bTTSFlag;

    void GetUtrasonic();
    void GetPyroelectric();
    void Forward();
    void Backward();
    void Stop();
    void LeftTurn();
    void RightTurn();
    void MoveFront();
    void MoveRear();
    void TTS();
```

그림 15-27 Header 파일에 함수, 변수, 구조체 선언

프로그램을 실행시켜 동작 유무를 확인한다.

5) 결과 및 고찰

① 사용자가 작성한 프로그램과 동일하게 동작을 하였는가?
② 인체감지 센서의 동작과 센서의 감도 등이 앞서 배운 지식과 일치하는가?
③ 본 실습을 통하여 활용할 수 있는 응용 방법을 서술하시오.

15-3 주변 광량에 따른 제어

15-3-1 목 표

실생활에서 자동차 운전 등, 주변 빛의 밝기에 따라 속도를 조절해야 하는 상황이 빈번하게 발생한다. 지능형 로봇 제어의 경우 시각적인 정보에 그리 의존적이지 않은 만큼 위의 상황이 발생한다 할지라도 속도의 제어는 그리 필요치 않다고 할 수 있다. 그러나 공공장소의 안내용 로봇으로 그 개념을 확장해 나갈 때 정전 등, 주변 밝기가 현저히 감소했을 경우 로봇에 부착되어 있는 LED 등을 이용하여 자신의 위치를 주변에 알리고, 사람들을 안내할 때 역시 평소보다 느린 속도로 주행해야 할 것이다. 이번 실습에서는 일정 양보다 적은 광량이 획득될 경우 로봇에 부착되어 있는 LED를 점멸시키고 기존 입력 속도의 30%로 주행시키는 방법에 대하여 알아보도록 한다.

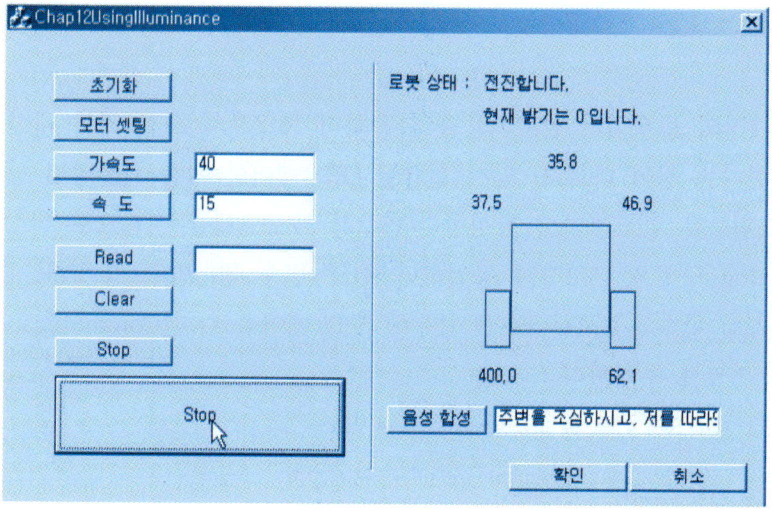

그림 15-28 실습 목표

15-3-2 프로그램

1) 프로그램 내용

주변을 탐색하는 과정에서 사용자가 인위적으로 로봇의 머리에 부착되어 있는 조도 센서에 빛이 들어가는 것을 차단한 후 값을 확인한다. 사용자가 설정한 조도 값보다 작은 값이 들어왔을 때 속도가 느려지며 LED를 발광하고 입력한 문자열을 음성합성을 통하여 출력하는지 확인한다.

2) 관련 요소 기술

① 모터 구동 및 PID Gain Setting 기술
② 조도 센서 특성 및 원리
③ LED 제어, 음성합성 기술

3) 프로그램 주의사항

① 15-1장의 물체회피 프로그램을 바탕으로 작성한다.
② 조도 센서의 측정값이 3 보다 작으면 속도를 1/3으로 변경하고 LED 점멸, 그리고 음성합성을 이용하여 입력되어 있는 문장을 출력한다.

4) 프로그램

15-1장의 물체회피 알고리즘을 사용하며 15-2장의 초전 센서 대신 조도 센서를 활용한다는 점이 다르다. 앞서 실습한 LED 제어를 적용하는 방법 등에 대하여 다음 그림들을 참고하면서 작성한다(15-2장 프로그램을 기본으로 작성한다.).

Dialog 구성은 15-2장과 동일하다. (ID, 변수 명, 변수 형 모두 동일)

초기화 함수와 OnDestory() 함수에 LED 제어를 위한 Communication 관련 초기화와 종료를 추가한다.

```
void CChap12UsingIlluminanceDlg::OnBtInit()
{
    pMotion = NULL;
    pSensor = NULL;
    pCommunication = NULL;

    for ( int i=0 ; i<11 ; i++ )
        nSensorSelect[i] = i+1;

    memset( fUltraSonic, 0, sizeof(fUltraSonic) );

    if ( DCServo01_Initialize( m_hWnd, &pMotion ) != EDROBOT_API_OK )
        ::MessageBox( NULL, "모터 초기화 실패", "Error", MB_OK );

    if ( SSN_Initialize( &pSensor, TRUE ) != EDROBOT_API_OK )
        ::MessageBox( NULL, "센서 초기화 실패", "Error", MB_OK );

    if ( Commnication_Initialize( m_hWnd, &pCommunication ) != EDROBOT_API_OK )
        ::MessageBox( NULL, "통신 초기화 실패", "Error", MB_OK );

    hTTSwnd = NULL;
    VoiceSpeechState = -1;

    UpdateData(TRUE);

    CWnd *pWnd = this->FindWindow(NULL, "음성 및 합성 프로세서");

    if( pWnd == NULL )
```

그림 15-29 초기화 함수에 코드 추가

```
void CChap12UsingIlluminanceDlg::OnDestroy()
{
    CDialog::OnDestroy();

    Stop();

    COPYDATASTRUCT cdsSend;
    cdsSend.dwData = 3;
    cdsSend.cbData = 0;
    ::SendMessage(hTTSwnd, WM_COPYDATA, (WPARAM)this->m_hWnd, (LPARAM)&cdsSend);
    hTTSwnd = NULL;

    KillTimer(0); KillTimer(1); KillTimer(2);
    DCServo01_Close( pMotion );
    SSN_Close( pSensor );
    Commnication_Close( pCommunication );
}
```

그림 15-30 OnDestory() 함수에 코드 추가

지난 실습들과는 달리 조도량의 변화에 따른 속도의 변화가 필요하므로, 속도 값을 저장하기 위한 변수를 새로 생성, 다음 그림들과 같이 각 함수들에 적용한다. (다음 그림 15-31에서 객체 선언 또한 표시하였다.)

```
    HWND hTTSWnd;

    MOTION_SESSION pMotion;
    SSN_SESSION pSensor;
    COMMUNICATION_SESSION pCommunication;

    PVOICESPEECH m_VoiceSpeech;
    int VoiceSpeechState;

    unsigned char nSensorSelect[11];
    float fUltraSonic[11];
    CString StringTemp;
    char cIlluminance;
    double dbVelocity;

    BOOL bSensorFlag, bMoveFlag, bTTSFlag,

    void GetUtrasonic();
```

그림 15-31 속도 변수 생성 및 객체 선언

다음은 조도 센서를 통하여 주변 빛의 밝기를 획득하는 함수이다. 또한 빛의 밝기에 따른 속도 변화를 하기 위하여 Flag를 사용하였다.

```
void CChap12UsingIlluminanceDlg::GetIlluminance()
{
    cIlluminance = 0;

    SSN_GetIlluminance( pMotion, cIlluminance );
    m_strState2.Format( "현재 밝기는 %d 입니다." );

    if ( cIlluminance < 3 )
        bVeloFlag = TRUE;

    UpdateData(FALSE);
}
```

그림 15-32 조도 센서 함수

위 그림 15-32에서 확인할 수 있듯이 주변의 밝기량은 'cIlluminance' 변수에 저장된다. 그리고 if 조건문을 통하여 밝기가 3보다 작으면, 'bVeloFlag' 를 TRUE 값으로 변화시켜 다음 그림 15-33의 함수들 통하여 속도 값을 변화시킨다.

```
void CChap12UsingIlluminanceDlg::VelocityChange()
{
    if ( bVeloFlag == TRUE )
    {
        dbVelocity = m_dbVelo/3;
        bVeloFlag = FALSE;
    }
}
```

그림 15-33 속도 변화를 위한 함수

이제 조도 센서 함수와 속도 변화 함수를 'MoveFront()' 와 'MoveRear()' 함수에 추가한다.

```
void CChap12UsingIlluminanceDlg::MoveFront()
{
    GetUtrasonic();
    GetIlluminance();
    VelocityChange();

    if ( fUltraSonic[0] > 25 )
    {
        if ( fUltraSonic[3] > 25 )
            Forward();
        else
            RightTurn();
    }
    else
        LeftTurn();
```

```
void CChap12UsingIlluminanceDlg::MoveRear()
{
    GetUtrasonic();
    GetIlluminance();
    VelocityChange();

    if ( fUltraSonic[4] > 15 && fUltraSonic[5] > 15 )
    {
```

그림 15-34 코드 추가

LED 제어를 하기 위한 함수를 작성한다.

```
void CChap12UsingIlluminanceDlg::LEDFlickering()
{
    if ( bVeloFlag == TRUE )
    {
        BOOL bLedFlag = FALSE;
        unsigned char nData=0x01;

        for( int i=0; i<8; i++)
        {
            SetLedDriver( pCommunication, Ctrl_Front_LED01, nData );
            SetLedDriver( pCommunication, Ctrl_Front_LED02, nData );
            SetLedDriver( pCommunication, Ctrl_Front_Circular01, nData );

            if ( i == 7 )
            {
                if( bLedFlag == FALSE )
                {
                    SetLedDriver( pCommunication, Ctrl_Front_Circular02, 0xff&0x11 );
                    SetLedDriver( pCommunication, Ctrl_Front_Circular02, 0xff&0x44 );
                    bLedFlag = TRUE;
                }
                else
                {
                    SetLedDriver( pCommunication, Ctrl_Front_Circular02, 0xff&0x00 );
                    SetLedDriver( pCommunication, Ctrl_Front_Circular02, 0xff&0x00 );
                    bLedFlag = FALSE;
                }
            }

            Sleep(100);
            nData = (nData << 1);
        }
    }
}
```

그림 15-35 LED 제어 함수

이제 지금까지 작성한 함수들을 음성합성 함수에 추가 및 수정한다. 다음 그림 15-36을 참고하라.

```
void CChap12UsingIlluminanceDlg::TTS()
{
    if ( bVeloFlag == TRUE )
    {
        LEDFlickering();

        KillTimer(1); KillTimer(2);
        SetTimer( 3, 100, NULL );
        Stop();

        m_strState2.Format( "인체 감지 : On" );

        if( hTTSwnd == NULL  ) return;
        if( VoiceSpeechState != -1 ) return;

        UpdateData(TRUE);
        CString Temp;
        Temp = m_strTTS;

        if ( bTTSFlag == TRUE )
        {
            Temp = StringTemp;
            bTTSFlag = FALSE;
        }
```

그림 15-36 음성합성 함수에 코드 추가 및 수정 - 1

```
            bTTSFlag = FALSE;
        }

        COPYDATASTRUCT cdsSend;
        char* msg = new char[Temp.GetLength()];

        memcpy( msg, (LPSTR)(LPCTSTR)Temp, Temp.GetLength() );
        cdsSend.dwData = 2;
        cdsSend.cbData = Temp.GetLength();
        cdsSend.lpData = msg;

        ::SendMessage(hTTSwnd, WM_COPYDATA, (WPARAM)this->m_hWnd, (LPARAM)&cdsSend);

        delete msg;
    }
    else
        m_strState2.Format( "인체 감지 : Off" );

    UpdateData(FALSE);
}
```

그림 15-37 음성합성 함수에 코드 추가 및 수정 - 2

마지막으로 OnTimer() 함수에 'GetIlluminance()' 함수를 추가한다.

```
void CChap12UsingIlluminanceDlg::OnTimer(UINT nIDEvent)
{
    if ( nIDEvent == 0 )
    {
        GetUtrasonic();
        GetIlluminance();
    }

    if ( nIDEvent == 1 )
        MoveFront();

    if ( nIDEvent == 2 )
        MoveRear();

    if ( nIDEvent == 3 )
    {
        VoiceSpeechState = m_VoiceSpeech->nVoiceSpeechState;

        if ( VoiceSpeechState == -1 )
        {
            SetTimer( 1, 100, NULL );
            KillTimer(3);
        }
    }

    CDialog::OnTimer(nIDEvent);
}
```

그림 15-38 OnTimer() 함수에 코드 추가

프로그램을 실행한 후 조도 센서 부분으로 유입되는 빛의 양을 조절하여 속도 변화 유무와 LED 점멸 음성합성 유무를 확인하라.

5) 결 과

① 사용자가 작성한 프로그램과 동일하게 동작을 하였는가?

② LED 점멸과 음성합성 외 다른 표현 방법에 대하여 알아보자.

③ 본 실습을 통하여 활용할 수 있는 응용 방법을 서술하시오.

지능형 로봇 플랫폼의 활용실습(2) 16장

16-1 패턴인식 제어

16-1-1 목 표

지능형 로봇의 활용에 있어서 빼놓을 수 없는 분야가 영상처리에 의한 사물의 인식일 것이다. 특정 서비스, 혹은 작업을 수행하기 위하여 특정 사물이나 사람을 인식할 수 있어야 하며, 이를 통하여 특별화 된 작업, 혹은 서비스를 수행할 수 있어야 한다. 14장 실습을 통하여 URobo에 장착되어 있는 CMOS 카메라의 영상을 Dialog에 출력하여 보았다. 이번 실습을 통하여 제공된 패널에 나타나 있는 도형들에 대하여 각각의 패턴을 인식, 인식한 내용을 음성합성을 통하여 출력시키도록 하겠다.

16-1-2 프로그램

1) 프로그램 내용

로봇이 주행 중, 혹은 정지 상태일 때 사용자가 패널 패턴과 색을 지정한 후 패턴인식을 하였을 경우 음성합성을 통하여 패턴의 모양을 출력하게 한다.

2) 관련 요소 기술

① DC 모터 Position 제어 기술
② DC 모터 Gain Setting 제어 기술
③ 영상처리 출력 및 패턴인식 기술

3) 프로그램 주의사항

주변 밝기, 혹은 빛에 따라 카메라에서 획득한 영상 패널의 색상이 변하는 것에 주의한다.

4) 프로그램

14장 실습을 통해 URobo의 머리에 부착되어 있는 카메라로부터 윈도우 장치인 VFW 를 이용하여 Dialog Box에 영상을 출력하였다. 이제 영상처리 알고리즘이 있는 DLL 파일을 이용하여 패널에 있는 도형의 색을 선택하고 사용자가 지정하는 6개의 도형(패턴)을 인식할 수 있는 프로그램을 작성하도록 하겠다(11장까지 작성했던 프로그램을 기반으로 작성한다).

제공된 파일(DLL 파일과 6개의 도형 DB)들을 실행 파일이 있는 폴더에 복사한다(사용자 컴퓨터와 지능형 로봇 플랫폼 모두 복사한다).

프로젝트 세팅에서 다음 그림 16-1과 같이 Library 파일을 프로젝트에 연결한다.

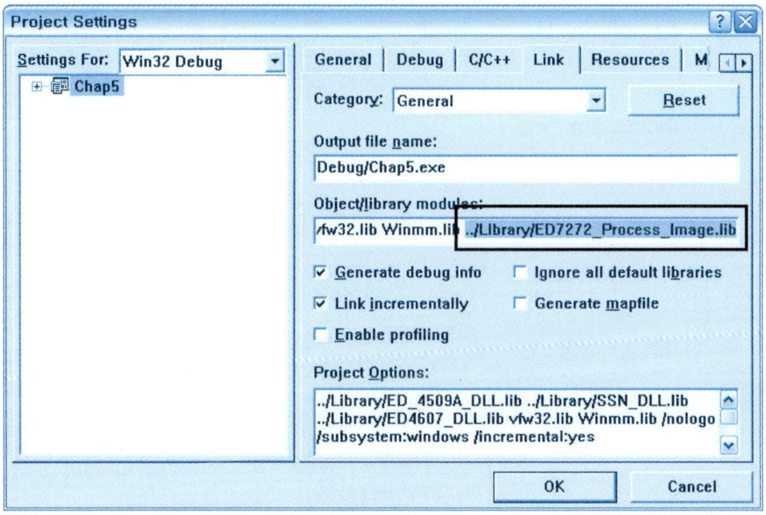

그림 16-1 **프로젝트에 Library 파일 연결**

Dialog Box를 다음 그림 16-2와 같이 구성한다.

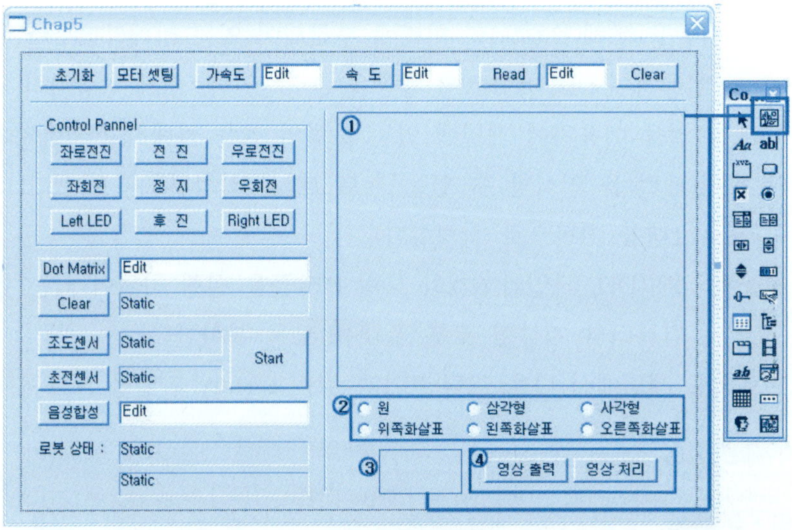

그림 16-2 Dialog Box 구성

우선 다음 〈표 16-1〉을 보고 ID와 변수 형, 변수 명을 속성 창과 클래스 위자드를 사용하여 설정한다.

〈표 16-1〉 ID, 변수 형, 변수 명

번 호		ID	변수 형	변수 명
1		IDC_PROCESS_VIEW	CStatic	m_View
2	원	IDC_CIRCLE	int	m_Shape
	삼각형	IDC_TRAINGLE	·	·
	사각형	IDC_RECT	·	·
	위쪽화살표	IDC_UARR	·	·
	왼쪽화살표	IDC_LARR	·	·
	오른쪽화살표	IDC_RARR	·	·
3		IDC_MOUSE	·	·
4	영상 출력	IDC_VISION	·	·
	영상 처리	IDC_PROCESS	·	·

'Ctrl+D'를 누른 후 2번, Radio 버튼들에 마우스 왼쪽 버튼을 사용하여 다음 그림 16-3과 같이 순서를 할당하고(1~6), 'IDC_CIRCLE' Radio 버튼의 속성 창에만

'Group' 체크를 한다.

제공된 패널들을 사용한 영상처리 및 특정 패턴인식을 위하여 제공되는 RAW 파일(DB)에는 각 패널들의 모양이 아래 그림 16-3의 번호 순으로 저장되어 있다. (예 : RAW 이미지 0번은 '원', 4번은 '위쪽 화살표' 의 패턴을 저장하고 있다.) 프로그램 실행 시 영상처리를 위하여 DLL 파일을 호출하고, DLL 내부에서는 각 모양에 해당되어 있는 번호를 순차적으로 RAW 이미지와 비교(라벨링 등)하여 사용자가 선택한 이미지를 판별한다. 그러므로 아래 그림 16-3의 번호와 도형 이름이 맞지 않을 시 사용자가 지정한 패널을 인식하지 못하게 되므로, 그림 16-3처럼 번호에 맞게 도형 이름을 정렬하여야 한다.

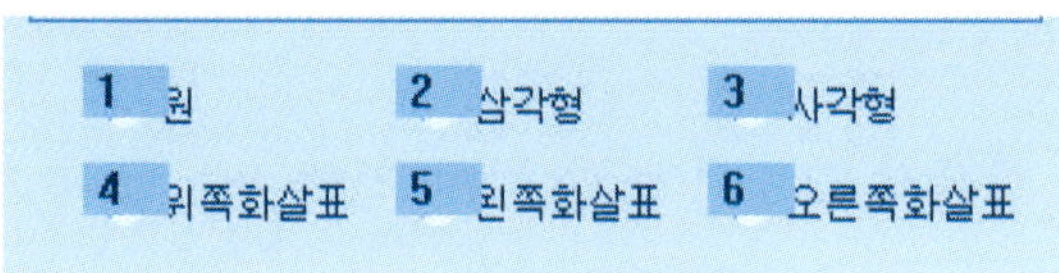

그림 16-3 Radio 버튼 번호 할당

이제 각 Radio 버튼에 연결될 함수들을 작성한다. 영상처리에서 도형의 모양을 정하기 위해서 사용자가 Radio 버튼을 클릭했을 때 0~5번의 번호 값이 m_Shape 변수에 저장되어 찾고자 하는 도형의 모양을 DLL 파일 내부에 알려주는 역할이다.

```
void CChap5Dlg::OnCircle()
{
    UpdateData( TRUE );
    Process.Shape = m_Shape;
    UpdateData( FALSE );
}

void CChap5Dlg::OnTraingle()
{
    UpdateData( TRUE );
    Process.Shape = m_Shape;
    UpdateData( FALSE );
}

void CChap5Dlg::OnRect()
{
    UpdateData( TRUE );
    Process.Shape = m_Shape;
    UpdateData( FALSE );
}

void CChap5Dlg::OnUarr()
{
    UpdateData( TRUE );
    Process.Shape = m_Shape;
```

그림 16-4 Radio 버튼들의 함수

Header 파일에 다음 그림 16-5와 같이 변수와 함수를 추가한다.

```
HWND m_hWndCap;

MOTION_SESSION pMotion;
SSN_SESSION pSensor;
COMMUNICATION_SESSION pCommunication;

CRect m_Cap_Rect;
CRect m_RectTrack;
CRect m_RECT_mouse;
unsigned char *MouseImg, ndir;
COLORREF m_CaptureColor( unsigned char *InImg );
// 마우스로 도형의 색을 추출하는 변수 및 함수 초기화

BOOL bLeftLED, bRightLED, bTimerFlag, bTTSFlag;

PVOICESPEECH m_VoiceSpeech;
```

그림 16-5 Header 파일에 변수 선언

Chap5Dlg.cpp' 파일에 다음과 그림 16-6과 같이 전역 변수를 추가한다.

구조체 내에서 변수의 순서를 그림 16-6과 똑같이 작성해야 한다. 이 구조체를 이용하여 DLL 파일에 변수 값 등을 전달하는데 동일한 양식으로 선언되어 있으므로, 변수 선언 순서가 틀릴 경우 프로그램이 실행되지 않는다.

```
BITMAPINFO BmInfo;              // 장치 독립 비트맵(DIB)에 대한 컬러
unsigned char *pImageBuffer;    // 영상을 담을 포인터

BOOL m_FlagMouse;
BOOL process_flag;
int SHAPE;
COLORREF m_SelColor;
typedef struct tagProcess_Info
{
    int width;
    int height;
    unsigned char *m_Inimg; // 영상을 저장할 버퍼
    int Shape;              // 사용자가 지정한 도형
    int R;                  // 사용자가 지정한 색
    int G;
    int B;
    double distance;        // 거리
    double Angle;           // 로봇과의 각도
    int Object_Top;
    int Object_Bottom;
    int Object_Left;
    int Object_Right;
    BOOL find_success;      // 물체를 찾았는지 성공 여부
    int robot_select;           // 도형 모양의 사용자 선택 -> 1
                                // DB 안의 모든 도형 찾기 -> 2
}Process_Info,*KProcess_Info;
Process_Info Process;  //구조체 선언

EDROBOT_API void Proccess_Image( KProcess_Info Process );
/////////////////////////////////////////////////////////////////////////////
// CAboutDlg dialog used for App About

class CAboutDlg : public CDialog
```

그림 16-6 변수, 구조체 추가

생성자 함수에서 다음 그림 16-7과 같이 작성한다.

```
m_strState = _T(" ");
m_strTTS = ("여러분 안녕하세요. 저는 유 로보 입니다. 만나서 반갑습니
m_Shape = -1;
//}}AFX_DATA_INIT
// Note that LoadIcon does not require a subsequent DestroyIcon in
m_hIcon = AfxGetApp()->LoadIcon(IDR_MAINFRAME);

pImageBuffer = NULL ;   // 버퍼 초기화

Process.m_Inimg = NULL; // Process 버퍼 초기화
MouseImg = NULL;        // 버퍼 초기화
process_flag = TRUE;    // Process flag
}
```

그림 16-7 **생성자 함수에서 변수 초기화**

초기화 함수에 다음 그림 16-8과 같이 수정, 추가하여 작성한다.

```
//////////////////////////   영상처리 초기화   ////////////////////////////////

m_View.GetWindowRect(&m_Cap_Rect);
ScreenToClient(&m_Cap_Rect);

GetDlgItem(IDC_MOUSE)->GetWindowRect(&m_RECT_mouse);
ScreenToClient(&m_RECT_mouse);

GetDlgItem(IDC_PROCESS_VIEW)->SetWindowPos(&wndBottom,300,60,320,240,SWP_DRAWFRAME);
// OnPaint 함수를 통하여 출력되는 영상의 위치 지정
// 주어진 위치(300, 60)에 주어진 화면 크기(320, 240)로 영상 출력
m_hWndCap = capCreateCaptureWindow(_T("Gomins Capture for Windows"), WS_CHILD | WS_VISIBLE,
                                   299, 59, 1, 1, this->m_hWnd, NULL );

// 매 frame이 캡처 될때마다 호출될 callback 함수 지정
if (capSetCallbackOnFrame(m_hWndCap, capCallbackOnFrame) == FALSE) return FALSE;

// Camera Driver 와 Capture Window 연결
if (capDriverConnect(m_hWndCap, 0) == FALSE) return FALSE;

// 현재 Video Format을 조사해서 24bits color 가 아니면 24bits color로 바꿈
capGetVideoFormat(m_hWndCap, &BmInfo, sizeof(BITMAPINFO));
if (BmInfo.bmiHeader.biBitCount != 24)
{
    BmInfo.bmiHeader.biBitCount        = 24;
    BmInfo.bmiHeader.biCompression     = 0;
    BmInfo.bmiHeader.biSizeImage       = BmInfo.bmiHeader.biWidth
                                         * BmInfo.bmiHeader.biHeight * 3;
    capSetVideoFormat(m_hWndCap, &BmInfo, sizeof(BITMAPINFO));
}

capPreviewRate(m_hWndCap, 30);  // 주어진 프레임 속도로 프레임 캡쳐 후 화면에 출력
capPreview(m_hWndCap, true);

pImageBuffer= new unsigned char[BmInfo.bmiHeader.biWidth*BmInfo.bmiHeader.biHeight*3];

m_Shape=0;                   // Radio 버튼 초기화
Process.robot_select = 1;    // 1 : 사용자가 영상을 Radio 버튼 등을 이용하여 선택
                             // 2 : DB 안의 모든 패턴들에 대하여 지정한 색을 이용하여 비교 인식.
return TRUE;
}
```

그림 16-8 **초기화 함수에 코드 추가 및 수정**

'Process.robot_select'의 값을 이용하여 프로그램 목적에 맞게 영상의 사용자 선

택 모드와 지정된 색을 이용하여 DB 안의 모든 패턴을 비교, 인식하는 모드로 사용할 수 있다.

다음은 마우스로 드래그하여 선택된 영역의 RGB 값을 조사하여 평균 값을 낸 후 RGB 값으로 return해주는 함수이다. 다음 그림 16-9와 같이 작성한다.

```
COLORREF CChap5Dlg::m_CaptureColor( unsigned char *InImg )
{
    int y,x,index,count=0;
    int count_r=0, count_g=0, count_b=0;

    int width=320;
    int height=240;


    for(y=(m_RectTrack.top-60); y<m_RectTrack.bottom-60; y++)
    {
        index = (height-y-1)*width*3;
        for(x=(m_RectTrack.left-300); x<(m_RectTrack.right-300); x++)
        {
            count_r += InImg[index+3*x+2];
            count_g += InImg[index+3*x+1];
            count_b += InImg[index+3*x  ];
            count++;
        }
    }
    if(count==0){
        count_r = InImg[(height-m_RectTrack.top-60-1)*width*3+3*(m_RectTrack.left-300)+2];
        count_g = InImg[(height-m_RectTrack.top-60-1)*width*3+3*(m_RectTrack.left-300)+1];
        count_b = InImg[(height-m_RectTrack.top-60-1)*width*3+3*(m_RectTrack.left-300)];
    }
    else {
        count_r = (int)(count_r/count);
        count_g = (int)(count_g/count);
        count_b = (int)(count_b/count);
    }
    return RGB(count_r,count_g,count_b);
}
```

그림 16-9 m_CaptureColor() 함수(마우스 선택 영영의 색 추출 함수)

마우스 드래그를 통하여 영역을 선택하기 위해선 마우스 Event가 발생할 때마다 이를 처리해주는 Message Map이 필요하다. 이를 생성하기 위하여 클래스 위자드를 실행하여 아래와 같이 Messgage Map을 생성한다(함수 생성).

WM_LBUTTONDOWN, WM_LBUTTONUP, WM_MOUSEMOVE 세가지 함수를 생성한다.

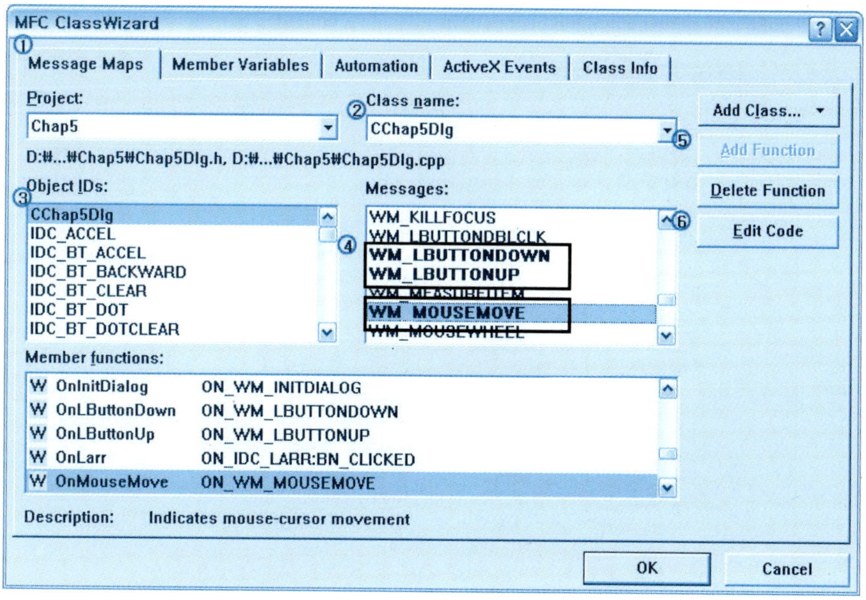

그림 16-10 Mouse Event를 처리하는 Message Map(함수) 생성

생성된 함수에 다음 그림 16-11과 같이 각각 작성한다.

```
void CChap5Dlg::OnLButtonDown(UINT nFlags, CPoint point)
{
    if(point.y<m_Cap_Rect.top|| point.y>m_Cap_Rect.bottom) return;
    if(point.x<m_Cap_Rect.left || point.x>m_Cap_Rect.right) return;


    m_RectTrack.left = m_RectTrack.right = point.x;
    m_RectTrack.top = m_RectTrack.bottom = point.y;

    m_flagMouse = TRUE;

    CDialog::OnLButtonDown(nFlags, point);
}
```

그림 16-11 OnLButtonDown() 함수(WM_LBUTTONDOWN Message Map)

```
void CChap5Dlg::OnLButtonUp(UINT nFlags, CPoint point)
{
    if(m_flagMouse==TRUE)
    {

        if(point.y<m_Cap_Rect.top|| point.y>m_Cap_Rect.bottom) return;
        if(point.x<m_Cap_Rect.left || point.x>m_Cap_Rect.right) return;


        m_RectTrack.right = point.x;
        m_RectTrack.bottom = point.y;

        m_flagMouse = FALSE;
        if(m_RectTrack.top>m_RectTrack.bottom) {
            int tmp = m_RectTrack.top;
            m_RectTrack.top = m_RectTrack.bottom;
            m_RectTrack.bottom = tmp;
        }
        if(m_RectTrack.left>m_RectTrack.right) {
            int tmp = m_RectTrack.left;
            m_RectTrack.left = m_RectTrack.right;
            m_RectTrack.right = tmp;
        }

        m_SelColor = m_CaptureColor(pImageBuffer);

        Process.R=GetRValue(m_SelColor);
        Process.G=GetGValue(m_SelColor);
        Process.B=GetBValue(m_SelColor);

        CClientDC pDC(this);
        CBrush Brush(m_SelColor),*OldBrush;
        OldBrush = pDC.SelectObject(&Brush);
        pDC.FillRect(&m_RECT_mouse,&Brush);
        pDC.SelectObject(OldBrush);

        Invalidate(FALSE);
    }

    CDialog::OnLButtonUp(nFlags, point);
}
```

그림 16-12 OnLButtonUp() 함수(WM_LBUTTONUP Message Map)

```
void CChap5Dlg::OnMouseMove(UINT nFlags, CPoint point)
{
    if(m_flagMouse==TRUE)
    {
        if(point.y<m_Cap_Rect.top|| point.y>m_Cap_Rect.bottom) return;
        if(point.x<m_Cap_Rect.left || point.x>m_Cap_Rect.right) return;

        m_RectTrack.right = point.x;
        m_RectTrack.bottom = point.y;

        CPen pen;
        pen.CreatePen(PS_SOLID,2,RGB(255,0,0));
        CClientDC dc(this);
        dc.SelectObject(&pen);
        dc.DrawEdge(m_RectTrack,EDGE_ETCHED,BF_RECT);
    }

    CDialog::OnMouseMove(nFlags, point);
}
```

그림 16-13 OnMouseMove() 함수(WM_MOUSEMOVE Message Map)

Dialog Box에 영상을 출력하고, 출력된 영상에서 사용자가 지정한 패턴을 찾기 위해 MFC 안의 OnPaint() 함수를 이용한다. 다음 그림 16-14와 같이 OnPaint() 함수에 추가 작성한다.

```
else
{
    ::SetDIBitsToDevice( m_View.GetDC() -> m_hDC, 0, 0, 320, 240, 0, 0, 0, (WORD)240,
                         pImageBuffer, &BmInfo, DIB_RGB_COLORS );

    if(process_flag==FALSE)      // 찾고자 하는 도형의 물체 추적
    {

        CClientDC pDC(this);

        CPen myPen;
        CPen *pOldPen;
        COLORREF cr;
        cr = RGB(0,255,0);
        myPen.CreatePen(PS_SOLID, 3, cr);
        pOldPen = pDC.SelectObject(&myPen);

        int x,y,x1,y1;

        x=300+Process.Object_Left;
        y=60  +(240-Process.Object_Top);
        x1=300 +Process.Object_Right;
        y1=60 +(240-Process.Object_Bottom);

        pDC.MoveTo(x,y);
        pDC.LineTo(x1,y);
        pDC.LineTo(x1,y1);
        pDC.LineTo(x,y1);
        pDC.LineTo(x,y);

        pDC.SelectObject(pOldPen);
        myPen.DeleteObject();
    }

    CDialog::OnPaint();
}
```

그림 16-14 OnPaint() 함수에 코드 추가

CallBack 함수에서 영상의 데이터를 버퍼에 저장하고 영상처리를 하는 코드를 작성한다. 생성되어 있는 함수에 다음 그림과 같이 작성한다.

제 16 장

```
LRESULT CALLBACK capCallbackOnFrame(HWND hWnd, LPVIDEOHDR lpVHdr)
{
    int height=BmInfo.bmiHeader.biHeight;
    int width=BmInfo.bmiHeader.biWidth;
    for(int i=0; i<height*width-1; i++)
    {
        *(pImageBuffer + (i*3))     =     *(lpVHdr->lpData + (i*3)     );
        *(pImageBuffer + (i*3) + 1) =     *(lpVHdr->lpData + (i*3) + 1);
        *(pImageBuffer + (i*3) + 2) =     *(lpVHdr->lpData + (i*3) + 2) ;
    }

    Process.m_Inimg=new unsigned char[width*height*3];
    memcpy(Process.m_Inimg,pImageBuffer,sizeof(unsigned char)*width*height*3);

    Process.width=320;
    Process.height=240;

    if(process_flag==FALSE)
    {
        Proccess_Image(&Process);
    }

    delete []Process.m_Inimg;

    return (LRESULT)TRUE;
}
```

그림 16-15 CallBack() 함수에 코드 추가

'영상 출력', '영상처리' 버튼의 함수를 생성하고 다음 그림 16-16과 같이 작성한다.

```
void CChap5Dlg::OnVision()
{
    SetTimer( 0, 100, NULL );
}

void CChap5Dlg::OnProcess()
{
    process_flag = FALSE;
    UpdateData(FALSE);
}
```

그림 16-16 '영상처리 시작', '영상처리 종료' 버튼의 함수

마지막으로 OnTimer() 함수에 다음 그림 16-17과 같이 작성한다. '영상 출력' 버튼을 클릭하므로 Timer 0번을 시작. 100ms마다 OnPaint() 함수를 호출하여 영상을 Dialog Box에 출력한다. 그리고 '영상처리' 버튼을 클릭함으로써 출력된 영상에서 사용자가 지정한 색을 바탕으로 DB와 부합되는 패턴을 찾는다.

```
void CChap5Dlg::OnTimer(UINT nIDEvent)
{
    if ( nIDEvent == 0 )
        OnPaint();

    if ( nIDEvent == 1 )
    {
        nCharCnt++;
        if ( nCharCnt == 256 )
        {
            nCharCnt = 0;
            memcpy( m_ShiftData, m_DisplayData, 512 );
        }
        LeftShift();
        UpdateData(TRUE);
        DotMatrixDisplay( pCommunication, m_DotData, 0, 0, 0, 2 );
    }

    CDialog::OnTimer(nIDEvent);
}
```

그림 16-17 OnTimer() 함수

최종 작성된 프로그램을 지능형 로봇 플랫폼으로 복사한 다음(복사된 폴더에 DLL 파일과 DB 파일들이 있는지 다시 한 번 확인하라.) 다음 순서에 맞게 실행하면 된다.

① 초기화한 후 영상 출력 버튼을 클릭하여 영상 출력의 유무를 확인한다.
② 인식시키고자 하는 패널의 패턴(모양)을 선택한다(Radio 버튼).
③ 출력된 영상에서 인식시키고자 하는 패턴 부분의 색상정보를 얻기 위하여 해당 색상 부분을 마우스로 드래그한다.
④ 영상처리 버튼을 클릭하면 선택한 패턴을 탐색, 인식하고 패널 모양에 녹색으로 사각형이 표시된다.

5) 음성합성을 이용, 영상처리 결과 출력

먼저 사용자가 지정한 색상의 패턴을 인식하였는지의 여부를 확인하고, 어떠한 영상을 확인하였는지를 알아야만 의도한 음성을 출력할 수 있다. 다음 함수를 통하여 먼저 사용자가 지정한 패턴의 인식 여부를 확인하고, 어떠한 패턴을 인식하였는지를 확인 후 Dialog와 음성으로 출력한다.

```
void CChap5Dlg::FindSuccessVoice()
{
    if ( Process.find_success == TRUE )
    {
        if ( Process.Shape == 0 )
        {
            VoiceTemp = "원 발견";
            m_strState2.Format( VoiceTemp );
            bPanelFlag = TRUE;
            UpdateData(FALSE);
            TTS();
        }

        if ( Process.Shape == 1 )
        {
            VoiceTemp = "삼각형 발견";
            m_strState2.Format( VoiceTemp );
            bPanelFlag = TRUE;
            UpdateData(FALSE);
            TTS();
        }

        if ( Process.Shape == 2 )
        {
            VoiceTemp = "사각형 발견";
            m_strState2.Format( VoiceTemp );
            bPanelFlag = TRUE;
            UpdateData(FALSE);
            TTS();
        }

        if ( Process.Shape == 3 )
        {
            VoiceTemp = "위쪽 화살표 발견";
            m_strState2.Format( VoiceTemp );
            bPanelFlag = TRUE;
            UpdateData(FALSE);
            TTS();
        }

        if ( Process.Shape == 4 )
        {
            VoiceTemp = "왼쪽 화살표 발견";
            m_strState2.Format( VoiceTemp );
            bPanelFlag = TRUE;
            UpdateData(FALSE);
            TTS();
        }

        if ( Process.Shape == 5 )
        {
            VoiceTemp = "오른쪽 화살표 발견";
            m_strState2.Format( VoiceTemp );
            bPanelFlag = TRUE;
            UpdateData(FALSE);
            TTS();
        }
    }
}
```

그림 16-18 FindSuccessVoice() 함수

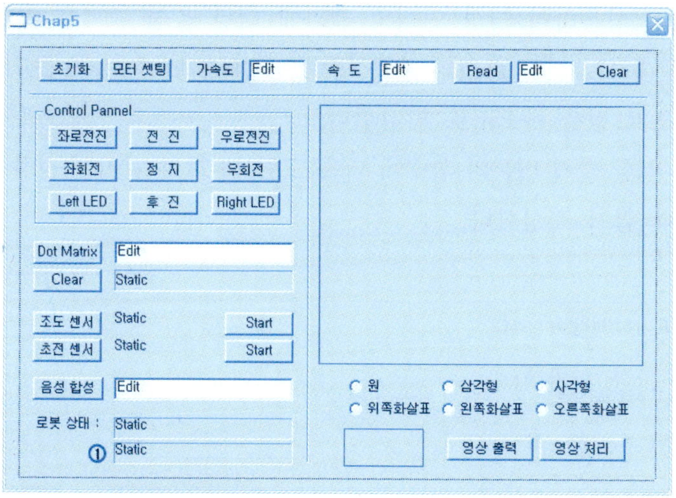

그림 16-19 Dialog 구성

인식한 패턴에 대하여 Dialog에 출력하기 위하여 그림 16-19처럼 Static Text를 생성한 후 ID를 'IDC_STATE2', 변수 형은 'CString', 변수 명을 'm_strState2'로 작성한다.

다음은 음성합성을 위하여 TTS() 함수를 수정한 코드이다.

```
void CChap5Dlg::TTS()
{
    if( hTTSwnd == NULL  ) return;
    if( VoiceSpeechState != -1 ) return;

    CString Temp;

    if ( bMoveFlag == TRUE )
    {
        Temp = m_strState;
        bMoveFlag = FALSE;
    }

    else if ( bTTSFlag == TRUE )
    {
        Temp = m_strTTS;
        bTTSFlag = FALSE;
    }

    else if ( bPanelFlag == TRUE )
    {
        Temp = m_strState2;
        bPanelFlag = FALSE;
    }

        UpdateData(TRUE);
        COPYDATASTRUCT cdsSend;
        char* msg = new char[Temp.GetLength()];

        memcpy( msg, (LPSTR)(LPCTSTR)Temp, Temp.GetLength() );
        cdsSend.dwData = 2;
        cdsSend.cbData = Temp.GetLength();
        cdsSend.lpData = msg;

        ::SendMessage(hTTSwnd, WM_COPYDATA, (WPARAM)this->m_hWnd, (LPARAM)&cdsSend);

        delete msg;
}
```

그림 16-20 수정된 TTS() 함수

bPanelFlag를 사용하여 영상 인식의 결과에 대한 음성 출력을 확인할 수 있다. bPanelFalg에 대하여 다른 Flag와 같은 방법으로 Header 파일과 초기화 함수에 각각 선언 및 초기 값을 FALSE로 할당한다.

마지막으로 영상 출력 버튼의 함수에 다음 그림 16-21과 같이 수정하고, OnTimer() 함수를 다음과 같이 작성한다.

```
void CChap5Dlg::OnProcess()
{
    process_flag = FALSE;
    UpdateData(FALSE);

    SetTimer( 2, 100, NULL );
}
```

그림 16-21 **영상 출력 함수 수정**

```
void CChap5Dlg::OnTimer(UINT nIDEvent)
{
    if ( nIDEvent == 0 )
        OnPaint();

    if ( nIDEvent == 1 )
    {
        nCharCnt++;
        if ( nCharCnt == 256 )
        {
            nCharCnt = 0;
            memcpy( m_ShiftData, m_DisplayData, 512 );
        }
        LeftShift();
        UpdateData(TRUE);
        DotMatrixDisplay( pCommunication, m_DotData, 0, 0, 0, 2 );
    }

    if ( nIDEvent == 2 )
        FindSuccessVoice();

    CDialog::OnTimer(nIDEvent);
}
```

그림 16-22 OnTimer() **함수 수정**

※ 주의사항

본 실습에서는 센서 모니터링에 대한 기능을 구현하지 않으므로 로봇이 물체에 충돌하는 것에 대하여 준비하여야 한다.

6) 결 과

① 사용자가 작성한 프로그램과 동일하게 동작을 하였는가?

② 패널 종류를 다양하게 변경하여도 동일하게 동작을 하는가?

③ 본 실습을 통하여 활용할 수 있는 응용 방법을 서술하시오.

16-2 특정 경로 이동 제어

16-2-1 목 표

공공기관에 서비스 로봇이 적용이 되면 사용자 원하는 지역으로 로봇이 안내를 하여야 한다. 로봇에는 현재 위치한 공간에 대한 맵 데이터가 미리 저장되어 있어 사용자가 지정한 곳까지의 최단 거리를 계산하여 목적지까지 안내를 하여야 한다. 본 실험에서는 사용자가 지정한 경로를 거리 데이터를 기반으로 주행하는 프로그램을 작성하여 본다.

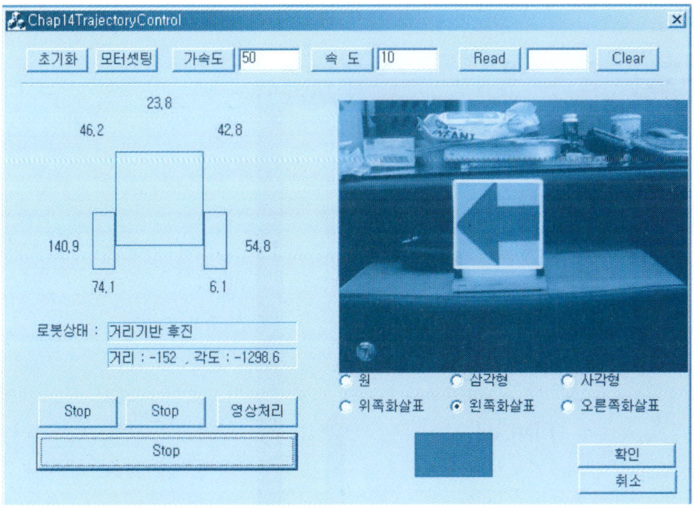

그림 16-23 **실습 목표**

16-2-2 프로그램

1) 프로그램 내용

본 실험에서는 일반 환경과 같은 조건으로 실습하기에 외부 환경에 대한 조건이 충분하지 않으므로, 정적인 데이터를 이용하여 로봇에 대한 맵을 지정하도록 한다.

2) 관련 요소 기술

① DC 모터 Position 제어 기술
② DC 모터 Gain Setting 제어 기술

3) 프로그램 주의사항

정적인 데이터를 이용하므로 바닥상태에 대한 오류(바퀴의 미끄러짐)를 무시하고 작성한다.

특정 목적의 이동을 하기 위해서는 아래와 같은 공간 및 장애물이 필요하다.

90° 회전의 경우 바닥면과의 마찰을 고려하여 반복적인 실험으로 취득한 값을 입력하여야 한다.

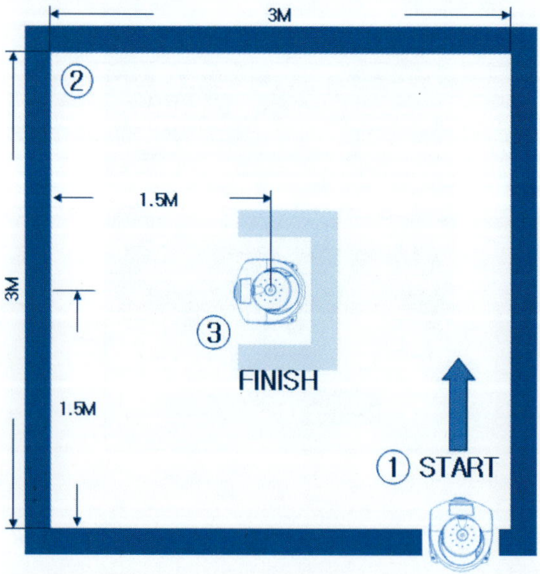

① 1번 위치에서 주행 시작
② 모터 제어를 통해 2번 위치로 이동(충돌 방지 알고리즘을 이용)
  → 패턴인식을 이용하여 특정 패턴인식 후 2번, 3번, 7번 센서를 이용하여 2번 위치로 이동
③ 2번 위치에서 3번 위치로 모터 제어로만 주차

4) 프로그램

① 1번 위치에서 자율주행으로 2번 위치까지 이동

② 패널 인식 후 초음파 센서를 사용, 2번 위치에 있다고 판단 후 3번 위치까지 모터 제어로만 로봇 주행

③ 센서를 이용하여 3번 위치에 있다고 판단하면 주차 완료

※ 15-1장, 16-1장의 물체회피 실습과 패턴인식 실습 등을 참고하여 작성한다.

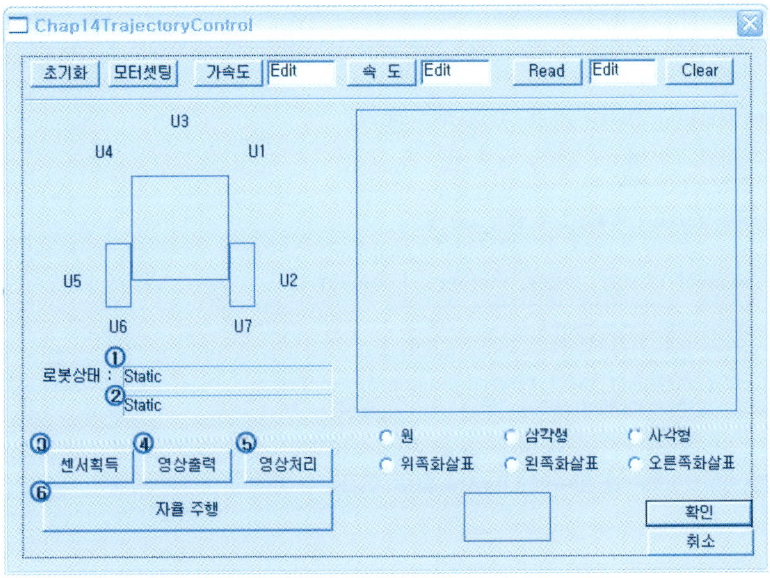

그림 16-24 Dialog 구성

〈표 16-2〉 ID, 함수 형, 함수 명

번 호	ID	변수 형	변수 명
1	IDC_STATE	CString	m_strState
2	IDC_STATE2	CString	m_strState2
3	IDC_BT_SENSOR	·	·
4	IDC_BT_VISION	·	·
5	IDC_BT_PROCESS	·	·
6	IDC_BT_FREEMOVE	·	·

초기화, 모터세팅, 가속도, 속도, Read, Clear 버튼들과 영상처리 함수, 초음파 정보 획득 함수, 모터 제어, 자율주행 함수 등에 대하여 지난 실습들과 동일하게 작성하며, 현 실습을 위하여 수정, 추가된 부분들에 대하여 다음 그림들을 참고하여 작성한다.

거리 기반 주행을 하기 위하여 제공된 Library에 있는 'DCServo01_Absolute_Cantimeter_Start()' 를 사용하여 주행을 하며, 주행 거리 확인과 90° 회전을 위하여 'DCServo01_ReadCantimeter()', 'DCServo01_ReadDegree()' 함수를 사용하였다.

먼저 초기화 함수에 인코더에 저장되어 있는 모터 상태 값들을 초기화해 주기 위한 코드를 작성한다.

```
BOOL CChap14TrajectoryControlDlg::OnBtInit()
{
    pMotion = NULL;
    pSensor = NULL;

    for ( int i = 0 ; i < 11 ; i++ )
        nSelectSensor[i] = i+1;

    memset( fUltraSonic, 0, sizeof(fUltraSonic) );

    DCServo01_DefineHome( pMotion, 1 );
    DCServo01_DefineHome( pMotion, 2 );

    if ( DCServo01_Initialize( m_hWnd, &pMotion ) !:
        ::MessageBox( NULL, "모터 초기화 실패", "Er
```

그림 16-25 초기화 함수에 Library 함수 추가

```
void CChap14TrajectoryControlDlg::OnBtSensor()
{
    if ( bSensorFlag == FALSE )
    {
        bSensorFlag = TRUE;
        SetDlgItemText( IDC_BT_SENSOR, "Stop" );
        SetTimer( 1, 10, NULL );
    }
    else
    {
        bSensorFlag = FALSE;
        SetDlgItemText( IDC_BT_SENSOR, "Start" );
        KillTimer(1);
    }
}

void CChap14TrajectoryControlDlg::OnBtVision()
{
    if ( bVisionFlag == FALSE )
    {
        bVisionFlag = TRUE;
        SetDlgItemText( IDC_BT_VISION, "Stop" );
        SetTimer( 0, 1, NULL );
    }
    else
    {
```

```
            bVisionFlag = FALSE;
            SetDlgItemText( IDC_BT_VISION, "Start" );
            KillTimer(0);
        }
    }

    void CChap14TrajectoryControlDlg::OnBtProcess()
    {
        process_flag = FALSE;
        UpdateData(FALSE);
    }

    void CChap14TrajectoryControlDlg::OnBtFreemove()
    {
        if ( bMoveFlag == FALSE && bProcessFlag == FALSE )
        {
            bMoveFlag = TRUE;
            process_flag = FALSE;
            SetDlgItemText( IDC_BT_FREEMOVE, "Stop" );
            SetTimer( 0, 1, NULL );
            SetTimer( 2, 10, NULL );
        }
        else
        {
            Stop();
            bMoveFlag = FALSE;
            process_flag = TRUE;
            SetDlgItemText( IDC_BT_FREEMOVE, "Start" );
            KillTimer(0); KillTimer(1); KillTimer(2);
            KillTimer(3); KillTimer(4); KillTimer(5);
        }
    }
```

그림 16-26 각 버튼에 연결된 함수

위 그림 16-26과 같이 각 버튼에 연결된 함수들을 수정, 혹은 작성한다.

지난 실습들과 다르게 각 타이머 구동에 있어서 호출 값을 '10', '1' 로 준 것에 유의하라. 영상처리에 많은 시간이 걸리는 만큼 이를 조금이라도 빠르게 하기 위하여 수정한 것이다.

이는 실제 추천값이 아니며, 상황에 따라 변할 수 있으므로 반복 실습을 통하여 적절한 값을 입력하도록 한다.

거리 기반 주행을 하기 위하여 모터의 상태를 읽어오는 함수를 작성한다.

```
void CChap14TrajectoryControlDlg::ReadPosition()
{

    DCServo01_ReadDegree( pMotion, 2, dbDegree );
    Sleep(10);
    DCServo01_ReadCantimeter( pMotion, 2, Centi );

    m_strState2.Format( "거리 : %d  , 각도 : %4.1f ", Centi, dbDegree );
    UpdateData(FALSE);
}
```

그림 16-27 ReadPosition() 함수

제16장

바퀴의 회전 각도와 로봇이 이동한 거리를 출력하는 Library의 함수를 사용하였다. 작성한 함수를 자율주행 함수 'MoveFront()' 와 'MoveRear()' 함수에 추가한다.

```
void CChap14TrajectoryControlDlg::MoveFront()
{
    GetUltrasonic();
    ReadPosition();

    if ( fUltraSonic[0] > 25 )
    {
        if ( fUltraSonic[3] > 25 )
            Forward();
```

그림 16-28 ReadPosition() 함수 추가

※ 'MoveRear()' 함수에도 같은 방법으로 추가한다.

이제 자율주행 후 패턴을 확인하였을 때 거리 기반 주행을 통하여 주차하는 프로그램을 작성한다.

```
void CChap14TrajectoryControlDlg::DistanceMove()
{
    ReadPosition();

    if ( Process.find_success == TRUE )
    {
        m_strState.Format( "물체 발견" );
        UpdateData(FALSE);

        if ( fUltraSonic[2] < 35 && fUltraSonic[1] < 35 && fUltraSonic[6] > 50 )
        {
            m_strState.Format( "거리 주행 실시" );
            UpdateData(FALSE);

            KillTimer(2); KillTimer(3);
            bTurnFlag = TRUE;

            DCServo01_DefineHome( pMotion, 1 );
            DCServo01_DefineHome( pMotion, 2 );

            ReadPosition();
            dbDegreeTemp = dbDegree;
            Degree = 175;
            LeftTurn();

            SetTimer( 4, 10, NULL );
        }
    }
}
```

그림 16-29 거리 기반 주행 시작 함수

위 함수를 CallBack 함수를 통하여 사용자가 지정한 패턴을 확인하였을 때, '물체 발견'의 메시지를 출력하며, 초음파 센서들을 통하여 위치 확인을 하고 먼저 왼쪽으로 90° 회전을 하는 함수이다. 앞서 말한 바와 같이 거리 기반 주행과 정확한 회전을 위해서는 모터의 상태 값들을 계속 확인하여 임의의 순간(예 1.5M 주행, 90° 회전)에 멈추어 줄 필요가 있다. 이를 위한 함수를 다음 그림들을 참고하여 작성한다.

```
void CChap14TrajectoryControlDlg::DegreeCalcul()                          //
{
    ReadPosition();

    if ( bTurnFlag == TRUE )                     // 좌로 회전
    {
        bTurnFlag = TRUE;

        if ( dbDegree > dbDegreeTemp + Degree )
        {
            DCServo01_StopAbruptly( pMotion, 1 );
            DCServo01_StopAbruptly( pMotion, 2 );

            DCServo01_DefineHome( pMotion, 1 );
            DCServo01_DefineHome( pMotion, 2 );

            KillTimer(4);

            m_strState.Format( "거리기반 직진" );
            UpdateData(FALSE);

            DCServo01_Absolute_Cantimeter_Start( pMotion, 1, -153 );
            DCServo01_Absolute_Cantimeter_Start( pMotion, 2, 153 );
            CentiTemp = 150;
            SetTimer( 5, 10, NULL );
        }
    }
    else if ( bTurnFlag == FALSE )               // 우로 회전
```

그림 16-30 회전 각도 함수 - 1

```
    }
    else if ( bTurnFlag == FALSE )               // 우로 회전
    {
        bTurnFlag = FALSE;

        if ( dbDegree < dbDegreeTemp - Degree )
        {
            DCServo01_StopAbruptly( pMotion, 1 );
            DCServo01_StopAbruptly( pMotion, 2 );

            DCServo01_DefineHome( pMotion, 1 );
            DCServo01_DefineHome( pMotion, 2 );

            KillTimer(4);

            m_strState.Format( "거리기반 후진" );
            UpdateData(FALSE);

            bCentiFlag = TRUE;
            DCServo01_Absolute_Cantimeter_Start( pMotion, 1, 153 );
            DCServo01_Absolute_Cantimeter_Start( pMotion, 2, -153 );
            CentiTemp = 150;
            SetTimer( 5, 10, NULL );
        }
    }
}
```

그림 16-31 회전 각도 계산 함수 - 2

그림 16-28의 함수를 통하여 패턴인식 후 지정된 위치에 도달하면 먼저 왼쪽 90° 회전을 위하여 정지 후, 모터의 상태값을 초기화한다. 거리 기반 주행을 위하여 자율주행에 해당하는 Timer를 종료하고, 회전 방향에 대한 Flag를 TRUE로 세팅한다. 그 후 현재 바퀴 각도를 변수에 저장하며, 회전할 각도에 대하여 해당 변수에 입력한 후 왼쪽 회전 함수를 호출하며, 90° 회전을 하기 위하여 그림 16-20~그림 16-31의 함수를 호출, 이 함수를 통하여 90° 회전을 실시하게 된다.

경로 계획에 따라 좌측 90° 회전후 1.5M 주행을 위한 코드는 그림 16-30, if 조건문 내에 작성되어 있다.

이제 1.5m 주행을 하며 이를 확인하는 함수를 작성한다.

```
void CChap14TrajectoryControlDlg::Distance()
{
    ReadPosition();

    if ( bCentiFlag == FALSE )
    {
        if ( Centi > CentiTemp )
        {
            DCServo01_StopAbruptly( pMotion, 1 );
            DCServo01_StopAbruptly( pMotion, 2 );

            bTurnFlag = FALSE;
            KillTimer(5);

            DCServo01_DefineHome( pMotion, 1 );
            DCServo01_DefineHome( pMotion, 2 );

            ReadPosition();
            dbDegreeTemp = dbDegree;
            Degree = 175;
            RightTurn();

            SetTimer( 4, 10, NULL );
        }
    }
```

그림 16-32 거리 계산 함수 - 1

```
    else if ( bCentiFlag == TRUE )
    {
        if ( Centi > CentiTemp )
        {
            DCServo01_StopAbruptly( pMotion, 1 );
            DCServo01_StopAbruptly( pMotion, 2 );

            DCServo01_DefineHome( pMotion, 1 );
            DCServo01_DefineHome( pMotion, 2 );

            KillTimer(5);
        }
    }

}
```

그림 16-33 거리 계산 함수 - 2

bCentiFlag 값에 의하여 그림 16-32의 조건문을 실행하게 되며, 1.5M 주행 후 다시 위치 초기화, 그리고 우측 회전을 위한 값들을 할당한 후 각도 계산 함수를 통하여 회전하게 된다. 우측 90° 회전 후, 1.5M 후진을 위한 코드는 그림 16-31에 나와 있다.

위 세 함수를 통하여 거리 기반 주행/주차를 실행하게 된다.

다음은 각 함수들을 실행시키기 위한 OnTimer() 함수이다.

```
void CChap14TrajectoryControlDlg::OnTimer(UINT nIDEvent)
{
    if ( nIDEvent == 0 )
        OnPaint();

    if ( nIDEvent == 1 )
    {
        GetUtrasonic();
        ReadPosition();
    }

    if ( nIDEvent == 2 )
    {
        MoveFront();
        DistanceMove();
    }

    if ( nIDEvent == 3 )
    {
        MoveRear();
        DistanceMove();
    }

    if ( nIDEvent == 4 )
        DegreeCalcul();

    if ( nIDEvent == 5 )
        Distance();

    CDialog::OnTimer(nIDEvent);
}
```

그림 16-34 OnTimer() 함수

이제 지금까지 작성한 변수와 함수들에 대하여 Header 파일에 선언하고 생성자, 혹은 초기화 버튼에 초기 값들을 할당한다.

```
class CChap14TrajectoryControlDlg : public CDialog
{
// Construction
public:
    CChap14TrajectoryControlDlg(CWnd* pParent = NULL);

    HWND m_hWndCap;

    MOTION_SESSION pMotion;
    SSN_SESSION pSensor;

    CRect m_Cap_Rect;
    CRect m_RectTrack;
    CRect m_RECT_mouse;
    unsigned char *MouseImg, ndir;
    COLORREF m_CaptureColor( unsigned char *InImg );

    BOOL bTimerFlag, bMoveFlag, bSensorFlag, bTurnFlag,
         bVisionFlag, bProcessFlag, bCentiFlag;
    unsigned char nSelectSensor[11];
    float fUltraSonic[11];
    double dbDegree, dbDegreeTemp;
    int Centi, CentiTemp, Num, Dist, Degree;

    void Forward();
    void Backward();
    void Stop();
    void LeftTurn();
    void RightTurn();
    void GetUtrasonic();
    void ReadPosition();
    void MoveFront();
    void MoveRear();
    void DistanceMove();
    void DegreeCalcul();
    void Distance();
```

그림 16-35 Header 파일에 변수, 함수 선언

```
    capPreview(m_hWndCap, true);

    pImageBuffer= new unsigned char[BmInfo.

    m_Shape=0;                    // Radio 버
    Process.robot_select = 1;     // 1 : 사용
                                  // 2 : DB 오

    bSensorFlag = FALSE;
    bTimerFlag = FALSE;
    bMoveFlag = FALSE;
    bVisionFlag = FALSE;
    bProcessFlag = FALSE;
    bTurnFlag = FALSE;
    bCentiFlag = FALSE;

    dbDegree = 0;
    dbDegreeTemp = 0;
    Centi = 0;
    CentiTemp = 0;
    Num = 0;
    Dist = 0;
    Degree = 0;

    return TRUE;
}
```

그림 16-36 초기화 함수에 각 변수의 초기 값 할당

이제 프로그램을 로봇에 복사한 후 실행하여 본다. 프로그램을 시작하고, 자율주행을 실시하기 전에 거리 기반 주행을 시작하기 위한 표지 역할을 하는 패널에 대하여 미리 지정해 주어야 한다.

※ 주의사항

로봇이 물체에 충돌하는 것에 대하여 준비하여야 한다.

5) 결 과

① 사용자가 작성한 프로그램과 동일하게 동작을 하였는가?
② 패널 종류를 다양하게 변경 후에도 동일하게 동작을 하는가?
③ 본 실습을 통하여 활용할 수 있는 응용 방법을 서술하시오.

17장 지능형 로봇 플랫폼의 활용실습(3)

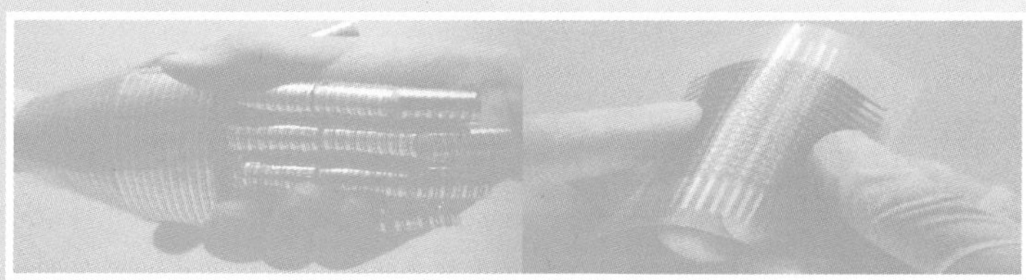

17-1　로봇을 이용한 면허 코스 제어

17-2　지능형 로봇 제어

17-1 로봇을 이용한 면허 코스 제어

17-1-1 목 표

본 실습은 앞에서 실습한 기본 실습을 종합하여 실습하는 부분으로 일반적인 자동차 운전면허 코스시험에서 흔히 볼 수 있는 "S"자 코스, "T"자 코스, 일반 주행 부분으로 구성되어 있으며 각 부분은 로봇에 부착되어 있는 센서와 모터의 정보를 활용하여 주행하여야 한다.

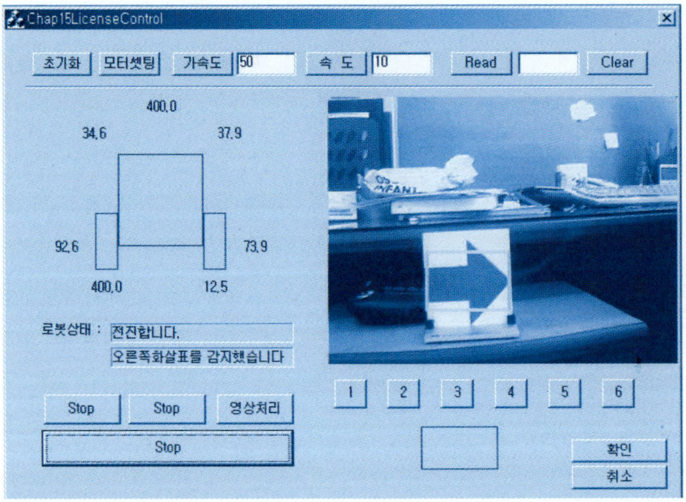

그림 17-1 **실습 목표**

17-1-2 프로그램

1) 프로그램 내용

운전면허 코스시험과 동일한 환경을 구성을 하며, "S"자 코스, "T"자 코스 등의 주행 코스를 이탈하지 말고 주행을 하여야 한다. 주행시에는 로봇에 부착되어 있는 센서를 적극 활용을 하며, 영상 센서를 이용하여 로봇의 진행 방향을 결정하여야 한다.

2) 관련 요소 기술

① DC 모터 Position 제어 기술
② DC 모터 Gain Setting 제어 기술
③ 초음파 센서 원리 및 측정 기술
④ 적외선 원리 및 측정 기술
⑤ 영상 패턴 처리 기술

3) 프로그램 주의사항

① "S"자 코스의 경우에는 로봇의 부착되어 있는 초음파 및 적외선 센서만을 이용하여 정해진 코스를 주행하여야 하며, "S" 자 코스 주변에서 장애물을 형성을 한다.
② "T"자 코스의 경우에는 영상 센서를 이용하여 로봇의 주행 방향을 결정하여야 하며, 이 외의 주행은 초음파 센서를 이용한다.
③ 주행 공간이 T자, S자 코스가 갖춰져 있어야 테스트가 가능하다.

4) 프로그램

① "S"자 코스에서는 로봇의 물체회피 프로그램만을 이용하여 로봇이 자율주행
② "T"자 코스에서는 영상의 패널 판단 알고리즘을 이용하여 4가지 방향에 대해서 로봇이 움직이는 알고리즘(왼쪽, 오른쪽, 뒤로 돌기, T자형 코스 이탈)
③ 물체회피 프로그램을 이용하여 로봇을 자율주행하고 영상 센서를 이용하여 로봇이 패널의 모양에 맞는 모션을 취하는 프로그램
④ 프로그램의 기본 골격(자율주행, 초음파 기반, 영상처리 등)은 16-2장 실습과 동일하다. 그러나 T 자형 코스에서 각 패널에 대한 명령을 수행하기 위해서는 주행 시작 전, 각 패턴들의 색상을 선 지정하고, 이를 이용하여 DB 안의 패턴과 비교하는 과정이 수행되어야 한다. 다음 그림들과 설명을 참고하여 작성한다.

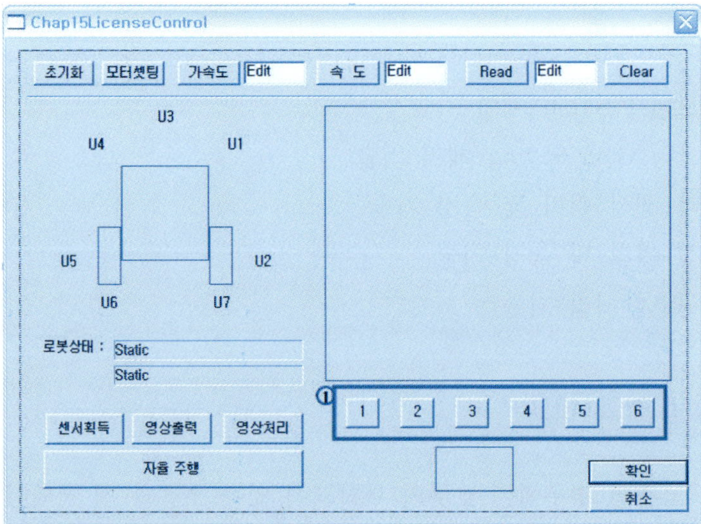

그림 17-2 Dialog 구성

Dialog의 기본 구성은 16-2장 실습과 동일하나, 각 패턴의 색을 지정하기 위하여 위 그림과 같이 구성하고 각 버튼에 대한 ID 값을 'IDC_BT_SAVE1~6' 으로 할당한다. 먼저 색상을 저장하기 위한 배열을 그림 17-3에서 보이는 위치에 선언한다.

```
        int Object_Left;
        int Object_Right;
        BOOL find_success;       // 물체를 찾았는지 성공 여부
        int robot_select;            // 도형 모양의 사용자 선택 -> 1
                                     // DB 안의 모든 도형 찾기 -> 2
    }Process_Info,*KProcess_Info;
    Process_Info Process;   //구조체 선언

    EDROBOT_API void Proccess_Image( KProcess_Info Process );

    int S_Shape[6] = {0,};
    int S_R[6] = {0,};
    int S_G[6] = {0,};
    int S_B[6] = {0,};

    ///////////////////////////////////////////////////////////////////////////////
    // CAboutDlg dialog used for App About
```

그림 17-3 색상 저장을 위한 배열 선언

사용자가 지정한 패턴이 아닌 DB 안에 저장되어 있는 모든 패턴들과 비교하기 위하여 초기화 함수에서 다음 그림 17-4와 같이 수정한다.

```
pImageBuffer= new unsigned char[BmInfo.bmiHeader.biWidth*BmInfo.bmiHeader.biHeight*3];

//m_Shape=0;                      // Radio 버튼 초기화
Process.robot_select = 2;   // 1 : 사용자가 영상을 Radio 버튼 등을 이용하여 선택
                            // 2 : DB 안의 모든 패턴들에 대하여 지정한 색을 이용하여 비교 인식.
```

그림 17-4 영상 비교에 대한 변수 값 수정

Radio 버튼을 사용하지 않으므로, 'm_Shape'는 주석처리를 하며, 'Process.robot_select' 값을 '2'로 할당한다.

생성된 각 버튼(IDC_BT_SAVE1~6)에 대하여 다음 그림들과 같이 작성한다.

```
void CChap15LicenseControlDlg::OnBtSave1()
{
    if ( Process.find_success == TRUE )
    {
        S_Shape[0] = Process.Shape;
        S_R[0] = Process.R;
        S_G[0] = Process.G;
        S_B[0] = Process.B;
    }
}

void CChap15LicenseControlDlg::OnBtSave2()
{
    if ( Process.find_success == TRUE )
    {
        S_Shape[1] = Process.Shape;
        S_R[1] = Process.R;
        S_G[1] = Process.G;
        S_B[1] = Process.B;
    }
}
```

그림 17-5 색상 저장 함수

OnBtSave1~6 함수들에 대하여 위 그림과 같은 방법으로 모두 작성한다.

위 그림 17-5에서 알 수 있듯이 프로그램 시작 후, 영상 출력 버튼을 클릭하고 영상 처리 버튼을 클릭하면 지금까지의 실습을 통하여 보았듯이 사용자가 지정한 (마우스로 드래그) 색상에 대하여 각 패턴들을 인식한다. 각 패턴을 인식하였다는 녹색의 테두리가 나타났을 때, 각 색상 지정 버튼을 패턴별로 각각 클릭하면 인식한 패턴의 색상이 해당 버튼의 번호에 저장된다.

이제 저장된 색상 정보를 토대로 DB안의 패턴과 비교하는 코드를 CallBack 함수에 작성한다.

```
    Process.width=320;
    Process.height=240;

    if( process_flag == FALSE )
    {
        Proccess_Image(&Process);
    }

    if ( bProcessFlag == TRUE )
    {
        if ( process_flag_add == FALSE )
        {
            for ( int bb = 0 ; bb<6 ; bb++ )
            {
                Process.Shape = S_Shape[bb];
                Process.R = S_R[bb];
                Process.G = S_G[bb];
                Process.B = S_B[bb];

                Proccess_Image(&Process);

                if (Process.find_success == TRUE )
                {
                    bProcessFlag = FALSE;
                    temp = bb;
                    break;
                }
            }

            Process.R = S_R[temp];
            Process.G = S_G[temp];
            Process.B = S_B[temp];
        }
    }
    else if ( bProcessFlag == FALSE )
    {
        Proccess_Image( &Process );

        if ( Process.find_success == FALSE )
        {
            bProcessFlag = TRUE;
        }
    }

    delete []Process.m_Inimg;

    return (LRESULT)TRUE;
}
```

그림 17-6 CallBack 함수에 코드 추가 작성

새로 추가한 'process_flag_add'에 의하여 저장된 색상 정보를 이용하여 패턴을 비교, 인식한다. 또한 bProcessFlag를 사용하여 처음 패턴을 인식하였을 때 인식하고 있는 동안에는 그 패턴의 색상만을 이용, 비교하도록 CallBack 함수를 수정하여 프로그램 수행 속도를 향상시키도록 하였다.

각 패턴에 대한 좌, 우, 뒤 회전을 위하여 모터의 상태 값을 읽는 함수를 작성한다.

```
void CChap15LicenseControlDlg::ReadPosition()
{

    DCServo01_ReadDegree( pMotion, 2, dbDegree );
    Sleep(10);
    DCServo01_ReadCantimeter( pMotion, 2, Centi );

    UpdateData(FALSE);
}
```

그림 17-7 ReadPosition() 함수

작성한 'ReadPosition()' 함수를 16-2장과 같은 방법으로 'MoveFront()'와 'MoveRear()' 함수에 추가한다.

16-2장에서 작성하였던 각도 계산 함수를 다음 그림 17-8과 같이 수정, 혹은 작성한다.

```
void CChap15LicenseControlDlg::DegreeCalcul()
{
    if ( bTurnFlag == TRUE )                    // 좌로 회전
    {
        bTurnFlag = TRUE;
        ReadPosition();

        if ( dbDegree > dbDegreeTemp + Degree )
        {
            DCServo01_StopAbruptly( pMotion, 1 );
            DCServo01_StopAbruptly( pMotion, 2 );

            DCServo01_DefineHome( pMotion, 1 );
            DCServo01_DefineHome( pMotion, 2 );

            KillTimer(4);
            SetTimer( 2, 10, NULL );
        }
    }
    else if ( bTurnFlag == FALSE )              // 우로 회전
    {
        bTurnFlag = FALSE;
        ReadPosition();

        if ( dbDegree < dbDegreeTemp - Degree )
        {
            DCServo01_StopAbruptly( pMotion, 1 );
            DCServo01_StopAbruptly( pMotion, 2 );

            DCServo01_DefineHome( pMotion, 1 );
            DCServo01_DefineHome( pMotion, 2 );

            bTurnFlag = TRUE;
            KillTimer(4);
            SetTimer(2, 10, NULL );
        }
    }
}
```

그림 17-8 각도 계산 함수

제 17 장

이제 인식한 패턴별로 로봇의 동작을 제어하기 위한 함수를 작성한다.

```
void CChap15LicenseControlDlg::VisionRecog()
{
    if ( Process.find_success == TRUE )
    {
        if ( Process.Shape == 0 )
        {
            m_strState2.Format( "원을 감지했습니다" );
            UpdateData(FALSE);

            if ( fUltraSonic[2] < 35 )
            {
                KillTimer(2); KillTimer(3);
                m_strState2.Format( "뒤로 제자리 회전" );
                UpdateData(FALSE);

                Degree = 300;
                bTurnFlag = FALSE;

                DCServo01_DefineHome( pMotion, 1 );
                DCServo01_DefineHome( pMotion, 2 );

                ReadPosition();
                dbDegreeTemp = dbDegree;
                RightTurn();
                SetTimer( 4, 10, NULL );
            }
        }

        if ( Process.Shape == 1 )
        {
            m_strState2.Format( "삼각형을 감지했습니다" );
            UpdateData(FALSE);

            if ( fUltraSonic[2] < 35 )
            {
                KillTimer(2); KillTimer(3);
                m_strState2.Format( "뒤로 제자리 회전" );
                UpdateData(FALSE);

                Degree = 300;
                bTurnFlag = FALSE;

                DCServo01_DefineHome( pMotion, 1 );
                DCServo01_DefineHome( pMotion, 2 );

                ReadPosition();
                dbDegreeTemp = dbDegree;
                RightTurn();
                SetTimer( 4, 10, NULL );
            }
        }

        if ( Process.Shape == 2 )
        {
            m_strState2.Format( "사각형을 감지했습니다" );
            UpdateData(FALSE);
        }
```

그림 17-9 패턴인식 후 동작 제어 함수 - 1

```
        if ( Process.Shape == 3 )
        {
            m_strState2.Format( "위쪽화살표를 감지했습니다" );
            UpdateData(FALSE);

            if ( fUltraSonic[2] > 35 && fUltraSonic[1] > 35 && fUltraSonic[4] < 35 )
            {
                KillTimer(2); KillTimer(3);
                m_strState2.Format( "T자형 주행 종료" );
                UpdateData(FALSE);

                Degree = 170;
                bTurnFlag = FALSE;

                DCServo01_DefineHome( pMotion, 1 );
                DCServo01_DefineHome( pMotion, 2 );

                ReadPosition();
                dbDegreeTemp = dbDegree;
                RightTurn();
                SetTimer( 4, 10, NULL );
            }
        }

        if ( Process.Shape == 4 )
        {
            m_strState2.Format( "왼쪽화살표를 감지했습니다" );
            UpdateData(FALSE);
        }

        if ( Process.Shape == 5 )
        {
            m_strState2.Format( "오른쪽화살표를 감지했습니다" );
            UpdateData(FALSE);

            if ( fUltraSonic[2] < 35 )
            {
                KillTimer(2); KillTimer(3);
                m_strState2.Format( "T자형 오른쪽으로 주행" );
                UpdateData(FALSE);

                Degree = 170;
                bTurnFlag = FALSE;

                DCServo01_DefineHome( pMotion, 1 );
                DCServo01_DefineHome( pMotion, 2 );

                ReadPosition();
                dbDegreeTemp = dbDegree;
                RightTurn();
                SetTimer( 4, 10, NULL );
            }
        }
    }
}
```

그림 17-10 패턴인식 후 동작 제어 함수 - 2

로봇을 구동시키기 위한 버튼들 중 '영상처리'와 '자율주행' 버튼의 함수들을 다음 그림들과 같이 수정한다.

```
void CChap15LicenseControlDlg::OnBtProcess()
{
    process_flag = FALSE;
    process_flag_add = TRUE;
    UpdateData(FALSE);
}

void CChap15LicenseControlDlg::OnBtFreemove()
{
    if ( bMoveFlag == FALSE && bProcessFlag == FALSE )
    {
        bMoveFlag = TRUE;
        process_flag = FALSE;
        process_flag_add = FALSE;
        bProcessFlag = TRUE;
        SetDlgItemText( IDC_BT_FREEMOVE, "Stop" );
        SetTimer( 0, 10, NULL );
        SetTimer( 2, 10, NULL );
        SetTimer( 5, 1, NULL );
    }
    else
    {
        Stop();
        process_flag_add = TRUE;
        bMoveFlag = FALSE;
        process_flag = TRUE;
        SetDlgItemText( IDC_BT_FREEMOVE, "Start" );
        KillTimer(0); KillTimer(1); KillTimer(2);
        KillTimer(3); KillTimer(4); KillTimer(5);
    }
}
```

그림 17-11 영상처리, 자율주행 버튼의 함수

버튼에 지정된 동작을 수행하기 위하여 OnTimer() 함수를 다음 그림 17-12와 같이 작성한다.

```
void CChap15LicenseControlDlg::OnTimer(UINT nIDEvent)
{
    if ( nIDEvent == 0 )
        OnPaint();

    if ( nIDEvent == 1 )
    {
        GetUtrasonic();
        ReadPosition();
    }

    if ( nIDEvent == 2 )
        MoveFront();

    if ( nIDEvent == 3 )
        MoveRear();

    if ( nIDEvent == 4 )
        DegreeCalcul();

    if ( nIDEvent == 5 )
        VisionRecog();

    CDialog::OnTimer(nIDEvent);
}
```

그림 17-12 OnTimer() 함수

마지막으로 Header 파일과 초기화 함수 등 그림의 위치에 변수와 함수의 선언 및 초기 값을 할당해 준다.

```
public:
    CChap15LicenseControlDlg(CWnd* pParent = NULL); // s

    HWND m_hWndCap;

    MOTION_SESSION pMotion;
    SSN_SESSION pSensor;

    CRect m_Cap_Rect;
    CRect m_RectTrack;
    CRect m_RECT_mouse;
    unsigned char *MouseImg, ndir;
    COLORREF m_CaptureColor( unsigned char *InImg );

    BOOL bTimerFlag, bMoveFlag, bSensorFlag, bTurnFlag,
         bVisionFlag, bProcessFlag, bCentiFlag;
    unsigned char nSelectSensor[11];
    float fUltraSonic[11];
    double dbDegree, dbDegreeTemp;
    int Centi, CentiTemp, Num, Dist, Degree;

    void Forward();
    void Backward();
    void Stop();
    void LeftTurn();
    void RightTurn();
    void GetUtrasonic();
    void ReadPosition();
    void MoveFront();
    void MoveRear();
    void DegreeCalcul();
    void VisionRecog();
```

그림 17-13 Header 파일에 변수, 함수 선언

```
BITMAPINFO BmInfo;              // 장치 독립 비트맵(DII
unsigned char *pImageBuffer;    // 영상을 담을 포인터

BOOL m_flagMouse;
BOOL process_flag, process_flag_add, bProcessFlag;
int SHAPE;
COLORREF m_SelColor;
typedef struct tagProcess_Info
{
```

그림 17-14 Flag 변수 선언(위치 주의)

```
    //m_Shape=0;
    Process.robot_select = 2;   //
                                //

    bSensorFlag = FALSE;
    bTimerFlag = FALSE;
    bMoveFlag = FALSE;
    bVisionFlag = FALSE;
    bProcessFlag = FALSE;
    bTurnFlag = FALSE;
    bCentiFlag = FALSE;
    bProcessFlag = FALSE;
    process_flag_add = TRUE;

    dbDegree = 0;
    dbDegreeTemp = 0;
    Degree = 0;

    return TRUE;
}
```

그림 17-15 **초기화 함수에서 변수의 초기 값 할당**

5) 결 과

① 사용자가 작성한 프로그램과 동일하게 동작을 하였는가?

② 패널 종류를 다양하게 변경 후에도 동일하게 동작을 하는가?

③ 본 실습을 통하여 활용할 수 있는 응용 방법을 서술하시오.

17-2 지능형 로봇 제어

17-2-1 목 표

본 실습은 지금까지 실습을 통하여 습득한 URobo의 모든 기능들을 적용, 이를 이용한 지능형 로봇 제어를 하도록 한다. 로봇은 기본적인 자율주행 알고리즘을 통해 주행하며, 인체감지, 조도 센서 등의 외부 감지 센서로부터 일정한 값을 획득하면 그에 대한 동작을 수행하며, 영상처리를 통하여 특정 움직임을 행하도록 한다.

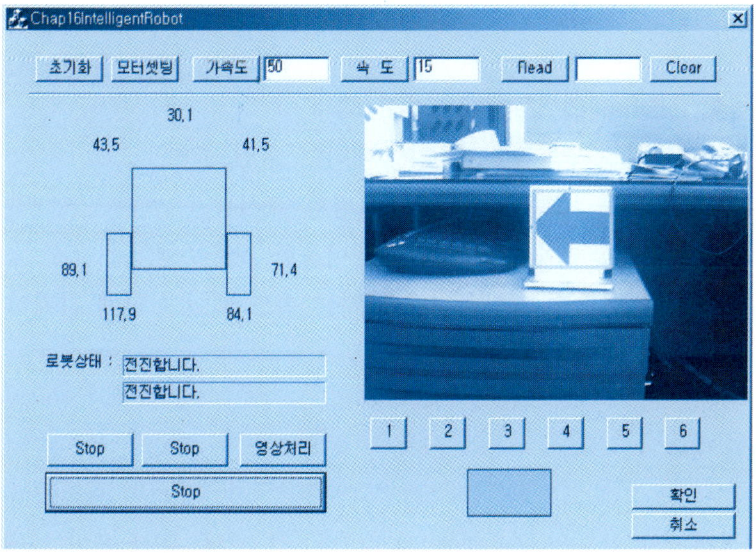

그림 17-16 **실습 목표**

17-2-2 프로그램

1) 프로그램 내용

기본적인 자율주행 알고리즘을 기반으로 주행하며 주행 중 인체감지를 하였을 경우 제자리 회전 등 사용자가 지정한 동작을 행하며, 조도 센서로부터 3 이하의 값이 들어오면 속도를 절반으로 낮추어 동작한다. 또한 각 패턴을 인식하였을 때 패턴의 모양을 음성합성을 통하여 출력하도록 한다.

2) 관련 요소 기술

① DC 모터 Position 제어 기술
② DC 모터 Gain Setting 제어 기술
③ 초음파 센서 원리 및 측정 기술
④ 조도 / 초전 센서 처리 기술
⑤ 영상 패턴 처리 기술

3) 프로그램 주의사항

① 영상 : Pannel이 발견되면 음성 출력
② 디스플레이 : 수행중인 동작에 대하여 화면 출력
③ LED : 좌, 우 주행 등에 대하여 방향 표시
④ 자율주행 : 물체회피 프로그램을 이용한 자율주행
⑤ 조도 / 초전 센서 : 주변 광량에 따른 속도 제어 / 인체 감지시 지정한 문구, 동작 출력

4) 프로그램

17-1장까지의 실습을 응용하는 과정이다. 각 센서, 동작 제어 등에 대하여 복습 및 숙달하는 의미에서 작성하도록 한다.

Dialog 구성 및 기타 버튼과 함수들은 17-1장 실습과 동일하다.

다음 그림들을 참고하여 17-1장 실습의 함수들에 수정, 혹은 추가하여 작성하도록 한다.

Dot Matrix, 좌, 우 LED 제어를 위하여 초기화 함수에 다음과 같이 4607 제어 보드에 대한 초기화 코드를 추가한다(지난 실습을 참고한다).

```
BOOL CChap16IntelligentRobotDlg::OnBtInit()
{
    pMotion = NULL;
    pSensor = NULL;
    pCommunication = NULL;

    for ( int i = 0 ; i < 11 ; i++ )
        nSelectSensor[i] = i+1;

    memset( fUltraSonic, 0, sizeof(fUltraSonic) );

    DCServo01_DefineHome( pMotion, 1 );
    DCServo01_DefineHome( pMotion, 2 );

    if ( DCServo01_Initialize( m_hWnd, &pMotion ) != EDROBOT_API_OK )
        ::MessageBox( NULL, "모터 초기화 실패", "Error", MB_OK );

    if ( SSN_Initialize( &pSensor, TRUE ) != EDROBOT_API_OK )
        ::MessageBox( NULL, "센서 초기화 실패", "Error", MB_OK );

    if ( Commnication_Initialize( m_hWnd, &pCommunication ) != EDROBOT_API_OK )
        ::MessageBox( NULL, "Communication 초기화 실패", "Error", MB_OK );

    SSN_Start( pSensor );
    SSN_SetUtrasonic( pSensor, nSelectSensor, 11 );
```

그림 17-17 4607 제어 보드에 대한 초기화 코드 작성

영상 패턴인식 결과를 출력하기 위하여 초기화 함수에 음성 및 합성 프로세서에 대한 코드를 작성한다.

```
if ( Commnication_Initialize( m_hWnd, &pCommunication ) != EDROBOT_API_OK )
    ::MessageBox( NULL, "Communication 초기화 실패", "Error", MB_OK );

SSN_Start( pSensor );
SSN_SetUtrasonic( pSensor, nSelectSensor, 11 );

hTTSwnd = NULL;
VoiceSpeechState = -1;

UpdateData(TRUE);

CWnd *pWnd = this->FindWindow(NULL, "음성 및 합성 프로세서");

if( pWnd == NULL )
{
    ::MessageBox( NULL, "음성 및 합성 프로세서 프로그램이 없습니다", "Error", MB_OK );
    return FALSE;
}

hTTSwnd = (HWND) pWnd->m_hWnd;
COPYDATASTRUCT cdsSend;

cdsSend.dwData = 1;
cdsSend.cbData = 0;

::SendMessage( hTTSwnd, WM_COPYDATA, (WPARAM)this->m_hWnd, (LPARAM)&cdsSend );
////////////////////////// 영상처리 초기화 /////////////////////////////

m_View.GetWindowRect(&m_Cap_Rect);
```

그림 17-18 음성 및 합성 프로세서 초기화 코드 작성

OnDestory() 함수에 다음 그림 17-19와 같이 작성한다.

```
void CChap16IntelligentRobotDlg::OnDestroy()
{
    CDialog::OnDestroy();

    Stop();

    if ( pImageBuffer != NULL ) delete [] pImageBuffer;

    COPYDATASTRUCT cdsSend;
    cdsSend.dwData = 3;
    cdsSend.cbData = 0;
    ::SendMessage(hTTSwnd, WM_COPYDATA, (WPARAM)this->m_hWnd, (LPARAM)&cdsSend);
    hTTSwnd = NULL;

    DCServo01_Close( pSensor );
    SSN_Close( pSensor );
    Commnication_Close( pCommunication );
}
```

그림 17-19 OnDestory() 함수

자율주행 버튼의 함수에 다음 그림 17-20과 같이 수정한다.

```
void CChap16IntelligentRobotDlg::OnBtFreemove()
{
    if ( bMoveFlag == FALSE && bProcessFlag == FALSE )
    {
        bMoveFlag = TRUE;
        process_flag = FALSE;
        process_flag_add = FALSE;
        SetDlgItemText( IDC_BT_FREEMOVE, "Stop" );
        SetTimer( 0, 1, NULL );
        SetTimer( 2, 10, NULL );
    }
    else
    {
        Stop();
        bMoveFlag = FALSE;
        process_flag = TRUE;
        process_flag_add = TRUE;
        SetDlgItemText( IDC_BT_FREEMOVE, "Start" );
        KillTimer(0); KillTimer(1); KillTimer(2);
        KillTimer(3); KillTimer(4); KillTimer(5);
    }
}
```

그림 17-20 자율주행 버튼의 함수

전진, 후진, 정지 함수에 다음 그림 17-21과 같이 추가한다.

```
void CChap16IntelligentRobotDlg::Forward()
{
    UpdateData(TRUE);

    DCServo01_SetAbsoluteVelocity( pMotion, 1, dbVelocity );
    DCServo01_SetAbsoluteVelocity( pMotion, 2, dbVelocity );

    SetLedDriver( pCommunication, Ctrl_Front_Circular02, 0xff&0x00 );

    DCServo01_BackwardStart( pMotion, 1 );
    DCServo01_ForwardStart( pMotion, 2 );

    m_strState.Format( "전진합니다." );
    UpdateData(FALSE);
}

void CChap16IntelligentRobotDlg::Backward()
{
    UpdateData(TRUE);

    DCServo01_SetAbsoluteVelocity( pMotion, 1, dbVelocity );
    DCServo01_SetAbsoluteVelocity( pMotion, 2, dbVelocity );

    SetLedDriver( pCommunication, Ctrl_Front_Circular02, 0xff&0x00 );

    DCServo01_ForwardStart( pMotion, 1 );
    DCServo01_BackwardStart( pMotion, 2 );

    m_strState.Format( "후진합니다." );
    UpdateData(FALSE);
}
```

```
void CChap16IntelligentRobotDlg::Stop()
{
    DCServo01_StopSmoothly( pMotion, 1 );
    DCServo01_StopSmoothly( pMotion, 2 );

    SetLedDriver( pCommunication, Ctrl_Front_Circular02, 0xff&0x00 );

    m_strState.Format( "정지합니다." );
    UpdateData(FALSE);
}
```

그림 17-21 전진, 후진, 정지 함수에 코드 추가

```
void CChap16IntelligentRobotDlg::LeftTurn()
{
    UpdateData(TRUE);

    DCServo01_SetAbsoluteVelocity( pMotion, 1, dbVelocity );
    DCServo01_SetAbsoluteVelocity( pMotion, 2, dbVelocity );

    SetLedDriver( pCommunication, Ctrl_Front_Circular02, 0xff&0x44 );

    DCServo01_ForwardStart( pMotion, 1 );
    DCServo01_ForwardStart( pMotion, 2 );

    m_strState.Format( "좌회전 합니다." );
    UpdateData(FALSE);
}

void CChap16IntelligentRobotDlg::RightTurn()
{
    UpdateData(TRUE);

    DCServo01_SetAbsoluteVelocity( pMotion, 1, dbVelocity );
    DCServo01_SetAbsoluteVelocity( pMotion, 2, dbVelocity );

    SetLedDriver( pCommunication, Ctrl_Front_Circular02, 0xff&0x11 );

    DCServo01_BackwardStart( pMotion, 1 );
    DCServo01_BackwardStart( pMotion, 2 );

    m_strState.Format( "우회전 합니다." );
    UpdateData(FALSE);
}
```

그림 17-22 좌회전, 우회전 함수에 코드 추가

위 함수들에 추가한 코드는 조도 센서를 통한 속도 제어와 회전 방향에 따른 LED 제어를 하기 위하여 추가한 것이다. LED 제어에 관하여는 지난 실습을 참고한다.

다음은 조도 센서와 초전 센서로부터 값을 받은 후 그에 따른 제어를 하는 함수이다.

```
void CChap16IntelligentRobotDlg::PyroandIlluminance()
{
    cPyro = 0;
    cIlluminance = 0;

    SSN_GetIlluminance( pSensor, cIlluminance );
    Sleep(10);
    SSN_GetPyroelectric( pSensor, cPyro );

    if ( cIlluminance < 3 )
    {
        Sleep(100);

        if ( cPyro )
        {
            VoiceTemp = "안녕하세요, 만나서 반가워요!";
            UpdateData(FALSE);
            TTS();
            dbVelocity = 15;
            LeftTurn();
            LEDFlickering();
            Sleep(200);
            LEDFlickering();
            RightTurn();
            LEDFlickering();
            Sleep(200);
            LEDFlickering();
        }
        else
        {
            dbVelocity = m_dbVelo / 2;
            VoiceTemp = "주변이 어둡습니다. 저속주행합니다.";
            UpdateData(FALSE);
            TTS();
        }
    }
    else
        dbVelocity = m_dbVelo;
}
```

그림 17-23 **조도 / 초전 센서 함수**

초전 센서의 민감도를 해결하기 위하여 조도 센서와 병행하여 제어토록 하였다. 사용자가 로봇의 전방(초전 센서 부분)에 위치하고 조도 센서의 위치(머리 중앙)을 쓰다듬으면(광량 차단) 해당 문구와 동작을 출력한다.

다음은 영상 인식에 따른 음성 출력을 위한 함수이다.

```
void CChap16IntelligentRobotDlg::VisionRecog()
{
    if ( Process.find_success == TRUE )
    {
        if ( Process.Shape == 0 )
        {
            VoiceTemp = "원을 감지했습니다";
            m_State.SetWindowText( VoiceTemp );
            TTS();
        }

        if ( Process.Shape == 1 )
        {
            VoiceTemp = "삼각형을 감지했습니다";
            m_State.SetWindowText( VoiceTemp );
            TTS();
        }

        if ( Process.Shape == 2 )
        {
            VoiceTemp = "사각형을 감지했습니다";
            m_State.SetWindowText( VoiceTemp );
            TTS();
        }

        if ( Process.Shape == 3 )
        {
            VoiceTemp = "위쪽화살표를 감지했습니다";
            m_State.SetWindowText( VoiceTemp );
            TTS();
        }

        if ( Process.Shape == 4 )
        {
            VoiceTemp = "왼쪽화살표를 감지했습니다";
            m_State.SetWindowText( VoiceTemp );
            TTS();
        }

        if ( Process.Shape == 5 )
        {
            VoiceTemp = "오른쪽화살표를 감지했습니다";
            m_State.SetWindowText( VoiceTemp );
            TTS();
        }
    }
}
```

그림 17-24 **영상 인식 후 음성 출력 함수**

로봇의 동작 상태를 Dot Matrix를 이용하여 출력시키도록 한다. OnDot() 함수를 통하여 명령을 전달한다.

```
void CChap16IntelligentRobotDlg::OnDot()
{
    UpdateData(TRUE);

    memset( m_DisplayData, 0, 512 );
    InvalidateLed();

    UpdateData(TRUE);
    memcpy( m_ShiftData, m_DisplayData, 512 );
    nCharCnt = 0;

    SetTimer( 5, 10, NULL );
}
```

그림 17-25 OnDot() 함수

지난 실습에서 작성하였던 'InvalidateLed()' 함수를 다음 그림 17-26과 같이 수정한다. 이는 음성 출력시 반복 출력이 아닌 1회 출력을 위한 것이다.

```
void CChap16IntelligentRobotDlg::InvalidateLed()
{
    CClientDC dc(this);
    CDC *TextDC;
    TextDC = new CClientDC(FromHandle(m_State.m_hWnd)); //static box 의 handle 받아옴
    CRect rect;
    CString TextStr, Temp;
    int TagetLine=256;

    if ( Temp == m_strState )
        return;

    Temp = m_strState;

    m_State.SetWindowText( Temp );

    m_State.GetClientRect(&rect);    //static box의 width, height (right, bottom) 구함

    int m_BackColor = 0, m_TextColor=255, TempColor=0;
    int nBitShift=7, nTagetByte=0, nByteShift=0, nLine;

    nCharacterByte = TagetLine/8;              // 최대 32 바이트 문자 출력
    for( nLine = 0 ; nLine<TagetLine ; nLine++)
```

그림 17-26 InvalidateLed() 함수에 코드 수정 및 추가

```
void CChap16IntelligentRobotDlg::TTS()
{
    UpdateData(FALSE);

    if ( hTTSwnd == NULL  ) return;
    if ( VoiceSpeechState != -1 ) return;

    if ( TTSTemp == VoiceTemp )
        return;

    else
        TTSTemp = VoiceTemp;

    SetTimer( 6, 10, NULL );

    COPYDATASTRUCT cdsSend;
    char* msg = new char[TTSTemp.GetLength()];

    memcpy( msg, (LPSTR)(LPCTSTR)TTSTemp, TTSTemp.GetLength() );
    cdsSend.dwData = 2;
    cdsSend.cbData = TTSTemp.GetLength();
    cdsSend.lpData = msg;

    ::SendMessage(hTTSwnd, WM_COPYDATA, (WPARAM)this->m_hWnd, (LPARAM)&cdsSend);

    delete msg;
}
```

그림 17-27 TTS() 음성 출력 함수

다음은 음성 출력시 음성 출력의 종료 유무를 확인할 수 있도록 하는 함수이다. OnDestory() 함수 생성과 같은 방법으로 Class Wizard를 사용하여 생성한 후, 작성한다.

```
BOOL CChap16IntelligentRobotDlg::OnCopyData(CWnd* pWnd, COPYDATASTRUCT* pCopyDataStruct)
{
    if( pCopyDataStruct->dwData == 0 )
    {
        m_VoiceSpeech = (VOICESPEECH*)pCopyDataStruct->lpData;
        VoiceSpeechState = m_VoiceSpeech->nVoiceSpeechState;
    }
    else if( pCopyDataStruct->dwData == 1 )
    {
        char strModuleDir[MAX_PATH] = {0,};
        m_VoiceSpeech = (VOICESPEECH*)pCopyDataStruct->lpData;

        VoiceSpeechState = m_VoiceSpeech->nVoiceSpeechState;
        strcpy( strModuleDir, m_VoiceSpeech->strModulePath );
    }

    return CDialog::OnCopyData(pWnd, pCopyDataStruct);
}
```

그림 17-28 OnCopyData() 함수

다음은 인체감지시 로봇에 부착되어 있는 LED를 제어하는 함수이다.

```
void CChap16IntelligentRobotDlg::LEDFlickering()
{
    BOOL bLedFlag;
    unsigned char nData=0x01;

    for( int i=0; i<8; i++)
    {
        SetLedDriver( pCommunication, Ctrl_Front_LED01, nData );
        SetLedDriver( pCommunication, Ctrl_Front_LED02, nData );
        SetLedDriver( pCommunication, Ctrl_Front_Circular01, nData );

        if ( i == 0 )
        {
            bLedFlag = FALSE;
            if( bLedFlag == FALSE )
                SetLedDriver( pCommunication, Ctrl_Front_Circular02, 0xff&0x11 );

        }
        else if ( i == 2 )
        {
            bLedFlag = TRUE;
            if ( bLedFlag == TRUE )
                SetLedDriver( pCommunication, Ctrl_Front_Circular02, 0xff&0x00 );
        }

        else if ( i == 4 )
        {
            bLedFlag = FALSE;
            if( bLedFlag == FALSE )
                SetLedDriver( pCommunication, Ctrl_Front_Circular02, 0xff&0x44 );
        }

        else if ( i == 6 )
        {
            bLedFlag = FALSE;
            if( bLedFlag == FALSE )
                SetLedDriver( pCommunication, Ctrl_Front_Circular02, 0xff&0x00 );
        }


        Sleep(100);
        nData = (nData << 1);
    }
```

그림 17-29 LED 제어 함수

이제 각 버튼들에 작성되어 있는 Timer 명령을 실행시키기 위한 OnTimer() 함수를 작성한다.

```
void CChap16IntelligentRobotDlg::OnTimer(UINT nIDEvent)
{
    if ( nIDEvent == 0 )
        OnPaint();

    if ( nIDEvent == 1 )
    {
        GetUtrasonic();
        PyroandIlluminance();
    }

    if ( nIDEvent == 2 )
        MoveFront();

    if ( nIDEvent == 3 )
        MoveRear();

    if ( nIDEvent == 5 )
    {
        nCharCnt++;
        if ( nCharCnt == 256 )
        {
            nCharCnt = 0;
            memcpy( m_ShiftData, m_DisplayData, 512 );
        }
        LeftShift();
        UpdateData(TRUE);
        DotMatrixDisplay( pCommunication, m_DotData, 0, 0, 0, 2 );
    }

    if ( nIDEvent == 6 )
    {
        if ( VoiceSpeechState == -1 )
        {
            bHelloFlag = FALSE;
            KillTimer(6);
            SetTimer( 1, 10, NULL );
        }
        else
            Stop();
    }

    CDialog::OnTimer(nIDEvent);
}
```

그림 17-30 OnTimer() 함수

이제 지금까지 작성하였던 함수와 변수들에 대하여 Header 파일과 다음 그림들에 나와 있는 위치에 선언 및 초기 값들을 할당한다.

```
#include "vfw.h"

#define WM_VOICE_SPEECH WM_USER+4487
#define WM_COMM_APP     1004

typedef struct {
    int nVoiceSpeechState;
    int nScore;
    char strModulePath[2048];
    char strVoiceReconize[2048];
}VOICESPEECH, *PVOICESPEECH;

class CChap16IntelligentRobotDlg : public CDialog
{
// Construction
public:
    CChap16IntelligentRobotDlg(CWnd* pParent = NULL);   // standard constructor

    HWND hTTSwnd;
    HWND m_hWndCap;

    PVOICESPEECH m_VoiceSpeech;
    int VoiceSpeechState;
    CString StringTemp, TTSTemp, VoiceTemp;

    MOTION_SESSION pMotion;
    SSN_SESSION pSensor;
    COMMUNICATION_SESSION pCommunication;

    CRect m_Cap_Rect;
    CRect m_RectTrack;
    CRect m_RECT_mouse;
    unsigned char *MouseImg, ndir;
    COLORREF m_CaptureColor( unsigned char *InImg );

    unsigned char m_DotData[64];
    unsigned char m_DisplayData[512];
    unsigned char m_ShiftData[512];
    unsigned char nCharacterByte;
    int nShiftCnt, nCharCnt;

    BOOL bTimerFlag, bMoveFlag, bSensorFlag, bTurnFlag, bVisionFlag, bProcessFlag, bCentiFlag,
        bLeftLED, bRightLED, bTTSFlag, bHelloFlag, bVeloFlag;
    unsigned char nSelectSensor[11];
    float fUltraSonic[11];
    double dbDegree, dbDegreeTemp, dbVelocity;
    int Degree;
    char cIlluminance, cPyro;
```

그림 17-31 Header 파일에 변수 선언

```
    int Degree;
    char cIlluminance, cPyro;

    void Forward();
    void Backward();
    void Stop();
    void LeftTurn();
    void RightTurn();
    void GetUtrasonic();
    void MoveFront();
    void MoveRear();
    void VisionRecog();
    void OnDot();
    void InvalidateLed();
    void LeftShift();
    void TTS();
    void LEDFlickering();
    void PyroandIlluminance();
```

그림 17-32 Header 파일에 함수 선언

```
//  m_Shape=0;                      // Radio 버트
    Process.robot_select = 2;       // 1 : 사용지
                                    // 2 : DB 안
    bSensorFlag = FALSE;
    bTimerFlag = FALSE;
    bMoveFlag = FALSE;
    bVisionFlag = FALSE;
    bProcessFlag = FALSE;
    bTurnFlag = FALSE;
    bLeftLED = FALSE;
    bRightLED = FALSE;
    bTTSFlag = FALSE;
    bHelloFlag = FALSE;
    bVeloFlag = FALSE;
    process_flag_add = TRUE;
    bProcessFlag = FALSE;

    dbDegree = 0;
    dbDegreeTemp = 0;
    Degree = 0;
    dbVelocity = 0;

    return TRUE;
}
```

그림 17-33 초기화 함수에서 변수의 초기 값 할당

5) 결 과

① 사용자가 작성한 프로그램과 동일하게 동작을 하였는가?

② 패널 종류를 다양하게 변경 후에도 동일하게 동작을 하는가?

찾아보기

저자 약력

■ **남 상 엽**

- 공학박사
- 삼성종합기술원 정보시스템연구소 근무
- 모토로라 반도체통신(주) 기술연구소 근무
- 국제대학 정보통신과 교수(현)

■ **정 완 균**

- U.C.Berkeley 방문학자(1985～1986)
- Carnegie Mellon University, Robotics Institute 교환교수(1988～1989)
- 포항공과대학교 기계공학과 교수(1987～현재)
- 지능형 이동로봇 연구실(국가지정연구실)
- 다수 로봇 관련 국제저널 편집인

■ **서 일 홍**

- 공학박사(KAIST, 1982)
- 한양대학교 정보통신대학 학장(2004～2006)
- 한국로봇공학회 수석부회장(2007～현재)
- 한양대학교 정보통신대학 교수(1985～현재)
  (로봇지능, Network-based Robotics)
- IEEE ICRA 2001년 등 여러 국제대회 의장 및 프로그램 공동의장 역임
- 제8회 과학기술 논문상 등 다수의 논문상/학술상 수상
- 2007년도(25th Silver Anniversary Edition) Who's Who in the World 등재

■ **홍 성 호**

- (주) ED 기술연구소 로봇설계팀장

지능형 로봇 플랫폼 제어 및 활용

2007년 10월 10일 1판 1쇄 발행

저 자 남상엽 · 정완균 · 서일홍 · 홍성호
발행인 남 승 우

발행처 도서출판 상尙 학學 당堂
서울특별시 동작구 사당3동 220-43
TEL : 02) 595-1692~4
FAX : 02) 595-1394
E-mail : namdoo6@unitel.co.kr
신고 : 2-155호 (1968. 11. 29)

(CD 포함) 정가 25,000원

ISBN 978-89-85437-69-1 93560

http://www.ed.co.kr

U-IT 토탈솔루션

Embedded System / SoC (System on a Chip)
USN (Ubiquitous Sensor Network)
RFID (Radio Frequency IDentification)
Intelligent Robot

EMBEDDED SYSTEM

임베디드 시스템 구성도 EMBEDDED SYSTEM

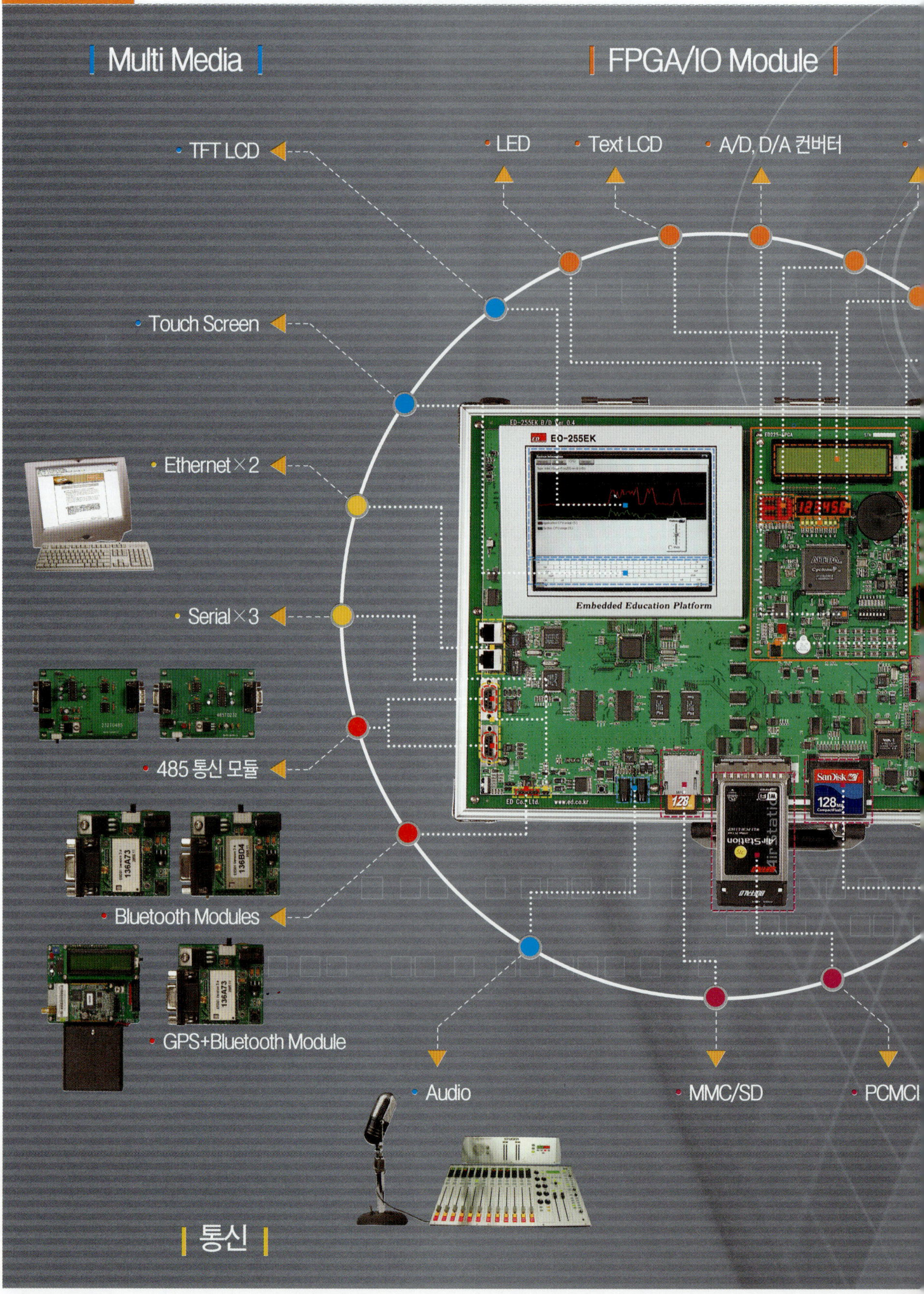

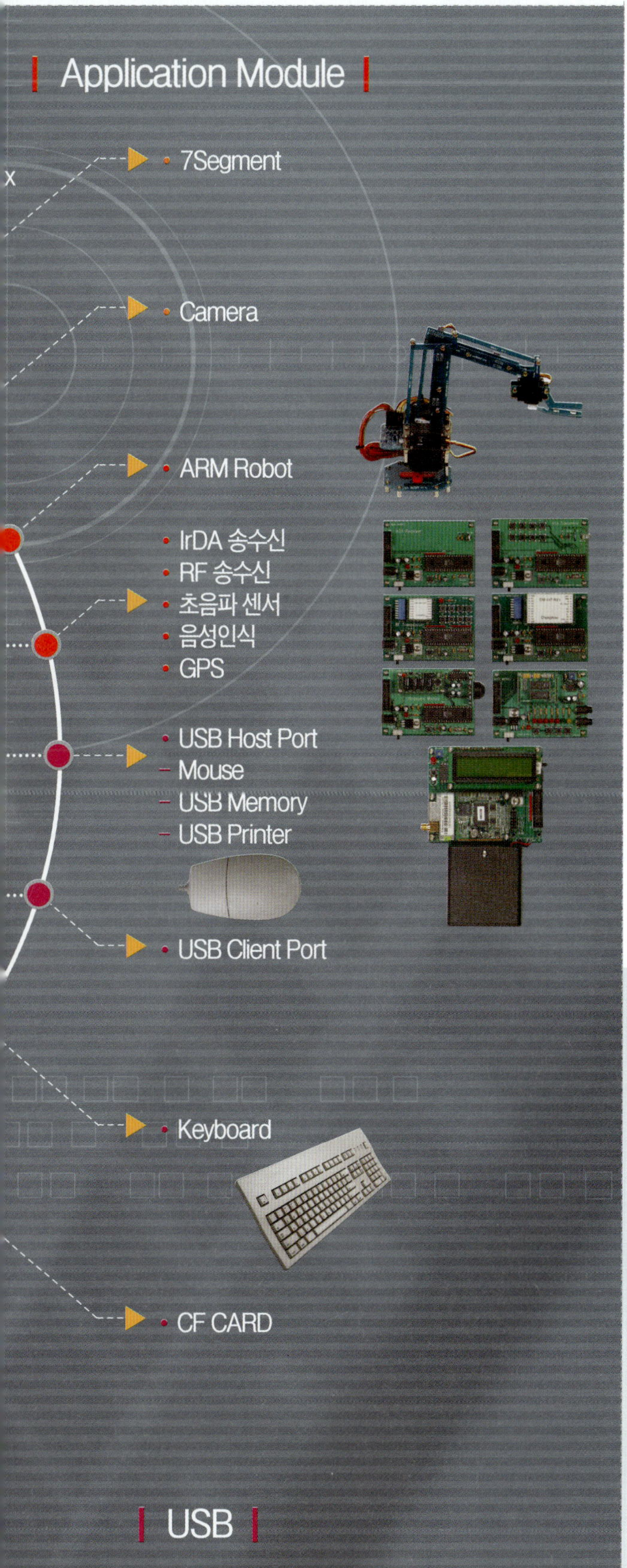

임베디드 응용 시스템 활용 구성
(Embedded System)

ED-255EK

Intel XScale PXA255 400MHz의 저전력 고성능의 프로세서를 채택하였으며 이 실습 장비를 이용하여 네비게이션, Bluetooth, PDA, 라우터, 웹 패드 등 보다 빠른 IT장비들을 개발하기 위한 임베디드 실습 및 개발 솔루션을 제공합니다.

풍부한 시스템 제원

Flash 32Mbyte, SDRAM 128Mbyte, 10Mbps Ethernet 포트와 10/100 Ethernet 포트, Wireless LAN을 지원하여 다양한 네트워크 디바이스를 경험할 수 있으며 USB 1.1/2.0Host/Client, UART, 6.4˝ TFT LCD, AC' 97 Codec, RTC와 Multi Media Card들인 PCMCIA, CF, MMC/SD Card를 지원하여 시스템 활용을 극대화 시켰습니다.

12만 Gate FPGA 지원

임베디드 시스템과 독립적으로 또는 병행하여 시스템을 운용할 수 있으며 직접 VHDL코드로 설계하여 LED, Text LCD, A/D, D/A 컨버터, 7-Segment, Dot Matrix, Step Motor, Buzzer, CMOS Image Sensor 등을 설계하고 응용할 수 있습니다.

확장 어플리케이션 시스템 지원

ED-255EK장비의 활용을 극대화하기 위해 다양한 어플리케이션 모듈과 이 모듈들을 설명하는 교재도 같이 제공하고 있습니다. 모듈은 GPS, 초음파, IrDA, RF, 485통신, Bluetooth, 음성인식, ARM Robot 등이 있으며 현재 필드에서 많이 사용되는 것들로 구성을 하였습니다.

임베디드 시스템 응용 모드

▶ Application Module

• 음성인식 • Robot • ARM로봇 • IrDA
• RF • GPS • Bluetooth • 초음파

▶ FPGA/IO(Option) Module

• FPGA/IO • 20X2 Text LCD • Key Pad
• AD/DA • Motor • Camera • LED • Buzzer

▶ 통신

• 네트워크 장비 • 인터넷 • 홈 네트워크 • Webserver

▶ Multi Media

• Audio • Display • MP3 • 동영상 플레이

▶ USB

• 입력/저장/출력 • Multi Media • Webcam • Printer

임베디드 토탈솔루션

Embedded Training System

Model : ED-255EK, ED-27x MULTI

특징

- Embedded Linux의 기초에서 고급과정까지 다양하게 실험 실습
- 인텔 PXA255 (400MHz) 고성능 마이크로프로세서 사용
- PXA255/PXA270/PXA272를 이용한 시스템 설계 (ED-27x MULTI)
- 6.4″ TFT LCD, Ethernet 2Port, Serial 3Port, PCMCIA/CF/MMC등 다양한 인터페이스 지원
- FPGA Chip인 Altera Cyclone 120,000Gates를 탑재하여 SoC 과정까지 연동하여 교육
- 안정적인 하드웨어, 풍부한 실습 프로그램 및 이해가 쉽도록 구성된 실습 교재 제공

ED-255EK

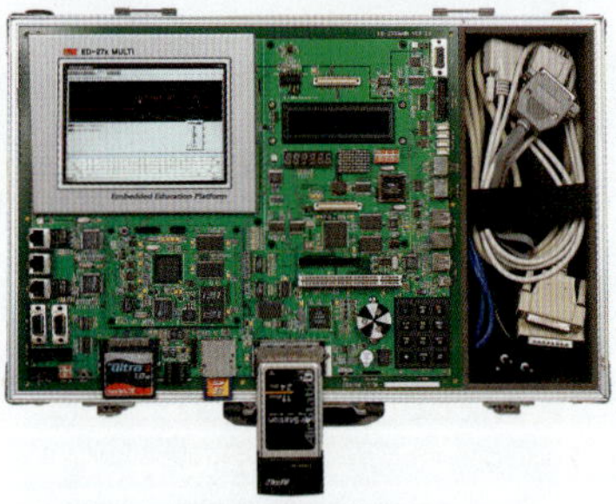

ED-27x MULTI

실험실습내용

- 개발환경 구축 실습, 부트로더 · 커널포팅 실습
- WinCE, Embedded Linux 등의 OS 포팅 실습
- Ramdisk 제작 및 파일시스템 구축 실습
- 다양한 입출력 Device Driver 제작 실습
- 멀티미디어, 네트워크 등 다양한 응용프로그램 개발 실습
- GUI 응용프로그램 제작 실습

■ Options

ED-255EK 규격

CPU	Intel XScale P×A 255
Memory	FLASH (32Mbyte)
	SDRAM (128Mbyte)
	SRAM (1Mbyte)
Display	TFT LCD / Touch-Screen (6.4inch, 16bits Color, 640×480)
Interface	Ethernet (2port), Serial (3port), USB (Host, Client), PS/2 Port
	PCMCIA, CF, MMC/SD, RTC, IrDA, I²C
Control	Status LED
Audio	Stereo I/O (Cirrus CS4202)
확장 핀	Ext. I/O, App. I/O, Bluetooth I/O, Servo Motor, I2C I/O
Debug	Multi-ICE, JTAG
일반사양	외형크기 : 490(W)×160(H)×320(D)mm
Software	Boot Loader (uboot-1.0.0), Kernel (Linux-2.4.19)
	File System (Ramdisk : Image, Source)
	Application : Network Application Source, Qt/Embedded Image, Graphic & Text Display Control
	Device Driver : AC97 Audio Codec, ADS7846 Touch-Screen, PCMCIA, MMC/SD, CF Card, Ethernet
FPGA Module (기본) I/O Module (Option)	Altera FPGA Cyclone 120,000Gates (FPGA Module)
	CMOS Camera (FPGA Module), AD/DA 컨버터, Dot Matrix (10×7)
	8-Status LED, 4×4 Key Switch, 8P DIP Switch, 20×2 Line Text LCD
	Stepping Motor, Buzzer
Option Modules	Bluetooth Module, GPS, 음성 인식, Robot Arm, IrDA 송수신, 초음파, RF 송수신, 485 송수신

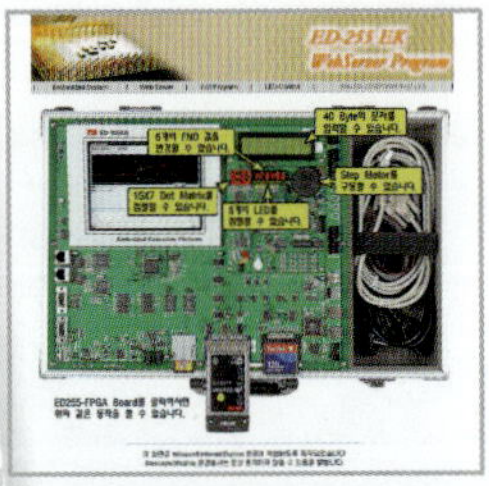

Web Server 프로그램

-Web Server를 통한 원격 제어
-Dot Matrix, LED, Text / Graphics LCD, 7Segment, 스텝 모터 제어

제품문의 : 031-730-7362 www.ed.co.kr

SoC 토탈솔루션

System on a Chip Training System

Model : ED-SoCwinner

특징

- 10만, 40만, 100만 Gates 모두 사용 가능한 통합 Platform으로 구성
- 마이크로 프로세서인 ARM922T를 내장, 쉽고 빠른 OS 탑재가 가능
- Ethernet, UART, IDE, VGA Port, USB, PCMAIA 등의 주변 장치들을 다양한 IP 검증 및 OS를 이용한 디바이스 제어가 가능
- PCI Master / Slave 설계 구현 및 테스트
- 640×480 6.4″ TFT LCD와 CMOS Image Sensor를 이용하여 멀티미디어 장비 구현 가능
- Xilinx Vertex II 3,000,000 ~ 8,000,000 Gate 디바이스가 장착된 확장 모듈을 지원

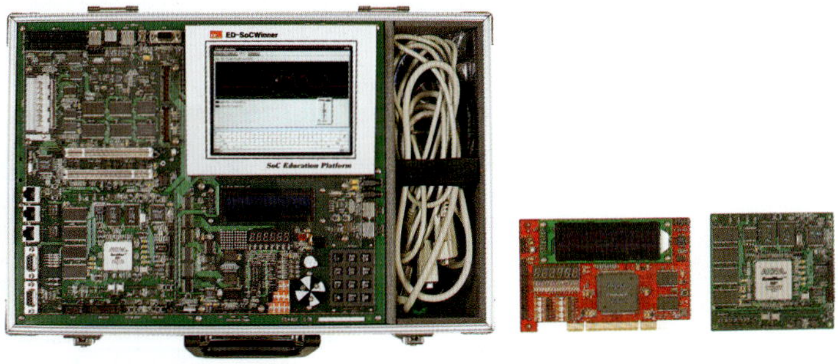

실험실습내용

- H/W와 S/W Co-Verification 및 알고리즘
- AMBA AHB Bus 설계 및 검증
- DMA 설계 및 실습
- CMOS Image Sensor를 통한 영상 처리 실습
- IDE를 이용한 대용량 HDD 제어 실습
- AC97 Codec을 이용한 MP3
- 리눅스 디바이스 드라이버를 설계하여 주변 기기 제어
- 리눅스 OS 포팅
- ARM 프로세서 구조 및 개념
- SDRAM Controller 설계 및 실습
- TFT LCD / VGA 포트를 통한 이미지 처리 실습
- Dual Ethernet 을 통한 네트워크 실습
- AD/DA 컨버터 제어 실습
- 다양한 주변기기를 활용한 IP 설계 및 제어

규격

Excalibur	Device (EPXA4F672C3, EPXA10F1020C2, EPXA1F672C3)
	CPU (ARM922T)
	FPGA 10만/40만/100만 Gates
	SRAM (128kbytes) / DPRAM (64kbytes)
Memory	Flash : 32Mbytes (Max. 64Mbytes), SDRAM : 256Mbytes (Max. 512Mbytes)
TFT-LCD	6.4″ TFT Color LCD
VGA	VGA Port
Serial	UART Port (2ea)
Ethernet	10/100Mbps Ethernet Port (2ea)
PS/2	PS/2 Port 2ea for Keyboard / Mouse
USB	USB 2.0 Host / Client Port (2ea)
RTC	Real Time Clock
Audio	AC97 Audio Codec
CMOS Camera	Hynix CMOS Image Sensor
Character LCD	20×2 Character LCD
ADC / DAC	12bit A/D Converter / 14bit D/A Converter
Dot Matrix	5×7 Dot Matrix (2ea)
7-Segment	6×7-Segment
Keypad	4×4 Keypad / DIP S/W (8 Input DIP Switch)
Step Motor	Step Motor
Buzzer	Buzzer
Expansion	Ubiquitous Sensor Network Board (Option)
	FPGA Daughter Board (Option)
	Application Module Port
Debug	JTAG Port, Multi-ICE Port

RFID 토탈솔루션

RFID Application Trainer

Model : ED-3100

특징

- RFID 리더기에 대한 F/W 프로그램 실습
- Air-interface 등의 실험이 가능하도록 다수의 Test Point 제공
- Anti-Collision 기능 지원
- Application Engineer를 위한 OCX Library 제공
- 범용으로 사용되는 13.56MHz I-CODE Type
- Tag에 Data를 Read / Write 가능
- 컨베이어와 연동되는 미니 플랜트 제공 (창고관리, 공정관리, 주차관리 등)
- 탈부착이 가능한 응용 모듈 (출입통제, 물류관리, 자판기 등)

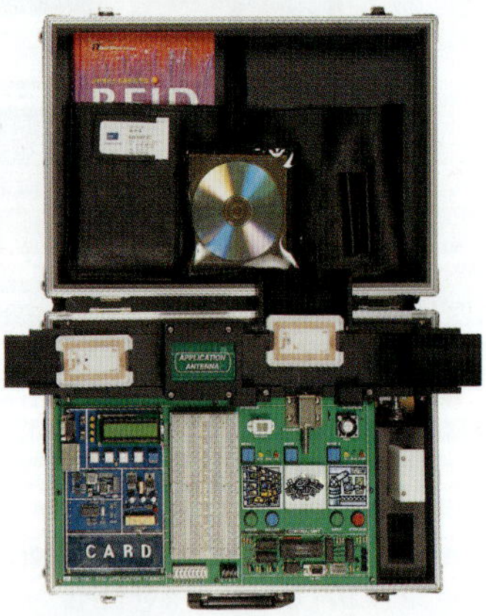

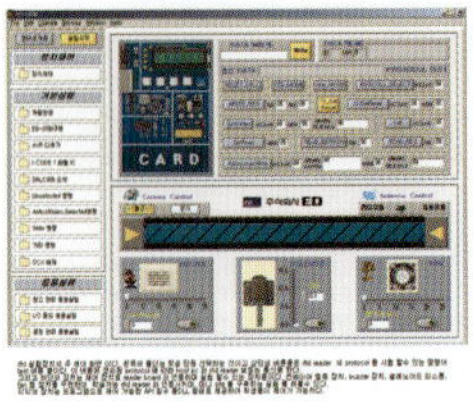

실험실습내용

- 개발환경 익히기 (AVR, JTAG, 컴파일러)
- ED-3100 구성 및 구동법
- 예제를 통한 AVR 장치 학습
- I-CODE1 라벨 IC 학습
- SLRC400 Reader IC 학습
- Unselected 명령어 학습
- Anticollision and Selected 명령
- Write, Selected, Addressed 명령
- 기타명령 (Selected Read, Halt, EAS/Quiet)
- OCX (예제)

규격

RFID Reader	Reader Control CPU	ATMEG128
	Carrier Frequency	13.56MHz ± 1kHz
	Protocol	I-CODE1
	Reading Distance	100mm 내외
	Display	4 Line Character LCD
	입력장치	모드설정용 입력 스위치 4ea
	Interface	RS-232, RS-422
RFID Antenna	2종 (PCB패턴, 플랜트 실습부)	
RFID Tag	13.56MHz I-CODE1 (R/W) : 10ea	
응용모듈	창고관리, 공정관리, I/O확장모드	

유비쿼터스 센서네트워크 토탈솔루션

Ubiquitous Sensor Network Trainer

Model : ED-3120, ED-3160

ED-3120 특징

- 유비쿼터스 센서네트워크 ZigBee (IEEE 802.15.4) 방식 원리 및 개념이해 가능
- 다양한 센서의 장착 및 확장성 확보 (조도센서, 온도센서, 습도센서, 가스센서, 초음파센서)
- 센서네트워크 시스템 교육 및 개발에 필요한 토탈 솔루션을 제공
- 다양한 적응 분야 (운영체제, 네트워크, Security, 로봇, H/W 개발, 센서 응용 등)
- PAN Coordinator에 접수된 화재, 가스누출 등의 경보상황을 PC를 통해 모바일 SMS로 수신 가능

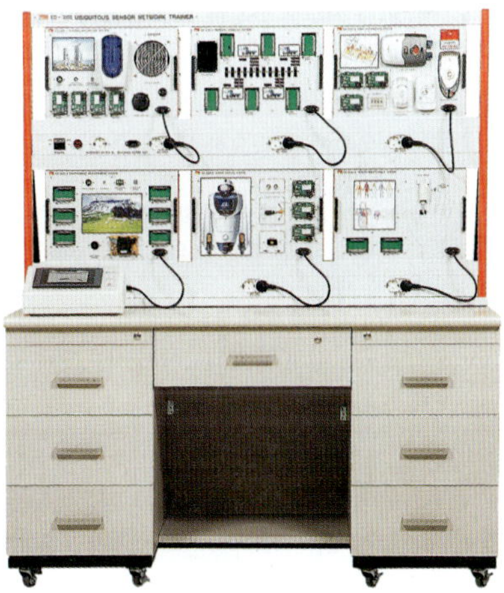

ED-3120

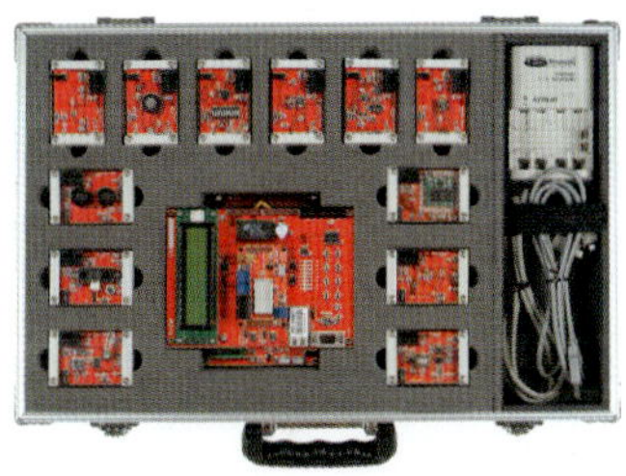

ED-3160

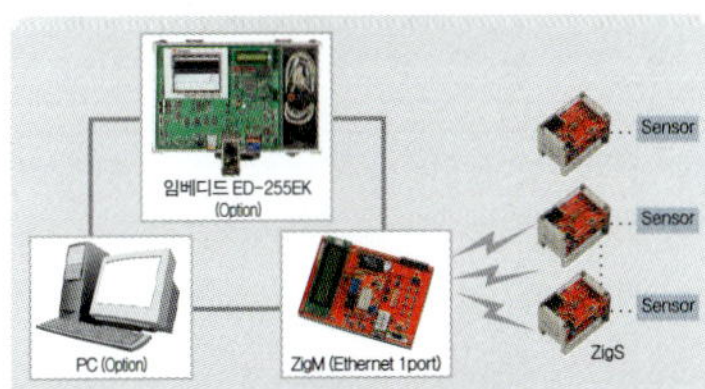

■ ED-3160 구성도

ED-3120 실험실습내용

- 센서 네트워크의 개요
- 센서 네트워크 모듈 하드웨어 이해
- 센서 네트워크 OS의 이해
- 센서 네트워크 환경 구축
- UART를 이용한 통신 프로그램
- 센서 기초 프로그램 (가스, 습도, 온도, 조도)
- 센서 기초 프로그램 (맥박, 체온, 기울기, 방위센서 등)
- RF 응용실습
- 센싱 및 제어 프로그램 및 Multi-hop Routing 프로그램
- Multi-hop을 이용한 제어 프로그램
- 센서네트워크 모니터링
- SMS 전송장치 연동 모니터링
- 센서 네트워크 구축 텀 프로젝트 제안서 작성
- 센서 네트워크 구축 텀 프로젝트 중간보고 및 프로젝트 수정
- 센서 네트워크 구축 텀 프로젝트 최종 보고 및 자료정리
- 텀 프로젝트 결과평가 및 보고회

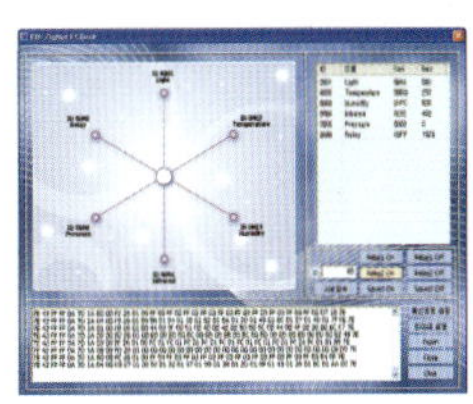

제품문의 : 031-730-7362 www.ed.co.kr

지능형 로봇 토탈솔루션

Intelligent Robot Trainer

Model : ED-7270, 7271, 7272

ED-7270 특징

- 유비쿼터스 및 홈네트워크 기반 실험실습에 적합
- 차세대 2차 전지(리튬이온)을 사양한 배터리 소형화 및 사용시간 증가
- 대화형 언어(프로그램)을 통한 다양한 콘텐츠 로봇 실험실습
- 지능형 로봇에 대한 전반적인 이해와 단계별 실습 가능
- Pan/Tilt USB 카메라를 이용한 영상처리 학습 기능
- 경사도 15 ° 에서 안정된 자세 제어를 통한 주행 알고리즘 적용
- 무인 방범 기능을 활용한 홈 시큐리티 실험실습
- 인간과 교감할 수 있는 인간 친화형 디자인

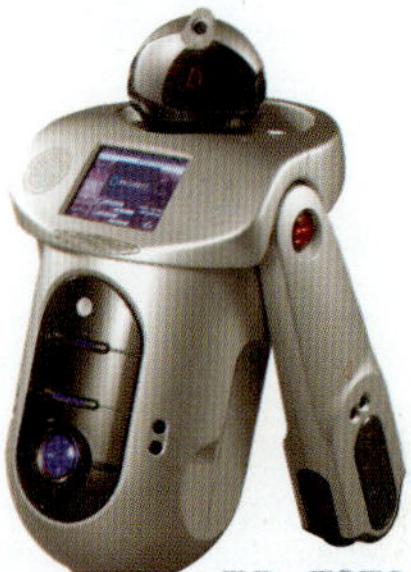

ED-7270

ED-7271 특징

- 지능형 로봇에 꼭 필요한 센서 9종 및 구동기 3종, 응용모듈 4종으로 구성
- 지능형 로봇 구조를 쉽게 파악할 수 있는 시스템
- 초기 로봇 입문 및 활용 교육까지 가능한 풍부한 실습예제 제공
- 창의적인 실험실습이 가능한 탈부착 모듈형 타입
- 유비쿼터스 및 홈 네트워크에서 사용되는 센서 응용 학습 가능
- 센서 결과 데이터를 Visual한 그래픽 형태로 표현하여 센서의 특성 파악 용이
- USB 카메라를 이용한 영상처리 학습 기능
- USB High Speed(480Mbps) 인터페이스 방식 채용

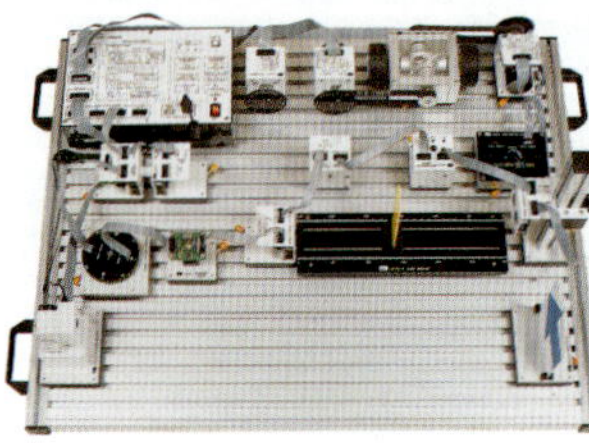

ED-7271

ED-7272 특징

- 무선 네트워크를 통한 실시간 원격제어 가능
- 지능형 로봇 센서 9종에 대한 요소 기술 및 응용 학습 기능
- 화상통신 및 영상처리를 이용한 로봇 응용 실험실습
- 초음파 및 적외선 거리 감지 센서를 이용한 장애물 감지 기능 제공
- USB 카메라를 이용한 영상처리 학습 기능
- USB High Speed(480Mbps) 인터페이스 방식 채용
- 무인 방범 기능을 활용한 홈 시큐리티 실험실습
- 5-Joint ARM을 부착한 통합 로봇 시스템(Option)

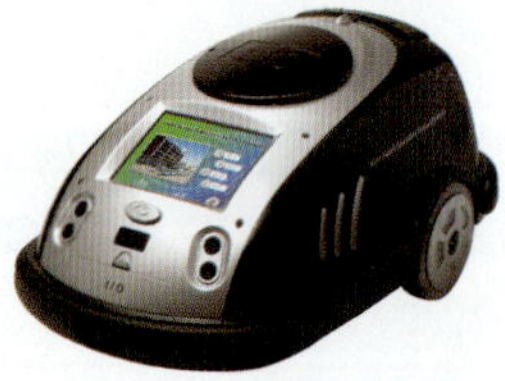

ED-7272

실험실습내용

- 지능형 로봇의 이해
- 지능형 로봇의 요소기술 분류
- 로봇의 기본 구조, 메커니즘 종류 및 장단점 실험실습
- 센서 모듈의 기본 원리 이해 및 실험실습
- Actuator 종류, 특성에 대한 기본 이해와 실험실습 (DC Servo motor, Step motor, RC motor)
- CCD Image Sensor을 이용한 영상처리 실험실습 (디지털 영상처리 기초이론, 패턴, 색채 인식에 대한 원리 및 실험실습)

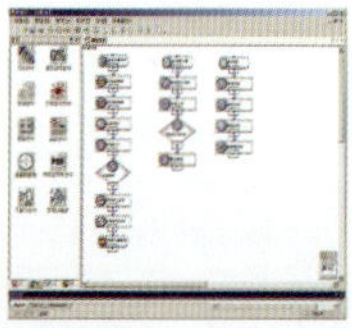